MANUEL

DE

MINÉRALOGIE

PAR

A. DES CLOIZEAUX

Membre de l'Institut (Académie des Sciences);
Professeur honoraire au Muséum d'histoire naturelle; ancien maître de conférences à l'École Normale supérieure; de la Société Royale de Londres;
Docteur honoraire de l'Université de Leyde; Associé étranger de l'Académie Royale des Sciences de Stockholm; de la Société Royale des Sciences de Göttingen et de l'Académie des Lincei de Rome; membre de la Geological Society de Londres; membre ordinaire de la Société des Sciences d'Upsal et de l'Académie Royale de Danemark; membre honoraire de la Société Impériale des curieux de la nature de Moscou; membre correspondant des Académies des Sciences de Munich, de Saint-Pétersbourg, de Vienne, de Budapesth, de Turin; de l'American Academy of arts and science de Boston; de l'Académie des Sciences de New-York; membre honoraire de la Société Royale géologique d'Irlande; de la Philosophical Society de Cambridge et de la Société française de minéralogie; membre des Sociétés philomatique et géologique de France; de la Société de Physique de Genève; de la Société Impériale minéralogique de Saint-Pétersbourg; de la Société hollandaise des Sciences de Harlem; de la Société des naturalistes de Bâle; de la Société helvétique des sciences naturelles; des Sociétés géologiques de Stockholm, de Belgique, de Californie; de la Société Académique de l'Oise; de la Société Ramond, etc., etc.

TOME SECOND. — 2e FASCICULE

PARIS

Vve CH. DUNOD, ÉDITEUR

LIBRAIRE DES CORPS NATIONAUX DES PONTS ET CHAUSSÉES, DES MINES ET DES TÉLÉGRAPHES

Quai des Grands-Augustins, 49

1893

AVIS AU RELIEUR

Les projections stéréographiques qui accompagnent le présent fascicule devront être placées aux pages suivantes :

Le faux titre et le titre de ce fascicule doivent remplacer, dans le tome II complet, ceux du premier fascicule publié en 1874.

Les pages LIII-LX doivent être à la suite de celles qui, dans ce fascicule, portent un numérotage en chiffres romains.

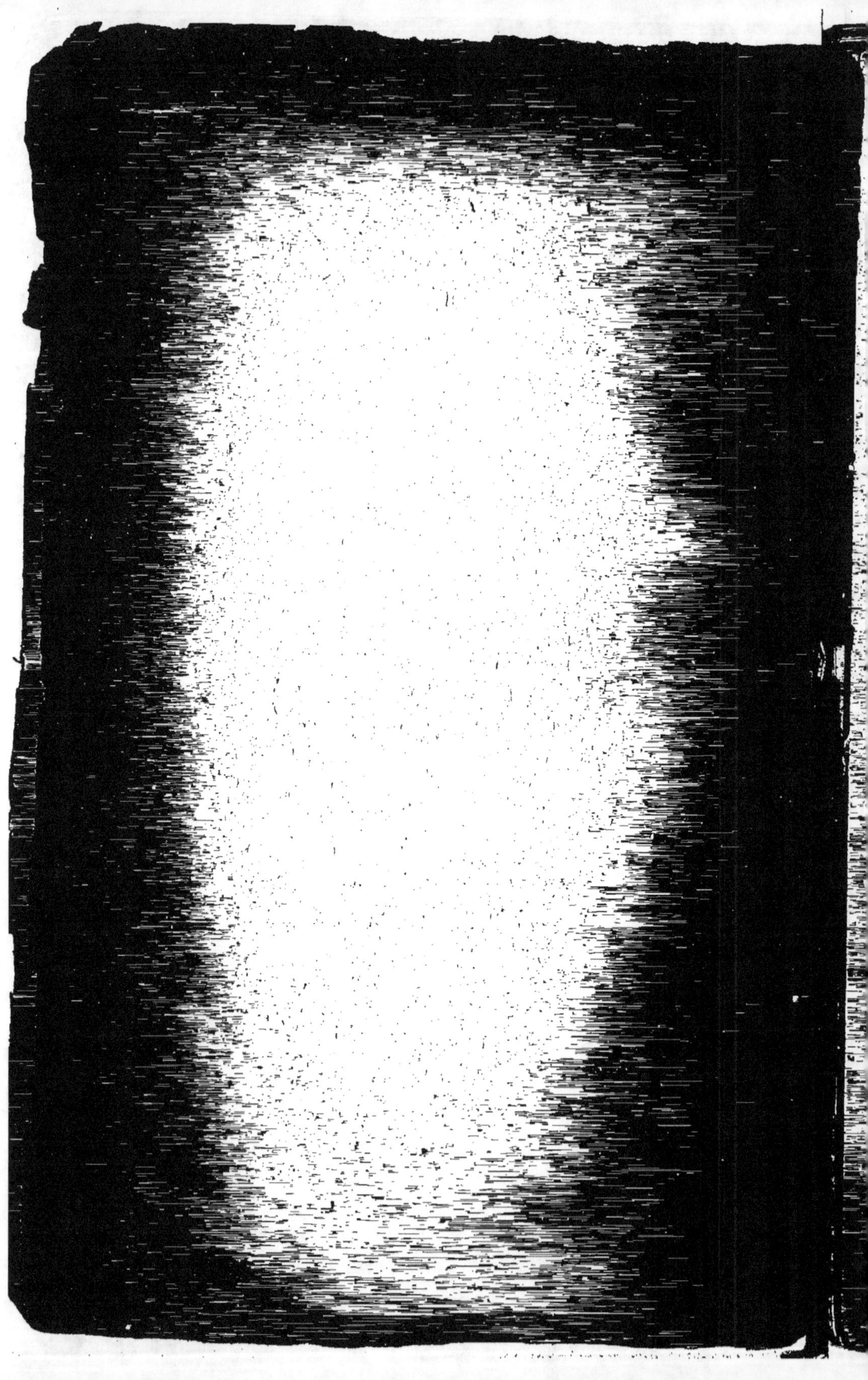

MANUEL

DE

MINÉRALOGIE

Le présent volume a été publié en deux fascicules : le premier, paru en 1874, comprend les pages I *à* LII *et* 1 *à* 208; *le second, paru en* 1893, *comprend les pages* LIII *à* LX *et* 209 *à* 542.

MANUEL

DE

MINÉRALOGIE

PAR

A. DES CLOIZEAUX

Membre de l'Institut (Académie des Sciences);
Professeur honoraire au Muséum d'histoire naturelle; ancien maître de conférences à l'École Normale supérieure; de la Société Royale de Londres;
Docteur honoraire de l'Université de Leyde; Associé étranger de l'Académie Royale des Sciences de Stockholm; de la Société Royale des Sciences de Göttingen et de l'Académie des Lincei de Rome; membre de la Geological Society de Londres; membre ordinaire de la Société des Sciences d'Upsal et de l'Académie Royale de Danemark; membre honoraire de la Société Impériale des curieux de la nature de Moscou; membre correspondant des Académies des Sciences de Munich, de Saint-Pétersbourg, de Vienne, de Budapesth, de Turin;
de l'American Academy of arts and science de Boston; de l'Académie des Sciences de New-York; membre honoraire de la Société Royale géologique d'Irlande;
de la Philosophical Society de Cambridge et de la Société française de minéralogie; membre des Sociétés philomatique et géologique de France;
de la Société de Physique de Genève; de la Société Impériale minéralogique de Saint-Pétersbourg; de la Société hollandaise des Sciences de Harlem;
de la Société des naturalistes de Bâle; de la Société helvétique des sciences naturelles; des Sociétés géologiques de Stockholm, de Belgique, de Californie;
de la Société Académique de l'Oise; de la Société Ramond, etc., etc.

TOME SECOND

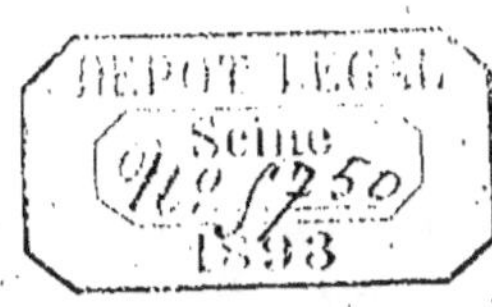

PARIS

Vve Ch. DUNOD, ÉDITEUR

LIBRAIRE DES CORPS NATIONAUX DES PONTS ET CHAUSSÉES, DES MINES ET DES TÉLÉGRAPHES

Quai des Grands-Augustins, 49

1874-1893

AVANT-PROPOS

DU SECOND FASCICULE

Ce second fascicule du tome II de mon *Manuel de Minéralogie* fait suite au premier paru en 1874, et comprenant les pages I à LII et 1 à 208. Sa publication a subi de longs retards provenant en partie du temps consacré à mes nombreuses observations personnelles, en partie d'un accident qui m'est survenu il y a deux ans.

C'est grâce au concours aussi dévoué qu'intelligent de mon élève, M. A. Lacroix, professeur au Muséum d'histoire naturelle, que j'ai pu enfin terminer ma nouvelle publication (1893).

Ce concours que veut bien m'assurer mon savant successeur, me permettra de publier un troisième volume, destiné surtout à la description de la grande famille des sulfurides et de toutes celles qui sont désignées à la page XLIII du tome I.

Le dernier volume contiendra, en outre, un supplément général destiné à l'étude des espèces décrites depuis le commencement de la publication de cet ouvrage.

Le présent fascicule commence à la page 209. Il comprend la suite des titanides et les familles des tantalides, niobides, tungstides, molybdides, vanadides, chromides, tellurides, antimonides, arsénides et phosphorides.

Quelques *errata* ont encore été relevés dans le tome I et au commencement du présent volume. Je les ai consignés à la suite de cet avant-propos.

SUPPLÉMENT

A L'ERRATA DU PREMIER VOLUME

INTRODUCTION

Page	Ligne	Au lieu de :	Lisez
XLI, 3e col.	4 en descendt	10	100

TEXTE

Page	Ligne	Au lieu de :	Lisez
15	8 et 10 en remontt	par-dessus	par-dessous
28, 1re col.	29 en descendt	$d^2 d^2$ 108°9′	56°42′
28, 1re col.	1 en bas	160°43′	160°42′
28, 1re col.	3 en remontt	152°18′	152°17′
29, 1re col.	3 en descendt	Les faces p et b^2 offrent	La forme b^2 offre
29, 1re col.	4 en descendt	faces	formes
30, 1re col.	18 en remontt	155°2′	155°1′30″
30, 1re col.	7 en descendt	149°37′	149°36′30″
30, 1re col.	8 en descendt	120°23′	120°23′30″
30, 1re col.	9 en descendt	160°50′	160°50′30″
83	20 en descendt	Staten-Land	Staten Island
84	11 en descendt	après sodifère	(*waldeimite*)
99	23 en descendt	de véritables	véritablement
117	13 en descendt	alizite	alipite
155	28 en remontt	$m\,h^1\,p\,b^1\,a^2$,	$m\,b^1\,p\,b^1\,a_2$,
155	29 en remontt	$m\,b^1\,b^{1/3}\,a^2$,	$m\,b^1\,b^{1/3}\,a_2$,
173	7 en remontt	90°44′	90°48′
187	3 en descendt	hémiédrie	hémitropie
216	16 en descendt	peu	assez
242	19 en remontt	en Suisse,	Hautes-Alpes,
251	23 en descendt	Rosenlaui	Rothlauebach
303	24 en descendt	986,576	986,392
303	24 en descendt	454,870	454,783
303	24 en descendt	856,074	844,649
303	24 en descendt	529,938	522,725
303	25 en descendt	116°29′5″	116°29′30″
303	26 en descendt	105°33′14″	105°33′12″,7
303	27 en descendt	101°47′55″	100°46′25″,4
303, 3e col.	1 en remontt	63°0′	62°59′
303, 3e col.	2 en remontt	114°45′	114°44′

Page	Ligne	Au lieu de :	Lisez :
315	7 en descend[t]	Danvikzoll	Danvikszoll
315	8 en descend[t]	après Stockholm *ajoutez :*	(*natronspodumen*)
315	12 en descend[t]	après Berzélius *supprimez :*	(*natronspodumen*)
339	19 en descend[t]	Saint-Pardoux	Saint-Yvoine
339	20 en descend[t]	Vic-le-Comte et du Puy de la Courtade	Four-la-Brouque
356	7 en descend[t]	ne paraît nullement	paraît fortement
356	8 en descend[t]	*supprimez :*	même considérable,
372	2 en remont[t]	*négative*	*positive*

A la Christianite, page 399, à partir de la ligne 22 en descendant, et page 400, de la ligne 1 jusqu'à la ligne 30 en descendant, *substituez :*

Prisme rhomboïdal oblique de 120° environ.

$$b : h :: 1000 : 996,999 \quad D = 818,529 \quad d = 574,466$$

ANGLES CALCULÉS.	ANGLES MESURÉS.	ANGLES CALCULÉS.	ANGLES MESURÉS.
*mm 120°6′ sur h^1	120°6′ Marignac 119° à 124° Dx.	$po^{1/5}$ 129°53′	129°29′ à 130°1′ Zepharow.
mh^1 150°3′	150°30′ à 151° Dx.	ph^1 ant. 124°49′	124°30′ Dx. Isl.
mg^3 160°54′	160°49′ Streng	$h^1\,{}_1y$ macle 110°22′	111°15′ Dx. Isl.
mg^1 119°57′	»		
g^3g^1 139°3′	138°55′ Dx. Marb.	pm ant. 119°39′	120°9′ à 121° Dx.
		*mu macle 120°42′	120°42′ Miller

Combinaisons de formes observées : h^1pg^1m, *fig.* 179, pl. XXX (macles simples du Dyrefjord en Islande), qui doit être redressée et où :

les p	deviennent	g^1 et ${}_1b$
les g^1		p et d
les $b^{1/2}$		m et u
les m		h^1 et ${}_1y$

g^1m; g^1g^3m, fig. 180, pl. XXXI, sur laquelle :

les p	deviennent	g^1 et g^1
les $b^{9/10}$		g^3 et g^3
les $b^{1/2}$		m et m

Les faces p sont souvent ondulées; les faces m et g^1 sont généralement striées parallèlement à leur intersection mutuelle. Cristaux toujours maclés.

1° Macles simples (cristaux du Dyrefjord en Islande), analogues à celles de la *morvénite* d'Écosse (*fig.* 179 redressée).

2° Macles doubles en croix, formées par la pénétration complète de deux individus constitués par la macle simple, avec plans d'assemblage très voisins de la forme inobservée e^1 et avec ou sans angle rentrant sur les 4 arêtes longitudinales, suivant qu'elles présentent à l'extérieur leurs faces p et g^1 (cristaux de Richmond, Victoria) ou seulement leurs faces g^1 (type de Marbourg, *fig.* 180) ou p (type de Richmond). Dans ce dernier cas, les sommets tétraèdres offrent un aspect bombé particulier, parce que les stries m/g^1 des faces m et m viennent buter sur une ligne à peu près droite qui suit la grande diagonale du losange dessiné par ces faces.

Pour la Phillipsite de Capo di Bove et de Sicile, trois cristaux semblables à la *figure* 180 se traversent à angle droit de manière à ce que les arêtes g^1 et $_1\beta$ de deux groupes voisins se trouvent comprises dans un même plan (*fig.* 181).

Clivages peu nets suivant p et g^1. Cassure conchoïdale ou inégale. Transparente, translucide ou opaque. Double réfraction faible. Plan des axes optiques normal à g^1. Bissectrice aiguë *positive* faisant avec la diagonale inclinée de la base des angles assez variables, suivant les échantillons et les localités. Dispersion ordinaire faible, $\rho < v$. Dispersion *horizontale* appréciable (1).

Dans la lumière polarisée parallèle, les lames rectangulaires, obtenues en faisant une section normale aux faces g^1 ou p des macles de toutes les localités, montrent que les quatre secteurs triangulaires dont ces lames se composent offrent rarement des limites régulières. Leur contact a lieu suivant une surface ondulée et non suivant un plan, comme on le supposait autrefois.

Page	Ligne	Au lieu de :	Lisez :
408, 3e col.	4 en descendt	arête latér.	arête culminte
408, 3e col.	12 en descendt	à la base	sur a^1
410	16 en descendt	Leipa	Leippa
421, 1re col.	7 en descendt	*ph^1 ant. 93°4′	*ph^1 ant. 93°40′
451	13 en remontt	*négatif*	*positif*
472, 2e col.	18 en remontt	42°6′	59°37′
505, 1re col.	6 en descendt	adj. 142°31′	sur e^1 136°30′
505, 1re col.	7 en descendt	142°38′	136°20′
505, 1re col.	8 en descendt	103°1′	103°0′
505, 1re col.	9 en descendt	157°19′	158°19′
505, 2e col.	12 en descendt	$(d^{1/5}\, d^{1/6}\, b^{1/6})$	$(d^{1/6}\, d^{1/5}\, b^{1/6})$
505, 2e col.	13 en descendt	$(d^1\, d^{1/2}\, b^{1/2})$	$(d^{1/2}\, d^1\, b^{1/2})$
505, 2e col.	14 en descendt	$(d^{1/3}\, d^{1/5}\, b^{1/4})$	$(d^{1/5}\, d^{1/3}\, b^{1/4})$
505, 3e col.	13 en descendt	$(d^1\, d^{1/3}\, b^{1/2})$	$(d^{1/3}\, d^1\, b^{1/2})$
517	1 en haut	$\frac{p}{i^1}$ et $\frac{p}{c^1}$	$\frac{m}{i^1}$ et $\frac{m}{c^1}$
537	5 en descendt	Beffonite	Beffanite

(1) Note sur les caractères optiques de la Christianite et de la Phillipsite. *Bulletin soc. minéral*, t. VI, p. 305.

ERRATA

DU SECOND VOLUME

INTRODUCTION

Page	Ligne	Au lieu de :	Lisez :
X	10 en remont^{t}	dans le	la bissectrice obtuse du
X	10 en remont^{t}	seulement elle est	elle est aussi
X	11 en remont^{t}	deux clivages ;	faces a^1 ;
XI	13 en descend^{t}	Hermann,	Erdmann,
XII, 3e col.	9 en remont^{t}	99°52,	99°52′
XVII, 1re col.	5 en remont^{t}	après *mx ajoutez :*	me^2 adj. » » 101°1′
XVIII	13 en descend^{t}	après those *ajoutez :*	et accompagnées de Cordiérite.
XVIII	17 en descend^{t}	après et *ajoutez :*	de zircon rose, et ils
XVIII	Sur la figure, l'intersection e^2x doit être parallèle à xm.		

TEXTE

Page	Ligne	Au lieu de :	Lisez :
4	16 en remont^{t}	couple,s	couples,
17, 1re col.	6 en remont^{t}	rétablir le premier crochet cassé.	
39	13 en descend^{t}	Baldaz-Lalou,	Baldaz-Lalore,
56	11 en descend^{t}	Ingo, paroisse d'Ingarskila.	Ingarskila, paroisse d'Ingo.
61	10 en remont^{t}	inégale-	inégale.
65	2 en remont^{t}	Aix.	Aix,
79	17 en descend^{t}	$b^{1/4}\,b^{1/4}$	$b^{1/4}\,{}_{4/1}q$
79	19 en descend^{t}	$m^1\,m^1$	$m^1\,m^{\text{IV}}$
79	20 en descend^{t}	$b^{1/4}\,b^{1/4}$	$b^{1/4}\,{}_{4/1}q$
82	1 en haut	faibles ;	faible ;
85	14 en remont^{t}	Gaveradi,	Caveradi,
86, 2e col.	12 en remont^{t}	136°33′	137°13′
86, 2^{e} col.	13 en remont^{t}	86°54′ sur p	85°34′ sur p
87, 2^{e} col.	1 en bas.	$(b^1\,b^{1/3}\,g^{1/2}$	$(b^1\,b^{1/3}\,g^{1/2})$
103, 1re col.	16 en remont^{t}	*Ajoutez :*	inv. de d^4
103, 2e col.	19 en remont^{t}	*Ajoutez :*	inv. de $d^{8/5}$
103, 3e col.	18 en remont^{t}	$(b^{1/27})\,d^1\,d^{1/61})$	$(b^{1/27}\,d^1\,d^{1/61})$
103, 3e col.	21 en remont^{t}	inv. d^3	inv. de d^3
107	20 en descend^{t}	après d^2 ; *ajoutez :*	$e_{3/2}$ inv. de d^4 ;
148	10 en remont^{t}	Vielle dans les Pyrénées,	Vielle-Aure dans les Hautes-Pyrénées,
153	13 en descend^{t}	117°13′	117°14′
155	4 en descend^{t}	a^3	a_3

Page	Ligne	Au lieu de :	Lisez :
155	21 en descend^t	174°35′	175°34′
159	15 en descend^t	2,55	6,55
173	4 en remont^t	Hydroconite, Pelouze.	Hydroconite; Hausmann.
186, 1re col.	11 en descend^t	$p\,i1$	$p\,\imath l$
191, 2e col.	13 en descend^t	$p\zeta$	$p\xi$
204, 3e col.	21 en remont^t	$h^1 w$ doit être hors du crochet qui commence à	$h^1 b^{1/8}$
205, 3e col.	7 en remont^t	145°21′	CALCULÉ. 124°41′ — MESURÉ. 124°45′ moy. Dx. Car. N.
206, 1re col.	11 en descend^t	*Supprimez* la barre horizontale du crochet.	
209	5 en descend^t	90°45′	90°25′
209	11 en remont^t	90°15′	90°25′
212	4 en remont^t	après (1); *ajoutez :*	Macles parallèles à b^1.
213	20 en descend^t	$b^{11/8}$ adj. à p	$b^{11/8}$ adj. à p inf.
215	5 en remont^t	38,53	38,35
218	14 en remont^t	$\dot{\mathrm{R}}\ \dddot{\mathrm{N}}$	$\dot{\mathrm{R}}\ \dddot{\mathrm{Nb}}$
220	2 en remont^t	$(\dddot{\mathrm{Nb}}\ \dddot{\mathrm{Ta}})$	$(\dddot{\mathrm{Nb}}\ \dddot{\mathrm{Ta}})$
225	1 en descend^t	Miascite	Miascite
227	7 en descend^t	85°55′	85°54′30″
228	18 en descend^t	$b^{3/2}\,b^{3/2}$ 141°20′	$b^{3/2}\,b^{3/2}$ 141°20′ avant $g^1 s$ 136°28′
228	21 en descend^t	$e_{1/3} = (b^{1/3}\,b^1\,g^{1/3})$ $s = (b^{1/4}\,b^{1/2}\,g^{1/3})$	$e_{1/3} = (b^1\,b^{1/3}\,g^{1/3})$ $s = b^{1/2}\,b^{1/4}\,g^{1/3})$
228	5 en remont^t	$s = (b^{1/4}\,b^{1/2}\,g^{1/3})$ $(b^{1/4}\,b^{1/2}\,g^{1/3})$	$s = (b^{1/2}\,b^{1/4}\,g^{1/3})$ $(b^{1/2}\,b^{1/4}\,g^{1/3})$
228	7 en remont^t	$(b^{1/9}\,b^{1/5}\,g^{1/7})$	$(b^{1/5}\,b^{1/9}\,g^{1/7})$
228	8 en remont^t	$(b^{1/4}\,b^{1/2}\,g^1)$	$(b^{1/2}\,b^{1/4}\,g^1)$
235	12 en descend^t	et y_1	et ${}_1y$
260	23 en descend^t	$\dot{\mathrm{Ca}}\ \mathrm{W}$	$\dot{\mathrm{Ca}}\ \dddot{\mathrm{W}}$
273	7 en remont^t	Nouvelle-Grenade.	Colombie
276	1 en descend^t	Mo	$\dddot{\mathrm{M}}$
281	8 en remont^t	Mn	$\ddot{\mathrm{Mn}}$
289	5 en remont^t	chromate	chromaté
296, 2e col.	20 en descent^t	58 20′	58°20′
363	9 en remont^t	nimes	niures
392	8 en remont^t	*musif*	*mussif*
392	13 en remont^t	perpendiculaire	parallèle
427	12 en remont^t	terme	terne
508	12 en remont^t	Dur. = 3,69	4
510	7 en descend^t	$mh^2\,pe^1$	$mh^3\,pe^1$
510	8 en descend^t	$mh^2\,g^1$....	$mh^3\,g^1$.....
513	6 en descend^t	vitreux vert	vitreux. Vert

ÉDISONITE; Hidden.

Prisme rhombique à forme limite de 90°25'.

$b : h :: 1000 : 655,292 \quad D = 709,673 \quad d = 704,531$

	ANG. CALC.	ANG. MESUR. (MOYEN. DX.)		ANG. CALC.	ANG. MESUR. (MOYEN DX.)
*mm avant	90°45'	90°25'	$a^{1/3}m$ adj.	131°55'	131°49'
mm côté	89°35'	89°32'30"	$a^{1/3}e^{1/3}$	83°55' sur m	83°40'
			$me^{1/3}$ adj.	131°30'	131°42' (?)
*$a^{1/3}a^{1/3}$ base	140°34'	140°34'	$a^{1/3}m$ post.	48°5'	48°36'
$a^{1/3}a^{1/3}$ somm.	39°26'	38°52'	$a^{1/3}e^{1/3}$ adj.	96°35'	96°35'
$e^{1/3}e^{1/3}$ base	140°18'	140°24'			

Combinaison de formes habituelle : m (peu développée) $a^{1/3}$ $e^{1/3}$. Clivage facile suivant $a^{1/3}$, moins facile suivant $e^{1/3}$, difficile suivant m. Cassure conchoïdale.

Opaque, translucide ou transparente par places et en lames minces. Lorsque ces lames sont normales à l'axe vertical, elles montrent une série de bandelettes claires, assez transparentes, alternant avec des bandelettes ondulées, à peu près opaques. A travers les premières, on observe, en lumière polarisée convergente, une croix qui se divise à peine quand on fait tourner la plaque : les deux axes sont donc excessivement rapprochés autour de la bissectrice aiguë qui est *positive*.

Dur. = 6. Dens. 4,26.

Un essai qualitatif n'a fourni à M. Damour que de l'acide titanique.

L'Edisonite, jusqu'ici fort rare, a été trouvée dans le comté de Polk, Caroline du Nord, associée à des cristaux d'anatase, de *rutile*, de xénotime, de monazite, etc.

Les symboles que j'ai donnés à l'Edisonite sont rapportés à un prisme rhombique de 90°15' ayant un axe vertical presque égal à celui que j'ai adopté pour le rutile (*Voy.* p. 195). Les clivages ne produisent pas de faces assez unies pour fournir des mesures très précises de leurs incidences. Cependant je pense qu'on doit les considérer comme de véritables clivages plutôt que comme des plans de séparation ou faces de décollement (*Absonderungsflächen*), ainsi que le propose M. Mügge, par analogie avec des cristaux de rutile de l'Oural et de Norwège.

Ces cristaux de rutile présentent, d'après M. Mügge, des plans de séparation suivant $b^{2/9}$ avec l'inclinaison :

$$b^{2/9}\, b^{2/9} = 141°56' \text{ sur } m.$$

Ces plans de séparation sont accompagnés de macles polysynthétiques faciles à étudier au microscope.

Depuis la publication du premier fascicule de ce volume, se terminant à la page 208, il a été décrit un certain nombre de formes nouvelles dans le rutile, l'anatase et la Brookite; les principales d'entre elles vont être rapidement énumérées :

RUTILE (p. 195). Je rappellerai que, pour ce minéral, mes faces m correspondent à h^1 de la plupart des auteurs, la hauteur étant la même.

M. Arzruni a trouvé sur des cristaux de rutile chromifère, maclés suivant b^1, provenant de Kassli (Oural) les formes nouvelles suivantes : h^8, $b^{8/5}$, $\eta = (b^1\ b^{1/6}\ h^{1/8})$, $n = (b^1\ b^{1/5}\ h^{1/5}) = a_{1/5}$.

Les faces $a^{8/9}$ et $b^{1/5}$ ont été observées par M. Jeremejew dans le rutile ferrifère (*ilmenorutile*) des monts Ilmen.

Zepharovich a signalé $h^{4/3}$ et $g = (b^1\ b^{1/2}\ h^{1/2}) = a_{\frac{1}{2}}$ sur des cristaux provenant de la vallée de Stillup, dans le Tyrol.

M. Mügge a décrit des cristaux de rutile d'Arendal et de l'Oural offrant des faces $b^{2/9}$, parallèlement auxquelles ont lieu des plans de séparation (*Absonderungsflächen*) et des macles polysynthétiques, que ce savant regarde comme d'origine secondaire : on a vu plus haut que M. Mügge identifie ce rutile avec l'Édisonite.

Dans des cristaux provenant de la dolomie grenue de Binnen, M. Rinne a trouvé la face nouvelle $v = (b^{1/2}\ b^{1/5}\ h^{1/5}) = a_{2/5}$ et une face douteuse $h^{11/5}$, très voisine de h^2.

Les deux prismes $h^{9/2}$ et $h^{5/3}$ ont été rencontrés par vom Rath sur des cristaux de rutile, maclés suivant $b^{1/3}$ et provenant des mines de Hiddénite du comté Alexander, dans la Caroline du Nord.

Dans cette même région, MM. Hidden et S. Washington ont rencontré de fort beaux cristaux offrant la base p et les formes nouvelles $a^{7/2}$, a^2, $a^{3/2}$, $a^{1/4}$ et $\gamma = (b^{1/9}\ b^{1/8}\ h^{1/9}) = a_{8/9}$. Ils proviennent de Sharpe's Township.

Enfin, M. Schrauf a signalé deux autres faces nouvelles $\zeta = (b^{1/3}\ b^{1/5}\ h^1)$ et $\tau = (b^{1/5}\ b^{1/6}\ h^1)$ rencontrées par lui sur des cristaux du Brésil.

M. L. Michel a obtenu récemment de très beaux cristaux de rutile en chauffant dans un creuset de graphite, à environ 1200° un mélange de une partie de fer titané et de deux parties et demie de pyrite. Le rutile se trouve au milieu de pyrrhotine en beaux cristaux bleus qui renferment des traces de sulfure de fer et deviennent rougeâtres quand on les chauffe dans une atmosphère oxydante.

Les mineurs du Brésil désignent, sous le nom de *favas*, de petits grains discoïdes jaunes, gris ou rouges, que l'on rencontre dans les sables diamantifères du Jequitinhonha, près Diamantina. Ils sont compacts avec une cassure parfois terreuse : leur éclat est vif.

Dur. = 6. Dens. = 3,96.

Dans le matras, décrépite avec violence et donne de l'eau. Des essais récents de M. Gorceix, d'accord avec les anciennes analyses de M. Damour, montrent que cette substance est en grande partie formée par de l'*acide titanique hydraté*, avec un peu d'acides phosphorique et vanadinique, d'alumine, de fer, de chaux et de terres rares (oxydes de cérium, didyme, yttria, etc.).

ANATASE (p. 200). Pour ce minéral, mon m correspond à m de la plupart des auteurs (Klein, Dana), mais la hauteur est double de celle qu'ils ont adoptée : a^2 (Dx) = a^1 (Klein), b^3 (Dx) = $b^{3/2}$ (Klein), etc..

On doit à M. Klein de nouveaux travaux sur les belles anatases de l'Alpe Lercheltiny, dans la vallée de Binnen. Il a trouvé quatre types principaux dans les cristaux de ce gisement, suivant que c'est l'octaèdre aigu b^1 ou l'octaèdre obtus b^7 qui domine, ou bien que le prisme h^1, ou enfin que $b^{3/2}$ est très développé. Les figures 334, 337 et 338 de la planche LVI peuvent donner une idée du développement habituel des trois premiers types. Celui qui est représenté par ma figure 338 était très rare au moment de la publication de mon premier fascicule (p. 203), il est aujourd'hui assez fréquent à Binnen. M. Klein a décrit les formes nouvelles suivantes : $a^{1/4}$, b^9, b^8, $b^{5/2}$, $b^{5/3}$, $b^{3/2}$, $b^{1/2}$, $b^{1/3}$, $\delta = (b^1\ b^{1/4}\ h^{1/2})$, $\tau = (b^1\ b^{1/2}\ h^{1/8})$, $\varphi = (b^1\ b^{1/2}\ h^{1/9})$ et enfin la forme douteuse $s = (b^{1/2}\ b^{1/3}\ h^{1/20})$ très voisine de mon $s = (b^{1/2}\ b^{1/3}\ h^{1/19})$.

Zepharovich a rencontré sur les cristaux du même gisement $a^{2/7}$, $b^{20/3}$, $\omega = (b^{1/35}\ h^{1/43}\ h^{1/12})$, $t = (b^{1/10}\ b^{1/11}\ h^{1/6})$ et $\beta = (b^{1/3}\ b^{1/7}\ h^{1/12})$?

M. Brezina y a signalé aussi $b^{19/5}$.

Enfin c'est encore sur des cristaux de cette même localité que M. Seligmann a trouvé les formes nouvelles suivantes : $a^{4/9}$, $a^{2/13}$, b^{40}, b^{28}, $b = (b^1\ b^{1/2}\ h^{1/13})$, $y = (b^{1/5}\ b^{1/13}\ h^{1/24})$, $\sigma = (b^1\ b^{1/8}\ h^{1/20})$, $h = (b^{1/4}\ b^{1/6}\ h^{1/3})$, $B = (b^{1/7}\ b^{1/10}\ h^{1/2})$, $l = (b^{1/8}\ b^{1/10}\ h^{1/3})$.

M. Groth a rencontré la forme $a^{38/5}$ sur une anatase de Tavetsch, canton des Grisons, ainsi que $b^{11/5}$ et $b^{12/5}$ sur des cristaux du Brésil.

M. Vrba a décrit a^6 dans l'anatase de Rauris en Salzburg et M. C. Wein, D = ($b^{1/5}$ $b^{1/6}$ $h^{1/4}$) dans les cristaux de la même localité.

θ = ($b^{1/4}$ $b^{1/7}$ $h^{1/44}$) a été trouvé récemment par M. Busz sur un cristal de l'Oisans.

Enfin M. Dana cite la forme douteuse C = (b^1 $b^{1/4}$ $h^{1/20}$) sans indication d'origine.

BROOKITE (p. 203). J'ai adopté pour *mm* la valeur donnée par Kokscharow, mais avec une hauteur moitié moindre.

Miller a cité la forme ($b^{1/9}$ $b^{1/19}$ $g^{1/8}$) qui n'a pas été signalée p. 204.

Depuis lors, Kokscharow a trouvé $h^{27/19}$ dans la Brookite de l'Oural.

Le duc de Leuchtenberg a décrit dans les cristaux de la même région les formes $h^{4/3}$ et χ = (b^1 $b^{1/3}$ $g^{1/2}$).

Vom Rath a trouvé dans la Brookite d'Atljansk (Oural) : (*q* = $b^{1/2}$ $b^{1/4}$ g^1) et λ = ($b^{1/3}$ $b^{1/5}$ g^1).

Dans les cristaux de la même localité, M. Jeremejew a rencontré le nouveau prisme $h^{5/4}$.

Dans la Brookite du val Maderan, M. Groth a signalé la nouvelle forme Q = (b^1 $b^{1/5}$ $g^{1/2}$).

Enfin dans l'*arkansite* de Magnet Cove (Arkansas), M. E. Dana a décrit le prisme g^3 et M. G.-H. Williams a rencontré e^1.

Les beaux cristaux d'arkansite de cette localité présentent souvent d'intéressantes paramorphoses en rutile qui ont été étudiées par vom Rath et plus récemment par M. M. Bauer.

Enfin M. Schrauf a publié une monographie de la Brookite dans laquelle il considère ce minéral comme monoclinique et signale plusieurs faces à symboles complexes pour lesquelles je renvoie au mémoire original. (Sitzungber. Wien. Akademie LXXIV.)

PÉROWSKITE : G. Rose. Perofskite.

Pseudocubique. Cristaux généralement d'apparence cubique, avec formes plus ou moins nombreuses, tronquant les arêtes et les angles solides et ayant pour symboles dans le système régulier : *p*, b^1, $b^{5/4}$, $b^{11/8}$, $b^{3/2}$, b^2, $b^{5/2}$, b^9, b^{14}, a^1, a^6, a^8, $a^{9/4}$, $a^{1/2}$, α = ($b^{1/2}$ $b^{1/4}$ $b^{1/9}$) (1).

Sur les cristaux de l'Oural et de Zermatt, ces formes sont tou-

(1) Ces symboles ont été déterminés au moyen de mesures que j'ai prises sur des cristaux de l'Oural ou empruntées aux publications de Kokscharoff.

jours incomplètes et très irrégulièrement distribuées : elles paraissent appartenir à des individus distincts interpénétrés plutôt qu'à des cristaux hémièdres.

Sur les cristaux du Tyrol, Hessenberg a cité : p, a^1, a^3, $\alpha = (b^{1/2} b^{1/4} b^{1/9})$, $\delta = (b^{1/2} b^{1/3} b^{1/4})$, $\varepsilon = (b^{1/3} b^{1/4} b^{1/6})$ et quelques autres hexoctaèdres tout aussi irréguliers.

Les figures 351 et 352 de la planche LIX représentent deux petits cristaux noirs, opaques, de Pérowskite de l'Oural, conservés dans la collection de l'École supérieure des Mines. Afin de mieux faire ressortir l'irrégularité de la distribution des formes de ce minéral, j'ai placé sur mes figures des lettres dont voici la valeur : les lettres soulignées sont celles qui, sur les figures, sont écrites en pointillé.

Fig. 351.

$\underline{\beta'''} = b^{5/4}$
$b' = b^{5/4}$ adj. à p'
$\beta' = b^{5/4}$ adj. à p''
$\underline{b'''} = b = b^{3/2}$ adj. à p
$\beta = b^{3/2}$ adj. à p'
$b'' = b^{11/8}$ adj. à p
$\beta'' = b^{11/8}$ adj. à p
$B = b^{11/8}$ adj. à p''
$B' = b^1$
$a = a' = a'' = \underline{a'''} = a^1$
$\alpha = \alpha\,? = a^{1/2}$
$A = a^3$ adj. à p'
$A' = a^{9/4}$ adj. à p''

Fig. 352.

b' inf. et sup. $= b'$ gauc. $= D' = b^{5/4}$ adj. à p'
$\beta' = b^{5/4}$ adj. à p''
$b = b^{3/2}$ adj. à p
β horiz. $= \beta$ vert. $= b^{3/2}$ adj. à p'
$d = b^{5/2}$ adj. à p
$D = b^{5/2}$ adj. à p''
$b'' = b^{11/8}$ adj. à p
$a = a' = a^1$
$A'' = a^3$
Zone approximative : $b' A'' \beta$.

Les faces pseudo-cubiques sont rarement unies; le plus souvent, elles sont couvertes de stries parallèles aux arêtes du cube et quelquefois aux diagonales de ses faces.

Clivage cubique assez net. Cassure inégale. Transparente, translucide ou opaque.

J'ai fait voir depuis longtemps que la Pérowskite offre des phénomènes de double réfraction qui ne permettent pas de la considérer comme réellement cubique. A travers une plaque de 0,1mm à 0,5mm d'épaisseur parallèle à l'une *quelconque* (1) des faces p, on voit en lumière polarisée convergente une hyperbole entourée d'anneaux, indiquant que la plaque est sensiblement perpendiculaire à un axe

---

(1) Contrairement au phénomène que j'ai constamment observé, l'étude des figures de corrosion, produite sur des cristaux de Zermatt, a conduit M. Baumhauer à admettre que deux seulement des faces du pseudo-cube sont semblables et pourraient appartenir à un prisme rhombique de 90°, tandis que la troisième serait différente et formerait la base de ce prisme.

optique d'un minéral biaxe. Dans les positions où l'hyperbole devient rectiligne, on constate que, suivant les parties de la plage considérée, elle est parallèle soit à deux des arêtes de la face pseudo-cubique, soit aux deux arêtes perpendiculaires aux premières. Il n'existe donc pas de cristaux simples de Pérowskite.

L'examen des lames minces conduit à la même conclusion et montre que les cristaux sont constitués par la juxtaposition d'étroites bandelettes se croisant suivant les arêtes ou suivant les diagonales des faces du pseudocube.

Les interpénétrations ont probablement lieu, comme dans la boracite, entre douze pyramides à forme limite se rencontrant au centre des cristaux et dont la base serait une face du pseudo-dodécaèdre b^1, alors que leurs autres faces seraient des portions de b^1 faisant chacune avec la base un angle de 60° et entre elles deux angles de 120° et deux de 90°.

J'ai pu extraire de cristaux suffisamment transparents de l'Oural et de Zermatt de petits parallélipipèdes, limités par des clivages cubiques : ils m'ont offert, à travers deux couples de faces parallèles un système d'anneaux plus ou moins nets, suivant qu'ils ont été extraits d'un cristal dans lequel les macles intérieures étaient plus ou moins régulières. Dans le plan de polarisation, la barre qui traverse l'anneau central m'a paru offrir une trace de dispersion *tournante*, ce qui semblerait indiquer que les pyramides élémentaires sont clinorhombiques : à 45° du plan de polarisation, les bordures de l'hyperbole sont larges et vivement colorées, l'une en rouge, l'autre en vert; elles annoncent l'existence d'une forte dispersion des axes, $\rho > v$ autour de la bissectrice *positive*, $\rho < v$ autour de la bissectrice *négative*.

Les axes optiques sont situés dans un plan comprenant la grande diagonale des bases losanges des pyramides et perpendiculaire aux arêtes du cube. L'une des arêtes de mes petits parallélipipèdes est donc normale à la bissectrice *aiguë* et l'autre à la bissectrice *obtuse*.

J'ai trouvé dans l'air pour l'écartement des axes optiques, sur des parallélipipèdes à faces imparfaitement parallèles :

$$2\,W = \begin{cases} 89°7' & \text{rayons rouges} \\ 85°44' & \text{rayons jaunes} \end{cases}$$

par-dessus une arête séparant un angle dièdre d'environ 84°42' : compensation *positive*.

$$2\,W' = \begin{cases} 93°53' & \text{rayons rouges} \\ 97°29' & \text{rayons jaunes} \end{cases}$$

par-dessus une arête séparant un angle d'environ 96° : compensation *négative*.

L'angle réel 2 V doit donc être voisin de 90°, comme dans la boracite. Entre 21° et 170° C., l'angle 2 W ne paraît augmenter que de 4 à 5°.

L'indice moyen, mesuré sur un prisme de 30°, ayant son arête normale au plan des axes, est d'environ 2,38 (Na).

Les lames b^1 sont perpendiculaires à la bissectrice aiguë ou obtuse (d'individus différents constituant les macles). En lumière polarisée parallèle, elles montrent des stries croisées à angle droit et d'autres parallèles aux côtés de la face étudiée.

Tout ce qui vient d'être dit s'applique aux cristaux de Zermatt, de l'Oural, etc.; ceux du Tyrol, étudiés par Hessenberg et par M. Klein, se comportent différemment, et en l'absence d'une analyse chimique quantitative, on peut se demander s'ils sont bien identiques aux précédents.

Dans ces cristaux, les faces pseudocubiques sont striées parallèlement à leurs diagonales. Le plan des axes optiques, suivant les plages, occupe deux positions perpendiculaires : il est parallèle à l'une ou l'autre des arêtes pseudocubiques. La bissectrice aiguë *positive* paraît un peu oblique à p : l'écartement des axes est faible. J'ai trouvé 2 E = 40° à 44° pour la lumière blanche, et la dispersion, assez faible, indique $\rho > v$ comme dans les cristaux de l'Oural. On voit donc que la bissectrice aiguë des cristaux du Tyrol est orientée à environ 45° de celle de la Pérowskite de Zermatt et de l'Oural.

La chaleur ne semble pas modifier d'une façon sensible les macles de la perowskite.

Éclat adamantin, parfois métallique. Couleur noire, brun noirâtre, jaune orangé, jaune de miel, jaune clair. Poussière blanche ou grise. Fragile.

Dur. = 5,5. Dens. = 3,974 (Val Malénco, Strüver), 4,017 (Achmatowsk, G. Rose), 4,03 à 4,039 (Zermatt, Damour).

Infusible au chalumeau. Donne les réactions de l'acide titanique. Attaquée par l'acide sulfurique bouillant.

$\dot{C}a\ \ddot{T}i$ Acide titanique 59,12 Chaux 40,88

Analyses de la Pérowskite : *a*, d'Achmatowsk (cristaux noirs), par Jacobson ; *b*, du même gisement (cristaux bruns), par Brooks ; *c*, de Zermatt, par M. Damour ; *d*, du même gisement, par M. Brun ; *e*, du Val Malenco, par Mauro ; *f*, de l'Oberwiensenthal, par Sauer.

	a	*b*	*c*	*d*	*e*	*f*
Acide titanique	58,96	59,00	59,23	59,39	58,66	58,66
Chaux	39,20	36,76	39,92	39,80	41,47	38,53
Oxyde ferreux	2,06	4,79	1,14	0,91	»	2,07
Oxyde manganeux et magnésie	traces	0,11	»	»	»	»
	100,22	100,66	100,29	100,10	100,13	99,08
Densité :	»	»	»	3,974	3,95	»

Le gisement qui a fourni les cristaux les plus beaux et les plus riches en faces est celui d'Achmatowsk, près Slatoust, Oural; ils s'y rencontrent dans un schiste chloriteux, associés à des cristaux de clinochlore et de magnétite : de ces cristaux, les plus nets sont noirs de fer, d'autres sont jaunes et transparents; ceux de Zermatt (glacier de Findelen), sont ordinairement de couleur claire, et parfois d'un jaune pâle. Ils sont généralement pauvres en facettes et constituent souvent des masses clivables atteignant de grandes dimensions : ils sont aussi engagés dans un schiste chloriteux.

Les beaux cristaux du Tyrol décrits par Hessenberg sont excessivement rares et très petits; ils ont été trouvés à Wildkreuzjoch, entre Pfitsch et Pfunders, dans un schiste chloriteux, avec zircons blancs.

Le même minéral a été rencontré au Monte Lagazallo, dans le Val Malenco en Piémont, engagé dans de l'arbeste avec de la magnétite; il est rare dans la syénite éléolitique de l'île de Loven près Brevig, où il est associé au leucophane.

Enfin, la Pérowskite se présente en outre comme élément essentiel de diverses roches volcaniques et particulièrement des basaltes à mélilite : elle y forme de petits octaèdres microscopiques; on l'observe aussi (Sauer) en cristaux macroscopiques (p dominant, pa^1 b^1) dans des enclaves basiques des néphélinites de l'Oberwiesenthal et dans celles des leucitophyres d'Oberbergen en Kaiserstuhl (Lacroix). On l'a trouvée aussi dans la syénite éléolitique (ditroïte) de Ditro et dans celle de Magnet Cove, Arkansas (Lacroix); dans ce dernier gisement, elle est intimement associée au grenat mélanite.

Ebelmen a reproduit la Pérowskite biréfringente en cubes (portant parfois a^1) par fusion du calcaire avec un silicotitanate alcalin. M. Hautefeuille a obtenu le même minéral avec les mêmes formes en fondant de l'acide titanique et de la silice avec du chlorure de calcium, dans un courant d'air humide chargé de vapeurs d'acide chlorhydrique. Enfin M. Bourgeois a fait cristalliser la Pérowskite en octaèdres microscopiques par fusion des éléments de ce minéral dans divers silicates ou mélanges ayant la composition des roches volcaniques dans lesquelles se rencontre la Pérowskite.

A la Pérowskite, on a rapporté depuis longtemps de gros cristaux noirs à éclat métalloïde, p, a^1, pa^1, indiqués comme provenant de Magnet Cove, Arkansas. D'après une analyse récente due à M. F. W. Mar, ils auraient la composition suivante, intermédiaire entre celle de la Pérowskite et celle de la dysanalyte étudiée plus loin.

Analyse par M. F. Mar :

Acide titanique	42,12
Silice	0,08
Acide niobique	4,38
Acide tantalique	5,08
Oxydes de cérium, lanthane, didyme, etc.	0,10
Yttria, erbine	5,42
Oxyde ferrique	6,16
Oxyde ferreux	0,23
Chaux	33,22
Magnésie	0,74
	99,53
Densité :	4,18

M. Ben Saude a étudié (*Preisschrift*, Göttingen 1882) ce minéral en lames parallèles aux faces du cube et à celles de l'octaèdre, et montré qu'elles présentent, en lumière polarisée parallèle et convergente, des phénomènes biréfringents analogues à ceux de la Pérowskite de l'Oural, mais avec moins de régularité.

L'opacité de ces cristaux rend du reste leur étude optique assez difficile en ne permettant que l'examen de lames très minces et par suite peu biréfringentes. Des lames, taillées parallèlement à une face *p* dans un cristal cubique, m'ont montré un centre violacé presque opaque offrant des facules jaunes. Cette partie centrale du cristal a la forme d'un carré inscrit dans la face du cube, ses côtés sont parallèles aux arêtes octaédriques. Il détermine dans les angles octaédriques quatre plages triangulaires ayant la couleur jaune des facules dont nous venons de parler.

En lumière polarisée parallèle, on constate que ces plages triangulaires présentent des bandelettes hémitropes : leur extinction a lieu parallèlement aux faces du cube.

Dans les facules du carré central, une partie de la plage possède l'orientation optique des triangles extérieurs, tandis que le reste demeure constamment éteint entre les nicols croisés.

En lumière convergente, on constate que ces plages éteintes sont perpendiculaires à un axe optique, tandis que les plages biréfringentes sont parallèles au plan des axes optiques. Dans les secteurs triangulaires, on observe quelques facules monoréfringentes. Ces propriétés sont conformes à celles qui ont été observées par M. Ben Saude, mais les dispositions paraissent plus régulières que dans les cristaux qu'il a figurés.

On voit en résumé que ces cristaux, tout comme ceux de l'Oural et de Zermatt, semblent construits sur le même type que le grenat pyrénéite, mais les interpénétrations des plages appartenant à des individus différents s'y manifestent comme dans la boracite.

Le minéral américain se rencontre aux environs de Magnet Cove, à Cove Creek et à Perofskite Hill dans des calcaires métamorphisés par les syénites éléolitiques. Il y est accompagné de magnétite, d'apatite, etc.

L'*hydrotitanite* de König est un produit d'altération du minéral précédent : les cristaux plus ou moins transformés deviennent jaune brun ou grisâtre. Ce produit ne semble pas avoir une formule définie.

M. König en a donné l'analyse suivante :

Acide titanique	82,82
Oxyde ferrique	7,76
Chaux	0,80
Magnésie	2,72
Eau	5,50
	99,60
Densité :	3,581

DYSANALITE ; A. Knop.

Cubique.

Forme habituelle : *p*. Clivage cubique.
Noir de fer. Éclat métallique. Opaque, même en lames très minces.
Dur. = 5 à 6. Dens. = 4,13.
Infusible au chalumeau. Difficilement attaquée par les acides concentrés.
La dysanalite, prise tout d'abord pour de la Pérowskite, a une composition chimique intermédiaire entre celle de la Pérowskite et celles du pyrochlore et de la Koppite : elle peut être représentée par la formule :

$$6\,(\dot{R}\,\ddot{Ti}) + \dot{R}\,\dddot{N}$$

Analyse de la dysanalite de Kaiserstuhl par A. Knop :

Acide titanique	40,57
Acide niobique	22,73
Oxyde ferreux	5,70
Oxyde manganeux	0,42
Oxyde de cérium	5,58
Chaux	19,36
Soude	3,50
Potasse, magnésie	traces
Silice	2,31
	100,17

La dysanalite a été rencontrée dans les calcaires de Badloch entre Oberbergen et Vogtsburg en Kaiserstuhl. Elle y est accompagnée d'un mica noir abondant, auquel M. Knop a donné le nom de *pseudobiotite*.

La rutherfordite de Shepard cristalliserait, d'après ce savant, en prismes rhomboïdaux obliques de 93°, terminés par une pyramide quadrangulaire, sans clivage. Cassure conchoïdale. Opaque et d'un brun noirâtre en grains; translucide et brun chocolat en écailles minces. Poussière brun jaunâtre. Éclat résino-vitreux dans la cassure. Fragile.

Dur. = 5,5. Dens. = 5,55 (Hunt).

Dans le matras, décrépite avec incandescence, dégage de l'eau et devient brune. Infusible au chalumeau. Avec le borax, donne un verre jaune clair. Soluble à chaud dans l'acide sulfurique.

Contient, d'après T. S. Hunt, au moins 58,5 p. 100 d'acide titanique, 10 p. 100 de chaux, et d'autres éléments indéterminés, parmi lesquels se trouvent peut-être des oxydes de cérium et d'urane.

Recueillie en grains cristallins peu abondants, dans les lavages d'or du comté de Rutherford, Caroline du Nord, avec rutile, Brookite, Samarskite, zircon, monazite, etc.

D'après un travail plus récent de Shepard, la rutherfordite serait peut-être quadratique et identique à la Fergusonite.

La parathorite de Shepard cristallise, d'après M. Dana, en prismes rhomboïdaux droits de 128°, tronqués par les faces h^1 et g^1 sur leurs arêtes latérales. Translucide ou opaque. Rouge grenat ou noir de poix. Éclat semi-résineux.

Dur. = 5 à 5,5.

Dans le matras, décrépite faiblement. Au chalumeau, devient incandescente, fond difficilement sur les bords et prend une couleur plus pâle. Avec le sel de phosphore, donne, au feu d'oxydation, un verre jaune à chaud, incolore à froid; au feu de réduction le verre prend une teinte violette (acide titanique? d'après Brush).

Ne s'est encore rencontrée qu'en très petits cristaux, engagés dans la danburite et l'orthose, à Danbury, Connecticut.

POLYMIGNITE. Prismatisches Melan-Erz ; Mohs.

Prisme rhomboïdal droit de 109°46′ (G. Rose).

$$b : h :: 1000 : 396{,}698 \quad D = 817{,}982 \quad d = 575{,}243.$$

(Frankenheim et Hermann ont cherché à rapprocher la polymignite de l'æschynite.)

ANGLES CALCULÉS.	ANGLES CALCULÉS.	ANGLES CALCULÉS.
mm 109°46′ avant	g^3g^3 70°50′ sur h^1	*$b^{1/2}m$ 130°8′
mh^1 144°53′	$h^1g^{5/3}$ 109°34′	pm 90°
*mg^1 125°7′	$mg^{5/3}$ 144°41′	$b^{1/2}b^{1/2}$ 99°44′ sur p
h^1g^3 125°25′	$g^{5/3}g^1$ 160°26′	
mg^3 161°32′	$g^{5/3}g^{5/3}$ 39°38′ sur h^1	$h^1b^{1/2}$ 121°49′
g^3g^1 144°35′		$b^{1/2}b^{1/2}$ 116°22′ côté
	$pb^{1/2}$ 139°52′	
		$g^1b^{1/2}$ 111°46′
		$b^{1/2}b^{1/2}$ 136°28′ avant

Combinaisons de formes observées : $mh^1g^1b^{1/2}$; $mh^1g^1g^3g^{5/3}b^{1/2}$ (*fig.* 358, pl. LX.) Les faces m, h^1, g^1, g^3, $g^{5/3}$ sont striées parallèlement à leur intersection mutuelle; les faces $b^{1/2}$ sont unies. Clivage imparfait suivant h^1; traces suivant g^1. Cassure conchoïdale. Opaque. Éclat imparfaitement métallique. Noir de fer. Poussière gris cendré. Fragile.

Dur. = 5,5. Dens. = 4,75 à 4,85.

Dans le matras, dégage un peu d'eau, sans changer d'aspect.

Inaltérable au chalumeau. Avec le sel de phosphore, donne un verre gris jaunâtre, semi-transparent, au feu de réduction comme au feu d'oxydation. Avec une parcelle de nitre, la couleur devient blanc pâle, à froid. Avec le borax, la couleur de la perle est d'un brun foncé, au feu de réduction et au feu d'oxydation ; avec un peu de nitre, cette couleur s'éclaircit et passe au brun hyacinthe. La fusion, avec du carbonate de soude et un peu de nitre, donne la réaction du manganèse. Attaquable par l'acide sulfurique.

L'analyse suivante de Blomstrand conduit à la formule : $5\,\dot{R}\ddot{Ti}$, $5\,\dot{R}\ddot{Zr}$, $\dot{R}\,(\overset{\cdot\cdot\cdot\cdot\cdot}{Nb}, \overset{\cdot\cdot\cdot\cdot\cdot}{Ta})$, dans laquelle R représente les métaux du cérium, le fer et la chaux.

Acide niobique	11,99
Acide tantalique	1,35
Acide titanique	18,90
Zircone	29,71
Thorine	3,92
Acide stannique	0,15
Yttria, erbine	2,26
Oxyde céreux	5,91
Oxydes de didyme et de lanthane	5,13
Oxyde ferreux	2,08
Oxyde manganeux	1,32
Oxyde ferrique	7,66
Alumine	0,19
Chaux	6,98
Magnésie	0,16
Oxyde plombeux	0,39
Alcalis	1,36
Eau	0,28
	99,74

Se trouve en cristaux minces, souvent très allongés suivant l'arête verticale $\frac{h^1}{g^1}$, dans la syénite zirconienne de Fredrikswärn en Norwège. Indiquée par Shepard comme existant à Beverly, Massachusetts.

ILMÉNITE; Kupffer. Cibdelophane (Kibdelophan); von Kobell. Crichtonite; de Bournon. Titaneisen.

Rhomboèdre aigu de 86°0'.

Angle plan du sommet = 85°44'58".

ANGLES CALCULÉS.	ANGLES MESURÉS.
d^1d^1 120°	»
a^1a^2 158°29'	»
a^1a^3 147°46'	»
a^1p 122°23'	122°10' à 25' II. K.; 122°10' II. Dx.; 122° Cr. Dx. (1)
$a^1e^{\frac{1}{4}}$ 104°14'	»
$a^1a^{3/4}$ 171°51'	172°10' env. Cr. Dx.
$a^1a^{7/10}$ 170°4'	170°10' à 35' Cr. Dx.
$a^1a^{1/2}$ 162°30' (2)	»
a^1b^1 141°45'	»
$a^1e^{1/4}$ 131°36'	»

(1) Il. K. Ilménite, mesures de Kokscharow; Il. Dx. Ilménite, mesures de Des Cloizeaux; Cr. Dx. Crichtonite, mesures de Des Cloizeaux.

(2) J'ai supposé par analogie que, dans la Crichtonite, les formes nouvelles $a^{3/4}$, $a^{7/10}$, $a^{1/2}$ constituaient des rhomboèdres *inverses* du primitif; mais leur isolement sur les cristaux ne permet pas d'affirmer qu'il en soit ainsi. Les rhomboèdres *directs* correspondants seraient $a^{13/10}$, $a^{11/8}$ et $a^{7/4}$.

ANGLES CALCULÉS.	ANGLES MESURÉS.
$a^1 e^1$ 107°36′	107°24′ à 36′ H. K.
$a^1 e^{3/2}$ 97°14′	»
$e^{1/4} e^{3/2}$ 145°38′	»
$a^1 e_3$ 118°48′	»
$a^1 x$ 102°23′	»
$a^1 d^1$ 90°	»
$a^2 a^2$ 142°58′ arête culminante	»
$a^3 a^3$ 124°58′ *id.*	»
*pp 86°0′ arête culminante	86°0′ H. K. 85°43′ H. Breith (1).
$p b^1$ 133°0′ *id.*	»
$e^4 e^4$ 65°50′ arête culminante	»
$a^{3/4} a^{3/4}$ 165°53′ *id.*	»
$a^{7/10} a^{7/10}$ 162°49′ *id.*	»
$a^{1/2} a^{1/2}$ 149°48′ *id.*	148° env. Cr. Dx.
$b^1 b^1$ 115°9′ *id.*	»
$e^{1/4} e^{1/4}$ 99°17′ *id.*	»
$e^1 e^1$ 68°43′ *id.*	»
$e^{3/2} e^{3/2}$ 61°34′ *id.*	61°29′ Cr. Lévy.
$p e^1$ latér. 124°21′30″	»
$p e_3$ adj. 154°0′30″	»
$e^1 e_3$ sur p 98°22′	»
$e_3 e_3$ 128°1′ arête culminante	»
xx 121°32′ arête culminante	

$$e_3 = (d^{1/3} d^1 b^1);\ x = (d^{1/6} d^1 b^{1/4})$$

Les rhomboèdres e^4, $e^{1/4}$ et $e^{3/2}$ ont été observés, sur la Crichtonite en cristaux allongés, par de Bournon et Lévy ; j'ai trouvé $a^{3/4}$, $a^{7/10}$ et $a^{1/2}$ sur la Crichtonite laminaire de l'Oisans ; x est indiqué par Miller dans la Crichtonite. Les isocéloèdres x, compris dans la zone $e^4 e^{3/2}$, et e_3 dans la zone $p e^1$, sont ordinairement hémièdres. Les principales combinaisons de formes observées sont : dans la Crichtonite, $a^1 e^{3/2}$; $a^1 e^4 e^{3/2}$, *fig.* 356, pl. LIX ; $a^1 e^4 e^{3/2} d^1$; $a^1 e^4 e^{3/2} d^1 x$ (cristaux très rares de l'Oisans, ayant l'aspect de rhomboèdres très aigus, basés) ; $a^1 p$; $a^{1/2}$; $a^1 a^{3/4} a^{7/10}$ (lames minces de l'Oisans) ; dans la Washingtonite, $a^1 p$; dans le cibdelophane

---

(1) Des mesures dues à Mohs, à Dana et à Breithaupt ont fourni : $pp = 85°59$ (cibdelophane) ; 86°0′ envir. (Washingtonite) ; 86°5′ (Crichtonite) ; 86°8′ (cristaux du val Tavetsch) ; 86°10′ (hystatite).

de Gastein, $a^1pb^1e^1(\frac{1}{2}e_3)$, *fig.* 354; dans l'**ilménite** : a^1pe^1 (cristaux de Zermatt en Valais, et de l'Oural); $a^1pb^1e^1$; $a^1pe^1(\frac{1}{2}e_3)$, *fig.* 353; $a^1pb^1e^1(\frac{1}{2}e_3)$; $a^1a^2pb^1e^1(\frac{1}{2}e_3)$; $a^1pe^1e_3$ (une moitié des faces de l'isocéloèdre e_3 plus développée que l'autre; $a^1pb^1e^1e_3$; $a^1a^2pb^1e^1e_3$ (cristaux de Miask); a^1pd^1; $a^1pb^1d^1$ (hystatite de Tvedestrand, Norwège); $a^1pe^1d^1e_3$ (cristaux de Krageröe, Norwège); $a^1pa^3b^1e^1d^1e_3$ (cristaux de Hamburg, New Jersey), etc. La base a^1 porte des stries disposées tantôt en triangles à côtés parallèles aux intersections $\frac{a^1}{p}$, tantôt en hexagones dont les côtés correspondent aux intersections $\frac{a^1}{p}$ et $\frac{a^1}{b^1}$.

Macles par hémitropie autour d'un axe normal à la base. Il existe aussi, sous forme de bandelettes, des macles polysynthétiques, parallèlement à p : elles sont moins abondantes que dans l'oligiste.

Clivage plus ou moins facile suivant a^1; traces suivant p. Cassure conchoïdale. Opaque; parfois translucide en lames très minces (*titaneisenglimmer*). Éclat imparfaitement métallique. Couleur noire, avec une teinte violacée, principalement dans la Crichtonite et quelquefois dans l'ilménite de Miask, de Zermatt? et des États-Unis; gris de fer dans les autres variétés. Poussière noire. Plus ou moins attirable à l'aimant.

Dur. = 5 à 6. Dens. = 4,66 à 5,31.

Infusible au chalumeau. Avec le sel de phosphore, donne, au feu de réduction, une perle rouge ou brun rouge, qui devient violette lorsqu'on la traite par l'étain sur le charbon. En poudre fine, se dissout plus ou moins facilement dans l'acide chlorhydrique qui se colore en jaune et laisse déposer de l'acide titanique.

Les variétés de fer titané pur ont pour formule $\dot{Fe}\,\ddot{Ti}$; Acide titanique 52,93 Oxyde ferreux 47,07. Elles ne renferment qu'une très petite quantité d'oxyde ferrique.

D'autres variétés sont formées par des mélanges, en proportions très variables, de $\dot{Fe}\,\ddot{Ti}$ avec de l'oxyde ferrique qui lui serait isomorphe et des titanates de magnésie et de manganèse $\dot{Mg}\,\ddot{Ti}$ et $\dot{Mn}\,\ddot{Ti}$. Peut-être ont-elles la formule $(\ddot{Fe}, \dddot{Ti})$.

Analyses : *a*, de la **Crichtonite** en cristaux laminaires de Saint-Christophe en Oisans, par Marignac; *b*, de petits grains provenant des sables aurifères du Rio-Chico, province d'Antioquia, État de Colombie, par Damour; *c*, du **cibdelophane**, en cristaux non magnétiques, à poussière noire (axotomes Eisenerz, de Mohs), d'Ingelsberg près Hofgastein, Autriche, par Rammelsberg; *d*, de masses amorphes de Maxhofen près Deggendorff, Bavière, par J. Müller; *e*, du **picrotitanite**, en cristaux à poussière noir brunâtre, de Layton's Farm, New-York, par Rammelsberg :

	a	b	c	d	e
Acide titanique	52,27	57,09	53,03	52,07	57,71
Oxyde ferrique	1,20	»	2,66	traces	»
Oxyde ferreux	46,53	42,11	38,30	42,98	26,82
Oxyde manganeux	»	0,80	4,30	4,11	0,90
Magnésie	»	»	1,65	»	13,71
	100,00	100,00	99,94	99,16	99,14
Densité :	4,727	»	4,689	4,692	4,313

Analyses : de l'**ilménite** en cristaux à poussière brun noir, des Monts Ilmen, près Miask, *f*, par Rammelsberg ; amorphe, de Krageröe, Norwège, *g*, par Rammelsberg ; d'Egersund en Norwège (en partie magnétique), *h*, par von Kobell ; en grains de diverses grosseurs, à poussière brun noir, fortement magnétiques, d'Iserwiese, Riesengebirge (*isérine* de Naumann et de Rammelsberg), *i* (petits grains), par Rammelsberg ; de la **ménaccanite** en grains magnétiques, *j*, par von Kobell ; de la **Washingtonite** cristallisée, de Lichtfield, Connecticut, *k*, par Marignac ; de l'**hystatite** en cristaux non magnétiques, de Tvedestrand près Arendal, *l*, par Mosander ; de l'**hydroilménite** de Smoland, *m*, par Blomstrand ; d'une variété amorphe faiblement magnétique (*uddewallite* de Dana), d'Uddewalla, Suède, *n*, par Plantamour :

	f	g	h	i	j	k	l		m	n
$\ddot{\text{Ti}}$	45,93	46,92	43,24	41,64	43,24	22,21	24,25		54,23	15,56
$\dddot{\overline{\text{Cr}}}$	»	»	»	»	»	»	0,45		»	»
$\dddot{\overline{\text{Fe}}}$	14,30	11,48	28,66	28,87	28,66	59,07	60,16		14,99	71,25
$\dot{\text{Fe}}$	36,52	39,82	27,91	25,00	27,91	18,72	14,29		21,91	11,32
$\dot{\text{Mn}}$	2,72	»	»	1,00	»	»	»		6,34	»
$\dot{\text{Mg}}$	0,59	1,22	»	4,66	»	»	3,79		0,19	»
	100,06	99,44	99,81	101,17	99,81	100,00	102,94	$\dot{\text{Ca}}$	0,45	98,13
								$\ddot{\text{Si}}$	1,40	
								$\dot{\overline{\text{H}}}$	1,33	
Dens.	4,811 à 4,873	4,701	4,787	4,745	»	5,016	4,848		100,84	»
									4,09	

La **Crichtonite**, en petits rhomboèdres aigus basés, très rares, n'a encore été trouvée qu'aux environs de Saint-Christophe en Oisans, département de l'Isère, associée à des cristaux de quartz, d'albite, d'anatase, de Brookite, dans les fentes de schistes micacés ; en cristaux tabulaires et en lames excessivement minces, on la rencontre quelquefois dans des nids de ripidolite grenue ; le **cibdelophane**, en cristaux ou en lames minces, est accompagné de dolomie dans le talc de Gastein en Salzbourg ; l'**ilménite** se présente en beaux cristaux, souvent de grandes dimensions, dans la mlascite du lac Ilmen, près Miask ; à Zermatt, vallée de Binnen en Valais? (1); à Warwick, Amity et Monröe, comté Orange, État de New-York, avec spinelle, chondrodite, rutile, etc.; à Edenville près Greenwood Furnace et à South Royalston, Massachusetts; l'hystatite (hystatisches Eisenerz de Breithaupt), en cristaux offrant le clivage et la couleur de l'ilménite, a été trouvée à Tvedestrand près Arendal, Norwège; la Washingtonite de Shepard, voisine de l'hystatite, l'a été à Lichtfield, Connecticut, en larges cristaux tabulaires.

L'hydroilménite de Smoland, en lames courbes clivables suivant les faces d'un rhomboèdre de 86° à 87°, paraît être un produit d'altération de la ménaccanite.

On rencontre aussi : de beaux cristaux à Krageröe et à Egersund, Norwège, à Hamburg, New-Jersey; de petites masses amorphes ou des grains plus ou moins cristallins à Fredrikswärn, dans la syénite zirconienne; à la baie de Saint-Paul et à Château-Richer, Canada; à Bodenmais et à Spessart près Aschaffenburg, Bavière; à Malonitz près Klattau en Bohême, avec rutile; à Iserwiese, Riesengebirge, dans des alluvions, isérine en partie (2); à Ohlapian, Transylvanie, et en Californie, dans des sables aurifères, etc., etc.

Dans les roches, l'ilménite souvent associée à la magnétite, est très fréquemment entourée d'une substance biréfringente, qui a tout d'abord été prise pour un minéral spécial et désigné sous le nom de *leucoxène* par Gümbel, et sous celui de *titanomorphite* par von Lasaulx. L'identité avec le sphène de ce produit d'altération est aujourd'hui démontrée. On le trouve aussi bien dans les roches anciennes, éruptives et métamorphiques, que dans les roches volcaniques récentes.

La paracolumbite (Shepard), de Traunton, Massachusetts, en grains noirs, difficiles à séparer de leur gangue, contient, d'après Pisani :

Acide titanique	35,66
Oxyde ferrique	3,48
Oxyde ferreux	39,08
Magnésie	1,94
Chaux	2,06
Insol.	10,66
Alumine	7,66
	100,54
Densité :	4,353

(1) D'après une analyse de M. Rammelsberg, les cristaux de Zermatt, malgré leur couleur noire, paraissent appartenir à l'oligiste titanifère (Eisenrose).

(2) Le nom d'isérine a surtout été appliqué à un sable titanifère qui paraît composé d'octaèdres réguliers, comme le *trappisches Eisenerz* de Breithaupt. Il se rencontre dans les régions volcaniques où il provient de la désagrégation des roches volcaniques et de leurs tufs.

La **Mohsite** (Lévy) est supposée voisine de l'ilménite. Les quelques cristaux mesurés par Lévy et rapportés par lui à un rhomboèdre de 73°43', présentaient l'aspect de petites tables aplaties suivant la base et offraient la combinaison des formes $a^1\, p\, b^1\, e^1\, d^2\, d^1$ (*fig* 357, pl. LX).

En supposant, avec Miller, que le rhomboèdre primitif corresponde à l'inverse $e^{4/5}$ connu dans l'oligiste, ces formes deviendraient :

$$a^1 = a^1 \qquad e^1 = e^{7/2}$$
$$p = e^{4/5} \qquad d^1 = d^1$$
$$b^1 = a^{10} \qquad d^2 = \tau = (d^{1/14}\, d^{1/5}\, b^{1/13})$$

Leurs incidences, *calculées* par Lévy, conduiraient à rapporter l'*ilménite* à un rhomboèdre primitif de 85°17' au lieu de celui de 86° que j'ai adopté. On aurait alors :

LÉVY.	DES CLOIZEAUX.	LÉVY.	DES CLOIZEAUX.
*$a^1 p$ 112°30'	$a^1 e^{4/5}$ 112°55'	$p d^2$ 157°10'	$e^{4/5} \tau$ 157°3'
$a^1 b^1$ 129°38'	$a^1 a^{10}$ 130°13'	$p d^1$ 143°8'	$e^{4/5} d^1$ 142°24'
$a^1 e^1$ 101°42'	$a^1 e^{7/2}$ 101°56'	$d^2 d^2$ 151°56' sur d^1	$e^{4/5} e^{4/5}$ 151°42' sur d^1
pp 73°43'	$e^{4/5} e^{4/5}$ 74°11'	$d^2 d^2$ 142°16' sur p	$\tau\tau$ 142°17' sur $e^{4/5}$
$b^1 b^1$ 96°21'	$a^{10} a^{10}$ 97°12'	$d^2 d^2$ 99°24' sur d^1	$\tau\tau$ 99°27' sur a^{10}
$e^1 e^1$ 64°0'	$e^{7/2} e^{7/2}$ 64°10'		

Cristaux hémitropes formés de deux rhomboèdres assemblés suivant leur base et dont l'un aurait *seulement* tourné de 30° autour de l'axe vertical.

Cassure conchoïdale. État métallique. Noir de fer. Fragile. Raye facilement le verre. Non magnétique.

La substance, à peine connue d'une manière authentique dans un très petit nombre de collections, a été découverte par Lévy vers 1826, sur un groupe de cristaux de quartz légèrement chlorités, provenant probablement du Dauphiné et appartenant alors à M. Heuland.

L'**Isérite** de M. Janowsky forme des grains bruns dépourvus de cassure conchoïdale, accompagnant l'isérine noire d'Iserwiese en Bohême.

Ce minéral cristallise comme le rutile et présente parfois les mêmes macles.

Sa densité est de 4,52, mais il renferme une quantité très grande d'oxyde ferreux. Sa composition semble répondre à la formule $\dot{F}e\, \ddot{T}i^2$ d'après l'analyse suivante :

Acide titanique	69,51
Oxyde ferreux	28,67
Oxyde manganeux	1,41
Magnésie	0,32
Acide niobique et silice	0,44
	100,35

PYROPHANITE; Hamberg.

Rhomboèdre aigu de 85°55'.

Angle plan du sommet 85°36'11".

ANGLES CALCULÉS.	ANGLES CALCULÉS.
$a^1 a^4$ 141°40'30"	$a^4 a^4$ culm. 115°2'
* $a^1 e^1$ 107°33'	$e^1 e^1$ culm. 68°41'
pp culm. 85°54'30"	$d^1 e^1$ 145°40'

Combinaison : $d^1 a^1 a^4 e^1$, petits cristaux aplatis suivant a^1 et portant sur cette face des stries triangulaires, parallèles aux arêtes $a^1 a^4$. Semble présenter le même genre d'hémiédrie que l'ilménite.

Clivage parfait suivant e^1, moins facile suivant a^4.

Transparente en lames très minces. Double réfraction très énergique à un axe *négatif*.

M. Hamberg a trouvé pour les indices de réfraction les valeurs suivantes :

	Rouge (Li).	Jaune (Na).
$\omega =$	2,4408	2,4804
	2,4419	2,4816
$\varepsilon =$		2,21

Éclat vitreux très vif passant à l'éclat métalloïde. Couleur rouge sang, rouge jaune en lames minces. Non pléochroïque. Poussière jaune d'ocre avec teinte verdâtre.

Dur. = 5. Dens. = 4,537.

Ce minéral est géométriquement isomorphe de l'ilménite et de l'oligiste.

$\dot{M}n \ddot{T}i$. Acide titanique 53,29. Oxyde manganeux 46,71.

L'analyse a donné à M. Hamberg les résultats suivants :

Acide titanique	50,49
Silice	1,58
Oxyde manganeux	46,92
Oxyde ferrique	1,16
Acide antimonieux	0,48
	100,63

La pyrophanite associée à la ganophyllite, à la manganophyllite et au grenat a été rencontrée en très petite quantité dans la mine Harstig, à Pajsberg en Wermland, Suède.

PSEUDOBROOKITE ; A. Koch.

Prisme rhomboïdal droit de 91°5′ (1).

$b : h :: 1000 : 804,276 \quad D = 713,770 \quad d = 700,380.$

ANG. CALC.	ANG. MESUR.	ANG. CALC.	ANG. MESUR.
mm 91°5′	»	*$h^1 a^1$ 138°57′	138°57′ T.
mh^1 135°32′30″	135°4′ T.		56′ R. 45′ v. R.
mh^3 161°40′30″	161°45′ T.		44′ S. 23′ O.
mg^1 134°27′30″	134°25′ T.	$h^1 a^3$ 110°57′	109°28′ B. 110°40′ K.
*$h^1 h^3$ 153°52′	153°52 T. v. R.		59′ Lew.
	20° L. 37′ S. 48′ R.		111°22′ L. 111° O.
	57′ O.	$a^1 a^3$ 152°0′	153°3′ T.
	154°5′ B. 11′ Lew.	$a^3 a^3$ 138°6′ sur p	138°6′ T. 3′ Lew.
	10′ R.		
$h^3 g^1$ 116°8′	»	$h^3 a^3$ 108°43′	108°53′ Lew.
$h^3 h^3$ av. 127°44′	127°18′ S. 126°20′ L.	$b^{3/2} b^{3/2}$ 141°20′	141°4′ O.
	128°20′ v. R.		
$g^1 g^3$ 153°0′	153°14′ S.		

$c_{1/3} = (b^{1/3} b^1 g^{1/3}) \qquad s = (b^{1/4} b^{1/2} g^{1/3})$

---

(1) Les angles de la pseudobrookite donnés par les divers auteurs sont très variables, sans doute à cause de la petitesse des cristaux et de l'imperfection des faces; j'ai pris pour paramètres les nombres donnés récemment par M. Traube. M. Groth avait proposé autrefois de choisir une forme primitive permettant de rapprocher la forme de la pseudobrookite de celle de la Brookite; c'est cette position qui a été adoptée par M. Dana, mais vom Rath avait fait observer qu'alors, les stries sur h^1, verticales dans la Brookite, seraient horizontales dans la pseudobrookite. Voici la correspondance des faces dans les deux systèmes.

DX.	GROTH.	DX.	GROTH.
p	g^1	a^3	g^2
m	a^1	a^1	e^1
h^1	h^1	e^1	m
g^1	p	$b^{3/2}$	$(b^{1/4} b^{1/2} g^1)$
h^3	$a^{1/2}$	$b^{1/7}$	$(b^{1/9} b^{1/5} g^{1/7})$
g^3	a^3	$e_{1/3}$	e_2
		$s = (b^{1/4} b^{1/2} g^{1/3})$	$(b^{1/4} b^{1/2} g^{1/3})$

(2) Cristaux de l'Aranyer Berg, mesurés par M. Traube (T.), Schmidt (S.). vom Rath (v. R.), Rinne (R.); cristaux de Jumilla, par Lewis (Lew.), du Riveau Grand par Oebbecke (O.), du Vésuve par Krenner (K.), du Katzenbuckel, par Lattermann (L.), de Havredal, par Brögger (B.)

Combinaisons : $h^1 h^3 a^1$ (Jumilla), $h^1 h^3 a^3$ (Havredal; Vésuve), $h^1 h^3 g^1 a^3$ (Havredal), $h^1 g^1 a^3$ avec ou sans m (Katzenbuckel), $h^1 h^3 m g^1 a^1 a^3$ (Aranyer Berg), $h^1 h^3 m g^1 a^1 a^3 b^{1/7}$ (Aranyer Berg), $m h^3 h^1 g^1 a^1 a^3 e^1 b^{1.7} e_{1/3}$ (Riveau Grand). Les cristaux sont aplatis suivant h^1. Dans le seul gisement de Havredal, ils sont allongés suivant la zone prismatique. Les faces de cette zone et en particulier h^1 sont striées parallèlement à leurs intersections mutuelles. Clivage g^1 facile. Cassure inégale.

Transparente en lames minces ou opaque. Plan des axes optiques parallèle à p. Bissectrice aiguë *positive*, perpendiculaire à h^1.

$$2\,H_a = 84°30' \text{ (Lattermann).}$$

Dispersion nette $\rho < v$.

Éclat adamantin, gras dans la cassure. Brun noir, noir; en lames minces, brun rouge. Pléochroïsme peu intense avec maximum pour les rayons cheminant suivant l'axe vertical. Poussière brun rouge ou jaune d'ocre.

Dur. = 6. Dens. = 4,39 (Cederström), 4,63 (Doss), 4,98 (Koch).

Au chalumeau, presque infusible. Avec le borax et le sel de phosphore, donne les réactions du fer et du titane. Le minéral pulvérisé est attaqué par l'acide sulfurique qui laisse un résidu blanc verdâtre soluble dans l'acide chlorhydrique. Très lentement attaqué par l'acide chlorhydrique bouillant.

La formule semble être $\ddot{F}e^2\, \ddot{T}i^3$. Acide titanique 43,17. Oxyde ferrique 56,83 = 100.

Analyses de la pseudobrookite : *a*, de l'Aranyer Berg, par A. Koch ; *b*, du même gisement, par M. Rimbach (in Traube) ; *c*, de Havredal, par M. Cederström ; *d*, du Katzenbuckel, par M. Lattermann.

	a	*b*	*c*	*d*
Acide titanique	42,29	42,49	44,26	46,79
Oxyde ferrique	52,74	58,20	56,42	48,64
Chaux et magnésie	4,28	»	»	4,53 $\dot{M}g$
Perte au feu	0,70	»	»	»
	100,01	100,69	100,68	99,96

La pseudobrookite a été trouvée pour la première fois en petits cristaux accompagnant l'hypersthène (Szaboïte) et la tridymite dans les druses des andésites de l'Aranyer Berg en Transylvanie : elle se rencontre associée aux mêmes minéraux dans des fragments de trachytes englobés dans des trachytes plus récents du Riveau Grand au Mont Dore. Elle existe dans la néphélinite du Katzenbuckel (Odenwald), dans les andésites des îles Berings, dans la lave du Vésuve de 1872, à Jumilla, Espagne, associée à l'apatite, etc. Dans tous ces gisements, la pseudobrookite forme de très petits cristaux. A Havredal, près Bamle, Norwège, au contraire, elle se rencontre dans la wagnérite (Kjerulfine) en gros cristaux associés à du quartz, des feldspaths, etc.

Dans un travail tout récent, M. Bruno Doss a décrit des cristaux de pseudobrookite, formés par sublimation dans la fabrique de soude de Schöneberg; ils y sont associés à de l'hématite et de l'anhydrite. Ils offrent l'apparence des cristaux naturels des roches volcaniques, mais possèdent des faces nombreuses : h^1, $h^{17/15}$, $h^{13/11}$, $h^{7/5}$, $h^{3/2}$, $h^{7/3}$, h^9, h^3, a^3, a^1, $b^{3/2}$. Leur composition est la suivante : $\ddot{\text{F}}\text{e}$ 66,42, $\ddot{\text{T}}\text{i}$ 33,59 = 100,01 ; elle correspond à la formule $\ddot{\text{F}}\text{e}\,\ddot{\text{T}}\text{i}$, c'est-à-dire à une formule analogue à celle de l'andalousite ($\ddot{\text{A}}\text{l}\,\ddot{\text{S}}\text{i}$). M. Doss considère ces deux minéraux comme isomorphes : si, en effet, on prend pour la hauteur de la pseudobrookite les $\frac{2}{3}$ de la valeur donnée plus haut, on obtient pour les paramètres de ce minéral des nombres très voisins de ceux de l'andalousite.

TANTALIDES ET NIOBIDES.

YTTROTANTALITE noire. Yttrotantale; Beudant. Yttertantal; Hausmann. Tantale oxydé yttrifère; Haüy.

Prisme rhomboïdal droit de 123°12′.

$$b : h :: 1000 : 996,596 \quad D = 879,648 \quad d = 475,624.$$

ANGLES CALCULÉS.	ANGLES MESURÉS. NORDENSKIÖLD.	ANGLES CALCULÉS.	ANGLES MESURÉS. NORDENSKIÖLD.
mm 123°12′	»	g^3g^1 137°14′	137°8′
mh^3 136°28′ sur m	136°18′	g^3g^3 94°28′ sur g^1	»
mg^1 118°24′	119°6′	*$g^{3/2}g^1$ 159°42′	159°42′
h^3g^1 105°8′	105°7′	$pa^{1/2}$ 103°25′	101°30′ à 105°
		*e^1g^1 138°34′	138°34′

Combinaisons principales : $mg^3g^{3/2}g^1p$; $mg^1pa^{1/2}$; $h^3mg^1pe^1$.

Cristaux souvent aplatis suivant g^1. Clivage g^1 très difficile. Cassure conchoïdale ou inégale. Translucide ou opaque en masse; plus ou moins transparente en lames minces. Paraît sans action sensible sur la lumière polarisée. Éclat imparfaitement métallique, passant au résineux. Couleur noire ou brunâtre. Poussière gris cendré. Fragile.

Dur. = 5 à 5,5. Dens. = 5,4 à 5,9.

Après calcination, la densité augmente notablement. Ainsi, d'après Peretz, un échantillon d'une densité de 5,67 à l'état naturel, a atteint 6,40 après avoir été calciné.

Au chalumeau, blanchit sans fondre. Dans le matras, dégage de l'eau acide et prend une teinte grise. Avec le sel de phosphore, donne au feu de réduction un verre transparent, teinté de vert, qui ne change pas au feu d'oxydation. Avec le borax, le verre, jaune verdâtre à la flamme réductrice, se transforme en émail grisâtre à la flamme oxydante.

En admettant que l'eau n'est pas une partie essentielle du minéral, la formule peut s'écrire $\dot{R}^5(\dddot{Ta}, \dddot{Nb})^2$.

Analyses, *a*, de l'yttrotantalite noire d'Ytterby ; *b*, de l'yttrotantalite brune de Korarfvet, toutes deux par Rammelsberg :

	a	OXYG.		RAPP.	*b*
Acide tantalique	46,25	8,33	12,00	2	43,44
Acide niobique	12,32	3,67			14,41
Acide tungstique	2,36	0,62			»
Acide stannique	1,12	0,24			»
Yttria	10,52	2,22	6,20	1	28,81
Erbine	6,71	0,83			1,73
Oxyde céreux	2,22	0,33			10,47
Chaux	5,73	1,64			»
Oxyde ferreux	3,80	0,84			1,51
Oxyde uranique $\ddot{U}$	1,61	0,34			1,56
Eau	6,31	5,61		1	7,14
	98,95				99,07
Dens. :	5,425				4,306

Se trouve engagée dans un oligoclase laminaire blanc rosâtre, à Ytterby, à Finbo et Brodbo près Fahlun, Suède. Dans la variété grise de Korarfvet, les proportions relatives des acides tantalique et niobique offrent un rapport semblable à celui des cristaux noirs d'Ytterby. Plusieurs variétés, d'une couleur jaune ou brune, qu'on trouve aussi à Ytterby, sont maintenant rapportées par MM. Nordenskiöld et Rammelsberg à la Fergusonite où l'acide niobique est très prédominant.

HJELMITE ; Nordenskiöld.

Prisme rhomboïdal droit d'environ 130°10′ (Weibull).

$b : h :: 1000 : 930,841 \quad D = 906,942 \quad d = 421,256.$

ANGLES CALCULÉS.	ANGLES MESURÉS.	ANGLES CALCULÉS.	ANGLES MESURÉS.
mm 130°10′	129°45′	a^1a^1 131°14′ sur h^1	131°30′
g^5g^5 110°16′ avant	108°15′	*$a^{1/2}a^{1/2}$ 154°30′ sur h^1	154°30′
		*$a^{1/2}m$ 152°10′	152°10′

Cristaux imparfaits et incomplets, offrant les combinaisons : $ma^{1/2}$; g^5a^1 ; $ma^1a^{1/2}g^5$.

Les cristaux paraissent fortement modifiés et, en lames minces, ils offrent une masse amorphe dans laquelle sont disséminés des grains noirs métalliques de matière inaltérée. Cassure grenue. Couleur noire tirant sur le brun. Poussière noir grisâtre.

Dur. = 5. Dens. = 5,82 (Nordenskiöld) ; 5,655 (Rammelsberg).

Dans le matras, décrépite et tombe en fragments, en dégageant de l'eau. Au feu d'oxydation, brunit sans fondre. Avec le sel de phosphore, donne un verre d'un bleu vert ; avec le borax, verre clair qui devient opaque au flamber. Avec la soude, sur le charbon, fournit des grains métalliques.

Analyses, *a*, par Rammelsberg, *b*, par Weibull.

	a	*b*
Acide tantalique	54,52	72,16
Acide niobique	16,35	3,63
Acide stannique	4,60	1,12
Acide tungstique	0,28	0,91
Yttria	1,81	1,65
Oxyde céreux	0,48	0,40
Oxyde uranique	4,51	2,34
Oxyde ferreux	2,41	5,02
Oxyde manganeux	5,68	2,21
Chaux	4,05	6,19
Magnésie	0,45	0,60
Oxyde plombeux	»	0,21
Eau	4,57	2,23
	99,71	98,67

Trouvée en petite quantité dans une pegmatite, avec pyrophysalite, grenat, Gadolinite et bitume, à la mine de Korarfvet près Fahlun, Suède.

Paraît voisine de l'yttrotantale et de l'æschynite.

La *Blomstrandite* de Lindström est amorphe, possède un éclat vitreux, une couleur noire. Poussière brun de café. Opaque en masse, mais transparente en lames minces.

Dur. = 5,5. Dens. = 4,17 à 4,25.

Au chalumeau, difficilement fusible ; dans le matras dégage de l'eau. Avec le sel de phosphore, donne les réactions de l'urane.

Les analyses suivantes sont dues à M. Lindström :

	a	*b*
Acides tantalique et niobique	49,76	60,77
Acide titanique	10,71	
Oxyde d'urane (Ü)	23,68	23,37
Oxyde ferreux	3,33	3,39
Chaux	3,45	3,04
Magnésie	0,16	traces.
Oxyde manganeux	0,04	0,06
Alumine	0,11	»
Substances précipitées par HS	0,12	0,20
Eau	7,96	8,17
	99,32	99,00

La Blomstrandite, très rare, a été trouvée avec nohlite dans une carrière de pegmatite à Nohl, Suède.

TANTALITE; Ekeberg. Tantalite à poussière brun cannelle; Berzélius. Tammela-tantalite; N. Nordenskiöld. Skogbölite; A. Nordenskiöld.

Prisme rhomboïdal droit de 113°48′ (1).

$b : h :: 1000 : 683,655 \quad D = 837,758 \quad d = 546,041.$

ANGLES CALCULÉS.	ANGLES CALCULÉS.	ANGLES CALCULÉS.
mm 113°48′	$e^{4/9}g^1$ 151°26′	$b^{1/2}b^{1/2}$ 112°26′ sur m
mg^1 123°6′	151° à 153°40′ obs. Nord.	$b^{1/2}m$ 146°13′
$h^{7/5}g^1$ 96°12′	$e^{4/9}e^{4/9}$ 57°8′ sur p	
$h^{7/5}h^{7/5}$ 167°36′ avant	56° à 56°40′ obs. Nord.	b^1b^1 141°50′ avant
g^2g^1 152°55′	$e^{4/9}e^{4/9}$ 122°52′ sur g^1	$b^{3/4}b^{3/4}$ 134°39′ avant
g^2g^2 54°10′ avant	122° à 123°30′ obs. Nord.	*$b^{1/2}b^{1/2}$ 126°1′ avant
		b^1b^1 119°48′ côté
$e^{2/5}g^1$ 153°54′	b^1b^1 73°33′ sur m	$b^{3/4}b^{3/4}$ 107°29′ côté
$e^{2/5}e^{2/5}$ 127°48′ sur g^1	$b^{3/4}b^{3/4}$ 89°48′ sur m	*$b^{1/2}b^{1/2}$ 91°44′ côté
127° env. obs. Nord.		

Combinaisons de formes : $b^{1/2}me^{4/9}$, ordinaire; $mh^{7/5}g^2g^1pe^{4/9}$ $b^1b^{3/4}b^{1/2}$, *fig*. 361, pl. LX, plus rare. Macles fréquentes suivant g^1. Clivage parallèle à g^1. Cassure inégale. Eclat faiblement métallique. Couleur noire. Poussière brun noir ou brun cannelle.

Dur. = 6 à 6,5. Dens. 7,8 à 8,0. Pour certains cristaux, probablement un peu altérés, ce nombre s'abaisse à 7,3 ou 7,4 (Nordenskiöld).

Au chalumeau, reste infusible, sans changer d'aspect. La *skogbölite* de Skogböle, fondue sur le charbon avec du carbonate de soude, donne des globules d'étain métallique. Avec le sel de phos-

---

(1) L'orientation adoptée ici permet de simplifier les symboles des formes observées par M. Nordenskiöld.

phore, verre brun, transparent au feu de réduction, se convertissant en émail grisâtre au feu d'oxydation, en ajoutant un peu de nitre. Avec le borax, verre brun, transparent au feu de réduction, devenant faiblement violacé au feu d'oxydation. Attaquable seulement par un mélange d'acide sulfurique et d'acide fluorhydrique.

Mélanges, en proportions variables, de tantalate et de niobate d'oxyde ferreux ($m\,\dot{F}e\,\ddot{\bar{T}}a + n\,\dot{F}e\,\ddot{\bar{N}}b$).

Analyses de la tantalite : *a*, de Härkäsaari, paroisse de Tammela; *b*, de Rosendal, paroisse de Kimito, Finlande; *c*, de Skogböle (skogbölite), paroisse de Kimito; *d*, de Brodbo près Fahlun, Suède: *e*, de Brodbo? toutes par Rammelsberg; *f*, de Chanteloube près Limoges, Haute-Vienne, par Damour; *g*, de Branchville, Connecticut, par Comstock (formes de la *baïérine*) :

	a	*b*	*c*	*d*	*e*	*f*	*g*
Acide tantalique	76,34	70,53	69,97	49,64	42,15	»	52,29
						82,98 (acides tantalique et niobique)	
Acide niobique	7,54	13,14	12,26	29,27	40,21	»	30,16
Acide stannique	0,70	0,82	2,94	2,49	0,18	1,21	»
Oxyde ferreux	13,90	14,30	»	13,77	16,00	14,62	0,43
			14,83 (oxydes ferreux et manganeux)				
Oxyde manganeux	1,42	1,20	»	2,88	1,07	traces	15,58
Perte au feu	»	»	»	0,75	»	Si 0,42	Ca 0,37
	99,90	99,99	100,00	98,80	99,61	99,23	98,83
Dens. :	7,384	7,277	7,272	6,311	6,082	7,64 à 7,651	6,59

Les cristaux, plus ou moins imparfaits, sont généralement engagés dans des granites ou des pegmatites riches en albite et en oligoclases : en Finlande, à Härkäsaari, Laurinmäki et Sukkula, paroisse de Tammela; à Rajamäki et Pennikoja, paroisse de Somero; à Skogböle et Rosendal, près Björkboda, paroisse de Kimito; à Kaatiala, paroisse de Kuortane; en Suède, à Brodbo et Finbo, près Fahlun; en France, à l'ancienne carrière de la Vilate, près Chanteloube, Haute-Vienne; aux États-Unis, dans le comté Yancey, Caroline nord; à Northfield, Massachusetts; à Branchville, Connecticut, etc.

L'ixiolite de Arppe (ixionolite; kimito-tantalite de N. Nordenskiöld) se présente en prismes rectangulaires droits, simples ou portant des troncatures sur les arêtes et sur les angles solides et offrant les combinaisons : $h^1 g^1 p$; $m h^1 g^1 p e^{1/3} b^{1/2}$; $m h^1 g^1 p e^1 e^{1/3} b^{1/3}$ (A. E. Nordenskiöld); $m h^1 g^1 p e^1 e^{1/5} b^{1/2}$ (Dx.).

$$b : h :: 1000 : 1091,331 \quad D = 875,886 \quad d = 482,518$$

ANGLES CALCULÉS.	ANGLES MESURÉS.	ANGLES CALCULÉS.	ANGLES MESURÉS.
[*mm 122°18′ avant	122°18′ Nord.	[$b^{1/2}m$ 158°50′	158°50′ Dx.
mh^1 151°9′	»	$b^{1/2}b^{1/2}$ 137°40′ s. m	»
mg^1 118°51′	118°20′ Dx.		
		[$g^1b^{1/2}$ 116°44′	116°15′ Dx.
[*pe^1 128°45′	128°45′ Nord.	$b^{1/2}b^{1/2}$ 126°32′ avant	»
e^1g^1 141°15′	140°25′ Dx.		
$pe^{1/3}$ 104°59′	105°2′ Nord.	[$h^1b^{1/2}$ 144°46′	»
$e^{1/3}g^1$ 165°1′	»	$b^{1/2}e^1$ 125°14′	125°14′ Nord.
$e^{1/5}g^1$ 170°53′	171°20′ Dx.	$b^{1/2}b^{1/2}$ 70°28′ côté	70°50′ à 71°30′ Dx.

Macles de deux prismes rectangulaires assemblés suivant a^3 et offrant entre h^1 et y_1 un angle rentrant de 105°58′.

Cassure conchoïdale ou inégale. Éclat faiblement métallique. Opaque. Couleur d'un gris noir. Poussière brune.

Dur. = 6 à 6,5. Dens. 7,1 à 7,2.

Au chalumeau, avec le borax et le sel de phosphore, réactions du fer et du manganèse.

Tantalite manganésifère, d'après l'analyse suivante de Rammelsberg.

Acide tantalique	63,58
Acide niobique	19,24
Acide stannique	1,70
Oxyde ferreux	9,19
Oxyde manganeux	5,97
Eau	0,23
	99,91
Dens. :	7,232

Ne s'est encore rencontrée qu'en cristaux engagés, avec béryl et tantalite, dans une pegmatite très riche en albite rose, à Skogböle, paroisse de Kimito, Finlande.

L'ildefonsite (Haidinger) est une tantalite d'une dur. = 6 à 7, d'une dens. = 7.416, trouvée à San-Ildefonso en Espagne.

TAPIOLITE; Nordenskiöld.

Prisme droit à base carrée, isomorphe du rutile et du zircon.

$b : h :: 1000 : 456,614$ $D = 707,107$.

ANGLES CALCULÉS.	ANGLES MESURÉS.
a^1a^1 65°42′ base	65°20′ à 66° Dx.
a^1a^1 134°54′ arête culmin.	»
$b^{1/2}b^{1/2}$ 84°48′ base	{ 84°49′; 57′; 85°; Nordensk. 84°40′ Dx. }
[*$b^{1/2}b^{1/2}$ 123°3′ sur a^1	123°0′; 3′; 14′ Nord.
$b^{1/2}a^1$ 151°31′30″	151°20′ Dx.

Combinaisons habituelles $b^{1/2}$; $a^1 b^{1/2}$, auxquelles s'ajoutent quelquefois p et h^1. Cassure inégale. Éclat semi-métallique. Couleur noire. Poussière noire, légèrement brunâtre.

Dur. = 6. Dens. = 7,36 à 7,496.

Au chalumeau, réactions d'une *tantalite* sans manganèse.

Paraît constituer un état dimorphe de la tantalite, $4\dot{Fe}\dddot{Ta} + \dot{Fe}\dddot{Nb}$, d'après l'analyse *a*, de Rammelsberg, qui a séparé l'acide tantalique de l'acide niobique, dosés ensemble dans les analyses *b* et *c* de Arppe et de Nordenskiöld.

	a	*b*	*c*
Acide tantalique	73,91	82,71	83,06
Acide niobique	11,22		
Acide stannique	0,48	0,83	1,07
Oxyde ferreux	14,47	15,99	15,78
Oxyde manganeux	0,81	»	»
	100,89	99,53	99,91
Dens. :	7,496	»	7,36

Les cristaux, très rares et d'un aspect souvent très dissymétrique, n'ont encore été trouvés que près de la ferme de Kulmala, village de Sukkula, paroisse de Tammela, Finlande, associés à du béryl, de la tourmaline et du mispickel, dans une pegmatite.

Sous le nom de mangan-tantalite, M. Nordenskiöld a décrit, en 1877, des grains de la grosseur d'un pois ou d'une fève, possédant un clivage passablement net, et deux moins nets faisant entre eux et avec le premier un angle voisin de 90°, un éclat vitreux prononcé, une couleur d'un rouge brun ou d'un brun noir, une dur. = 5,5 à 6, une dens. = 6,3.

Au chalumeau, sans changement. Avec le sel de phosphore, perle claire. Avec la soude, réaction du manganèse.

$(\dot{Mn}, \dot{Fe}, \dot{Ca})\dddot{Ta}$, d'après une analyse approximative, faite sur une petite quantité et qui a fourni :

$$(\dddot{Ta}, \dddot{Nb})\ 85{,}5 \quad \dot{Mn}\ 9{,}5 \quad \dot{Fe}\ 3{,}6 \quad \dot{Ca}\ 1{,}2 = 99{,}8.$$

Trouvés à Utö, dans un mélange de pétalite, de tourmaline, de lépidolite, de quartz, etc., avec un microlite altéré.

Le même nom de manganotantalite a été appliqué, en 1885, par M. Arzruni, à un cristal isolé auquel il convient mieux qu'aux grains d'Utö.

Ce cristal, de 11mm d'épaisseur sur 13mm de largeur et 10mm environ de hauteur, a l'aspect d'une *baïérine* dont il offre la combinaison $h^1 g^1 p a^6 a^3 u n$, avec prédominance des deux formes

h^1 et g^1. Les angles observés par M. Arzruni, très voisins des incidences correspondantes de la baïérine, sont les suivants :

pa^6 170°5′	pu 136°31′	nu 161°9′
pa^3 160°41′	pn 118°53′	ua^3 140°9′30″
a^3h^1 109°6′		
a^6a^3 170°36′	g^1n 148°47′30″	uu 150°30′ de côté
	g^1u 129°56′30″	nn 160°32′ de côté

$$u = (b^{1/2} b^{1/4} g^{1/3}) \quad n = (b^{1/5} b^{1/7} g^{1/3})$$ (1)

Clivage très facile suivant h^1. Translucide sur les bords. Plan des axes optiques probablement parallèle à h^1. Éclat semi-métallique. Brun noir en masse; rouge orangé ou rouge rubis en écailles minces. Poussière d'un brun clair, presque blanche.

Dens. = 7,37 (D. Nikolajew); 7,30 (Blomstrand).

Infusible au chalumeau. Avec la soude, réaction du manganèse.

La composition peut se représenter par la formule 11 Mn$\ddot{\ddot{\text{Ta}}}$ + Fe$\ddot{\ddot{\text{Nb}}}$, d'après une analyse qui a fourni à M. Blomstrand (2) :

Acide tantalique	79,81
Acide niobique	4,47
Acides stannique et tungstique	0,67
Oxyde manganeux	13,88
Oxyde ferreux	1,17
Chaux	0,17
Eau	0,16
	100,33

Le cristal en question, unique jusqu'ici, aurait donc la forme d'une baïérine avec la densité et la composition d'une tantalite riche en acide tantalique et en oxyde de manganèse. On croit qu'il a été trouvé dans les lavages d'or de Sanarka, Oural méridional.

BAÏÉRINE; Beudant; Niobite; Haidinger. Columbite; Hatchett. Greenlandite; Breithaupt. Dianite; von Kobell.

Prisme rhomboïdal droit de 100°40′.

$b : h :: 1000 : 675{,}689.$ $D = 769{,}771$ $d = 638{,}320$

---

(1) Voir plus loin, pages 238 à 239.

(2) Cette composition peut être rapprochée de celle des cristaux de tantalite de Branchville, analysés par Comstock (voir page 234) et qui sont voisins de la *baïérine* par leur forme et leur faible densité.

ANGLES CALCULÉS.	ANGLES MESURÉS.
—	—
mm 100°40′ avant	100°42′ à 46′ Da.
*mh^1 140°20′	140°20′ Dx. 140°30′ Gr. et Bs. Sch. (1)
mg^1 129°40′	»
mm 79°20′ sur g^1	79°3′ à 17′ Da.
$h^1h^{5/2}$ 160°26′	160°15′ à 40′ (2) Ch.
$mh^{5/2}$ 159°54′	159° Ch. Dx.
$h^{3/2}g^1$ 109°34′	»
h^1h^3 157°29′	157°30′ Gr. 157°10′ Bs. Sch.
h^3g^1 112°31′	»
h^3h^3 134°58′ sur h^1	»
h^1h^4 153°33′	153°20′ à 50′ Ch. Dx.
h^4g^1 116°27′	»
mh^4 166°47′	166°15′ à 167° Dx.
h^4h^4 52°54′ sur g^1	53°15′ Dx. 52°46′ à 59′ Da.
$h^4h^{5/2}$ 173°7′	172°35′ à 173° Ch. Dx.
h^1g^2 111°54′	111°7′ à 111°50′; 112°30′ Dx. 112°10′ à 20′ Gr. Sch.
g^2g^2 43°48′ sur h^1	43°50′ Da.
mg^2 151°34′	151°10′ à 15′ Dx.
g^2g^1 158°6′	157°50′ Dx.
g^2g^2 136°12′ sur g^1	136°9′ à 16′ Da.
$g^2h^{5/2}$ 131°27′	130°30′ Dx.
g^2h^4 138°21′	137°20′ env. Dx.
h^1g^1 90°	»
pa^6 170°0′	170° à 170°10′ Dx. 170°50′ Gr. Sch.
a^6h^1 100°0′	99°30′ à 100° Dx.
pa^3 160°34′	160° à 161° Dx. 161°53′ Gr. Sch.
a^3h^1 109°26′	109°10′ à 110° Dx. 108° Bs; 110° Gr. Sch.
pa^2 152°7′	151°30′ à 152° Dx. 150°50′ Gr. Sch.
a^2h^1 117°53′	117°59′ moy. Dx.
$pa^{3/2}$ 144°47′	144°30′ Dx. 146°47′ Sch.
$a^{3/2}h^1$ 125°13′	123°30′ Gr. Sch.

ANGLES CALCULÉS.	ANGLES MESURÉS.
—	—
ph^1 90°	»
pe^1 138°43′	»
e^1g^1 131°17′	»
$pe^{1/2}$ 119°40′	119°19′ à 25′ Da.
$e^{1/2}e^{1/2}$ 59°20′	58°33′ Da.
*$e^{1/2}g^1$ 150°20′	150°20′ Miller.
pg^1 90°	»
$pb^{3/2}$ 155°22′	»
$pb^{1/2}$ 126°1′	»
pm 90°	»
$b^{1/2}b^{1/2}$ 72°2′ s. p	71°4′ à 18′ Da. 17′
$p\chi$ 149°12′	χ nouv. Gr. Dx.
$pa_{1/3}$ 142°37′	»
pa_3 113°34′	»
ph^3 90°	»
$p\beta$ 131°36′	130°35′ Dx.
$p\theta$ 113°56′	113°10′ Dx.
pe_3 116°0′	»
pu 136°35′	137°15′ Dx.
ug^2 133°25′	133°25′ à 134°20′ Dx. 132° Gr. Sch.
uu 86°50′ sur g^2	86°45′ Dx. 87°38′ Da.
ps 117°51′	118° à 118°50′ Dx.
us 161°16′	161°20′ à 35′ Dx. 161°30′ Gr. Sch.
sg^2 152°9′	152° à 152°10′ Dx. 151°10′ Gr. Sch.
$p\rho$ 96°42′	»
$u\rho$ 140°7′	140°15′ Dx.
ρg^2 173°18′	173°50′ Dx.
$s\rho$ 158°51′	»
pg^2 90°	»

(1) Dx. Mesures obtenues par Des Cloizeaux sur des cristaux du Groënland; Gr. et Bs. Sch. Mesures obtenues par Schrauf sur des cristaux du Groënland et de Bodenmais. Da. Mesures obtenues par Edw. Dana sur des cristaux de Standish, Maine.

(2) Ch. Dx. Mesures obtenues par Des Cloizeaux sur un cristal trouvé dans les sables aurifères du Rio-Chico, État d'Antioquia, Colombie.

ANGLES CALCULÉS.	ANGLES MESURÉS.
pn 119°11′	»
$p\varphi$ 105°49′	»
$h^1\rho$ 111°45′	»
$h^1\varphi$ 95°31′	»
$h^1 0$ 124°56′	124°20′ Dx.
$h^1 e_3$ 117°39′	117°36′ moy. Dx.
$h^1 s$ 109°15′	109°21′ moy. Dx.
$h^1 n$ 99°54′	99°45′ moy. Dx.
$h^1 e^{1/2}$ 90°	»
$0 e_3$ 172°43′	172°30′ à 173°5′ Dx.
$0 s$ 164°19′	164°35′ Dx.
$0 n$ 154°58′	»
$0 e^{1/2}$ 145°4′	»
00 110°8′ sur $e^{1/2}$	»
$e_3 s$ 171°36′	171°24′ moy. Dx.; 171°45′ Gr. Sch.
$e_3 n$ 162°15′	162° à 162°30′ Dx.
$e^3 e^{1/2}$ 152°21′	152°35′ Dx.
$e_3 e_3$ 124°42′ sur $e^{1/2}$	124°30′ Dx.
sn 170°39′	170°55′ moy. Dx.
$s e^{1/2}$ 160°45′	161° Dx.
ss 141°30′ sur $e^{1/2}$	142°10′ Dx.
$n e^{1/2}$ 170°6′	170°40′ Dx.
nn 160°12′ sur $e^{1/2}$	160°35′ Dx.; 159°59′; 160° à 160°12′ Da.
$h^1 a_3$ 147°51′	145° à 146° Gr. Sch.
$h^1 b^{1/2}$ 128°30′	128°20′ à 35′ Dx.; 128° Gr. Sch.
$h^1\beta$ 117°56′	117°20′ à 45′ Dx.; 118° Gr. Sch.
$h^1 u$ 104°51′	104°43′ moy. Dx.; 104°30′ à 105° Gr. Sch.
$h^1 e^1$ 90°	»
$b^{1/2}\beta$ 169°26′	169° a 169°17′ Dx.
$b^{1/2}u$ 156°21′	156°10′ Dx.
$b^{1/2}b^{1/2}$ 103°0′ s. e^1	102°24′ à 37′ Da.
βu 166°55′	166°50′ à 167° Dx.
βe^2 152°4′	»
$\beta\beta$ 124°8′ sur e^1	123°52′ Da.
uu 150°18′ sur e^1	150°15′ à 30′ Dx.; 149°59′; 150°1′ à 8′ Da.

ANGLES CALCULÉS.

$h^1 a_{1/3}$ 124°7′
$h^1 b^{3/2}$ 108°43′
$b^{3/2}b^{3/2}$ 142°34′ côté

$h^1\chi$ 120°20′
120°30′ obs. Dx.
$g^1\rho$ 157°9′
$g^1 a_3$ 110°33′

$g^1 0$ 135°25′
00 89°10′ avant

$g^1 e_3$ 149°19′30″
$g^1 b^{1/2}$ 121°5′
$e_3 e_3$ 79°21′ avant
$b^{1/2}b^{1/2}$ 117°50′ avant
117°31′ à 40′ obs. Da.

$g^1 s$ 145°7′
$g^1\beta$ 125°39′
$g^1 a_{1/3}$ 103°27′
$g^1 a^{3/2}$ 90°
ss 69°46′ sur $a^{3/2}$
$\beta\beta$ 108°42′ sur $a^{3/2}$
$a_{1/3}a_{1/3}$ 153°6′ sur $a^{3/2}$

$g^1\chi$ 94°48′

$g^1\varphi$ 163°12′
$g^1 n$ 148°52′
$g^1 u$ 129°37′
$g^1 b^{3/2}$ 105°26′
$g^1 a^3$ 90°
$u a^3$ 140°23′
141° obs. Gr. Sch.
nn 62°16′ sur a^3
61°41′ à 54′ Da.
nu adj. 160°45′
uu 100°46′ sur a^3
100°2′ à 6′ obs. Da.
$b^{3/2}b^{3/2}$ 149°8′ avant

$m e^{1/2}$ 123°41′

ANGLES CALCULÉS.

mn adj. 132°45′
$m\beta$ 90°39′ sur n

ms adj. 141°2′
mu 102°6′ sur s

$m e_3$ adj. 148°3′
148°50′ obs. Dx.
147°10′ obs. Gr. Sch.
$m e^1$ 114°54′
$m a_3$ adj. 151°8′
$m a_{1/3}$ 106°27′ sur a_3

$m0$ adj. 153°35′
153° obs. Dx.
mu adj. 127°11′
127°25′ obs. Dx.
126°10′ obs. Gr. Sch.
$m a^{3/2}$ adj. 116°21′
mx 109°36′ sur $a^{3/2}$
108°35′ obs. Dx.
$m b^{3/2}$ 94°25′ sur $a^{3/2}$
mu 52°49′ sur $b^{3/2}$
52°42′ obs. Dx.
χu 123°13′ sur $b^{3/2}$
122°30′ à 124° obs. Dx.

$m\chi$ adj. 116°15′
116°40′ à 50′ obs. Dx.
$m a^2$ adj. 111°6′
110°40′ obs. Dx.

$m\beta$ adj. 137°7′
$m a_{1/3}$ adj. 125°27′
$m a^3$ adj. 104°50′
$a_{1/3}a^3$ 159°23′
160° obs. Gr. Sch.

$g^2\varphi$ adj. 157°32′
$g^2 n$ 136°53′ sur φ
$g^2\beta$ 106°49′ sur φ

$g^2 e^{1/2}$ adj. 144°0′

ANGLES CALCULÉS.	ANGLES CALCULÉS.	ANGLES MESURÉS.
g^2u 112°4′ sur $e^{1/2}$	$b^{1/2}a_{1/3}$ 159°28′	»
$g^2 0$ adj. 150°59′	$b^{1/2}\chi$ 149°39′	150°50′ à 151°20′ Dx.
$g^2b^{1/2}$ adj. 135°20′	$b^{1/2}a^2$ 144°12′	144°30′ Dx.
$g^2a^{3/2}$ 102°25′ sur $b^{1/2}$	$a_{1/3}\chi$ adj. 170°11′	»
$e^{1/2}u$ adj. 148°4′	$a_{1/3}a^2$ 164°44′	»
	χa^2 174°33′	173°40′ à 174° Dx.
g^2n adj. 149°8′	$a^2b^{3/2}$ adj. 162°28′	»
g^2e^1 adj. 127°54′	a^2e^1 131°37′ sur $b^{3/2}$	»
g^2e_3 adj. 152°32′		
152°35′ obs. Dx.	$a_{1/3}\chi$ opp. 161°9′	»
$g^2\beta$ 135°41′ sur e_3	χu adj. 143°48′	143°30′ Dx.
135°45′ obs. Dx.		
$e_3\beta$ adj. 163°9′	$e_3\chi$ opp. 123°8′	122°40′ à 123°30′ Dx.
163°12′ obs. Dx.	e_3u 86°57′ sur χ	87°0′ Dx.
g^2a^3 97°8′ sur e_3	a^2u adj. 139°38′	139°0′ Dx.

$\chi = (b^{1/4}\, b^{1/6}\, h^{1/9})$ Gr. Dx. $\quad 0 = (b^{1/2}\, b^{1/10}\, g^{1/3}) \quad \rho = (b^{1/6}\, b^{1/12}\, g^1)$ Gr. Dx.
$a_{1/3} = (b^1\, b^{1/3}\, h^{1/3})$ Gr. Sch. $\quad e_3 = (b^1\, b^{1/3}\, g^1) \quad n = (b^{1/5}\, b^{1/7}\, g^{1/3})$
$a_3 = (b^1\, b^{1/3}\, h^1)$ Gr. Sch. $\quad u = (b^{1/2}\, b^{1/4}\, g^{1/3}) \quad \varphi = (b^{1/11}\, b^{1/13}\, g^{1/3})$ Gr. Sch. (1)
$\beta = (b^1\, b^{1/5}\, g^{1/3}) \quad s = (b^{1/4}\, b^{1/8}\, g^{1/3})$

Combinaisons de formes très variées, dont les principales sont : $h^1 m g^1 p e^{1/2} u$, *fig.* 366, pl. LXI, cristaux de la Vilate près Chante-

---

(1) Quelques-uns des symboles que j'ai adoptés se simplifieraient en faisant tourner de 90°, autour de l'axe vertical, mes fig. 366, 367 et 368, pl. LXI et en admettant l'orientation indiquée par M. Schrauf dans sa *Monographie* de 1861 dont le principal avantage est de prendre, comme octaèdre fondamental $b^{1/2}$, la face u, souvent prédominante. On aurait alors :

SYMBOLES DX.	SYMBOLES SCHRAUF.	SYMBOLES DX.	SYMBOLES SCHRAUF.
g^1	$a = h^1$	$b^{3/2}$	$\alpha = (b^{1/2}b^{1/4}\, g^{1/3})$
g^2	$g = m$	$b^{1/2}$	$o = (b^{1/2}b^{1/4}\, g^1)$
m	$m = g^2$	χ nouv.	$(b^{1/14}b^{1/16}\, g^{1/9})$
h^4	$g^{3/2}$	$a_{1/3}$	$\sigma = (b^{1/5}\, b^{1/7}\, g^{1/3})$
h^3	$y = g^{7/5}$	a_3	$x = (b^{1/5}b^{1/7}\, g^1)$
$h^{5/2}$	$g^{4/3}$	β	$\beta = e_3$
h^1	$b = g^1$	0	$t = (b^{1/2}b^{1/6}\, g^1)$
p	$c = p$	e_3	$\pi = e_5$
a^6	$l = e^2$	u	$u = b^{1/2}$
a^3	$k = e^1$	s	$s = b^{1/4}$
a^2	$e^{2/3}$	ρ	$r = b^{1/18}$
$a^{3/2}$	$h = e^{1/2}$	n	$n = a_3$
e^1	$i = a^1$	φ	$\varphi = (b^{1/3}b^{1/5}\, h^1)$
$e^{1/2}$	$e = a^{1/2}$		

$mm = 136°12'$ avant ; $b : h :: 1000 : 327,444 \quad D = 927,836 \quad d = 372,988.$

loube, Haute-Vienne; $h^1 h^{5/2} h^3 h^4 m g^2 a^6 b^{1/2} u$ ($h^{5/2}$ et h^4 nouvelles), petit cristal du Rio-Chico, État d'Antioquia, Colombie; $h^1 h^3 m g^2 p a^8 e^1 u$, $h^1 h^3 m g^2 p e^{1/2} b^{1/2} u$, cristaux des États-Unis et de Rabenstein; $h^1 m g^1 p a^6 b^{1/2} u$, cristaux de Bavière, du Connecticut et de l'Oural, fortement aplatis suivant h^1; $h^1 h^4 m g^2 g^1 p e^1 e^{1/2}$, cristaux de Sukkula, $m g^1 e^{1/2}$, cristaux de Laurinmäki, $h^1 m g^1 p e^1 e^{1/2}$, cristaux de Pennikoja en Finlande; $h^1 h^4 m g^2 g^1 p a^3 u n$, cristal du val Vigezzo, Piémont; $h^1 h^3 m g^2 g^1 p a^8 e^{1/2} u n$, cristaux de Haddam? et de Middletown, Connecticut, *fig.* 367; $h^1 m g^2 g^1 p a^6 a^8 a^2 e^1 e^{1/2} b^{1/2} \beta u 0 e_3 s n$, cristaux du Groënland, *fig.* 368, pl. LXI; $h^1 m g^2 p a^6 a^8 a^{3/2} u$; $h^1 m g^2 g^1 p a^6 a^8 a^{3/2} b^{1/2} \beta u e_3 s n$, cristaux du Groënland, etc., etc. Macles rares, formées par l'hémitropie de deux individus aplatis suivant h^1, autour d'un axe normal à $e^{1/2}$, *fig.* 369, pl. LXII (cristaux de Bodenmais).

Clivage assez net suivant h^1, moins net suivant g^1. Cassure conchoïdale ou inégale. Opaque en masse; translucide en lames minces. Éclat imparfaitement métallique, résineux dans la cassure. Noir de fer; noir grisâtre. Des plaques très minces, parallèles à h^1, sont d'un rouge brun, fortement dichroïques; à la loupe dichroscopique, l'une des images est rouge cochenille et l'autre noire. Poussière brun rougeâtre foncé ou noir brunâtre.

Dur. = 6. Dens. = 5,4 à 6,5.

Infusible au chalumeau. Avec le sel de phosphore, donne au feu de réduction un verre transparent, brun hyacinthe, qui devient jaune pâle au feu d'oxydation, en ajoutant une parcelle de nitre. Avec le borax, verre brun foncé au feu de réduction, se changeant en émail gris brunâtre au feu d'oxydation. Fondue avec du carbonate de soude et un peu de nitre, la matière produit une scorie vert bleuâtre (caméléon minéral). En poudre très fine, les cristaux de Bodenmais et ceux de la Vilate sont attaqués par l'acide sulfurique bouillant, à la suite d'une longue digestion; l'eau précipite l'acide niobique en flocons gélatineux.

Niobate de fer, $\dot{F}e\,\overset{\cdot\cdot\cdot}{\ddot{N}}b$, avec mélanges en proportions variables de tantalate $\dot{F}e\,\overset{\cdot\cdot\cdot}{\ddot{T}}a$. Une petite quantité d'oxyde ferreux est souvent remplacée par de l'oxyde manganeux.

Analyses de la baïérine: *a*, du Groënland; *b*, de Bodenmais; *c*, de Haddam, toutes par Blomstrand; *d*, de la Vilate (moyenne de trois opérations), par Damour; *e*, de Standish, Maine, par Allen.

	a	*a* (1)	*b*	*b* (1)	*c*	*c* (1)	*a*	*d* (1)	*c*
Acide niobique	»	»	56,43	»	51,53	»	»	»	68,99
	77,97	»	»	»	»	»	78,74	»	»
Acide tantalique	»	3,30	22,79	35,4	28,55	31,5	»	13,8	9,22
Acide tungstique	0,13	»	1,07	»	0,76	»	»	»	1,61
Acide stannique	0,73	»	0,58	»	0.34	»	»	»	
Zircone	0,13	»	0,28	»	0,34	»	»	»	»
Oxyde ferreux	17,33	»	15,82	»	13,54	»	14,50	»	16,80
Oxyde manganeux	3,51	»	2,79	»	4,97	»	7,17	»	3,65
Perte au feu	»	»	0,35	»	0,16	»	»	»	»
	99,80		100,11		100,19		100,41		100,27
Dens. :	5,395	5,36	5,75	6,06	6,15	6,13	5,60 à 5,73	5,70	5,65

On l'a rencontrée en cristaux très nets dans la cryolite de l'Arksutfjord, Groënland; en cristaux plus ou moins parfaits et souvent très volumineux, engagés dans des pegmatites, avec béryl, tourmaline, Cordiérite, etc., à Rabenstein près Zwiesel, non loin de Bodenmais en Bavière; à Haddam et à Middletown, Connecticut; à Standish, Maine; à Chesterfield, Beverly et Northfield, Massachusetts; à Ackworth et à Plymouth, New Hampshire; dans les districts d'Etta et d'Ingersoll, à l'ouest du Harney Peak, comté Pennington en Dakotah, etc.; à l'ancienne carrière de la Vilate près Chanteloube, Haute-Vienne, avec tantalite; en Finlande, à Hermanskär près Björkskär, paroisse de Pojo; à la ferme de Kulmala près Sukkula; à la carrière d'Heponnity et à Laurinmäki ou Kiwiwuorenwehmais près le village de Torro; à Pennikoja, paroisse de Somero, etc.; à Montevideo, Uruguay; aux environs de Craveggia, val Vigezzo (Ossola), Piémont; dans l'Oural, associée à l'amazonite; dans les sables diamantifères de Bahia, Brésil, et dans les sables aurifères du Rio-Chico, Colombie, en petits cristaux aplatis suivant h^1, etc.

La mengite de G. Rose (ilménite de Brooke), représentée par la *fig.* 360, pl. LX, offre la combinaison $g^1 = h^1$, $g^2 = m$, $m = g^2$, $b^{1/2} = u$, de la baïérine (symboles de Dx), avec des incidences qui diffèrent seulement d'un petit nombre de minutes de celles de la baïérine; $m\,h^1$ 140°14′; $g^2 g^2$ côté 136°20′; $g^2 u$ 133°10′; $u\,u$ côté 150°32′; $u\,u$ avant 101°9′.

Éclat vif et semi-métallique. Couleur noir de fer, avec poussière brun marron. Dur. = 5 à 5,5. Dens. = 5,43.

Infusible au chalumeau. Attaquable par l'acide sulfurique bouillant. Composition indéterminée, quoique G. Rose y ait signalé de la zircone, de l'oxyde ferreux et de l'acide titanique?

(1) *a* (1) *b* (1) *c* (1) *d* (1) proportion d'acide tantalique déterminée par M. Marignac dans les variétés du Groënland, de Bodenmais, de Haddam et de la Vilate.

Ses petits cristaux sont engagés dans une albite qui fait partie des filons de granite des environs de Miask, monts Ilmen.

En 1835, M. Dumas avait reçu du professeur Johnston, par l'entremise du Dr Lane, son collègue au collège de Middletown, Connecticut, plusieurs gros cristaux d'un noir grisâtre, d'un éclat peu prononcé, à poussière brun rougeâtre. Ces cristaux provenant les uns de Haddam, les autres de Middletown, offrent la composition et la densité d'une *baïérine*. Depuis plus de cinquante ans, on ne paraît avoir retrouvé rien de semblable aux cristaux de Haddam dont, à ma connaissance, il n'existerait plus que deux échantillons à Paris, dans les collections de l'École des Mines et du Muséum (1). Le plus net et le plus complet, faisant partie de la collection de l'École des mines, est représenté en projection *fig.* 362 et 362 *bis*, pl. LX. Les faces h, h', p, p' sont creuses ou arrondies; t et $3h$ sont un peu tordues; g, g', m, u', u sont seules passablement unies; les incidences ne peuvent donc être qu'imparfaitement mesurées au goniomètre d'application. Malgré cette imperfection, l'existence de deux faces t et $3h$ d'un côté de g, avec une seule m de l'autre côté et la dissemblance des faces u' et u semblent indiquer que les cristaux en question appartiennent à une variété *triclinique*, dimorphe de la baïérine. Il paraît en effet difficile d'admettre qu'ils aient été simplement gênés dans leur développement et assez comprimés pour subir une déviation de plusieurs degrés dans leurs angles dièdres et une hémiédrie de leurs faces verticales.

Dans le tableau suivant, on a placé en regard les angles obtenus sur le cristal, *fig.* 362, et ceux de la baïérine qui leur sont comparables.

---

(1) Le Dr Thomson, de Glasgow, possédait en 1845, dans sa collection, un cristal désigné sous le nom de Torreylite, qui m'a paru semblable à ceux de Paris. Un autre cristal incomplet, remis en 1845 par Dumas à H. Rose et déposé par ce chimiste dans la collection de l'Université de Berlin, m'a été communiqué par Websky; il diffère notablement des deux premiers par l'éclat de ses cassures et de ses faces, mais sa poussière a exactement la même couleur. Le goniomètre d'application permet de reconnaître, sans hésitation, que ce fragment appartient à la *baïérine*, car il offre une base p, large et unie, perpendiculaire à deux faces h^1 opposées, à une face h^4 et à une face m éclatante, et une face $b^{1/2}$ peu développée; il vient probablement de Middletown.

ANGLES OBSERVÉS.	BAÏÉRINE. ANGLES CALCULÉS.
$gm = g'm = 130°$ à $131°$	$g^1 m$ 129°40′
$gh = g'h' = 93°0'$	$g^1 h^1$ 90°
$mh = mh' = 142°40'$	mh^1 140°20′
$gt = g't = 127°$ à $128°$	$g^1 m$ 129°40′
$3h : g = 3h : g' = 112°$ à $113°$	$h^3 g^1$ 112°31′
$gh' = g'h = 87°$	$g^1 h^1$ 90°
$2g : g' = 154°30'$?	$g^2 g^1$ 158°6′
$ph = 101°$?	ph^1 90°
$pu' = 136°$?	pe^1 138°43′
$pu = 138°$ à $140°$?	$p\beta$ 131°36′

	BAÏÉRINE. ANGLES CALCULÉS.		BAÏÉRINE. ANGLES CALCULÉS.
$gu' = 132°$ à $132°30'$	$g^1 e^1$ 131°17′	$hu = 113°$?	$h^1 \beta$ 117°56′
$gu = 129°$ à $130°$	$g^1 \beta$ 125°39′	$hu' = 92°$	$h^1 e^1$ 90°
$tu' = 115°$ à $116°$	me^1 114°54′	$uu' = 152°$	βe^1 152°4′
$mu = 133°$ à $134°$	$m\beta$ 137°7′		

La poudre très fine s'attaque par l'acide sulfurique à 300°C; la liqueur reprise par l'eau donne d'abondants flocons d'acide niobique, probablement mélangé d'un peu d'acide tantalique.

L'analyse faite par H. Rose sur des fragments de l'échantillon que lui avait donné Dumas a fourni :

$(\ddot{N}b, \ddot{T}a)$ 79,62 $\quad \ddot{S}n$ 0,47 $\quad \dot{F}e$ 16,37 $\quad \dot{M}n$ 4,44 $\quad \dot{C}u$ 0,06 = 100,96.
Dens. = 5,708.

L'adelpholite de Nordenskiöld paraît être un niobate hydraté de fer et de manganèse, en prismes quadratiques, d'une dur. = 3,5 à 4,5. La densité, variable suivant la pureté des fragments, est d'environ 4. Contient 41,8 d'acides métalliques et 9,7 p. 100 d'eau.

Petits prismes engagés dans un orthose et associés à la baïérine de Laurinmäki près Torro, paroisse de Tammela en Finlande.

PYROCHLORE; Wöhler.

Cubique.

Combinaisons observées : a^1; pa^1; $pa^3a^2a^1$ (*fig.* 364); $a^3a^1b^1$ (*fig.* 365, pl. LXI).

Clivage suivant les faces de l'octaèdre a^1. Cassure conchoïdale. Translucide ou opaque. Éclat vitreux ou résineux. Brun; brun rougeâtre ou noirâtre.

Dur. = 5 à 5,5. Dens. = 4,20 à 4,35.

Au chalumeau, les cristaux de Miask deviennent incandescents, jaunissent sans fondre et colorent la flamme en jaune rougeâtre. Avec le sel de phosphore, verre jaune au feu d'oxydation, rouge brun au feu de réduction, devenant violet par l'addition d'étain. Les cristaux de Fredrikswärn deviennent d'un brun jaune et fondent difficilement en scorie d'un brun foncé. Avec le sel de phosphore, la perle, verte à froid, devient rouge foncé ou violette au feu de réduction. Avec la soude, réaction du manganèse. Les cristaux de Brevig dégagent de l'eau, sans incandescence; leur couleur ne change pas au chalumeau comme celle des précédents; ils indiquent les réactions de l'urane et du manganèse. Attaqué par l'acide sulfurique concentré, avec dégagement de fluor.

Niobo-titanate de chaux, de cérium et autres bases, d'une composition encore mal connue.

Analyse des cristaux de Miask : *a*, par Wöhler; *b*, par Rammelsberg (moyenne de 4 opérations); des cristaux de Fredrikswärn : *c*, par Wöhler; *d*, par Rammelsberg; des cristaux de Brevig : *e*, par Chydenius; *f*, par Rammelsberg.

	a	*b*	*c*	*d*	*e*	*f*
Acide niobique	»	53,19	»	47,13	»	58,27
	67,37	»	62,75	»	61,07	»
Acide titanique	»	10,47	»	13,52	»	5,38
Thorine	»	7,56	»	»	4,16	4,96
	13,96	»	»	»	»	»
Oxyde céreux	»	7,00	6,80	7,30	5,00	5,50
Chaux	10,98	14,43	12,85	Mg 16,13	16,02	10,93
Oxyde ferreux	1,42	1,84	Mn 4,69	10,03	2,82	5,53
Oxyde uraneux	»	»	5,18	»		
Soude	5,29	5,01	»	4,20	4,60	5,31
Fluor	3,23	indét.	»	2,90	»	3,75
Eau	1,16	0,70	4,20	1,39	1,17	1,53
	103,44			102,60		101,46
		4,35		»		»
Dens. :	4,32	à		4,228		4,22
		4,367		»		»

Se rencontre près de Miask, Oural; à Fredrikswärn et à Laurvig, Norwège, en cristaux engagés dans la syénite, avec zircon, polymignite et xénotime; dans les îles du Langesundfjord, près Brevig, avec thorite.

Le microlite de Shepard a été regardé par M. Brush comme un pyrochlore dans lequel une partie de l'acide niobique serait remplacée par de l'acide tantalique.

Combinaisons de formes connues : a^1; $a^1 b^1$; a^2 ou $a^3 a^1 b^1$; $p a^2 a^1$; $p a^3 a^1 a^{1/2} b^1$.

Très rarement transparent; ordinairement translucide, semi-translucide ou opaque. Monoréfringent. Jaune clair, rouge hyacinthe ou brun noirâtre.

Dur. = 5,5. Dens. = 5,25 à 5,845; 6,13. (Cristal transparent, rouge hyacinthe, du Comté Amelia, Virginie.)

Infusible au chalumeau. Difficilement soluble dans le sel de phosphore, en donnant au feu d'oxydation un verre jaune à chaud, incolore à froid.

$\dot{R}^2$ ($\dddot{Ta}$, $\dddot{Nb}$), d'après les analyses approximatives; *g*, des cristaux de Chesterfield, par Hayes; *h*, des cristaux d'Utö, par Nordenskiöld :

	($\dddot{Nb}$, $\dddot{Ta}$)	$\ddot{Sn}$	$\ddot{U}$, $\ddot{Mn}$	$\ddot{Fe}$	$\dot{Ca}$	$\dot{Mg}$	$\dot{Pb}$	
g.	79,60	0,70	2,21	0,99	10,87	»	1,60	= 95,97
h.	77,30	0,80	$\dot{Mn}$ 7,70	»	11,70	1,80	»	= 99,30

Trouvé en très petits cristaux, à Chesterfield, Massachusetts, dans un filon d'albite, avec tourmalines rouges et vertes, et à Utö, Suède, dans le pétalite contenant des tourmalines rouges et bleues; en cristaux ayant près de 1 centimètre de diamètre, dans le mica et le quartz enfumé près d'Amelia Court House, comté d'Amelia, Virginie; dans les pegmatites de l'île d'Elbe, ces cristaux ont été décrits comme pyrrhite, par Vom Rath.

La **Hatchettolite** de Lawr. Smith paraît être un pyrochlore très riche en oxyde d'urane.

Cristaux; a^1, pa^3a^1.

Cassure conchoïdale. Translucide. Éclat résineux. Brun jaunâtre.

Dur. = 5 environ. Dens. = 4,78 à 4,90.

Après calcination au rouge, devient jaune verdâtre et opaque.

Analyses : *a*, *b*, par Lawr. Smith; *c*, par Allen.

	a	*b*	*c*
Acide niobique	»	»	34,24
} (Acide niobique et tantalique)	66,01	67,86	
Acide tantalique	»	»	29,83
Acide titanique	»	»	1,61
Acides tungstique et stannique	0,75	0,60	0,30
Oxyde uraneux	15,20	15,63	15,50
Chaux	7,72	7,09	8,87
Yttria et oxyde céreux	2,00	0,86	Mg 0,15
Oxyde ferreux	2,08	2,51	2,19
Potasse	0,50	1,21	$\dot{Na}$ 1,37
Perte au feu	5,16	4,42	4,49
	99,42	100,18	98,55

Trouvée avec la Samarskite dans les mines de mica du comté Mitchell, Caroline du Nord.

La **pyrrhite** de G. Rose, en octaèdres réguliers trouvés par Perowski dans les cavités d'un feldspath à Alabaschka, près Mursinsk, est jaune orangé, faiblement translucide, à éclat vitreux. Dur. = 5,5. Infusible; colore la flamme du chalumeau en jaune foncé. Avec le borax et le sel de phosphore, donne un verre transparent, vert jaunâtre. Composition probablement analogue à celle du *pyrochlore*. Insoluble dans les acides. Le même minéral se trouve dans des sanidinites, au Lagoa de Fogo, Açores (*Azorpyrrhite* de Hubbard) et au lac de Laach, bords du Rhin.

Dens. = 4,4 à 4,3.

La Koppite de Knop, regardée d'abord comme un pyrochlore, se présente en petits cristaux octaèdres réguliers a^1 ou octo-dodécaèdres $a^1 b^1$, transparents, monoréfringents, d'un brun rouge; ils renferment souvent des inclusions liquides microscopiques.

Dens. = 4,45 à 4,56.

$\dot{R}^5 \ddot{\ddot{N}}b + 2NaFl$, d'après une analyse qui a donné à Knop: $\ddot{\ddot{N}}b$ 61,90 $\dot{C}e(\dot{L}a, \dot{D}i)$ 10,10 $\dot{C}a$ 16,00 $\dot{F}e$ 1,80 $\dot{M}n$ 0,40 $\dot{K}$ 4,23 $\dot{N}a$ 7,52 Fl 2,00 envir. = 103,95. Cette composition diffère de celle des pyrochlores par l'absence de l'acide titanique et de la thorine.

Trouvée, avec apatite et magnoferrite, dans un calcaire grenu, à Vogtsburg près Schelingen en Kaiserstuhl.

FERGUSONITE; Haidinger. Tyrite; Forbes. Bragite; Forbes et Dahl. Yttrotantalite jaune et brune.

Prisme droit à base carrée.

$$b : h :: 1000 : 1035,8 \quad D = 707,107.$$

ANGLES CALCULÉS.	ANGLES CALCULÉS.
h^5h^5 90°	$p\, a_3$ 100°43′
$p\, h^5$ 90°	$h^5 a_3$ adj. 169°17′
*$p\, b^{1/2}$ 115°46′	$b^{1/2}b^{1/2}$ adj. 100°54′
115°45′ obs. Haiding. (1)	102°30′ à 106° obs. Nordensk.
120°6′ à 12′ obs. Nordensk.	$a_3 a_3$ adj. 91°59′
$b^{1/2}b^{1/2}$ 128°28′ sur h^1	

$$a_3 = (b^1 b^{1/3} h^1)$$

Combinaisons de formes observées: $p(\frac{1}{2}h^5)$; $p\, b^{1/2}(\frac{1}{2}h^5)$; $p\, b^{1/2}$ $(\frac{1}{2}a_3)$ $(\frac{1}{2}h^5)$, *fig.* 363, pl. LXI. Les formes a_3 et h^5 offrent l'hémiédrie à faces parallèles. Faces généralement raboteuses. Traces de clivage suivant $b^{1/2}$. Éclat métalloïde dans la cassure. Opaque et noir brunâtre en masse, transparente en lames très minces. Les lames prises sur les cristaux du Groënland offrent un fond brun rouge, parsemé de petites plages vertes et elles sont assez

---

(1) La mesure de Haidinger a été prise sur les anciens cristaux du Groënland; celles de Nordenskiöld l'ont été sur les cristaux d'Ytterby.

fortement biréfringentes; celles qui proviennent des variétés d'Ytterby, de Norwège ou des *yttrotantalites* jaune et brune paraissent peu homogènes et monoréfringentes. Poussière jaune brunâtre. Dur. = 5,5 environ. Dens. = 5,84 (Damour, variété du Groënland).

La variété du Groënland dégage un peu d'eau dans le matras et prend une teinte gris verdâtre avec éclat adamantin. Au chalumeau, elle devient de la même couleur, sans fondre.

Avec le sel de phosphore, verre limpide teinté de vert, au feu de réduction comme au feu d'oxydation; en ajoutant un peu de nitre, ce verre devient laiteux. Avec le borax, le verre transparent et verdâtre au feu de réduction, se change en émail blanc jaunâtre au feu d'oxydation. Lentement attaquée par l'acide chlorhydrique en donnant une liqueur jaune.

Les cristaux d'Ytterby, la *tyrite* et la *bragite* de Norwège, en cristaux semblables à ceux du Groënland, décrépitent légèrement et dégagent une quantité d'eau notable dans le matras. L'eau, dont la proportion est très variable (1,5 à 5 p. 100), ne paraît pas être un élément essentiel du minéral, et elle provient sans doute des matières mélangées que révèle l'examen optique des lames minces.

La composition de la variété du Groënland se rapproche de la formule $2\dot{R}^3(\dddot{N}b, \dddot{T}a)$; celle des autres variétés s'en éloigne plus ou moins.

Analyses de la Fergusonite, *a*, du Groënland; de Helle près Arendal, *b* (*tyrite*), *c* (*bragite*), toutes par Rammelsberg; de Rockport, Massachusetts, *d*, par Lawr. Smith; d'Ytterby, *e*, *yttrotantalite* jaune, *f*, *yttrotantalite* brune, toutes deux par Rammelsberg:

	a	*b*	*c*	*d*	*e*	*f*
Acide niobique	44,45	45,82	43,36	48,75	28,14	39,93
— tantalique	6,30	»	2,04	»	27,04	9,53
— tungstique	0,15	»	»	»	»	0,21
— stannique	0,47	0,45	0,83	»	»	0,23
Yttria	24,87	18,69	22,68	46,01	24,45	26,25
Erbine	9,81	11,71	13,95	»	8,26	11,79
Oxyde céreux	2,00	5,70	3,33	4,23	»	1,79
Ox. de lanth. et didyme	5,63	3,56	»	»	»	»
Bioxyde d'urane (Ü)	2,58	6,21	8,16	0,25 (Bioxyde d'urane et Oxyde ferreux)	2,13	1,20
Oxyde ferreux	0,74	1,50	»		0,72	0,60
Chaux	0,61	2,39	2,21	»	4,17	3,04
Eau	1,49	4,88	4,18	1,65	5,12	5,20
	99,10	100,91	100,74	100,89	100,03	99,77
Densité :	5,577	4,77 à 4,86	5,267	5,681	4,774	4,751

Découverte par Giesecke près le cap Farewel, au Groënland, la

Fergusonite a été retrouvée en cristaux plus ou moins imparfaits dans des filons d'oligoclase et de mica noir à Ytterby, Suède; à Hampemyr, île de Tromö, Helle et Næskilen, etc., près Arendal, Norwège (*tyrite et bragite*); à Zollhause près Schreiberhau en Silésie; au comté Llano, Texas, avec Gadolinite, cyrtolite, thorogummite, etc. L'yttrotantalite jaune et brune l'accompagne à Ytterby et à Helle.

M. J.-W. Mallet a donné le nom de Sipylite à un minéral, très voisin de la Fergusonite, qui offre des clivages suivant les faces d'un octaèdre à base carrée dont les angles sont : 100°45′ (arêtes culminantes); 127° (arêtes basiques). Mais, le plus souvent, il se présente en masses imparfaitement cristallines, à cassure inégale. Translucide. Éclat résineux et métalloïde. Couleur noir brunâtre ou orangé foncé, brun rouge en écailles minces. Poussière brun cannelle ou gris pâle. Fragile.

Dur. = 6 environ. Dens. = 4,89.

Au chalumeau, décrépite, produit une vive incandescence et devient opaque, d'un jaune verdâtre pâle, sans fondre. Dans le matras, dégage de l'eau acide. Avec le borax, verre verdâtre au feu de réduction, jaune pâle au feu d'oxydation. Lentement décomposée par l'acide sulfurique bouillant.

La substance paraît encore moins homogène que la Fergusonite proprement dite, car elle contient environ 0,89 p. 100 de glucine, de magnésie, de soude et de potasse. Une analyse a donné à M. W. G. Brown :

N̈b	T̈a	Ẅ	S̈n	Z̈r	Ẏ	Ėr	Ċe	L̇a	Ḋi	U̇	Ḟe	Ċa	Ḣ	
46,66	2,00	0,16	0,08	2,09	1,00	26,94	1,37	3,92	4,06	3,47	2,04	2,61	3,19	= 99,59.

Rencontrée en petites quantités, avec des masses d'Allanite et de magnétite, au mont Little Friar, comté d'Amherst, Virginie.

La kochélite de Websky paraît voisine de l'yttrotantalite et de la Fergusonite. Elle se présente en petits octaèdres carrés formant une croûte sur un mélange de fer titané et de Fergusonite ou implantés dans un granite contenant des nodules de Gadolinite verte, biréfringente. Transparente sur les bords. Éclat gras dans la cassure. Couleur jaune de miel, passant au jaune isabelle brunâtre.

Dur. = 3,5 environ. Dens. = 3,74.

Dans le matras, dégage beaucoup d'eau. Au chalumeau, fond sur les bords en verre noir. Réactions du fer, de l'urane et du plomb. Une analyse incomplète, faite sur une très petite quantité et accusant un mélange de 5,9 p. 100 de feldspath, avec une perte de 11,8 attribuée à de l'oxyde de plomb, a donné à Websky :

N̈b	Z̈r	T̈h	Ẏ	Ċa	U̇	Ḟe	Ḣ
29,49	12,81	1,23	17,22	2,10	0,41	11,32	7,70

Trouvée à Kochelwiese près Schreiberhau, Silésie.

ROGERSITE; Lawr. Smith.

Croûte blanche mamelonnée tapissant des échantillons de Samarskite et d'euxénite du comté Mitchell, Caroline du Nord.

Dur. = 3,5 environ. Dens. = 3,313.

Contenant approximativement, d'après Lawr. Smith :

Acide niobique 18,10 Yttria et autres terres analogues 60,12 Eau 17,41.

Produite par l'altération superficielle de la Samarskite et de l'euxénite.

SAMARSKITE; H. Rose. Uranotantal; G. Rose. Yttroilmenit; Hermann.

Prisme rhomboïdal droit d'environ 122°46′ (Edw. Dana.)

$$b : h :: 1000 : 454,544 \quad D = 877,820 \quad d = 478,990.$$

ANGLES CALCULÉS.	ANGLES MESURÉS. EDW. DANA.	ANGLES CALCULÉS.	ANGLES MESURÉS. EDW. DANA.
mm 122°46′ avant	»	$h^1 b^{1/2}$ 130°7′	»
$m h^1$ 151°23′	152°	$b^{1/2} b^{1/2}$ 99°46′ côté	»
$m g^1$ 118°37′	»		
*$g^3 g^3$ 95° sur g^1	95°	$g^1 b^{1/2}$ 110°35′	110°
		$b^{1/2} b^{1/2}$ 138°50 sur a^1	»
*$a^1 a^1$ 93° sur p	93°		
$b^{1/2} m$ adj. 137°14′	»	$h^1 c_5$ 135°46′	136°
		$g^1 c_5$ 125°55′	126°

$$c_5 = (b^1 b^{1/5} g^1)$$

Combinaisons de formes observées : $h^1 g^1 g^3 a^1$; $h^1 g^1 g^3 a^1 b^{1/2}$; $h^1 g^1 m g^3 a^1 b^{1/2} c_5$. Cristaux généralement aplatis suivant g^1. Les faces, ordinairement ternes, ne permettent que des mesures approximatives. Cassure conchoïdale. Opaque, même en lames très minces. Éclat métalloïde dans la cassure. Couleur noir de velours. Poussière brun rougeâtre foncé.

Dur. = 5,5. Dens. = 5,53 (Damour); 5,45 à 5,69; 5,72 (L. Smith), cristaux de la Caroline Nord.

Dans le matras, décrépite et dégage un peu d'eau. Au chalumeau, fond difficilement sur les bords, en scorie noire. Avec le borax, verre brun à froid, au feu de réduction, devenant opaque au feu d'oxydation. Avec le sel de phosphore, verre d'un vert foncé à froid, au feu de réduction, s'éclaircissant au feu d'oxydation et avec une parcelle de nitre. Réaction du manganèse sur la feuille de platine.

Imparfaitement attaquée par l'acide chlorhydrique.

Niobate d'yttria, d'urane et de fer, à composition mal définie.

Analyses de la Samarskite de l'Oural, *a*, par Rammelsberg; de Brassard, comté Berthier, Canada; *b*, par G. C. Hoffmann; du comté Mitchell, Caroline du Nord, *c*, par Rammelsberg, *d*, par Lawr. Smith, *e*, par le professeur Allen, *f*, par miss Swallow :

	a	*b*	*c*	*d*	*e*	*f*
Acide niobique	55,34	55,41	41,07	55,13	37,20 }	54,96
— tantalique	»	»	14,36	»	18,60 }	
— tungstique	»	»	» }			»
				0,31	0,08	
— stannique	0,22	0,40	0,46 }			0,16
— titanique	1,08	»	0,56	»	»	»
Yttria	8,80	14,34	6,10	14,49	14,45	12,84
Erbine	3,82	»	10,80	»	»	»
Oxydes du groupe cérium	4,33	4,78	2,37	4,24	4,25	5,17
Oxyde d'urane (Ü)	11,94	10,75	10,90	10,96	12,46	9,91
— ferreux	12,87	5,34	13,45	11,74	10,90	14,02
— manganeux	»	»	»	1,53	0,75	0,91
Chaux	»	5,38	»	»	0,55	»
Magnésie	»	0,44	»	trace	»	»
Potasse	»	0,39	»	»	»	»
Soude	»	0,23	»	»	»	»
Eau	»	2,21	»	0,72	1,12	0,52
						Rés. 1,25
	98,40	99,04	99,47	99,12	100,36	99,74
Densité :	5,74	4,948	5,839	5,72	»	»

La Samarskite s'est rencontrée en petits cristaux et en grains assez gros, avec baïérine (*mengite*) dans un granite à feldspath brun rougeâtre, près de Miask, Oural; en cristaux et en masses arrondies pesant quelquefois près de 10 kilogrammes, dans le feldspath kaolinisé des mines de mica des comtés Rutherford et Mitchell, Caroline du Nord; en petits fragments, dans le district de Brassard, comté de Berthier, Canada; aux environs de Middletown, Connecticut, etc.

Les formes *m* et g^3 de la zone verticale offrent les mêmes incidences que les faces correspondantes de l'*yttrotantalite* noire.

La **nohlite**, en masses amorphes d'un brun noir, attaquables par l'acide sulfurique, est voisine de la Samarskite. M. Nordenskiöld a obtenu dans une analyse :

N̈b 50,43   Z̈r 2,96   Ẏ 14,36   Ċe 0,25   Ü 14,43   Ḟe 8,09   Ċu 0,11

Ċa 4,67   Ṁg 0,28   Ḣ 4,62 = 100,20.

Trouvée à Nohl, près Kongelf en Suède.

La **Vietinghoffite** de M. v. Lomonosow est une variété de Samarskite riche en oxyde de fer.

Amorphe. Cassure conchoïdale. Opaque. Éclat semi-métallique. Couleur noir de velours. Poussière brune.

Dur. = 5 à 6. Dens. = 5,51 (Kokscharow); 5,53 (Damour).

Dans le matras, décrépite et dégage un peu d'eau. Au chalumeau, fond en scorie noire. Avec le borax, au feu de réduction, verre jaune verdâtre qui devient brun inclinant au violet à la flamme d'oxydation, en ajoutant un peu de nitre. Avec le sel de phosphore, verre vert à la flamme intérieure ou extérieure.
Très lentement attaquable par l'acide chlorhydrique.

Une analyse a fourni à M. Damour :

$\dddot{N}b$ 51,00 $\ddot{T}i$ 1,84 $\ddot{Z}r$ 0,96 $\ddot{U}$ 8,85 $\dot{Y}$ 6,57 $\dot{C}e$, $\dot{L}a$, $\dot{D}i$ 1,57

$\dot{F}e$ 23,00 $\dot{M}n$ 2,67 $\dot{M}g$ 0,83 $\dot{H}$ 1,80 = 99,09.

En petites masses engagées dans un granite près du village Bolschoje Zimowic, près des rivières Malaja Bistraja et Slüdianka, aux environs du lac Baïkal.
L'hydrosamarskite de A. E. Nordenskjöld est une samarskite de Nothamsgrufva, Vaddö renfermant 10,5 p. 100 d'eau et 4 p. 100 de terres de la gadolinite.

ONNERÖDITE. Aannerödite; Brögger.

Prisme rhomboïdal droit de 136°2′, homœomorphe de la baïérine, du polycrase et de l'euxénite.

$$b : h :: 1000 : 334,784 \quad D = 927,293 \quad d = 374,337$$

ANGLES CALCULÉS.	ANGLES MESURÉS. BRÖGGER.	ANGLES CALCULÉS.	ANGLES MESURÉS. BRÖGGER.
mm 136°2′ avant	136°7′	$b^{1/2}b^{1/2}$ 99°51′30″ côté	99°30′
*mh^1 158°1′	158°1′		
g^2h^1 129°33′	129°30′30″	$ma^{1/2}$ 144°2′	144°1′
g^2g^2 79°6′ sur h^1	»	$a^{1/2}b^{1/2}$ 155°56′30″	156°24′
$g^{3/2}h^1$ 116°21′	»		
$g^{3/2}g^{3/2}$ 52°42′ sur h^1	»	a_3a_3 122°34′ ar. basique.	»
*$a^{1/2}h^1$ 150°47′30″	150°47′30″	a_3a_3 160°1′ avant	»
$a^{1/2}a^{1/2}$ 58°25′ sur p	58°13′	$a_3a^{1/2}$ 170°0′30″	169°45′
$b^{1/2}b^{1/2}$ 87°56′ sur m	»	a_3a_3 61°27′ côté	»
$b^{1/2}b^{1/2}$ 149°52′30″ avant	»		

$$a^3 = (b^1 h^{1/3} h^1)$$

Macles parallèles à $g^{3/2}$ et à $a^{1/2}$. Couleur noire. Éclat faiblement métallique ou gras.
Dur. = 4,5 à 6. Dens. = 4,28 à 5,7.
Au chalumeau, fusible sur les bords.

2 $\dot{R}^2 \dddot{N}b$ + 5 $\dot{H}$, d'après une analyse de C. W. Blomstrand, qui a donné :

N̈b 48,13   S̈n 0,16   Z̈r 1,97   Ü 16,28   T̈h 2,37   Ċe 2,56   Ẏ 7,10
Ḟe 3,38   Ṁn 0,20   Ċa 3,35   Ṁg 0,15   K̇ 0,16   Ṅa 0,32   Ṗb 2,40
Ḣ 8,19   Äl 0,28   S̈i 2,51 = 99,51.

Les cristaux sont tantôt allongés suivant l'axe vertical et aplatis suivant g^1 ou h^1 ou offrant un prisme rectangulaire par l'égal développement de ces deux faces, tantôt aplatis parallèlement à la base. Ils sont engagés dans les filons de pegmatite de Moss en Norwège, avec un grand nombre d'autres minéraux.

POLYCRASE. Polykras; Scheerer.

Prisme rhomboïdal droit de 141°48′ environ.

$b : h :: 1000 : 590,469$ $D = 944,974$ $d = 327,145$.

ANGLES CALCULÉS.

mm 141°48′ avant
140° obs. Scheerer, g. o.
mh^1 160°54′
mg^1 109°6′

h^1a^1 adj. 151°1′
152° obs. Scheerer, g. o.
a^1a^1 57°58′ sur p

e_2e_2 75°5′ sur p

ANGLES CALCULÉS.

b^1b^1 92°38′ sur p
b^1m 133°41′

h^1b^1 130°44′30″
*b^1b^1 98°31′ côté
98°31′ obs. Brögger, g. r.

h^1e_2 123°12′
e_2e_2 113°16′ côté

ANGLES CALCULÉS.

g^1e_2 124°50′
*g^1b^1 103°3′30″
103°3′30″ obs. Brög., g. r.
e_2e_2 110°20′ avant
b^1b^1 153°53′ avant
152° obs. Scheerer, g. o.

ma^1 adj. 145°45′
a^1b^1 157°8′

me_2 adj. 134°57′

$e_2 = (b^1 b^{1/2} g^1)$

Combinaisons de formes habituelles : $m h^1 g^1 a^1 b^1$; $m h^1 g^1 a^1 b^1 e_2$, *fig.* 359, pl. LX. Sans clivage. Cassure conchoïdale. Opaque et noir en cristaux, translucide et d'un brun rougeâtre par places, avec parties plus foncées, en lames excessivement minces. Action irrégulière et très faible sur la lumière polarisée. Eclat imparfaitement métallique. Poussière gris brunâtre. Fragile.

Dur. = 6. Dens. = 5 à 5,15.

Dans le matras, décrépite et dégage un peu d'eau, en devenant extérieurement brun chocolat. Infusible au chalumeau ; non magnétique après calcination. Avec le sel de phosphore, donne au feu de réduction un verre vert noirâtre, semi-transparent, qui devient vert pâle et transparent au feu d'oxydation. Avec le borax, le verre, brun hyacinthe et transparent au feu de réduction, se change en un émail brun pâle au feu d'oxydation; le nitre rétablit la transparence et la couleur hyacinthe (Damour). Imparfaitement attaqué par l'acide chlorhydrique bouillant, complètement par l'acide sulfurique.

$4\dot{R}\ddot{Ti} + \dot{R}\dddot{Nb} + 2\dot{H}$.

Analyses du polycrase d'Hitteröe, *a*, cristallisé, *b*, amorphe, par Rammelsberg :

	a	*b*
Acide titanique	26,59	29,09
— niobique	20,35	25,16
— tantalique	4,00	»
Yttria	23,32	23,62
Erbine	7,53	8,84
Oxyde céreux	2,61	2,94
— uraneux ($\dot{U}$)	7,70	5,62
— ferreux	2,72	0,45
Eau	4,02	3,00
	98,84	98,72
Densité :	5,12	4,97

Se rencontre en cristaux généralement allongés suivant l'axe vertical et aplatis parallèlement à g^1 dans les filons granitiques de Rasvog, à Hitteröe, en Norwège, avec Gadolinite et orthite; à Slettokra, paroisse d'Alsheda, Jonköping, Suède.

L'euxénite est très voisine du *polycrase*, ainsi que de l'eitlandite.

Des cristaux d'euxénite des environs d'Arendal offrent la combinaison $h^1 m g^1 a^1 b^1$ du polycrase, avec les incidences :

$mm = 140°$, obs. Groth; 140°30′ obs. Kjerulf.
$b^{1/2} b^{1/2}$ avant $= 155°$ calculé.
$b^{1/2} b^{1/2}$ côté $= 101°30'$ calculé; 102°32′ obs. Kjerulf.
$h^1 a^1 = 149°$, calculé; 149°30′ obs. Kjerulf.
$a^1 a^1 = 62°$ sur p, obs. Groth.

Cassure conchoïdale. Noire et opaque en masse; translucide et d'un brun rouge foncé en lames excessivement minces. Sans action sur la lumière polarisée. Éclat métalloïde. Poussière brun clair.

Dur. $= 6$. Dens. $= 4,73$ à $4,99$.

Dans le matras, dégage de l'eau et devient grise, avec éclat adamantin. Infusible au chalumeau. Avec le sel de phosphore, au feu de réduction, donne un verre transparent, teinté de vert qui, par l'addition d'une parcelle de nitre, devient brun à chaud et jaune pâle à froid. Avec le borax, au feu de réduction, verre brun transparent qui, suffisamment saturé, se change en émail brun, opaque, au feu d'oxydation.

Difficilement attaquable par l'acide chlorhydrique.

L'**eitlandite** offre des parties cristallisées qui paraissent correspondre aux faces h^1, g^1, b^1 de l'euxénite et des parties à cassure semi-grenue, semi-esquilleuse. En lames très minces, faiblement translucide et d'un brun rougeâtre par places. Éclat résinoïde. Poussière gris brunâtre.

Dur. = 6 environ. Densité = 5,28 à 5,33 (Damour).

Dans le matras, décrépite faiblement et dégage de l'eau, sans changer d'aspect. Au chalumeau, se fritte difficilement sur les bords minces. Avec le sel de phosphore, au feu de réduction, verre vert foncé qui devient vert émeraude au feu d'oxydation; en ajoutant un peu de nitre, le verre jaune à chaud, verdit après refroidissement. Avec le borax, au feu de réduction, verre brun rougeâtre, transparent, qui devient brun et opaque, au feu d'oxydation.

Inattaquable par l'acide chlorhydrique.

$$\dot{R}\,\dddot{N}b + 2\,\dot{R}\,\ddot{Ti} + Aq \text{ (Rammelsberg).}$$

D'après M. Krüss, l'euxénite renferme une petite quantité de germanium.

Analyses de l'**euxénite** : d'Alve, près Arendal; *c*, cristallisée, par Forbes; *d*, amorphe, par Rammelsberg; de Mörefjær, près Nœskilen, Norwège, *e*, par Rammelsberg; en grains arrondis de Smoland, *f*, par Blomstrand (moyenne de 6 opérations); d'une variété associée à la Samarskite du comté Mitchell, Caroline du Nord, *g*, par Law. Smith; de l'**eitlandite** d'Eitland, près le cap Lindesnœs, *h*, par Rammelsberg :

	c	*d*	*e*	*f*	*g*	*h*
Acide niobique	38,58	35,09	34,59	22,82	54,12	33,39
Acide titanique	14,36	21,16	23,49	25,24	»	20,03
Yttria	29,35	27,48	16,63	13.06	»	14,60
Erbine	»	3,40	9,06	6,45	24,10	7,30
Oxyde céreux	3,31	3,17	2,26	3,07	»	3,50
Oxyde d'urane (Ü)	6,22	4,78	8,55	8,45	9,53	12,42
Oxyde ferreux	1,98	1,38	3,49	2,76	0,31	3,25
Chaux	1,57	»	»	3,53	5,53	1,36
Eau	2,88	2,63	3,47	4,71	5,70	2,40
Alumine	3,12	»	»	0,60	»	»
Thorine	»	»	»	3,51	»	»
Silice	»	»	»	3,33	»	»
Acide stannique	»	»	»	0,55	0,21	»
Oxyde plombeux	»	»	»	0,92	»	»
Oxyde manganeux	»	»	»	0,60	0,08	»
Magnésie	»	»	»	0,22	»	»
Potasse	»	»	»	0,52	»	0,82
Soude	»	»	»	0,29	»	
	101,37	99,09	101,54	100,63	99,58	98,77
Densité :	4,89 à 4,99	5,0	4,672	4,98	4,593 à 4,642	51,03

L'euxénite, en petites masses arrondies ou en cristaux plus ou moins nets, quelquefois assez volumineux, s'est trouvée en Norwège, à Jölster, district de Bergenhuus; aux environs d'Arendal à Tvedestrand, Tromö, Alve, Möresjær près Nœskilen. L'eitlandite a été nommée et signalée par M. Waage, à Eitland près le cap Lindesnœs, Norwège.

AESCHYNITE; Berzélius.

Prisme rhomboïdal droit d'environ 129°.

$$b : h :: 1000 : 605,848 \quad D\ 900,949 \quad d = 433,925.$$

ANGL. CALCULÉS.	ANGL. MESURÉS.	ANGL. CALCULÉS.	ANGL. MESURÉS.
mm 128°34′	128°6′ K. 129° Dx. (1)	$pb^{1/2}$ 122°50′	»
mg^1 115°43′	115°52′ moy. K. (1)	*$b^{1/2}m$ 147°10′	147°10′ Br. 146°26′ G. Rose
mg^3 161°47′	161° Dx.		
g^3g^1 133°56′	134°37′ G. Rose	pm 90°	»
g^3g^3 92°8′ avant	»		
g^2g^2 69°22′ avant	70°28′ env. Br. (2)	*$b^{1/2}b^{1/2}$ 137°14′ s. a^1	137°14′ Br. 137°30′ Dx.
pa^1 125°37′	»		
$pe^{1/2}$ 126°38′	127° Dx.		
$e^{1/2}g^1$ 143°22′	143°25′ K. et Br.		
$e^{1/2}e^{1/2}$ 73°16′ s. p	73°44′ G. Rose	$me^{1/2}$ adj. 110°23′	110°20′ K. 109°30′ Dx.
		$mb^{1/2}$ 58°25′ sur $e^{1/2}$	»
		$e^{1/2}b^{1/2}$ 128°2′	»

Combinaisons de formes observées: $mg^1pe^{1/2}b^{1/2}$, *fig.* 370, pl. LXII; $mg^3g^1e^{1/2}b^{1/2}$, *fig.* 371 (cristaux de l'Oural); $g^2g^1pe^{1/2}$; $mg^2g^1p a^1e^{1/2}b^{1/2}$ (cristaux d'Hitteröe). Les faces sont généralement rugueuses; celles du prisme m offrent ordinairement des stries verticales. Les cristaux d'Hitteröe sont souvent aplatis suivant g^1. Cassure conchoïdale. Faiblement translucide en lames minces. Éclat métalloïde ou gras. Couleur noire ou brun rouge foncé. Poussière brun jaunâtre.

Dur. = 5,5. Dens. = 5,13 (Damour).

Dans le matras, dégage de l'eau et prend une teinte gris brunâtre, avec éclat adamantin. Au chalumeau, gonfle et donne une scorie

---

(1) K. Kokscharow, mesures prises sur des cristaux de l'Oural, au goniomètre de Wollaston; Dx. Des Cloizeaux, mesures prises au goniomètre d'application.

(2) Br. Brögger, mesures prises sur des cristaux d'Hitteröe, au goniomètre de réflexion.

brune, infusible. Avec le sel de phosphore, au feu de réduction, verre brun foncé, semi-transparent, qui s'éclaircit au feu d'oxydation et devient d'un jaune pâle par l'addition d'un peu de nitre. Avec le borax, au feu de réduction, verre transparent, brun à chaud, jaune verdâtre à froid, qui se transforme en émail gris brunâtre au feu d'oxydation.

Lentement attaquable par l'acide chlorhydrique qui se colore en jaune.

Composition imparfaitement établie. Les résultats obtenus autrefois par Hartwall et par Hermann ne paraissent pas admissibles. En voici qui doivent être préférés :

a, moyenne de quatre analyses par M. Marignac, conduisant à la formule $2(\dot{R}, \ddot{T}i, \ddot{T}h) + \dot{R}\ddot{N}b$; *b*, nouvelle analyse par M. Rammelsberg :

	a	*b*
Acide niobique	28,81	32,51
— titanique	22,64	21,20
— stannique	0,18	»
Thorine	15,75	17,55
Oxyde céreux	18,49	} 19,41
— de lanthane et didyme	5,60	}
Yttria	1,12	3,10
Chaux	2,75	2,50
Oxyde ferreux	3,17	3,34
Eau	1,07	»
	99,58	99,61
Densité :	»	5,168

Trouvée à Miask, Oural, en cristaux allongés suivant l'axe vertical et engagés, avec zircons bruns, dans un mélange d'albite, d'orthose et de mica brun; à Hitteröe, Norwège, dans des filons de pegmatite.

TUNGSTIDES

WOLFRAMINE. Tungstite; Dana. Wolframocher; Haidinger et Hausmann; Scheelsäure; Wolframsäure; v. Kobell.

Terreuse (1). Opaque. Tendre. Jaune.

Au chalumeau, sur le charbon, devient d'abord d'un bleu noirâtre, puis noire, au feu de réduction. Avec le sel de phosphore, verre incolore ou jaunâtre au feu d'oxydation, devenant, au feu de réduction, d'un beau bleu après refroidissement.
Complètement soluble dans l'ammoniaque.

$\dddot{W}$. Tungstène 79,32 Oxygène 20,68.

Produite principalement par la décomposition des cristaux de wolfram, à la surface ou dans les fentes desquels elle forme des enduits pulvérulents. Trouvée en Cornwall, aux mines d'étain de Drakewall, près Callington, à Huels Friendship et Poldice, etc.; en Cumberland, à Brandygill, Carrock Fells, avec Schéelite; à Lane's Mine, Monroe, Connecticut; dans le comté Cabarrus, Caroline Nord; à Saint-Léonard, près Limoges (très rarement en petits cubes).

A Meymac, département de la Corrèze, l'altération de la Schéelite a donné lieu à la formation de masses résinoïdes ou friables, d'un jaune franc ou brunâtre, à poussière jaune de soufre, d'une dens. = 3,80 à 4,54 (*meymacite* de MM. Bertrand et Carnot), qui, outre l'acide tungstique, contiennent 1 p. 100 d'acide tantalique, environ 12 p. 100 d'eau, et peuvent être rapportées à la formule

$\dddot{W}\dot{H}^2$: Acide tungstique 86,57 Eau 13,43.

SCHÉELITE. Schéelin calcaire; Haüy. Tungstate of lime; Philipps. Pyramidaler Scheel-Baryte; Mohs.

Prisme droit à base carrée.

$b : h :: 1000 : 1533,507 \quad D = 707,107.$

(1) L'acide tungstique artificiel est orthorhombique. $mm = 110°$ (Nordenskiöld). $b : h :: 1000 : 326,925 \quad D = 819,155 \quad d = 573,573.$

ANGLES CALCULÉS.

h^1h^1 90°

[pa^3 144°8′
a^3a^3 108°16′ sur p
pa^2 132°41′
a^2a^2 85°22′ sur p
pa^1 114°14′
a^3a^1 150°37′
150°39′ obs. Cn.
a^1a^1 49°31′ sur p
49°32′ obs. Dx.; 30′ Mc. (1)
a^1a^1 130°39′ sur h^1
130°30′ obs. Z.; 19′ à 24′ Dr. Zn.
130°32′ à 37′ Dr. N.

[pb^5 162°57′
b^5b^5 145°54′ sur p
pb^2 142°31′
b^2b^2 105°2′ sur p
104°53′ obs. Cn.
pb^1 123°6′30″
*b^1b^1 66°13′ sur p
66°13′30″ obs. Fr.; 32′ à 52′ Dr. N.
66°12′ Dx.; 15′ Mc.
b^1b^1 113°47′ sur m
113°48′ obs. Z.; 43′ à 54′ Dr. Zn.
b^2b^1 160°35′30″
160°33′ à 53′ Dr. Zn.

[$pa_{1/3}$ 121°45′
121°50′ obs. Mc.
pa_3 101°39′
102° env. obs. Mc.

ANGLES CALCULÉS.

[a_3a_3 156°42′ ar. basique
156°41′ obs. Dx.; 156°8′ R.
156°21′ à 48′ Dr. Zn.

[$pa_{1/2}$ 120°15′
pa_2 106°15′30″

py 119°25′
a^3a^3 adj. 131°3′

[a^2a^2 117°22′ sur b^2
b^2a^2 adj. 148°41′
$b^2a_{1/2}$ 129°25′ sur a^2

[a^1a^1 100°6′ sur b^1
100°7′30″ obs. Fr.
100°6′ Dx.; 100°12′ Mc.
$a_{1/3}a_{1/3}$ 148°48′ sur b^1
$a^1a_{1/2}$ adj. 162°46′
$a^1a_{1/3}$ adj. 155°39′
155°40′ obs. Dx.
155°37′ R.
a^1b^1 adj. 140°3′
139°57′ obs. Fr.
140°3′ Dx.; 140°2′ Z.
140°6′ Mc.; 140°10′ R.
139°47′; 140°26′ Dr. N.
$b^1a_{1/3}$ adj. 164°24′
164°20′ obs. Fr.; 21′ Dx.
164°40′ obs. Mc.
$b^1a_{1/2}$ adj. 157°16′
b^1a_2 120°50′ sur a^1
b^1a_3 111°42′ sur a^1

ANGLES CALCULÉS.

[a^1a_2 adj. 160°47′
160°41′ obs. Z.
a^1a_3 adj. 151°39′
151°26′ obs. Z.; 30′ Mc.
151°37′ obs. Cn.; 16′ Dr. Zn.
a_2a_3 170°52′
170°44′ obs. Z.

[h^1a_2 155°36′30″
h^1b^1 126°19′
h^1a^2 90°
b^1a^2 adj. 143°41′
b^1b^1 107°22′ sur a^2
107°20′ obs. Mc.
107°17′ à 40′ obs. Dr. N.

b^5b^5 adj. 156°4′
b^2b^2 adj. 129°2′
$a_{1/3}a_{1/3}$ 135°18′ sur a^1
b^1 dr. $a_{1/3}$ gau. 120°50′

[b^1y adj. 175°5′
175°0′ obs. Fr.
b^1a_3 adj. 152°42′
152°46′ obs. Fr.; 153° Mc.
152°56′ Dr. Zn.

b^2a^1 adj. 136°18′
b^2a^3 adj. 153°32′
b^2a_3 adj. 136°31′
b^2a_2 adj. 138°8′
b^1 dr. $a_{1/2}$ gau. 126°47′

$a_{1/3}=(b^1b^{1/3}h^{1/3})$; $a_3=(b^1b^{1/3}h^1)$; $a_{1/2}=(b^1b^{1/2}h^{1/2})$; $a_2=(b^1b^{1/2}h^1)$; $y=(b^{1/2}b^{1/15}h^{1/13})$.

Les formes a_3, a_2, $a_{1/2}$, y, offrent généralement l'hémiédrie à faces parallèles; $a_{1/3}$ est quelquefois holoèdre, *fig.* 373, pl. LXII, ainsi que a_3 (Zepharowich, cristaux de la Krimler-Thal).

Principales combinaisons de formes observées : b^1; a^1; pb^5; b^1a^1 $(\frac{1}{2}a_{1/2})(\frac{1}{2}a_3)$; $a^3a^1b^2b^1(\frac{1}{2}a_3)$; cristaux de Schlaggenwald, d'après

(1) Mc. Marignac, cristaux de Zinnwald et de Schlaggenwald. Dx. Des Cloizeaux et Fr. Friedel, cristaux de Framont. R. Rammelsberg, cristaux du Riesengebirge. Cn. Cathrein, cristaux du Monte Mulate. Z. Zepharowich, cristaux de Carinthie. Dr. Zn. et Dr. N. Dauber, cristaux de Zinnwald et de Neudorf.

Lévy, *fig*, 372, et du Monte Mulate, près Predazzo, Tyrol (Cathrein); $a^1 b^1 (\frac{1}{2} a_{1/3})$, cristaux de Zinnwald, *fig*. 373; $a^1 b^1 (\frac{1}{2} a_{1/3}) (\frac{1}{2} a_3) (\frac{1}{2} y)$, cristaux de Framont, d'après M. Friedel, *fig*. 374; $p a^1 b^2 b^1 (\frac{1}{2} a_2)$ $a_3 (\frac{1}{2} a_{1/3})$, cristaux de la Krimler-Thal, d'après Zepharowich.

Macles, avec plan d'assemblage parallèle à h^1 ou m, rares; plus fréquentes par pénétration de deux individus.

Clivages : facile suivant a^1, interrompu suivant b^1; traces suivant p. Cassure conchoïdale ou inégale. Transparente ou translucide. Double réfraction énergique, à un axe *positif*.

$$\omega = 1{,}918 \text{ à } 1{,}919 \quad \varepsilon = 1{,}934 \text{ à } 1{,}935 \text{ ray. rouge (Dx.)}$$

Éclat vitreux, inclinant à l'adamantin. Incolore, grisâtre, jaunâtre, brunâtre ou rougeâtre. Poussière blanche. Fragile.

Dur. = 4,5 à 5. Dens. = 6 à 6,07.

Les écailles minces fondent au chalumeau, sur le charbon. Dans le borax, soluble en un verre transparent qui, saturé, devient promptement blanc de lait et cristallin. Avec le sel de phosphore, verre incolore au feu d'oxydation, verdâtre à chaud, bleu à froid, au feu de réduction. Attaquable par les acides azotique et chlorhydrique, avec dépôt d'une poudre blanche soluble dans l'ammoniaque. La solution chlorhydrique chauffée avec un peu d'étain devient bleu indigo; quelques variétés donnent une faible réaction du fluor, dans le tube ouvert.

$\dot{C}a \dddot{W}$; Chaux 19,45 Acide tungstique 80,55. Traces de didyme dans les cristaux de Traversella et du Cumberland et petites quantités d'oxyde de fer et de cuivre dans des variétés du comté Cabarrus, Caroline Nord, et de la mine Llamuco près Coquimbo, Chili. D'après MM. Traube et L. J. Igelström, toutes les variétés contiendraient de l'acide molybdique en quantités variables.

Analyses de la Schéelite : *a*, de Neudorf, près Harzgerode, par Rammelsberg; *b*, de Framont, Vosges, par Delesse; *c*, d'Österstorgrufva en Wermland, par Berzélius; *d*, de Riesengrund dans le Riesengebirge, par Himmelbach; *e*, de la mine Bangh, comté Cabarrus, Caroline Nord, par Genth; *f*, lames de clivage incolores, de Saint-Lary, Hautes-Pyrénées, par Jannettaz; *g*, verte, de la mine Llamuco près Coquimbo, Chili, par Domeyko :

	a	*b*	*c*	*d*	*e*	*f*	*g*
Acide tungstique	78,64	80,35	80,42	80,1	79,52	80,6	76,32
Chaux	21,56	19,40	19,40	19,3	19,31	19,4	18,20
Oxyde ferrique	»	»	»	»	0,18	»	»
— cuivrique	»	»	»	»	0,08	»	3,31
— stannique	»	»	»	»	0,13	»	»
	100,20	99,75	99,82	99,4	99,22	100,0	97,83
Densité :	6,03	6,05	»	»	»	6,05	»

On a donné le nom de *cuprotungstite* à des croûtes vertes, tapissant la Schéelite cuprifère de Llamuco, Chili. Elles fondent en émail noir et contiennent, d'après Domeyko : $\dddot{W}$ 58,75 $\dot{C}u$ 31,86 $\dot{C}a$ 2,08 $\dddot{F}e$ 2,63 $\dot{H}$ 4,80 = 100,12. Ce serait un tungstate de cuivre hydraté.

La Schéelite se trouve en général dans les roches cristallines et souvent associée aux minerais d'étain, avec quartz, topaze, fluorine, apatite, molybdénite, wolfram, etc. Les plus beaux cristaux ont été rencontrés à Zinnwald et Ehrenfriedersdorf en Saxe ; à Schlaggenwald, Bohême ; à Neudorf et Harzgerode au Hartz ; dans la Krimler Thal, Alpes du Salzburg ; en Cornwall ; à Framont, Vosges ; à Traversella, Piémont ; à Caldbeck Fell près Keswick, Cumberland. On la connaît aussi dans les filons d'or de Morro Velho, province de Minas Geraes, Brésil (gros cristaux d'un rouge brun associés à de très beaux cristaux d'apatite et de pyrrhotine) ; à Pösing, Hongrie ; à Österstorgrufva, Yxsjö, Malsjö, Guldsjö et Nykroppa, Wermland ; à Bipsberg près Fahlun (c'est dans cette variété que Scheele a découvert le *tungstène* en 1781) ; à Pitkäranta (Finlande) ; à Monroe et Huntington, Connecticut ; dans le comté Cabarrus, Caroline du Nord ; au Monte Mulato près Predazzo, Tyrol ; dans la vallée supérieure de Sulzbach en Pinzgau, connue pour ses beaux cristaux d'épidote ; près de Saint-Lary, vallée d'Aure (Hautes-Pyrénées) (masses grisâtres, clivables suivant a^1 et b^1, à éclat adamantin, pénétrées par de la limonite) ; aux environs de Coquimbo, Chili (variétés plus ou moins cuprifères), etc., etc.

On a trouvé en Cornwall des octaèdres b^1 pseudomorphosés en wolfram.

Dans le Connecticut, où la substance est abondante, on l'emploie pour la préparation en grand de l'acide tungstique.

STOLZITE ; Haidinger. Schéelitine ; Beudant. Scheelbleierz ; Scheelbleispath ; Bleischeelat ; Wolframbleierz.

Prisme droit à base carrée.

$$b : h :: 1000 : 1107,807. \quad D = 707,107.$$

ANGLES CALCULÉS.	ANGL. MESURÉS.	ANGLES CALCULÉS.	ANGL. MESURÉS.
mm 90°	»	[pb^1 132°4′	»
		b^1b^1 84°8′ sur p	»
[pa^1 122°33′	»	b^1m 137°56′	»
a^1a^1 65°6′ sur p	65°0′ Lévy	$pb^{1/2}$ 114°17′30″	»

ANGLES CALCULÉS.	ANGL. MESURÉS.	ANGLES CALCULÉS.	ANGL. MESURÉS.
$b^{1/2}b^{1/2}$ 48°35′ sur p	»	ma^1 126°35′	126°37′ Lévy
*$b^{1/2}b^{1/2}$ 131°25′ sur m	131°25′ Kerndt 131°30′ Lévy	a^1b^1 143°25′	»
		a^1a^1 106°50′ sur b^1	106°47′ Lévy
$b^{1/2}m$ 155°42′30″	155°45′ Lévy		
$pb^{1/4}$ 102°43′	»	b^1b^1 adj. 116°41′	»
$b^{1/4}b^{1/4}$ 25°26′ sur p	»	$b^{1/2}b^{1/2}$ adj. 99°44′	99°45′ Kerndt 99°43′ Lévy
$b^{1/4}b^{1/4}$ 154°34′ sur m	154°36′ Lévy		
$b^{1/4}m$ 167°17′	167°17′ Lévy	$b^{1/4}b^{1/4}$ adj. 92°47′	92°46′ Lévy

L'isomorphisme *géométrique* est complet, entre la Stolzite et la Schéelite, en prenant :

SCHÉELITE.	STOLZITE.
a^1	$b^{1/2}$
h^1	m
b^1	a^1

$b^{1/4}$ n'a pas de correspondant dans la Schéelite.

Combinaisons de formes observées : $mpb^1b^{1/2}$, *fig.* 375, pl. LXIII; $ma^1b^{1/2}b^{1/4}$, *fig.* 376; $mpa^1b^1b^{1/2}$; $(\frac{1}{2}a^1)(\frac{1}{2}b^{1/2})$ constituant un cristal hémimorphe, *fig.* 377.

Clivage imparfait suivant p et $b^{1/2}$. Faiblement translucide. Double réfraction assez énergique à un axe *négatif*.

Eclat gras, légèrement adamantin dans la cassure. Couleur grise, brune, verdâtre ou rougeâtre. Poussière incolore ou blanc jaunâtre.

Dur. = 3. Dens. = 8,10 (Kerndt).

Au chalumeau, sur le charbon, fond facilement, dépose de l'oxyde de plomb et cristallise par refroidissement. Avec le carbonate de soude, des grains de plomb sont réduits. Avec le borax, à la flamme réductive, verre grisâtre à froid, devenant d'un rouge foncé par une longue insufflation. Avec le sel de phosphore, perle bleue.

Soluble dans l'acide azotique, avec dépôt d'acide tungstique, et dans la potasse.

$Pb\ddot{W}$; Oxyde de plomb 49,0 Acide tungstique 51,0.

Analyses de la Stolzite de Zinnwald ; *a*, par Lampadius; *b*, par Kerndt (moyenne de deux opérations) :

	a	*b*
Acide tungstique	51,75	51,73
Oxyde de plomb	48,25	46,00
Chaux	»	1,39
Oydes ferreux et manganeux	»	0,47
	100,00	99,59

Se trouve en petits cristaux fusiformes ou en agrégats indistincts, dans les mines d'étain de Zinnwald en Bohême, avec quartz, lépidolite et wolfram ; à Bleiberg en Carinthie, avec wulfénite ; près de Coquimbo au Chili ; à Southampton, Massachusetts.

HÜBNÉRITE ; Riotte. Mégabasite ; Blum.

Prisme rhomboïdal oblique d'environ 101°.

$b : h :: 1000 : 669,770 \quad D = 772,040 \quad d = 635,575.$

Angle plan de la base $= 101°4'29''$.
Angle plan des faces latérales $= 90°38'9''$.

ANGL. CALCULÉS.	ANGL. MESURÉS. GROTH ET ARZRUNI.	ANGL. CALCULÉS.	ANGL. MESURÉS. GROTH ET ARZRUNI.
*mm 101°5'	101°5' (1)	pa^1 132°58'	131°23' ? (1)
	100°25' (2)	$a^{11}a^2$ 157°29'	157°22'30"
mh^1 140°32'30"	140°54' (1)	$a^2a^{4/3}$ 169°18'	168°9'
	140°20' (2)	$a^{4/3}a^1$ 171°40'	170°43'
$mh^{9/7}$ 146°25'	146°39' (1)	*a^2h^1 post. 117°0'	116°59 (2)
$h^{9/7}h^1$ 174°7'30"	174°0'	$a^2{}_7v$ 126° rent^t (mac. p. à h^1)	125°58' (2)
$h^{9/7}h^{9/7}$ s. h^1 168°15'	168°0'	ph^1 ant. 91°0'	90°2' (1)
mg^1 129°27'30"	129°45' (2)		
		$b^{1/2}m$ adj. 143°30'	144°8' (1)
pa^{11} 174°31'	174°32'30" (1)	a_3h^1 adj. 147°39'	146°4' (1)
*pa^2 152°0'	151°55' (1)	a_3m adj. 151°3'	150°46'30"
$pa^{4/3}$ 141°18'	140°4' (1)	$a_3h^{9/7}$ adj. 154°12'	151°32' (1)

M. Penfield a observé les combinaisons $h^{11/5}\ m\ g^1\ o^2\ e^1\ d^{1/2}$ sur de petits cristaux de Silverton, Colorado, et $h^{11/5}\ m\ g^1\ o^2\ d^1$ sur des cristaux du comté Lincoln, Nouveau Mexique. Leurs incidences sont :

mm	99°48'	e^1m ant.	114°17'
ph^1	90°53' (calc.)	d^1g^1	110°54' (moy.)
e^1g^1	130°55'	$d^1h^{11/5}$	71°32'

Faces de la zone verticale cannelées parallèlement à l'arête mm.

Les formes $h^{11/5}$, $h^{9/7}$, a^{11}, $a^{4/3}$, a^1, d^1 ne sont pas connues dans le wolfram. La Hübnérite naturelle n'offre en général que des baguettes allongées, aplaties suivant le clivage g^1 et à sommets brisés.

---

(1) Cristaux de *mégabasite* de Schlaggenwald.
(2) Cristaux de Hübnérite artificielle de M. Geuther.

Macles très fréquentes, par hémitropie autour d'un axe normal à h^1.

Clivage très facile suivant g^1, plus difficile suivant h^1 (Hübnérite de Bayewka). Cassure inégale.

Transparente en lames très minces, ou seulement translucide. A travers des lames g^1 excessivement minces de la Hübnérite de Nevada, on observe d'étroites bandelettes d'un brun noir, opaques, dont les unes, un peu ondulées, sont sensiblement parallèles à h^1, tandis que les autres, parfaitement rectilignes, correspondent à la forme o^2 ou a^2 (probablement o^2) et coupent les premières sous un angle d'environ 117°39′ (mesure microscopique).

Plan des axes optiques normal à g^1, situé dans l'angle aigu $a^2 h^1$ et faisant avec h^1 un angle d'environ { 17°37′ Hübnér. de Nevada. / 18°30′ Hübnér. de Bayewka. } Bissectrice aiguë *positive* parallèle au plan de symétrie; $2 H_a = 93°$ envir. lithium (Groth et Arzruni, cristaux artificiels). Autour de la bissectrice obtuse *négative*, normale à g^1, l'écartement dans l'huile dépasse 145°, pour la Hübnérite naturelle ou artificielle.

Éclat semi-métallique; nacré sur le clivage g^1. Noir brunâtre ou jaune clair par réflexion; rouge rubis ou jaune par transmission. Poussière jaune (Hübnérite de Nevada), brun jaunâtre (mégabasite).

Dur. = 5,5 envir. Dens. = 7,14 (Breithaupt); 7,177 (Hillebrand).

Difficilement fusible au chalumeau. Avec la soude, réaction du manganèse. Difficilement attaquable par les acides, avec séparation d'acide tungstique jaune. Incomplètement attaquée par ébullition dans une dissolution de potasse.

$\dot{M}n \dddot{W}$; Acide tungstique 76,9 Oxyde manganeux 23,1 dont une petite quantité remplacée par de l'oxyde ferreux.

Analyses de la Hübnérite : de Nevada, *a*, par Credner; de la mine Royal Albert, Colorado, *b*, par Hillebrand; de Phillipsburg, *c*, par Low; de Morococha, Pérou, *d*, par Pflucker y Rico; de Bayewka, près Katharinenburg, *e*, par Koulibine; de la mine N. Star à Silverton, *f*, par Genth; de la *mégabasite* de Schlaggenwald, *g*, par Phillip :

	a	*b*	*c*	*d*	*e*	*f*	*g*
Acide tungstique	76,4	75,58	74,82	75,12	74,32	74,75	73,60
Oxyde manganeux	23,4	23,40	25,00	23,21	20,90	21,93	22,24
— ferreux	»	0,24	0,06	1,42	2,11	2,91	3,74
Chaux	»	0,13	»	»	1,30	0,11	»
Acide niobique?	»	0,05	»	»	»	»	»
Silice	»	0,62	»	»	0,28	»	»
	99,8	100,02	99,88	99,75	98,91	99,70	99,58
Densité :	»	7,177	»	»	7,357	6,713	»

La Hübnérite se trouve en longs cristaux tabulaires engagés dans un quartz cristallin : en Nevada, district de Mammoth; en Colorado, à la mine Royal Albert, district Uncompahgre, comté

Ouray; près de Phillipsburg, Montana; à Jamestown, comté Boulder; aux environs de Silverton, comté San Juan, etc.; aux Black Hills en Dakota; à la mine Comstock près Deadwood; au Pérou, à Morococha (cristaux aplatis suivant h^1, associés à l'énargite) et à Farma (larges lames rouges, transparentes, ressemblant à de la Brookite, associées à de la blende); près White Oaks, comté Lincoln, Nouveau Mexique; à Bayewka, Oural (petites masses laminaires rappelant le wolfram de Puy-les-Vignes (Haute-Vienne) et celui d'Adun-Tschilon).

La *mégabasite* se montre en longues aiguilles plates, d'un rouge plus ou moins foncé, engagées entre des cristaux de quartz, à Schlaggenwald, Bohême, et dans la diallogite à Adervielle, Hautes-Pyrénées.

WOLFRAM. Schéelin ferruginé; Haüy. Tungstate of iron; Phillips. Prismatiches Scheel-Erz; Mohs. Wolframite.

Prisme rhomboïdal oblique de 100°37′.

$$b : h :: 1000 : 667,764. \quad D = 769,483 \quad d = 638,667.$$

Angle plan de la base = 100°36′54″.
Angle plan des faces latérales = 90°24′32″.

ANGLES CALCULÉS.	ANGLES MESURÉS. DES CLOIZEAUX (1).	ANGLES CALCULÉS.	ANGLES MESURÉS. DES CLOIZEAUX.
mm 100°37′ avant	100°41′ Gr. (2) 101°45′ Kc. (3)	mm 79°23′ sur g^1	79°27′ moy. (V.)
		g^3g^1 148°56′	»
mh^3 162°51′	163°8′ moy.	g^3g^3 117°52′ sur g^1	»
mh^1 140°18′30″	140°21′ Gr. 140°52′ Kc.	po^2 152°32′	»
h^2h^1 164°32′	164°32′ Kr. (4)	ph^1 antér. 90°38′	90°23′ S. (5)
h^3h^1 157°28′	157°10′ à 50′ (V.) 157°52′ Kc.	pl 178°44′ sort.	178°20′ à 40′ mac. paral. à h^1
h^1g^3 121°3′30″	121°35′ Ko.	o^2h^1 118°6′	118°0′ (V.) 117°47′ Kr.
mg^3 160°45′	»		
mg^1 129°41′30″	129°36′ Gr.	$o^2{}_z o$ 123°48′ sort.	mac. paral. à h^1

(1) Mes mesures ont été prises, la plupart sur de petits cristaux tantalifères de la Vilate près Chanteloube (V.), et quelques-unes sur des cristaux d'Altenberg (A.), de Schlaggenwald (Sc.), de l'Oural (O.) et de Zinnwald (Z.).

(2) Gr. nombres obtenus par MM. Groth et Arzruni sur les cristaux du wolfram artificiel de M. Geuther.

(3) Kc. Kerndt; angles mesurés sur des cristaux de Zinnwald.

(4) Kr. Krenner; angles mesurés sur de petits cristaux de Felsö-Banya.

(5) S. Seligman; angles mesurés sur des cristaux de la Sierra Almagrera, (Espagne).

ANGLES CALCULÉS.	ANGLES MESURÉS. DES CLOIZEAUX.
$h^1 o^1$ 136°35'	136°48' Kr.
$p a^2$ adj. 152°16'	152°15' (A.) 151°56' S.
$p h^1$ 89°22' sur a^2	89° env. g. o. (V.) 89°37' S.
$a^2 h^1$ adj. 117°6'	117°10' Kr.
$a^{3/4} h^1$ 144°8'	144°4' Kr.
$a^{2/5} h^1$ 158°59'	158°55' Kr.
$a^2 {}_g v$ 125°48' rontr.	mac. paral. à h^1
$o^2 a^2$ 124°48' sur p	125° g. o. (Z.)
$p e^1$ 139°3'	139°20' à 35' (A.) 138°56'30" S.
$p e^{5/9}$ 122°38'	»
$p e^{1/2}$ 119°57'	»
$e^1 g^1$ 130°57'	130°46'30" Gr.
*$e^1 e^1$ 98°6' sur p	98°6' moy. (V.) 98°17' Gr.
$e^1 e^{5/9}$ 163°35'	163°13' moy. (V.)
$e^1 e^{1/2}$ 160°54'	160°25' moy. (V.)
$p d^{1/2}$ 126°40'	».
$p m$ antér. 90°30'	»
$d^{1/2} m$ adj. 143°50'	»
$p b^1$ adj. 145°39'	»
$p b^{1/2}$ adj. 126°2'	»
$p b^{1/5}$ adj. 105°57'	»
$p m$ postér. 89°30'	»
$b^{1/2} m$ adj. 143°28'	143° env. g.o. (Z.)
$p o_3$ 114°19'30"	113°54' S.
$p h^3$ antér. 90°32'	»
$o_3 h^3$ 156°16'	156°29' S.
$p o_3$ adj. 113°27'	»
$p o_5$ 106°6'	»
$p \alpha$ 116°32'	»
$p g^3$ antér. 90°20'	»
αg^3 adj. 153°48'	»
$p \beta$ 116°0'	»
$p g^3$ postér. 89°40'	»
βg^3 adj. 153°40'	»
$p \gamma$ 125°20'	»

ANGLES CALCULÉS.	ANGLES MESURÉS. DES CLOIZEAUX.
$h^1 o_3$ adj. 147°48'	»
$h^1 d^{1/2}$ adj. 128°36'	128°0' à 45' (V.)
$h^1 e^1$ 90°29' sur $d^{1/2}$	90°20' 90°38' moy. (V.)
$h^1 b^{1/2}$ 52°0' sur e^1	52°13' moy. (V.)
$d^{1/2} e^1$ 141°53'	141°55' 142°8' moy. (V.)
$d^{1/2} b^{1/2}$ 103°24' s. e^1	103°43' moy. (V.) 102°21' Kc.
$e^1 b^{1/2}$ 141°31'	141°20' moy. (V.)
$d^{1/2} h^1$ 51°24' sur $b^{1/2}$	51°40' à 46' (V.)
*$e^1 h^1$ 89°31' sur $b^{1/2}$	89°31' moy. (V.)
$b^{1/2} a_3$ adj. 160°29'	160°20' à 45' (Sc.)
*$b^{1/2} h^1$ adj. 128°0'	128°0' (V.)
$a_3 h^1$ adj. 147°31'	147°55' env. (Sc.)
$e^1 {}_1 ɔ$ 179°2'	mac. paral. à h^1
$o_5 h^1$ antér. 147°32'	»
αh^1 antér. 117°49'	120° ?
$e^{1/2} h^1$ 90°19' sur α	»
$\alpha e^{1/2}$ 152°30'	»
$e^{1/2} \beta$ adj. 152°22'	»
$e^{1/2} h^1$ postér. 89°41'	89°47' (V.)
βh^1 adj. 117°19'	»
$h^1 b^{1/5}$ adj. 137°27'	137°19' Kr.
$g^1 b^{1/5}$ 127°53'	127°55' Kr.
$g^1 \alpha$ 140°2'	»
$g^1 d^{1/2}$ 120°49'	»
$\alpha d^{1/2}$ 160°47'	160°52' S.
$\alpha\alpha$ 79°56' avant	»
$d^{1/2} d^{1/2}$ 118°22' avant	»
$g^1 o_3$ 110°27'	»
$o_3 o_3$ 139°6'	139°21' S.
$g^1 o_5$ 117°43'	117°31'30" S.
$o_5 o_5$ 124°34'	125°4' S.
$g^1 \beta$ 140°21'	139° à 140° g. o. (O.)
$g^1 b^{1/2}$ 121°6'	»
$\beta b^{1/2}$ 160°45'	160°35' (V.)
$\beta\beta$ adj. 79°18'	»
$b^{1/2} b^{1/2}$ adj. 117°48'	117°12' (Sc.) 118°12' (V.)

ANGLES CALCULÉS.	ANGLES MESURÉS. DES CLOIZEAUX.	ANGLES CALCULÉS.	ANGLES MESURÉS. DES CLOIZEAUX.
$g^1 \gamma$ 139°12'30"	139°40' Kr.	βm adj. 147°39'	147°45' à 148° (V.)
		γm adj. 135°26'	»
$g^1 b^1$ 111°7'	110°39' Kr. 110°50' S.	$e^1 \beta$ 146°41'	146°35' (A.) 146°50' (V.)
$g^1 a_3$ 110°36'	»	$e^1 m$ 114°20' sur β	114°38' moy. (V.)
$a_3 a_3$ adj. 138°48'	138°16' moy. (Sc.)	$o^1 m$ postér. 56°1'	—
$o^1 m$ adj. 123°59'	»	$o^2 e^1$ adj. 132°5'	132°5' à 8' (V.)
$o_3 m$ adj. 150°57'	»	$o^2 d^{1/2}$ adj. 144°33'	»
$o_5 m$ adj. 161°8'	»	$o^2 b^{1/2}$ adj. 103°35'30"	103°35' moy. (Sc.)
$o_3 o_5$ 169°49'	169°57'30" S.	$o^2 \alpha$ adj. 127°32'	»
$o^2 m$ adj. 111°15'	»	$o^2 a_3$ adj. 87°44'	87°42' à 88° (Sc.)
$a^2 m$ adj. 110°31'	»	$a^2 e^1$ adj. 131°57'	»
		$a^2 b^{1/2}$ adj. 144°7'	144°10'
$m a_3$ adj. 150°49'	»	$a^2 \beta$ adj. 127°9'	»
$m \alpha$ adj. 148°3'	147°50' à 148° (V.)	$a^{3/4} b^{1/5}$ 139°43'	139°52' Kr.
αe^1 147°6'	147°28' (V.) 146°51' S.	$e^{1/2} m$ antér. 123°54' $e^{1/2} m$ postér. 123°18'	123°41' (V.) 123°32' moy. (V.)
$m e^1$ 115°9' sur α	115°22' moy. (V.)	$e^1 h^3$ antér. 104°58'	104°43' moy. (V.)
$e^1 b^1$ adj. 149°18'	»	$e^1 h^3$ postér. 104°8'	103°54' moy. (V.)
		$h^1\, {}_1\eta$ 178°54'	mac. paral. à $e^{3/2}$

$o_3 = (d^1 d^{1/3} h^1)$ $a_3 = (b^1 b^{1/3} h^1)$
$o_5 = (d^1 d^{1/5} h^1)$ $\beta = (b^1 d^{1/3} g^1)$
$\alpha = (d^1 b^{1/3} g^1)$ $\gamma = (b^1 d^{1/2} g^1)$

Les faces h^1 sont généralement cannelées parallèlement à leur intersection avec g^1 ; il en est souvent de même pour m, h^3 et g^3.

Les clivages g^1, soit naturels, soit doucis à l'émeri fin, montrent des séries de sillons déliés parallèles aux intersections $h^1 g^1$, $a^2 g^1$ (dominants) ; $o^2 g^1$, $p g^1$, $b^{1/2} g^1$ (fréquents) ; $d^{1/2} g^1$ (rares), *fig.* 386, pl. LXIV. Ces sillons sont dus à la structure écailleuse du minéral provenant de ce que les cristaux se composent de lames superposées parallèlement aux formes h^1, o^2, a^2, p, $d^{1/2}$, $b^{1/2}$. Quelquefois, celles qui devraient être parallèles aux deux faces h^1 opposées divergent au centre et font entre elles un angle d'environ 5°. Des plages *moirées*, visibles lorsqu'on fait réfléchir la lumière sous diverses inclinaisons, montrent en outre, sur les bords du cristal, des fragments irréguliers, orientés dans toutes les directions et faisant corps avec la masse générale. Les faces o^2 sont unies et miroitantes ; les a^2 sont au contraire rugueuses et arrondies. Généralement, les cristaux sont aplatis suivant h^1.

Principales combinaisons de formes observées : $h^1 g^1 a^2 e^1 b^{1/2}$, *fig.* 378, pl. LXIII ; $h^1 h^3 m e^1 d^{1/2} b^{1/2}$, *fig.* 379 ; $h^1 h^3 m o^2 a^2 e^1 e^{5/9}$ (nouvelle), *fig.* 380 (petits cristaux de Chanteloube) ; $h^1 m o^2 a^2 e^1$; $h^1 h^3 m g^3 o^2 a^2 e^1 b^{1/2} \beta$, *fig.* 381, pl. LXIV ; $h^1 h^3 m g^3 o^2 e^1 d^{1/2} \alpha$ (gros cristaux de Zinnwald); $h^1 h^3 m p e^1 d^{1/2} \alpha \beta$, *fig*. 382 (Altenberg?); $h^1 h^3 m p a^2 e^1 \alpha$, *fig*. 383 (Ehrenfriedersdorf); $h^1 h^3 m e^1 d^{1/2} b^{1/2} \alpha \beta$, *fig*. 384 (Nertschinsk); $h^1 h^3 m o^2 a^2 e^1 d^{1/2} b^{1/2} \alpha \beta$, *fig*. 385 (Schlaggenwald); $h^1 g^1 p$; $h^1 g^1 o^2$; $h^1 g^1 a^2$; $h^1 g^1 o^1 a^2$; $h^1 g^1 a^{2/5}$; $h^1 g^1 a^{3/4} a^{2/5}$; $h^1 h^2 g^1 a^{3/4} a^{2/5}$; $h^1 h^2 g^1 p a^2 a^{3/4} a^{2/5} b^1 \gamma$; $h^1 g^1 a^{3/4} b^{1/5}$ (Felsö-Bánya); $m h^1 h^3 g^1 p a^2 e^1 d^{1/2} b^1 b^{1/2} o_3 o_5 \alpha \beta$ (Sierra Almagrera). M. Jérémejeff a en outre cité o^4 et o^3 sur des cristaux de l'Oural.

Macles : fréquentes par hémitropie autour d'un axe normal à h^1, les faces a^2 et ${}_{8}n$ formant un angle rentrant d'environ 126°, *fig*. 386; rares, par hémitropie autour d'un axe normal à la forme inobservée $e^{3/2}$, les faces h^1 et $\underline{\underline{z}}$ faisant entre elles un angle difficilement appréciable de 179°, *fig*. 387.

Clivage très facile suivant g^1, plus difficile suivant h^1. Cassure inégale. Opaque. Eclat semi-métallique, très vif sur les plans de clivage. Noir. Poussière noire ou d'un noir brunâtre.

Dur. = 5,5. Dens. 7,19 à 7,36 (Damour).

Quelquefois faiblement magnétique. Faiblement conducteur de l'électricité.

Difficilement fusible au chalumeau en globule magnétique, à surface cristalline. Avec le sel de phosphore, donne au feu de réduction un verre rouge qui devient vert en y ajoutant de l'étain. Avec la soude, réaction du manganèse. Assez difficilement attaquable par l'acide chlorhydrique, avec séparation d'acide tungstique jaune. L'acide sulfurique concentré et bouillant dissout complètement la poudre soigneusement lévigée; l'eau précipite l'acide tungstique en flocons d'un jaune serin.

$(\dot{Fe}, \dot{Mn}) \dddot{W}$, avec d'assez grandes variations dans les proportions relatives des oxydes ferreux et manganeux; chimiquement et géométriquement isomorphe de la Hübnérite.

Analyses du wolfram : *a*, de Neudorf, près Harzgerode au Hartz; *b*, d'Ehrenfriedersdorf en Saxe; *c*, de Nertschinsk en Sibérie, toutes par Kerndt; *d*, de Felsö-Bánya, par Sipöcz; *e*, de Zinnwald en Bohême; *f*, d'Altenberg en Saxe; *g*, de Schlaggenwald en Bohême, toutes par Kerndt; *h*, de la Vilate près Chanteloube, par Damour:

	a	*b*	*c*	*d*	*e*	*f*	*g*	*h*
Acide tungstique	75,90	75,85	75,64	76,14	75,62	75,43	75,68	73,97
Oxyde ferreux	19,24	19,26	19,55	15,67	9,55	9,65	9,56	12,99
Oxyde manganeux	4,80	4,89	4,81	8,34	14,85	14,90	14,30	11,67
Acide tantalique	»	»	»	»	»	»	»	0,98
	99,94	100,00	100,00	100,15	100,02	99,98	99,54	99,61
Densité:	7,225	7,50	7,496	7,458	7,223	7,20	7,48	7,141

Le wolfram de Meymac, département de la Corrèze, contient aussi, d'après M. Carnot, environ 1 p. 100 d'acide tantalique.

Se trouve en cristaux, quelquefois très volumineux, ou en masses cristallines : à Zinnwald et à Schlaggenwald en Bohême, avec cassitérite ; à Schneeberg, Geyer, Ehrenfriedersdorf, Altenberg et Freiberg en Saxe ; dans des filons de galène, à Neudorf près Harzgerode, au Pfaffenberg, au Meiseberg et au Strassberg au Hartz ; dans des trachytes à Felsö-Bánya, Hongrie (cristaux remarquables par leurs combinaisons et surtout par celle où $h^1 g^1 a^{2/5}$ rappelle la forme d'un ciseau à un seul tranchant) ; dans le département de la Haute-Vienne, à Puy-les-Vignes, près Saint-Léonard (grandes masses laminaires à formes cristallines imparfaites), dans les pegmatites tantalifères de l'ancienne carrière de la Vilate près Chanteloubé (petits cristaux groupés confusément avec spessartine, apatite, fer arsénié et pharmacosidérite concrétionnée) et à Cieux près Nantiat, avec cassitérite, scorodite, etc. ; dans plusieurs mines des environs de Redruth, Cornwall ; dans le Cumberland ; en filons dans le granite de Rona, une des Hébrides ; à Nertschinsk, Sibérie ; à Monroe (pseudomorphoses de Schéelite) et en d'autres points du Connecticut ; dans l'Etat du Maine ; dans le comté Cabarrus, Caroline Nord ; à Montevideo ; à la Sierra Almagrera, Espagne (cristaux où l'on a observé les formes nouvelles $b^1 o_3 o_5'$), etc., etc.

M. Geuther a obtenu artificiellement des cristaux d'un tungstate de fer, $\dot{F}e\dddot{W}$, isomorphe de la Hübnérite et du wolfram, sur lesquels MM. Groth et Arzruni ont observé les formes m, h^1, g^3, g^1, o^2 e^1, $d^{1/2}$, α de ce dernier minéral.

La Reinite du professeur von Fritsch paraît au contraire constituer une forme dimorphe du composé $\dot{F}e\dddot{W}$.

D'après M. Otto Luedecke, elle offre des octaèdres carrés $b^{1/2}$ dont les arêtes culminantes sont remplacées par une troncature a^1 très étroite. Les mesures prises au goniomètre d'application ou à l'aide de lamelles de mica collées sur les cristaux ont donné :

$$b^{1/2}b^{1/2} \text{ adj.} = 103°32' \text{ moy.} ; \text{ d'où } b^{1/2}a^1 = 141°46'$$
$$b^{1/2}b^{1/2} = 122°8' \text{ base (1).}$$

Les faces sont ternes et rugueuses. Clivage très imparfait suivant m. Cassure inégale. Opaque. Éclat faible, entre le métalloïde et le vitreux. Couleur brun noir. Poussière brune.

Dur. = 4. Dens. = 6,64.

Au chalumeau, fusible en émail brun noir, non magnétique. Imparfaitement attaquable par les acides, même à chaud. Acide tungstique 75,47 Oxyde ferreux 24,33.

(1) La Reinite n'est peut-être qu'une pseudomorphose de la Schéelite, car son octaèdre principal $b^{1/2}$ s'exprimerait par le symbole assez simple $a^{6/5}$ dans la forme que j'ai adoptée pour ce minéral, page 259.

Rapportée par le Dr Rein, avec gros cristaux de quartz, de Kimbosan au Japon.

La Ferbérite de Breithaupt offre des masses composées de grains allongés, facilement clivables, suivant la petite diagonale, en lames auxquelles des faces h^1 et a^2 donnent une apparence rhombique.

Éclat vitreux assez vif, inclinant à l'adamantin. Couleur noire. Poussière brun noirâtre ou noir brunâtre.

Dur. = 4 à 4,5. Dens. = 6,76 à 6,80.

Présente les mêmes réactions que le wolfram, mais renferme trop peu d'acide tungstique pour rentrer dans la formule de la Hübnérite et du wolfram.

Analyses : *a*, par Liebe ; *b*, par Rammelsberg (moyenne de trois opérations).

	a	*b*
Acide tungstique	70,11	69,68
Acide stannique	0,14	0,16
Oxyde ferreux	23,29	26,00
Oxyde manganeux	3,02	3,00
Chaux	1,75	1,57
Magnésie	0,42	»
Alumine	1,17	»
	99,90	100,41
Densité :	6,80	7,17

Trouvée avec quartz, wolfram et magnétite terreuse (*eisenmulm*) brun foncé, dans la Sierra Almagrera, Espagne.

MOLYBDIDES

MOLYBDINE. Molybdänocker ; Haidinger. Acide molybdique ; Beudant. Molybdite ; Dana.

Lames rectangulaires (cristaux obtenus par Debray) ; aiguilles rhombiques (1) ; masses cristallines, fibreuses et radiées ou pulvérulentes, formant quelquefois des enduits.

(1) Les lames obtenues par Debray sont d'un blanc légèrement verdâtre. D'après Breithaupt et Nordenskiöld, des aiguilles artificielles se rapporteraient à un prisme rhombique d'environ 137°. Nordenskiöld y aurait observé les formes h^1, h^7, m, g^1, a^3, a^2, $a^{3/2}$, avec les incidences :

$mm = 137°44'$ $g^1 h^7$ 106°12' $p a^2$ 148°30'.

ANGLES CALCULÉS.	ANGLES MESURÉS; DES CLOIZEAUX.
mm 118°10′	»
*$h^1 m$ 149°5′	149°5′ moyen. (cristaux de Debray)
$h^1 g^{4/3}$ 103°25′	103°48′ moyen.
$h^1 g^1$ 90°	89° à 91°

Clivage très facile suivant h^1, moins facile suivant g^1 et p. Transparente ou opaque. Double réfraction énergique. Plan des axes optiques normal à h^1 et parallèle à g^1. Bissectrice aiguë *positive* normale à p. Bissectrice obtuse normale à h^1, autour de laquelle on observe dans l'huile une énorme dispersion $\rho < v$ et, à 13° C.,

$$2H = \begin{cases} 117°15' \text{ rayons rouges;} \\ 119°23' \text{ rayons jaunes;} \\ 127° \text{ env. rayons bleus.} \end{cases}$$

Éclat fortement nacré sur le clivage facile h^1, soyeux sur g^1 et p. Couleur jaune orangé, jaune paille, vert serin, blanc légèrement verdâtre.

Dur. = 1 à 2. Dens. = 4,50 (Weisbach).

Fusible au chalumeau. Avec le sel de phosphore, au feu de réduction, verre vert sombre à chaud, transparent et vert après refroidissement. Avec la soude, sur le charbon, réductible en poudre métallique grise. Soluble dans les acides, la potasse et l'ammoniaque.

$\dddot{Mo}$; Molybdène 65,71 Oxygène 34,29

Se trouve disséminée avec molybdénite à Linnos en Smoland et à Bipsberg en Dalarne, Suède; à Nummeladen, Norwège; à Corybuy au Loch Creran, Écosse; au Pfälzerthal, Tyrol; à Westmoreland, New Hampshire, et à Chester, comté Delaware, Pennsylvanie; à Virginia City, Nevada; en Corse (masses abondantes) et à Cieux, Haute-Vienne (sur wolfram); à Altenberg, Saxe (mamelons fibreux sur quartz).

L'ilsémannite de H. Höfer serait un molybdate d'oxyde de molybdène associé à la wulfénite de Bleiberg, Carinthie.

Le molybdurane serait un molybdate d'urane trouvé à Joachimsthal, Bohême.

La pateraïte (Haidinger), découverte en 1855 par Vogl dans une ancienne exploitation de Joachimsthal, est amorphe, noire, opaque, infusible au chalumeau. C'est probablement un mélange, dans lequel Laube a trouvé : $\dddot{Mo}$ 30 $\dot{Co}$ 27 $\ddot{Fe}$ 17 S 12 $\dot{H}$ 9, plus un peu d'oxyde de bismuth et un résidu insoluble.

WULFÉNITE. Mélinose; Beudant. Plomb molybdaté; Haüy. Pyramidal Blei-Baryt; Mohs. Bleigelb; Hausmann.

Prisme droit à base carrée.

$b:h :: 1000:1114,718$. $D = 707,107$ (1).

ANGLES CALCULÉS.	ANGLES MESURÉS.
mm 90°	»
mh^{11} 174°48′	»
$h^{11}h^{11}$ 100°24′ sur h^1	100°38′ moy. Z.
$h^{11}h^{11}$ 169°36′ sur m	169°40′ moy. Z.
mh^7 171°52′	»
h^7h^7 106°16′ sur h^1	106°21′ Z.
h^7h^7 163°44′ sur m	163°44′ Z.
mh^5 168°41′	»
h^5h^5 112°38′ sur h^1	»
h^5h^5 157°22′ sur m	»
$mh^{11/3}$ 164°45′	K. R.
$h^{11/3}h^{11/3}$ 120°30′ sur h^1	»
$h^{11/3}h^{11/3}$ 149°30′ sur m	»
mh^2 153°26′	»
h^2h^2 143°8′ sur h^1	»
h^2h^2 126°52′ sur m	»
mh^1 135°	»
pa^{16} 174°22′	174°19′30″ K. U.
$a^{16}a^{16}$ 168°44′ sur p	»
pa^{12} 172°31′	L.
$a^{12}a^{12}$ 165°2′ sur p	»
pa^3 152°17′	152°37′ K. B.
a^3a^3 124°34′ sur p	»
$pa^{5/2}$ 147°46′	147°17′ K. U.
$a^{5/2}a^{5/2}$ 115°32′ sur p	»
pa^2 141°45′	141°41′ K. B.
a^2a^2 76°30′ sur h^1	75°56′ K. Az. 76°22′ K. B.
$a^{3/2}a^{3/2}$ 92°51′ sur h^1	»
pa^1 122°23′	122°18′ K. R. 21′ K. B. 122° Dx. An. 122°30′ Sc. R.
a^1a^1 115°14′ sur h^1	114°48′ K. Az. 50′ Sc. R. 115°8′ K. U. 14′ K. B. 115°10′ Dx. An. 22′ Dr.
$a^{5/2}a^1$ 154°37′	155°9′ K. U.
a^2a^1 160°38′	160°42′ K. Az. 160°10′ à 161° Dx. An.
$a^{2/3}a^{2/3}$ 134°10′ sur h^1	»
$a^{16}a^{16}$ adj. 172°3′	171°54′ K. U.
$a^{12}a^{12}$ adj. 169°26′	»
a^3a^3 adj. 141°35′30″	»
$a^{5/2}a^{5/2}$ adj. 135°41′	»
a^2a^2 adj. 128°5′	128°21′ K. Az.
$a^{3/2}a^{3/2}$ adj. 118°22′	»
a^1a^1 adj. 106°40′	106°30′ Sc. R. 46′ K. B. 106°34′ Dr.
$a^{2/3}a^{2/3}$ adj. 98°43′	»

(1) Z. Zepharowich, cristaux de Pzribram.
Z. C. Zepharowich, cristaux calcifères de Carinthie.
K. U. Koch, cristaux jaunes d'Utah.
L. Lévy.
K. B. Koch, cristaux de Bleiberg.
K. Az. Koch, cristaux d'Arizona.
K. R. Koch, cristaux de Rucksberg, Banat.
K. P. Koch, cristaux rouges de Phenixville.
Sc. R. Schrauf, cristaux rouges de Rucksberg.
Sc. P. Schrauf, cristaux rouges de Phenixville.
Dx. An. Des Cloizeaux, petits octaèdres jaunes de la province d'Antioquia.
Dx. Az. Des Cloizeaux, cristaux rouges d'Arizona.
Dr. Dauber, cristaux jaunes de Bleiberg.
Kw. Kokscharow, cristal incolore.

ANGLES CALCULÉS.	ANGLES MESURÉS.
$p\,b^{8}$ 172°4′	»
$b^{8}\,b^{8}$ 164°8′ sur p	»
$p\,b^{4}$ 164°26′	»
$b^{4}\,b^{4}$ 148°52′ sur p	»
$p\,b^{7/2}$ 162°20′	»
$b^{7/2}\,b^{7/2}$ 144°40′ sur p	»
$p\,b^{9/4}$ 153°39′	»
$b^{9/4}\,b^{9/4}$ 127°18′ sur p	»
$p\,b^{3/2}$ 143°23′	143°30′ K. B. 32′ K. U. 143°50′ K. Az. 29′ Dr.
$b^{3/2}\,b^{3/2}$ 73°14′ sur m	73°16′ K. U. et Dx. Az. 73°13′ Dr.
$p\,b^{1/2}$ 114°9′30″	114°8′ Z. 10′ K. U. 114°13′ K. R. 16′ K. B. 114°17′ K. Az. 20′ Dx. Az. 114°27′ K. P.
$b^{1/2}\,b^{1/2}$ 48°19′ sur p	48°48′ Z. 19′ Kw. 48°14′ à 17′ Dr.
$b^{1/2}\,m$ 155°50′30″	155°40′ Sc. P.
*$b^{1/2}\,b^{1/2}$ 131°41′ s. m	131°27′ Z. 37′ K. B. 131°42′ K. R. 43′ K. U. 131°44′ K. Az. 48′ Dr. 131°54′ K. P. 41′ Kw.
$b^{3/2}\,b^{1/2}$ 150°46′30″	150°35′ à 151°18′ K. Az.
$p\,b^{1/3}$ 106°39′	»
$b^{1/3}\,b^{1/3}$ 146°42′ sur m	L.
$p\,b^{1/4}$ 102°38′30″	Zerrener.
$b^{1/4}\,b^{1/4}$ 154°43′ sur m	»
$p\,\alpha$ 133°28′30″	K. B.
$b^{8}\,b^{8}$ adj. 168°48′	»
$b^{4}\,b^{4}$ adj. 158°7′	»
$b^{7/2}\,b^{7/2}$ adj. 155°13′	»
$b^{9/4}\,b^{9/4}$ adj. 143°24′30″	»
$b^{3/2}\,b^{3/2}$ adj. 130°6′	130°19′ K. B. 33′ K. Az. 130°6′ à 11′30″ Dr.
$b^{1/2}\,b^{1/2}$ adj. 99°38′30″	99°34′ K. Az. 37′ Z. 99°39′ Z. C. 36′ Dr. 99°39′ moy. Kw.
$b^{1/3}\,b^{1/3}$ adj. 94°42′30″	»
$b^{1/4}\,b^{1/4}$ adj. 92°44′	»
$h^{11}\,b^{1/2}$ adj. 155°19′	155°24′ Z.
$h^{7}\,b^{1/2}$ adj. 154°35′	154°16′30″ moy. Z.
$h^{5}\,b^{1/2}$ adj. 153°28′	153°10′ Sc. P.
$h^{11/3}\,b^{1/2}$ adj. 151°40′30″	151°37′ K. R.
$\alpha\,a^{1}$ adj. 145°45′	145°55′ K. B.
$p\,\varphi$ 171°33′	171°36′ Dr.
$(\frac{1}{2}\varphi)\,(\frac{1}{2}\varphi)$ adj. 168°4′	167°53′ Dr.
$(\frac{1}{2}\varphi)\,b^{3/2}$ adj. 149°47′	149°48′ Dr.
$(\frac{1}{2}\varphi)\,b^{3/2}$ opp. 147°50′	148°16′ Dr.

$\alpha = (b^{1}\,b^{1/17}\,h^{1/18})$ $\varphi = (b^{1/6}\,b^{1/8}\,h^{1/75})$

Géométriquement et optiquement isomorphe avec la Stolzite.

Les formes h^{11} et h^{7}, combinées avec $b^{1/2}$, sont tantôt hémièdres à faces parallèles, tantôt holoèdres ; h^{5} est ordinairement hémièdre, *fig.* 392, pl. LXV. $(\frac{1}{2}\varphi) = (b^{1/6}\,b^{1/8}\,h^{1/75})$, hémièdre, a été observée par Dauber sur de petites tables jaunes de Carinthie offrant la combinaison $p\,a^{2}\,b^{3/2}\,(\frac{1}{2}\varphi)$. Quelques cristaux sont hémimorphes et se terminent tantôt par $b^{1/2}$ d'un côté et $b^{1/4}$ du côté opposé, tantôt par $b^{1/2}$ ou $b^{1/4}$ d'un côté et par la base de l'autre côté. Les cristaux se présentent ou en octaèdres allongés suivant l'axe vertical, ou en tables fortement aplaties et même papyracées parallèlement à la base.

Combinaisons principales : $m\,h^{2}\,p\,b^{3/2}$, *fig.* 388, pl. LXIV ; $p\,a^{2}\,a^{1}\,b^{1/2}$ (province de Choco, Nouvelle-Grenade), *fig.* 389, pl. LXV ; $a^{3/2}\,a^{1}\,b^{3/2}\,b^{1/2}$, *fig.* 390 ; $h^{1}\,p\,a^{12}\,a^{2}\,b^{3/2}\,b^{1/2}$ (Lévy, Bleiberg), *fig.* 391 ; $p\,a^{2}\,b^{3/2}$ (cristaux rouges d'Arizona) ; $p\,a^{1}$ et $h^{11/3}\,p\,a^{1}\,b^{1/2}$ (Rucksberg, Banat) ; $h^{1}\,p\,b^{8}$ et $m\,(\frac{1}{2}h^{5})\,p\,b^{1/2}$ (Phenixville) ; $(\frac{1}{2}h^{5})\,p\,b^{1/2}$ et $(\frac{1}{2}h^{5})\,b^{1/2}$ (Przibram), *fig.* 392 ; $p\,a^{1}\,b^{1/2}$, avec $b^{1/2}$ prédominante (cristaux gris calcifères de Bleiberg, Carinthie) ; $p\,a^{8}\,a^{2}\,a^{1}\,b^{3/2}\,b^{1/2}\,\alpha = (b^{1}\,b^{1/17}\,h^{1/18})$? (Bleiberg) ; $p\,a^{16}\,a^{5/2}\,a^{1}\,b^{3/2}\,b^{1/2}$ (Utah), etc., etc.

La base p, quelquefois striée parallèlement à son intersection avec $b^{1/2}$, est souvent ondulée, ainsi que m et h^1.

Clivage assez net, mais interrompu suivant $b^{1/2}$; moins distinct suivant p et $b^{3/2}$. Cassure conchoïdale ou inégale.

Transparente ou seulement translucide sur les bords. Double éfraction très énergique, à un axe *négatif*. $\omega = 2,402$ $\varepsilon = 2,304$ (centre du rouge).

Éclat résineux. Incolore; jaune; grisâtre; rouge orangé; brune; verte. Poussière blanche. Fragile.

Dur. = 3. Dens. = 6,90 à 6,95.

Au chalumeau, décrépite violemment et prend une couleur plus foncée, qui pâlit après refroidissement; fond sur le charbon et y pénètre en couvrant la surface de globules de plomb. Avec le sel de phosphore, donne un verre jaune verdâtre, plus pâle après refroidissement, qui devient vert foncé au feu de réduction. Soluble dans l'acide chlorhydrique en une liqueur verte, avec dépôt de chlorure de plomb. L'acide azotique laisse une poudre jaune qui, traitée par le zinc et l'acide sulfurique étendu, devient d'un beau bleu.

$\dot{P}b\dddot{M}$; Acide molybdique 38,57 Oxyde de plomb 61,43.

Analyses de la wulfénite : *a*, jaune, de Bleiberg, par Melling; *b*, de la mine Azulaques, Zacatecas, Mexique, par Bergemann; *c*, jaune, *d*, rouge, de Phenixville, Pennsylvanie, par L. Smith; *e*, jaune, *f*, rouge de Bleiberg, par Reinitzer; *g*, du Chili, par Domeyko :

	a	*b*	*c*	*d*	*e*	*f*	*g*
Acide molybdique	40,29	37,65	38,68	37,47	39,40	39,60	42,2
Oxyde de plomb	60,90	62,35	60,48	60,30	57,54	58,15	43,0
Chaux	»	»	»	»	1,07	1,24	6,3
Oxyde cuivrique	»	»	»	»	0,09	0,40	»
Acide vanadique	»	»	»	1,28	»	»	»
Alum. et oxyde ferrique	»	»	»	»	1,96	0,50	$\dddot{F}e$ 8,5
	101,19	100,00	99,16	99,05	100,06	99,89	100,00
Densité :	»	»	»	6,95	»	»	»

Les cristaux jaunes de Bleiberg en Carinthie contiendraient une petite quantité d'acide vanadique, d'après Rammelsberg et Wöhler; les cristaux rouges de Rucksberg, Banat (chromo-wulfénite), seraient colorés par du chrome, d'après Schrauf. Des essais récents de M. Damour montrent que les réactions fournies par la matière colorante rouge semblent bien caractéristiques de l'acide vanadique.

La wulfénite, qui accompagne d'autres minerais de plomb, a été rencontrée plus ou moins abondamment dans un grand nombre de localités : en France, aux environs de Chenelette en Beaujolais, et notamment à la Douze, à Propières et à Monsols; à Saint-Léonard, département de la Haute-Vienne; aux mines de plomb de Macot en Tarentaise (petits cristaux d'un rouge vif); aux Chalanches en Dauphiné; en Autriche, à Annaberg, Bleiberg, Kappel et Schwarzenbach, Carinthie; à Moldowa et Rucksberg, Banat; à Kupferberg, Silésie; à Lacznow près Lissitz, Moravie; à Offenbánya, Transylvanie; à Rezbánya, Hongrie; à Przibram et à Zinnwald, Bohême; à Stangalpe près Turrah, Styrie; à Feigenstein près Nassereith et à la mine Mauknerezze, Tyrol; à la mine Hobousche près Pizzaje, Ukraine; en Saxe, à Altenberg, Berggieshübel, Johanngeorgenstadt, Schneeberg et Schwarzenberg; dans le canton d'Uri, Suisse, au Griesernthal; en Bavière, à Höllenthal; en Bade, à Badenweiler; à la mine Sarrabus, Sardaigne; en Écosse, à Lackentyre et dans le Kirkeudbrightshire; en Russie, à Bérésowk, Oural, et à Swinzówaja Gorá, steppes des Kirghises; aux États-Unis, à Empire Mine, comté Inyo, Californie; à Comstock Lode et dans le district Eureka, Nevada; à Empire Mine, district Lucin, comté Box Elder, Utah (larges cristaux tabulaires); dans le comté Yuma (superbes cristaux rouges avec vanadinite), Arizona; à la mine de plomb de Southampton et à Northampton, Massachusetts; à Perkomen et à la mine Wheatley près Phenixville, Pennsylvanie (cristaux associés à la vanadinite); dans l'Amérique du Sud, à la mine Azulaques près Zacatecas et à Zimapan, Mexique; à la mine Castano, province de San Juan, la Plata; à Paramo-Ricco près Pamplona et dans les sables aurifères du rio Chico, État d'Antioquia, Colombie, etc., etc.

POWELLITE ; W.-U. Melville.

Prisme droit à base carrée.

$$b : h :: 1000 : 1544,455 \quad D = 707,107.$$

ANGLES CALCULÉS.	ANGLES MESURÉS.	ANGLES CALCULÉS.	ANGLES MESURÉS.
[$p a^1$ 114°36′	114°36′	[$a^1 a^1$ 99°57′ sur b^1	99°59′
[*$a^1 a^1$ 130°48′ sur h^1	130°48′	[$a^1 b^1$ 139°59′	139°59′
		$b^1 b^1$ 114°39′ sur m	114°5′

Géométriquement isomorphe avec la Schéelite. Sans clivages.

Formes observées : $p\, a^1 b^1$, offrant peut-être l'hémiédrie de la Schéelite. Semi-transparente. Eclat résineux. Jaune verdâtre.

Dur. = 3,5. Dens. = 4,526.

Au chalumeau, fusible en masse grise. Soluble dans les acides.

L'analyse a fourni :

$\ddot{\text{Mo}}$ 58,58 $\ddot{\text{W}}\text{o}$ 10,28 $\dot{\text{C}}\text{a}$ 25,55 $\dot{\text{M}}\text{g}$ 0,16 $\ddot{\text{F}}\text{e}$ 1,65 $\ddot{\text{S}}\text{i}$ 3,25 = 99,47.

Trouvée, en très petits cristaux, aux mines de cuivre panaché de Seven Devils près Huntington, Idaho.

L'éosite de Schrauf paraît être un molybdo-vanadate de plomb, dont ce savant a observé un petit nombre d'octaèdres carrés fixés sur des cristaux de céruse qui tapissent un échantillon de galène cariée de Leadhills, Écosse. Leur forme, rapportée à celle de la wulfénite, aurait pour symbole $b^{4/7}$ donnant :

[$p\,b^{4/7}$ = 117°8′ (observé 117°10′)
[$b^{4/7}b^{4/7}$ = 125°43′ sur m (observé 126°20′)
$b^{4/7}b^{4/7}$ adj. = 102°1′ (observé 102°10′)

Couleur rouge orangé foncé ; poussière orangé brunâtre.

Les réactions obtenues sur une très petite quantité indiquent un mélange de molybdate et de vanadate de plomb.

VANADIDES

VANADINE. Vanadic Ochre; Dana. Acide vanadique ; Teschemacher.

Une poudre jaune recouvrant des masses de cuivre natif, avec quartz, de la mine Cliff, Lac Supérieur, serait de l'acide vanadique, d'après des essais de Teschemacher.

La calcvanadite de Ficinus serait un vanadate de chaux de composition inconnue.

DESCLOIZITE; Damour. Vanadit; Zippe.

Prisme rhomboïdal droit d'environ 115°30′.

$b : h :: 1000 : 694,173.$ $D = 846,335.$ $d = 532,651.$

ANGLES CALCULÉS.	ANGLES MESURÉS.
mm avant 115°38′	116°27′ Dx. C. (1) 113°39′; 114°5′ à 19′ 115°36′; 117°12′ W. C. 114°12′ à 31′; 115° R. C. 114°0′30″ Dx. L.
$h^{3/2}h^{3/2}$ avant 165°39′	165°45′ W. C.
mh^1 147°49′	»
mg^2 150°5′	149°16′ Dx. L.
mg^1 122°11′	121°24′ à 122°58′ W. C.
a^2h^1 123°5′	122°30′ W. C.
$pa^{1/2}$ 110°59′	»
ph^1 90°	90°0′ à 8′ R. L.
$pc^{5/2}$ 161°50′	162°5′ Dx. C.
pc^2 157°42′	158°8′ W. C. 157°50′ et 158°17′ Dx. C. 157°50′ à 158°20′ R. C. 158°3′ Dx. L.
c^2c^2 135°24′ s. p	135°35′ Dx. C.; 136°35′ Dx. L. 136°4′ à 14′ R. L.
$c^2c^{5/2}$ 139°32′ sur p	139°50′ Dx. C.
$c^{3/2}c^{3/2}$ 122°40′ sur p	122° env. Dx. C.
$pc^{8/7}$ 144°20′	»
$c^2c^{8/7}$ adj. 166°38′	167°3′ Dx. C.
pc^1 140°38′	»
c^2c^1 adj. 162°56′	162°55′ Dx. C.; 47′ Dx. L. 163°33′ W. C.
c^2c^1 118°20′ sur c^2	119°35′ Dx. C.
$pc^{1/2}$ 121°22′	121°56′32″ W. C. 122°57′30″ Dx. C.
$c^2c^{1/2}$ 99°4′ sur c^2	100°20′ Dx. C.
$c^1c^{1/2}$ adj. 160°44′	160°16′ W. C.
pb^5 171°15′	171°42′ W. C.
$pb^{6/11}$ adj. 125°19′	124°6′ Dx. C.
$pb^{6/11}$ 54°41′ sur m	54°11′ Dx. C.

ANGLES CALCULÉS.	ANGLES MESURÉS.
$b^{6/11}m$ 144°41′	144°34′ Dx. C.
$b^{6/11}b^{6/11}$ 109°22′ s. m	110°24′ Dx. C.
$pb^{1/2}$ 123°0′	123°9′ Dx. C.
pm 90°0′	90°3′30″ moy. Dx. C.
$b^{1/2}m$ 147°0′	146°42′ à 147°4′ W. C. 147°23′ Dx. C. 146°52′ Dx. L. 146°22′ à 24′ R. L.
*$b^{1/2}b^{1/2}$ 114°0′ s. m	113°15′ à 35′ Gr. O. 114°30′ à 115°30′ Sc. O. 114°0′ Dx. L., 51′ Dx. C.
pa_3 110°6′	»
$p\eta$ 96°44′	»
pk 94°57′30″	»
pq 100°4′	»
$pc_{1/2}$ 145°9′	»
pc_2 125°41′	»
c_2g^2 144°19′	»
*$b^{1/2}b^{1/2}$ av. 126°56′	125°28′ à 56′ Gr. O. 126° à 128° Sc. O. 126°28′ Dx. L. 38′ Dx. C. 126°52′ à 56′ R. L.
$b^{1/2}b^{1/2}$ côté 89°34′	90°8′ à 91°30′ Gr. O. 91° à 92° Sc. O. 89°41′ Dx. L. 90°54′ R. L.
$\eta\eta$ avant 134°48′	133°40′ W. C.
mk adj. 171°25′	171°38′ W. C.
$m\eta$ adj. 168°26′	168°41′ W. C.
$mc^{1/2}$ adj. 117°3′	»
$mb^{1/2}$ 68°44′ sur $c^{1/2}$	66° à 68° Sc. O.

(1) Dx. C. Mesures de Des Cloizeaux sur des cristaux de Cordoba, la Plata.
W. C. Mesures de Websky sur des cristaux de Cordoba.
R. C. Mesures de vom Rath sur des cristaux de Cordoba.
Dx. L. Mesures de Des Cloizeaux sur des cristaux de Lake Valley, nouveau Mexique.
R. L. Mesures de vom Rath sur des cristaux de Lake Valley.
Gr. O. et Sc. O. Mesures de Grailich et de Schrauf, sur la vanadite du mont Obir près Kappel, Carinthie.

ANGLES CALCULÉS.	ANGLES MESURÉS.	ANGLES CALCULÉS.	ANGLES MESURÉS.
$m\,q$ adj. 169°20′	168°30′ W. C.	$b^{1/2}\,a^{1/2}$ 148°49′	»
$m\,e_{1/2}$ adj. 119°41′	»		133°24′ Dx. C.
$m\,e^2$ adj. 101°40′	101°43′ Dx. C.	$b^{1/2}\,e^2$ 132°20′	133°32′ à 40′ Dx. L.
	101°45′ à 49′ R. C.		133°12′ R. L.
$q\,e_{1/2}$ 130°21′	»	$h^1\,a_3$ 153°36′	»
$e_{1/2}\,e^2$ 161°58′	»	$h^1\,e_2$ 112°21′	»
		$b^{1/2}\,e_2$ 155°15′	155°15′ Dx. L.
$m\,e^{8/7}$ adj. 108°6′	108°23′ Dx. C.		

$a_3 = (b^1\,b^{1/3}\,h^1)$ $k = (b^{1/2}\,b^{1/14}\,h^1)$ $e_{1/2} = (b^1\,b^{1/2}\,g^{1/2})$

$\eta = (b^{1/2}\,b^{1/10}\,h^1)$ $q = (b^1\,b^{1/15}\,g^{1/2})$ $e_2 = (b^1\,b^{1/2}\,g^1)$

Principales combinaisons de formes observées : $m\,e^{3/2}\,b^{1/2}$ (anciens cristaux de la Plata), *fig.* 394, pl. LXV; $m\,p\,e^2$; $m\,h^1\,p\,e^2$; $m\,p\,e^2\,e^1\,e^{1/2}$; $m\,p\,e^{5/2}\,e^{3/2}\,e^{8/7}$; $m\,h^1\,g^1\,p\,o^2\,e^2\,e^1\,e^{1/2}\,b^5$; $m\,h^1\,p\,e^2\,e^1\,b^{1/2}\,e_{1/2}\,q$; $m\,p\,e^2\,k\,\eta$ (nouveaux cristaux de Cordoba), etc.; $g^2\,g^1\,a^{1/2}\,e^2\,b^{1/2}$; $m\,g^2\,e^2\,b^{1/2}\,e_2$; $m\,h^1\,g^2\,p\,a^{1/2}\,e^2\,b^{1/2}$; $m\,h^1\,g^2\,g^1\,b^{1/2}$ (cristaux de Lake Valley) (1), etc. Les cristaux les plus simples se présentent ordinairement sous la forme d'octaèdres rectangulaires ou rhomboïdaux, suivant que les faces m et e^2 ou $b^{1/2}$ sont prédominantes; presque toujours aplatis suivant l'axe vertical, quelques-uns seulement, de Lake Valley, sont allongés dans cette direction, d'après vom Rath.

La base p est assez unie; les faces de la zone $p\,g^1$ sont plus ou moins ondulées; $e^{3/2}$ porte des stries fines parallèles à son intersection avec p, qui rendent sa détermination incertaine; les formes a^2, b^5, $e_{1/2}$, q, k, η, observées par Websky, sont très peu développées.

Sans clivages appréciables. Cassure inégale.

Translucide en cristaux; transparente en lames minces. Double réfraction énergique. Axes optiques très écartés dans un plan parallèle à g^1; bissectrice aiguë négative normale à p; dispersion ordinaire prononcée, $\rho < v$, $2H = 97°$ environ (lumière blanche). Au microscope Bertrand, une plaque basique mince montre, par immersion, deux systèmes d'anneaux ovales, absolument semblables et parfaitement symétriques autour de la normale à p.

Éclat résineux. Rouge brun plus ou moins foncé; rouge cochenille; jaune bronzé; noire; rarement jaune orangé. Poussière jaune orangé pâle, avec teinte brunâtre, ou gris noirâtre, avec teinte jaune. A travers des lames p, de Cordoba, on observe des hexagones concentriques d'un brun rouge dont les côtés sont parallèles à p/m et à p/g^1, laissant entre eux des plages d'un

(1) L'angle du prisme primitif est notablement plus fort sur les cristaux de Cordoba que sur ceux de Lake Valley; quant aux autres incidences, elles sont essentiellement variables, par suite des inégalités et des imperfections habituelles aux faces des cristaux des deux localités.

jaune tirant plus ou moins sur le rouge. Les cristaux de Lake Valley les plus transparents sont très petits et d'un rouge cochenille; les plus gros n'offrent généralement qu'une pointe transparente d'un rouge brun, presque toute leur masse étant pseudomorphosée en pyrolusite noire, opaque.

Dur. = 3,5. Dens. = 5,839 à 6,107.

Dans le matras, dégage un peu d'eau en décrépitant et fond au rouge naissant. Au chalumeau, sur le charbon, se réduit partiellement en globules de plomb enveloppés d'une matière scoriacée, avec auréole jaune, après refroidissement. Avec le borax, au feu de réduction, verre vert qui, additionné de nitre, devient violet au feu d'oxydation. Avec le sel de phosphore, verre vert émeraude au feu de réduction, orangé au feu d'oxydation. Chauffée avec un peu d'acide azotique, la poudre prend la couleur rouge de l'acide vanadique; en ajoutant de l'acide, la dissolution devient d'un jaune pâle et il reste un peu d'oxyde brun de manganèse ou de quartz.

$Pb^4 \overset{\cdots}{V} + \dot{H}$; Acide vanadique 28,02 Oxyde plombique 70,56 Eau 1,42; avec des quantités variables des oxydes de zinc et de manganèse. Chimiquement isomorphe de la libéthénite et de l'olivénite.

Analyses : *a*, des anciens cristaux de la Plata, par Damour, abstraction faite de 9,44 p. 100 de résidu insoluble; des nouveaux cristaux de Cordoba, *b*, d'un brun foncé, moyenne de cinq opérations, par Rammelsberg; *c*, par Döring; *d*, des cristaux rouges transparents, *e*, des cristaux d'un brun noirâtre des mines de Lake Valley, Nouveau Mexique, moyenne de trois opérations, par Genth.

	a	*b*	*c*	*d*	*e*
Acide vanadique	24,83	22,74	21,44	21,65	21,35
Oxyde plombique	60,47	56,48	56,20	56,12	56,36
Oxyde zincique	2,26	16,60	17,03	17,41	13,91
Oxyde manganeux	5,88	1,16	0,58	0,49	2,74
Oxyde ferreux	1,49	»	0,97	0,15	0,30
Oxyde cuivrique	0,99	»	0,28	1,10	0,87
Eau	2,43	2,34	2,35	2,37	3,39
Chlore	0,35	0,24	0,26	»	»
$\overset{\cdots}{As}$			0,27	0,20	0,50
$\overset{\cdots}{P}$					0,04
	98,70	99,56	99,35	99,49	99,46
Densité :	5,839	6,08	»	6,107	5,848

Les cristaux de Descloizite, généralement très petits (1 millimètre de diamètre et au-dessous) sont ordinairement réunis en groupes formant des croûtes plus ou moins épaisses. On les a trouvés: dans la République Argentine, à la mine Vénus, près d'Aguadita, département de Minas, et en trois autres points de la Sierra de Cordoba (recouvrant et pénétrant des cristaux ou des masses rubanées de wulfénite; à l'Est de Santa Barbara, province de San Luis (avec galène, linarite, malachite et matlockite); dans l'Arizona, aux mines d'or près Oracle, à 36 milles de Tuckson (recouvrant des cristaux de vanadinite), et à la mine Mammoth (tapissant un quartz aurifère); aux mines de Lake Valley, comté Sierra, et dans le comté Grant, Nouveau Mexique (associés à du calcaire, du quartz, de l'iodite, de la vanadinite, de la pyrolusite et de la psilomélane). A la mine Sierra Grande, outre de petits cristaux rouges, transparents, on a rencontré des cristaux d'un brun rouge très foncé, implantés sur du quartz, qui atteignent 8 à 20 millimètres de diamètre. On la cite encore, en petits agrégats confus, à la mine Wheatley près Phenixville, Pennsylvanie, sur des cristaux de wulfénite et quelquefois sur les gros prismes de vanadinite jaunâtres de Wanlockhead, Écosse.

La *vanadite* de Zippe, d'Obir près Kappel en Carinthie, en très petits cristaux $b^{1/2}m$, d'un brun verdâtre ou d'un rouge de chair clair, a été réunie à la Descloizite par M. Schrauf.

Sous le nom de brackebuschite, le professeur Döring a décrit en 1880 un minéral qui se présente en petits cristaux prismatiques fortement aplatis, cannelés suivant leur longueur, ou en croûtes fibreuses à surface cristalline, d'un noir foncé par réflexion, d'un rouge brun foncé par transmission, à poussière gris cendré. Les parties les plus minces sont suffisamment translucides pour montrer au microscope polarisant un système d'anneaux excentré qui annonce deux axes optiques très écartés, dans un plan perpendiculaire aux cannelures longitudinales, et dont la bissectrice positive, probablement l'*obtuse*, serait oblique à la face la plus large des cristaux (1). On peut donc supposer que cette face est parallèle à la diagonale horizontale d'un prisme clinorhombique, indéterminé jusqu'ici, où le plan de symétrie coïnciderait avec le plan des axes.

Attaquable par l'acide azotique étendu, avec résidu brun noir. L'analyse a fourni à M. Döring (abstraction faite de 4,36 p. 100 de matière insoluble :

$$\ddot{V}\ 25{,}32 \quad \ddot{P}\ 0{,}18 \quad \dot{P}b\ 61{,}00 \quad \dot{Z}n\ 1{,}29 \quad \dot{M}n\ 4{,}77 \quad \dot{F}e\ 4{,}65 \quad \dot{C}u\ 0{,}42$$

$\dot{H}\ 2{,}03 = 99{,}66$. Cette composition est presque identique à celle des premiers cristaux de Descloizite sur lesquels M. Damour a établi l'espèce; mais les types cristallins des deux minéraux paraissent différents.

La Brackebuschite se trouve associée à la Descloizite, à la vanadinite et au quartz dans les cavités d'une masse quartzeuse micacée, à la mine Aguadita, près Cordoba, la Plata.

---

(1) J'y ai observé deux faces, l'une éclatante, l'autre terne, formant entre elles un angle d'environ 148° à 150°.

Une variété de Descloizite a reçu les noms de *cuprodescloizite* (Rammelsberg et Penfield, 1883), de *Ramirite* (D. Miguel Velasquez de Léon, 1885), de *Schaffnérite* (1886), de *tritochorite* (Frenzel, 1881).

Elle se présente en croûtes de 1 ou 2 à 10 millimètres d'épaisseur, à surface cristalline ou mamelonée, formées par l'agglomération de nombreuses aiguillès plus ou moins fines, intimement soudées les unes aux autres et à peu près parallèles entre elles. Clivage facile suivant une direction parallèle à la longueur des fibres. Cassure fibreuse. Translucide ou transparente. A travers des lames minces, plus ou moins exactement parallèles au clivage et d'un beau jaune, le microscope polarisant montre des anneaux qui annoncent deux axes très écartés dans un plan perpendiculaire à la longueur des fibres. Dispersion ordinaire forte, avec $\rho > v$ autour de la bissectrice *positive* et $\rho < v$ autour de la bissectrice *négative* (1).

Éclat résineux dans la cassure. Couleur brun jaune foncé ou noirâtre extérieurement. Poussière jaune légèrement verdâtre.

Dur. = 3,5. Dens. = 5,856 à 6,203.

Dans le matras, dégage un peu d'eau. Facilement fusible au chalumeau.

Soluble dans l'acide azotique étendu, en donnant une liqueur d'un vert clair qui bleuit par l'ammoniaque.

La composition, semblable à celle de la substance désignée par Frenzel, sous le nom de *tritochorite*, indique une Descloizite dont une partie de l'oxyde zincique serait remplacée par de l'oxyde cuivrique.

Analyses, *a*, par Genth (moyenne de trois opérations); *b*, par Samuel L. Penfield (moyenne de trois opérations); *c*, par Rammelsberg (*cuprodescloizite*); *d*, par Velasquez de Léon (*Ramirite*); *e*, par Pisani; *f*, par Frenzel (*tritochorite*) :

	a	*b*	*c*		*d*	*e*	*f*
Acide vanadique	19,99	18,95	22,47		19,85	17,40	24,41
Acide arsénique	3,63	3,82	0,28		3,61	4,78	3,76
Acide phosphorique	0,13	0,18	0,17		1,83	»	»
Oxyde plombique	54,52	54,93	54,57		54,27	53,90	53,90
Oxyde cuivrique	6,58	6,74	8,26		8,69	8,80	7,04
Oxyde zincique	12,70	12,24	12,75		11,25	11,40	11,06
Oxyde ferreux	»	0,06	»	Mn	0,15	»	»
Eau	2,62	2,70	2,52		»	3,20	»
	100,17	99,62	101,02		99,65	99,48	100,17
Densité :	6,203	»	5,856		»	6,06	6,25

(1) L'accolement irrégulier de fibres étroites qu'il est impossible d'isoler de manière à obtenir des plaques suffisamment normales aux deux bissectrices pour y mesurer l'écartement des axes, ne permet pas de décider quelle est celle de leur angle aigu.

Le minéral vient des mines argentifères de Charcas et de Guadalcazar, État de San Luis de Potosi, Mexique. On l'a aussi trouvé à la mine Lucky Cuss, comté Cochise, Arizona.

La *tritochorite*, qui se présente en masses fibreuses, clivables parallèlement aux fibres, d'un brun noirâtre ou jaunâtre, a été reconnue par M. Frenzel comme identique à la cuprodescloizite (Ramirite), ainsi que l'avait supposé M. Genth. Elle provenait aussi du Mexique; mais M. Frenzel n'avait pas cru devoir regarder comme partie essentielle de sa constitution, les 2 p. 100 d'eau qu'il y avait rencontrés.

Psittacinite. En 1876, le professeur Genth a donné ce nom à des enduits crypto-cristallins, à surfaces mamelonées, quelquefois pulvérulents, tapissant du quartz, avec or, céruse, chalcopyrite et limonite, aux mines Iron Rod et New Carcer, district Silver Star, Montana. Une substance semblable s'est trouvée en 1883 sous forme de croûtes mamelonées, de 5 à 10 millimètres d'épaisseur, traversées par un vanadate jaune indéterminé, à la mine Conception, Sierra de San Luis, République Argentine.

Couleur vert serin ou vert olive, avec une teinte grisâtre. Dans le matras, dégage de l'eau et brunit. Au chalumeau, fond facilement en un globule noir, brillant (Montana) ou en perle verte (Sierra de San Luis). Soluble dans l'acide azotique étendu.

A l'état pur, paraît pouvoir se représenter par la formule $\dot{R}^4\ddot{\bar{V}}+2Aq$: Acide vanadique 22,20 Oxyde plombique 54,15 Oxyde cuivrique 19,28 Eau 4,37.

Analyses : de la variété de Montana (moyenne de cinq opérations, après déduction des mélanges de quartz et de limonite), *a*, par Genth; de la variété de la Sierra de San Luis (abstraction faite d'un résidu insoluble et d'eau hygroscopique), *b* et *c*, par Döring :

	a	*b*	*c*
Acide vanadique	20,62	18,94	19,19
Acide phosphorique	»	1,25	0,81
Acide arsénique	»	0,32	0,08
Oxyde plombique	54,30	54,14	53,72
Oxyde cuivrique	18,03	17,91	18,58
Oxyde zincique	»	1,18	1,04
Eau	8,03	3,75	4,00
Acide carbonique	»	2,12	2,13
	100,98	99,61	99,55

La mottramite, décrite en 1876 par Roscoe, serait peut-être identique à la psittacinite, si on la connaissait tout à fait pure. On l'a trouvée en croûtes minces, cristallines, quelquefois en très petits cristaux ou compacte, tapissant des fentes dans le grès keupérien d'Alderley Edge et de Mottram Saint-Andrews, Cheshire, Angleterre. Couleur noir de velours, jaune en lames minces; poussière jaune. Éclat résineux ; translucide.

Dur. = 3. Dens. = 5,894.

Déduction faite de quelques impuretés, elle se compose de :

$$\dddot{\mathrm{V}}\ 17{,}37\quad \dot{\mathrm{Pb}}\ 51{,}65\quad \dot{\mathrm{Cu}}\ 19{,}36\quad \dot{\mathrm{Fe}}\ 2{,}55\quad \dot{\mathrm{Ca}}\ 2{,}16\quad \dot{\mathrm{Mg}}\ 0{,}26\quad \dot{\mathrm{H}}\ 3{,}68 = 97{,}03.$$

C'est aussi à ces substances qu'on peut rapporter des croûtes cristallines d'un noir verdâtre ou d'un vert olive, tapissant un quartz du Laurium, et désignées par M. Pisani comme une *eusynchite* cuprifère, dans laquelle il a trouvé, en 1881 :

$$\dddot{\mathrm{V}}\ 25{,}53\quad \dot{\mathrm{Pb}}\ 50{,}75\quad \dot{\mathrm{Cu}}\ 18{,}40\quad \dot{\mathrm{Ca}}\ 1{,}53\quad \dot{\mathrm{H}}\ 4{,}25 = 100{,}46.$$

Il en est de même de la chiléite (vanadate de plomb et cuivre de Domeyko), connue depuis 1853, qui se présente en masses terreuses d'un brun foncé ou d'un noir brunâtre, disséminées dans les cavités d'un arsénio-phosphate de plomb, avec céruse et malachite amorphe, à la mine d'argent « Mina Grande », Chili. Facilement fusible au chalumeau en perle noire, un peu bulleuse; sur le charbon, réductible en globules de plomb cuivreux ; avec le sel de phosphore, verre d'un vert clair. En faisant abstraction de 6,42 p. 100 d'impuretés mélangées, la moyenne de deux analyses, par Domeyko, donne :

$$\dddot{\mathrm{V}}\ 14{,}36\quad \dddot{\mathrm{As}}\ 4{,}97\quad \dddot{\mathrm{P}}\ 0{,}68\quad \dot{\mathrm{Pb}}\ 57{,}20\quad \dot{\mathrm{Cu}}\ 16{,}89\quad \mathrm{PbCl}\ 0{,}58\quad \dot{\mathrm{H}}\ 2{,}89 = 97{,}57.$$

Déchénite; Bergemann.

Ordinairement en croûtes confusément cristallisées qui, d'après M. Schrauf, paraissent avoir la même forme que la Descloizite.

Éclat gras. Couleur d'un rouge vif ou d'un rouge brunâtre. Poussière jaune orangé ou jaune pâle.

Dur. = 3 à 4. Dens. = 5,81.

Au chalumeau, sur le charbon, donne des globules de plomb. Avec le sel de phosphore, perle verte au feu de réduction, jaune au feu d'oxydation. Soluble dans l'acide chlorhydrique en une liqueur verte, avec dépôt de chlorure de plomb.

$\dot{\mathrm{Pb}}\dddot{\mathrm{V}}$: Acide vanadique 45,05 Oxyde plombique 54,95.

C. Bergemann a en effet obtenu, comme moyenne de trois analyses : $\dddot{V}$ 47,51 $\dot{P}b$ 52,40 = 99,91.

Trouvée d'abord à Dahn, près Niederschlettenbach, dans la Lauter Thal, Bavière Rhénane; citée aussi près Kappel en Carinthie.

L'eusynchite de Fischer se présente en petits agrégats sphéroïdaux micro-cristallins ou en enduits à structure fibreuse.

Éclat vif. Faiblement translucide. Rouge jaunâtre, avec poussière plus claire.
Dur. = 3,5. Dens. = 5,46 à 5,59.
Mêmes caractères chimiques que la Déchénite.

$\dot{R}^3\dddot{V}$ où $\dot{R} = 4\dot{P}b + 3\dot{Z}n$.
Une nouvelle analyse de M. Rammelsberg a donné :

$\dddot{V}$ (24,81) $\dddot{P}$ 1,54 $\dot{P}b$ 57,38 $\dot{Z}n$ 16,27 = 100.

Observée sur un quartz cellulaire à Hofsgrund près Fribourg en Brisgau.

Près de l'eusynchite se place l'aréoxène, trouvée comme la Déchénite à Niederschlettenbach et décrite en 1850 par von Kobell. Agrégats mamelonnés micro-cristallins, avec traces de structure fibreuse, d'un rouge mélangé de brun, à poussière jaune clair, translucides. Dur. = 3. Dens. = 5,79. Au chalumeau, sur le charbon, donne des globules de plomb et un fort dégagement de vapeurs arsénicales. La dissolution chlorhydrique, d'abord jaune, brunit et devient d'un vert émeraude.

Arsénio-vanadate de plomb et zinc $2\dot{R}^3\dddot{V} + \dot{R}^3\dddot{A}s$, formule à laquelle conduit l'analyse suivante de C. Bergemann : $\dddot{V}$ 16,81 $\dddot{A}s$ 10,52 $\dot{P}b$ 52,55 $\dot{Z}n$ 18,11 $\ddot{A}l$ et $\ddot{F}e$ 1,34 = 99,33.

VANADINITE; Haidinger. Plomb brun. Vanadinbleierz; G. Rose. Vanadinbleispath. Plomo pardo; Domeyko.

Prisme hexagonal régulier.

$b : h :: 1000 : 712,684$ $D = 866,025$ $d = 500$.

ANGLES CALCULÉS	ANGLES MESURÉS	ANGLES CALCULÉS	ANGLES MESURÉS
mm 120°	120° V. O. (1)	$pb^{1/3}$ 112°3′	112°14′ V. O.
mh^2 160°54′	160°59′ V. O.	$b^1b^{1/3}$ 151°30′	151°40′ V. O.
mh^1 150°	150° V. O.		
h^2h^1 169°6′	169°1′ V. O.	b^2b^2 adj. 158°4′	»
pa^2 144°31′	144°31′ V. O.	ma_2 adj. 149°10′	149°16′ W. C. (2)
pa^1 125°3′	125°23′ V. O.	ma^1 adj. 135°9′	135°19′30″ W. C. 134°49′ V. O.
a^2a^2 adj. 146°16′	»	mb^1 108°31′30″ s. a^1	108°33′ V. O.
a^1a^1 adj. 131°40′	»	a_2b^1 139°21′30″	139°22′ W. C.
		a^1b^1 adj. 153°22′30″	153°24′ W. C.
pb^2 157°38′	157°42′ V. O.	*b^1b^1 adj. 142°57′	142°57′ W. et Sb. 142°52′ à 55′ Dx. O. 142°58′ V. O.
pb^1 140°33′	140°33′ Dx. O. 34′ V. O.		
b^1b^1 101°6′ sur p	101°8′ Sb. O. 100°7′ R. O.	b^1a^2 161°28′30″	161°30′ V. O.
b^1m 129°29′	129°29′ moy. Dx. O. 130°0′ R. O.	$b^{1/2}a^1$ 154°42′	154°50′ R. O.
b^1b^1 78°54′ sur m	77°38′ Dx. O.	$b^{1/2}b^{1/2}$ 129°44′ s. a^1	129° env. R. O.
b^2b^1 162°55′	162°52′ V. O.		
$pb^{1/2}$ 121°17′	121°16′ V. O.	$b^{1/3}b^{1/3}$ adj. 124°47′	»
$b^1b^{1/2}$ 160°46′	160°40′ R. O.; 42′ V. O.		
$b^{1/2}m$ 148°43′	148°45′ R. O.		
$b^{2/5}m$ 154°5′	154°0′ Sb. O.	$a_2 = (b^1 b^{1/2} h^1)$	

Géométriquement, optiquement et chimiquement isomorphe de la pyromorphite.

D'après Websky, la forme a_2, très développée sur quelques cristaux de Cordoba, offre l'hémiédrie pyramidale.

Combinaisons de formes observées : mb^1; $mb^1b^{2/5}$; mb^1a^1; $mpb^2b^1b^{1/2}$; $mpb^1b^{1/2}a^1$, *fig.* 393, pl. LXV; $mpa^2a^1b^2b^1b^{1/2}$; $mh^1pa^2a^1b^1b^{1/2}$; $mh^2h^1pa^2a^1b^1b^{1/2}b^{1/3}$; $mpa^1b^1(\frac{1}{2}a_2)$.

Certains cristaux se composent des faces m et p, très prédominantes, avec une bordure b^1 très étroite; h^2, a^2, a^1, $b^{1/2}$, $b^{1/3}$, sont généralement très peu développées.

Transparente ou translucide. Double réfraction assez énergique, à un axe *négatif*.

Éclat gras. Couleur jaune, blanc jaunâtre, rouge, ou brun rougeâtre. Poussière blanchâtre.

Dur. = 3. Dens. = 6,63 à 6,89.

---

(1) V. O.; Dx. O.; Sb. O.; R. O. mesures prises par Vrba, Des Cloizeaux, Schabus et Rammelsberg sur des cristaux du Mont Obir, Carinthie.

(2) W. C. mesures prises par Websky sur des cristaux de Cordoba.

Dans le matras, décrépite et donne un faible sublimé blanc. Sur le charbon, fond facilement en une masse noire, réductible en globules de plomb, à la flamme intérieure. Après oxydation du plomb, le résidu forme, avec le sel de phosphore, une perle d'un beau vert au feu de réduction. Incorporée dans un globule chargé d'oxyde de cuivre, colore la flamme en bleu. Une masse fondue avec trois ou quatre fois son poids de bisulfate de potasse donne un produit jaune qui arrive à être jaune orangé. Facilement soluble dans l'acide azotique.

$3\dot{P}b^3\dddot{\overline{V}} + PbCl$: Acide vanadique 19,36 Oxyde de plomb 78,70 Chlore 2,50 ou : Vanadate de plomb 90,2 Chlorure de plomb 9,8.

Analyses de la vanadinite : *a*, de Windischkappel, Carinthie, par Rammelsberg; *b*, jaune, de Bölet (Undenäs), Suède, par Nordenskiöld; *c*, en petits cristaux bruns de Cordoba, République Argentine; *d*, en beaux cristaux bruns, d'Arizona, toutes deux par Rammelsberg; *e*, en petits cristaux jaunes brunâtres, de la mine Sierra Bella, *f*, en plus grands prismes hexagonaux, jaunes, de la mine Sierra Grande, Lake Valley, Nouveau Mexique, toutes deux par Genth; *g*, en mamelons cristallins brunâtres de Wanlockhead, Écosse, par Frenzel; *h*, de Bérésowsk (parties brunes séparées du centre de pyromorphite verte), par Struve :

	a	*b*	*c*	*d*	*e*	*f*	*g*	*h*
Acide vanadique	17,41	17,62	18,40	19,62	17,37	18,14	16,92	16,97
Ac. phosphorique	0,95	trace	0,76	1,41	0,57	0,39	2,72	3,08
Acide arsénique	»	»	»	»	0,24	1,33	»	»
Oxyde plombique	76,70	79,17	76,73	77,28	79,43	78,36	77,04	79,46
Oxyde ferrique	»	1,39	$\dot{Z}n$ 0,94	»	»	»	»	»
Chlore	2,23	2,34	2,36	2,40	2,39	2,49	2,24	2,46
	97,29	100,52	99,19	100,71	100,00	100,71	98,92	101,97
Densité :	6,886	»	6,635	6,847	»	6,862	»	6,863

Les cristaux prismatiques de Bérésowsk, regardés par M. Kokscharow comme des pseudomorphoses de pyromorphite, contiennent généralement au centre un noyau inaltéré de ce minéral.

Sous le nom d'**Endlichite**, M. Genth a décrit en 1885 de petits prismes blancs ou d'un jaune clair, souvent terminés par une base d'un rouge orangé, qui pourraient être une pseudomorphose de mimetèse, car il y a trouvé :

$$\dddot{\overline{V}}\ 10{,}98 \quad \dddot{\overline{P}}\ \text{trace} \quad \dddot{As}\ 13{,}52 \quad \dot{P}b\ 73{,}48 \quad \dot{C}a\ 0{,}34 \quad Cl\ 2{,}45 = 100{,}77.$$

La vanadinite se présente généralement en très petits cristaux ou en croûtes cristallines souvent associées à la Descloizite. Découverte d'abord par Del Rio à Zimapan, Mexique, elle a été rencontrée depuis : à Wanlockhead, Ecosse (prismes hexagonaux plus ou moins distincts, groupés sur calamine); au mont Obir, près Windischkappel, Carinthie (petits cristaux d'un rouge brun); à Bölet en Westgotland, Suède; à la Sierra de Cordoba, République Argentine); à Hamburg et autres mines du Silver District, Comté Yuma, Arizona (cristaux rouges éclatants); aux mines de Lake Valley, comté Sierra, Nouveau Mexique (cristaux jaunes ou rouges pénétrés ou recouverts de Descloizite); dans l'Afrique du Sud; à Bérésowsk, Oural, etc.

De petites masses mamelonées à couches concentriques, intérieurement d'un rouge orangé, extérieurement vertes, à cassure fibreuse, ressemblant à certaines variétés de pyromorphite mamelonée et venant probablement du Brisgau, ont une composition intermédiaire entre celle de la vanadinite et celle de l'eusynchite. M. Damour y a trouvé en 1837 :

$\overset{\cdot\cdot\cdot\cdot\cdot}{\mathrm{V}}$ 15,86 $\dot{\mathrm{P}}\mathrm{b}$ 63,73 $\dot{\mathrm{Z}}\mathrm{n}$ 6,35 $\dot{\mathrm{C}}\mathrm{u}$ 2,96 Pb 6,24 Cl 2,26 $\dot{\mathrm{H}}$ 3,80 = 101,20.

Volborthite; Hess. Knauffite. Vanadinsaures Kupfer.

Petites tables hexagones, clinorhombiques (1) (clivables suivant leur base, souvent groupées en globules écailleux ou radiés.

Éclat nacré ou vitreux. Vert olive, vert d'herbe ou jaune citron. Poussière jaune ou vert jaunâtre. Faiblement translucide ou transparente.

Dur. = 3 à 3,5. Dens. = 3,49 à 3,55.

Dans le matras, dégage un peu d'eau et noircit. Au chalumeau, sur le charbon, fond facilement en scorie noire qui donne des globules de cuivre au feu de réduction. L'acide azotique fournit une solution verte laissant déposer de l'acide vanadique rouge.

Les échantillons de l'Oural paraissent être un vanadate de cuivre, d'après Hess.

Trouvée d'abord par le Dr Volborth dans des mines de cuivre du district de Syssertsk, gouvernement de Perm et de Nischnei-Tagilsk, Oural, elle est souvent disséminée dans des grès *permiens*, en plusieurs points du gouvernement de Perm.

Dans des échantillons de Woskressenskoi, appartenant à ce gouvernement, le professeur Genth a trouvé, en 1877, comme moyenne de deux analyses (abstraction faite des mélanges et des parties insolubles) :

$\overset{\cdot\cdot\cdot\cdot\cdot}{\mathrm{V}}$ 14,65 $\dot{\mathrm{C}}\mathrm{u}$ 38,78 $\dot{\mathrm{B}}\mathrm{a}$ 4,62 $\dot{\mathrm{C}}\mathrm{a}$ 4,73 $\dot{\mathrm{M}}\mathrm{g}$ 2,39 $\dot{\mathrm{H}}$ 34,83 = 100,

ce qui conduirait à $\dot{\mathrm{R}}^{3}\overset{\cdot\cdot\cdot\cdot\cdot}{\mathrm{V}}$ + 24 Aq.

---

(1) Des lames de clivage suffisamment minces paraissent, au microscope polarisant, composées de plusieurs plages régulièrement enchevêtrées et montrent en lumière convergente deux axes situés dans un plan normal au clivage et très écartés autour d'une bissectrice *positive* s'inclinant fortement sur ce clivage.

Une variété calcifère (calc-volborthite), en lames minces analogues à celles du gouvernement de Perm, a été trouvée à Friedrichsrode en Thuringe. Au chalumeau, avec le sel de phosphore, perle vert foncé au feu de réduction, passant au rouge de cuivre et redevenant verte en ajoutant de l'étain. Une solution dans l'eau régale, jaune lorsqu'elle est saturée, donne un précipité jaune brunâtre en l'étendant d'eau et se colore en vert.

Credner a trouvé, *a*, pour un échantillon en petites tables d'un vert serin (moyenne de deux opérations); *b*, pour un échantillon en grains cristallins d'un vert clair; *c*, pour un échantillon gris verdâtre :

	a	*b*	*c*
Acide vanadique	36,58	(37,20)	39,32
Oxyde de cuivre	44,15	39,20	38,56
Chaux	12,28	17,53	16,75
Magnésie	0,50	0,88	0,92
Oxyde manganeux	0,40	0,53	0,52
Eau	4,62	4,66	5,09
	98,53	100,00	101,16
Densité :	3,495	»	3,86

Ces analyses conduiraient à la formule de la Descloizite, $\dot{R}^4 \overset{\cdot\cdot\cdot}{V} + Aq$.

PUCHÉRITE; Frenzel.

Prisme rhomboïdal droit de 123°55′.

$b : h :: 1000 : 2062{,}587 \quad D = 882{,}606 \quad d = 470{,}114.$

ANGLES CALCULÉS.	ANGLES MESURÉS; WEBSKY.
**mm* 123°55′	123°31′ moy.
*mh*¹ 151°57′30″	»
*pc*² 130°33′	»
**pc*¹ 113°10′	113°10′ moy.
*c*²*c*¹ 162°37′	»
*c*¹*c*¹ 133°40′ s. *g*¹	133°44′ moy.
*pb*¹ 111°55′	»
*b*¹*m* 158°5′	»
*b*¹*b*¹ 136°10′ sur *m*	»
*p*γ 107°20′	107°23′ moy.
γγ 145°20′ base	145°10′ moy.
*h*¹*b*¹ 144°58′	»
*b*¹*c*² 125°2′	»
*b*¹*b*¹ 70°4′ côté	»

ANGLES CALCULÉS.	ANGLES MESURÉS; WEBSKY.
*h*¹ψ 155°8′	»
*h*¹γ 130°48′	»
ψγ 155°40′	»
γ*c*¹ adj. 139°12′	139°20′ moy.
γγ 98°24′ côté	98°18′ moy.
γ*b*¹ 161°45′	»
γγ 91°47′ avant	»
*b*¹*b*¹ 128°17′ avant	»
*m*γ adj. 154°40′	»
*mc*² adj. 110°56′	»
γ*c*² 136°16′	»

$\psi = (b^1 b^{1/9} h^{1/4}) \qquad \gamma = (b^1 b^{1/3} g^{1/2})$

Combinaisons de formes observées par Websky : $mh^1p\gamma$; $mh^1pb^1\gamma$; $mh^1pe^1\gamma$; $mh^1pe^2e^1b^1\psi$; les plus simples ont une certaine ressemblance avec les cristaux d'euchroïte. Les faces m et p sont toujours prédominantes; les cristaux sont ordinairement tabulaires parallèlement à la base, quelquefois allongés suivant l'axe vertical. La face p est écailleuse; les autres, plus ou moins ondulées ou très étroites, ne fournissent que des mesures assez imparfaites.

Clivage net suivant la base. Translucide ou opaque. Éclat vitreux passant à l'adamantin. Rouge hyacinthe, brun jaunâtre ou rougeâtre. Poussière jaune.

Dur. = 4. Dens. = 5,91 à 6,25.

Décrépite dans le matras. Au chalumeau, sur le charbon, fond en le couvrant d'une auréole d'oxyde de bismuth. Avec le sel de phosphore, verre jaune au feu d'oxydation, vert au feu de réduction. Soluble dans l'acide chlorhydrique en une liqueur d'un rouge foncé qui, étendue d'eau, devient verte et dépose un chlorure jaune.

$\dddot{Bi}\,\ddot{\ddot{V}}$; Acide vanadique 28,26 Oxyde de bismuth 71,74; une petite quantité de l'acide vanadique étant remplacée par des acides arsénique et phosphorique.

Analyse par M. Frenzel :

$\ddot{\ddot{V}}$ 22,19 $\ddot{\ddot{As}}$ 3,66 $\ddot{\ddot{P}}$ 1,34 $\dddot{Bi}$ 73,16 = 100,35.

Découverte d'abord en très petits cristaux, dans le puits Pucher de la mine Wolfgang Maassen à Schneeberg en Saxe, avec bismuthocre et asbolane, elle a été retrouvée plus tard, sur limonite ocreuse, en lames minces ou en aiguilles, dans les mines « Arme Hilfe » à Ullersreuth près Hirschberg en Voigtland et « Sosaer Glück » à Sosa près Eibenstock.

Elle a été reproduite artificiellement par M. Frenzel.

CHROMIDES

SIDÉROCHROME; Huot. Chromit; Haidinger. Fer chromaté; Haüy. Chromeisenerz. Chromeisenstein; Hausmann. Oktaedrisches Chrom-Erz; Mohs.

Cubique. Rarement en octaèdres réguliers; ordinairement amorphe ou en masses grenues.

Clivage octaédrique imparfait. Cassure inégale. Opaque et noir brunâtre en masse; translucide et d'un jaune rougeâtre ou brunâtre en lames minces. Poussière brune. Éclat semi-métallique. Fragile. Non magnétique à l'état de pureté.

Dur. = 5,5. Dens. = 4,1 à 4,2.

Infusible au chalumeau ; au feu de réduction, s'arrondit légèrement sur les bords et devient magnétique. Avec le sel de phosphore, perle n'offrant que la couleur du fer à chaud, mais devenant vert de chrome après refroidissement. Inattaquable par les acides. La solution aqueuse d'une masse fondue avec du nitre est jaune et offre les réactions de l'acide chromique.

Chromite de fer, $\dot{Fe}\dddot{\text{Ꞓr}}$; Oxyde de chrome 67,98 Oxyde ferreux 32,02. Une partie de l'oxyde de chrome est très souvent remplacée par de l'alumine et même par un peu d'oxyde ferrique; l'oyde ferreux est associé à des quantités variables de magnésie.

Analyses du chromite : *a*, de Bérésowsk, par Moberg; *b*, cristallisé, de Baltimore, par Abich; *c*, de Dunn-Mountain, Nouvelle-Zélande, par Petersen; *d*, de Texas, comté Lancaster, Pennsylvanie, par Franke; *e*, des sables platinifères de Wisimo près Schaitansk (abstraction faite de 1,18 p. 100 de $\dot{Ca}$ et $\ddot{Si}$), par Waller; *f*, de Bolton, Canada, par S. Hunt; *g*, du Lützelberg, Kaiserstuhl (extrait du péridot), par Knop; *h*, de Grochau, Silésie, par Bock (magnochromite) :

	a	*b*	*c*	*d*	*e*	*f*	*g*	*h*
Ox. chromique	64,76	60,04	55,54	55,14	52,61	45,90	46,87	40,30
Alumine	10,93	11,85	12,13	5,75	9,77	3,20	20,06	29,86
Oxyde ferrique	»	»	»	»	13,73	»	»	»
Oxyde ferreux	18,59	20,13	18,47	28,88	11,99	35,68	12,98	15,25
Magnésie	6,74	7,45	14,08	9,39	11,05	15,03	20,55	14,57
	101,02	99,47	100,22	99,16	99,15	99,81	100,46	99,98
Densité :	»	»	4,115	»	»	»	»	4,02

Ordinairement en filons ou en masses dans la serpentine; quelquefois en grains cristallins dans des alluvions.

On l'a trouvé en nodules dans la serpentine, aux environs de Fréjus, département du Var; aux monts Gulsen près Kraubat en Styrie; aux îles d'Unst et de Fetlar, Shetlands; en Silésie, à Grochau, Silberberg et Hartenberg; en Moravie, à Hrubschütz; en Bohême, à Ronsberg et Altmoliwetz; en Norwège, à Röraas; en Sibérie (grandes masses amorphes ou grenues), près de Katharinenburg, aux environs de l'usine de Bissersk et de Kyschtimsk, avec Ouwarowite et rhodochrome; près du lac Auschkul; en grands filons ou en masses aux Bare Hills près Baltimore, Maryland, et dans les comtés de Montgomery, de Harford, de Cecil; en Pennsylvanie, à Goshen, Nottingham, Mineral Hill, etc.; dans le comté de Chester, près Unionville; à Wood's Mine près Texas, comté de Lancaster (très abondant); dans la serpentine et la dolomie, à Hoboken, New Jersey; à Chester et Blanford, Massachusetts, etc.; à Bolton et à Ham, Canada; en Californie, dans les comtés de Monterey et de Santa Clara, près la mine de New-Almaden; dans le calcaire près Portsoy, Banfshire et à Buchanan, Stirlingshire en Angleterre; en grandes masses exploitées à la Nouvelle-Calédonie; dans des sables de l'île à vaches, près Saint-Domingue; à l'état de grains cristallins, dans des alluvions platinifères et aurifères, et notamment dans les sables aurifères de Malo-Mostowskoi, etc., etc.

C'est le principal minerai employé dans la métallurgie et dans les industries où le chrome est utilisé.

CROCOÏSE; Beudant. Rothes-Bleierz; Werner. Plomb rouge; Macquart. Plomb chromaté; Haüy. Kallochrom; Hausmann. Krokoit; Breithaupt. Lehmannite; Miller. Hemiprismatischer Blei-Baryt; Mohs.

Prisme rhomboïdal oblique de 93°40'.

$$b : h :: 1000 : 660,674 \quad D = 721,095 \quad d = 692,835.$$

Angle plan de la base = 92°17'24".
Angle plan des faces latérales = 98°38'9".

ANGLES CALCULÉS.	ANGLES MESURÉS.	ANGLES CALCULÉS.	ANGLES MESURÉS.
	93°40' Ma. 44' Ku. (1)	h^2h^3 172°14'	172°39' Dr.
*mm 93°40' avant	93°36'30" Dr. et Hr.	mh^4 166°12'	»
	93°39' moy. K.	h^1h^4 150°38'	»
mh^1 136°50'	136°49' moy. Dr.	h^4h^4 121°16' sur h^1	»
mh^2 154°12'	154°0' Hg. 5' Dr.	mh^5 168°51'	»
h^1h^2 162°38'	162°37' Dr.	h^1h^5 147°59'	»
h^2h^2 145°16' sur h^1	144°52' Dr.	h^5h^5 115°58' sur h^1	»
	145°30' Hg.	mg^5 168°34'	169°3' Dr.
mh^3 161°58'	»	g^1g^5 144°36'	»
h^1h^3 154°52'	»	g^5g^5 109°12' sur g^1	»
h^3h^3 129°44' sur h^1	»	mg^4 165°46'	165°9' à 50' Dr.

(1) Ma. Marignac; Ku. Kupffer; Dr. Dauber; Hr. Haidinger; K. Kokscharow (cristaux de l'Oural); Hg. Hessenberg.

ANGLES CALCULÉS.	ANGLES MESURÉS.
g^1g^4 117°24′	»
g^1g^4 114°48′ sur g^1	»
mg^3 161°14′	161°5′ à 26′ Dr.
g^1g^3 151°56′	»
g^3g^3 123°52′ sur g^1	123°37′ Dr. 124°30′ Hr.
mg^1 133°10′	133°10′ Dr.
po^1 142°21′	»
o^1h^1 140°10′	»
$po^{1/2}$ 127°12′	»
$o^{1/2}h^1$ 155°19′	»
$po^{2/5}$ 123°5′	»
$o^{2/5}h^1$ 159°26′	»
$po^{1/4}$ 116°8′	»
$o^{1/4}h^1$ 166°23′	167° Dr.
$po^{1/6}$ 111°51′	»
$o^{1/6}h^1$ 170°40′	»
$po^{1/8}$ 109°37′	108°52′ Dr. 109°13′ à 47′ Dr.
$o^{1/8}h^1$ 172°54′	»
*ph^1 ant. 102°31′	101°59′ Ku. 102°31′ Dr.
pa^1 adj 130°26′	»
a^1h^1 adj. 127°3′	»
$pa^{1/3}$ adj. 97°45′	»
$a^{1/3}h^1$ adj. 159°44′ (1)	»
$pa^{1/4}$ adj. 92°40′	93°10′ à 94°34′ Dr.
$a^{1/4}o^1$ 124°59′ sr h^1	121°41′ Dr.
$a^{1/4}h^1$ adj. 164°49′	»
$a^1a^{1/4}$ 142°14′	144°20′ à 56′ Dr.
$pa^{1/5}$ adj. 89°35′	»
$a^{1/5}h^1$ adj. 167°54′	166°44′ Dr.
$a^{1/3}a^{1/5}$ 171°50′	172°8′ à 12′ Dr.
$pa^{1/6}$ adj. 87°32′	87°48′ Dr.
$a^{1/6}h^1$ adj. 169°57′	169°14′ Dr.
$a^{1/3}a^{1/6}$ 169°47′	168°43′ Dr.
$pa^{1/8}$ adj. 84°59′	»

ANGLES CALCULÉS.	ANGLES MESURÉS.
$a^{1/8}h^1$ adj. 172°30′	»
ph^1 post. 77°29′	»
pc^2 155°54′	»
$pc^{3/2}$ 149°12′	»
pc^1 138°11′	»
$pc^{1/2}$ 119°12′	»
$c^{1/2}c^{1/2}$ 58°24′ sr p	58°26′30″ K.
pg^1 90°	»
$pd^{1/2}$ 133°4′	»
$d^{1/2}m$ 146°2′	145°59′ moy. K.
$pd^{3/8}$ 126°32′	»
$d^{3/8}m$ 152°34′	»
$d^{1/2}d^{3/8}$ 173°28′	174°24′ Dr.
$pd^{1/4}$ 118°42′	»
$d^{1/4}m$ 160°24′	159°42′ à 52′ Dr. 160°15′ à 56′ Dr.
$pd^{1/6}$ 112°42′	112°32′ Dr.
$d^{1/6}m$ 166°34′	165°21′ à 54′ Dr. 166°0′ à 55′ Dr. 167°11′ à 35′ Dr.
$pd^{1/8}$ 109°29′	»
$d^{1/8}m$ 169°37′	169°26′ à 36′ Dr. 170°1′ à 34′ Dr.
$d^{1/2}d^{1/4}$ 165°38′	165°32′ à 43′ Dr.
$d^{1/2}d^{1/6}$ 159°38′	159°53′ Dr.
$d^{1/2}d^{1/8}$ 156°25′	157°32′ Dr.
pm ant. 99°6′	»
pb^1 adj. 144°15′	»
b^1m adj. 116°39′	»
$pb^{3/4}$ 135°3′	»
$b^{3/4}m$ adj. 125°51′	»
$pb^{1/2}$ adj. 121°34′	»
$b^{1/2}m$ adj. 139°20′	»
$pb^{5/12}$ adj. 115°54′	116°18′ Dr.
$b^{5/12}m$ adj. 145°0′	144°41′ Dr.
pm post. 80°54′	»

ANGLES CALCULÉS.	ANGLES CALCULÉS.	ANGLES CALCULÉS.
$p\varepsilon$ 107°40′	pk 115°58′	126°37′ obs. Dr.
	pN 110°24′	$p\xi$ 92°36′
$p\psi$ 108°45′		
$p\tau$ adj. 84°10′	$p\eta$ 126°26′	ps 122°3′

(1) Entre $a^{1/3}$ et $a^{1/4}$ Dauber suppose un $a^{2/7}$ douteux.

ANGLES CALCULÉS.

$p\Xi$ 115°2′
pq 106°31′
ph^{2} ant. 101°56′
$p\beta$ adj. 117°38′
$p\varphi$ adj. 97°23′
$p\lambda$ adj. 90°55′
pz adj. 87°39′
pY adj. 84°25′
ph^{2} post. 78°4′

pL 168°47′
$p\Gamma$ 107°48′
ph^{3} ant. 101°19′
Lh^{3} ant. 112°32′
pu adj. 105°51′
ph^{3} post. 78°41′
uh^{3} adj. 152°50′
152°50′ obs. K.

pQ 117°41′

$p\alpha$ 119°27′
ph^{4} ant. 100°53′
$p\gamma$ adj. 100°4′
ph^{4} post. 79°7′

$p\Upsilon$ adj. 155°48′
ph^{5} post. 79°25′

pn 141°46′
$p\zeta$ 114°54′

$p\delta$ 103°32′
pV adj. 119°37′

$p\Omega$ 114°50′

$p\Phi$ 134°10′
$p\sigma$ 116°25′
pg^{4} ant. 96°42′

$p\iota$ 147°50′
pg^{3} ant. 95°51′
pX adj. 144°10′
pW adj. 147°21′
pg^{3} post. 84°9′

ANGLES CALCULÉS.

$p\mu$ 132°28′
$p\pi$ adj. 100°48′
$p\rho$ adj, 97°39′

pv adj. 101°32′
px adj. 89°36′

$p\varkappa$ adj. 90°56′
pR adj. 80°59′

$p\Theta$ adj. 99°16′
$p\varkappa$ adj. 94°41′
$p\chi$ adj. 86°57′
py adj. 89°37′
$p\theta$ adj. 97°12′
pH adj. 97°5′
$p\Sigma$ adj. 103°16′
$p\omega$ adj. 130°38′
131°11′ obs. Dr.
$p\Lambda$ 148° 25′
pU 145°59′
$p\Delta$ 128°55′

qh^{1} adj. 162°21′
Γh^{1} ant. 154°42′
155°42′ obs. Dr.
$d^{1/8}h^{1}$ ant. 137°23′
Rh^{1} adj. 167°40′
167°22′ obs. Dr.

$d^{1/4}h^{1}$ ant. 136°11′
$e^{1/2}h^{1}$ ant. 96°4′
zh^{1} adj. 159°41′
yh^{1} post. 155°53′
155°3′ obs. Dr.

αh^{1} adj. 147°28′
λh^{1} adj. 157°51′
158°58′ obs. Dr.
γh^{1} post. 142°34′

Hh^{1} adj. 149°1′
149°30′ obs. Dr.

Ξh^{1} adj. 159°5′
159°47′ obs. Dr.

ANGLES CALCULÉS.

$d^{3/8}h^{1}$ ant. 134°0′
Σh^{1} post. 140°12′

μh^{1} ant. 107°3′

εh^{1} adj. 172°57′
172°30′ à 50′ obs. Dr.
ψh^{1} ant. 171°27′
170°39′ à 55′ obs. Dr.
Nh^{1} ant. 169°8′
$d^{1/2}h^{1}$ ant. 131°28′
$\epsilon d^{1/2}$ 138°31′
138°14′ à 39′ obs. Dr.
$\psi d^{1/2}$ 140°2′
140°15′ à 25′ obs. Dr.
$c^{1}h^{1}$ ant. 99°18′
τh^{1} adj. 171°0′
170°51′ à 53′ obs. Dr.
xh^{1} post. 163°47′
162°14′ obs. Dr.
$\varkappa h^{1}$ post. 162°0′
162°14′ obs. Dr.
ξh^{1} post. 159°48′
$\varkappa h^{1}$ post. 157°1′
$\varkappa d^{1/2}$ 71°31′ sur c^{1}
71°55′ obs. Dr.
φh^{1} post. 153°24′
uh^{1} post. 141°56′
$u\varphi$ adj. 168°32′
168°29′ à 49′ obs. Dr.
Vh^{1} post. 122°9′
$Vd^{1/2}$ 106°23′ sur c^{1}
106°8′ à 28′
106°15′ obs. Dr.
$b^{1/2}h^{1}$ post. 119°6′
$\xi b^{1/2}$ 139°18′
140°9′ obs. Dr.

ιh^{1} ant. 115°3′
$e^{3/2}h^{1}$ ant. 100°44′
$b^{3/4}h^{1}$ post. 110°7′
Xh^{1} post. 95°3′
Uh^{1} post. 94°5′

kh^{1} adj. 165°5′
165°58′ obs. Dr.

ANGLES CALCULÉS.

ηh^1 ant. 153°11′
$c^2 h^1$ ant. 101°25′
ρh^1 adj. 157°54′
$v h^1$ post. 153°39′
βh^1 post. 138°30′
$b^1 h^1$ post. 103°37′
$A h^1$ post. 97°28′
97°20′ obs. Dr.

$g^1 q$ 107°0′

$g^1 \delta$ 129°46′
$g^1 \varepsilon$ 94°45′
$\delta\delta$ 100°28′ sur ε
$\varepsilon\varepsilon$ adj. 170°30′
170°8′ obs. Dr.

$g^1 \psi$ 96°46′
$\psi\psi$ adj. 168°28′
168°30′ obs. Dr.

$g^1 \Gamma$ 114°21′
$g^1 o^{1/8}$ 90°

$g^1 N$ 97°19′

$g^1 d^{1/8}$ 118°33′30″
$g^1 \Xi$ 106°3′
$g^1 k$ 96°9′
$g^1 o^{1/4}$ 90°
$d^{1/8} d^{1/8}$ 122°53′ sur $o^{1/4}$

$g^1 d^{1/6}$ 129°44′
$g^1 \zeta$ 124°32′
$g^1 Q$ 114°39′
$d^{1/6} d^{1/6}$ 100°32′ sur Q
$\zeta\zeta$ 110°56′ sur Q
QQ adj. 130°42′

$g^1 \alpha$ 115°47′
$g^1 s$ 103°35′
$g^1 o^{2/5}$ 90°
$\alpha\alpha$ 128°26′ sur $o^{2/5}$

$g^1 \Omega$ 132°13′

ANGLES CALCULÉS.

$g^1 d^{1/4}$ 127°26′
$g^1 \eta$ 100°50′
$g^1 o^{1/2}$ 90°
$d^{1/4} d^{1/4}$ 105°8′ sur $o^{1/2}$

$g^1 \sigma$ 139°26′
$g^1 d^{3/8}$ 123°49′

$g^1 d^{1/2}$ 120°24′30″
$g^1 o^1$ 90°
*$d^{1/2} d^{1/2}$ 119°11′
119°11′ moy. Dr. et K.
$d^{1/2} o^1$ 149°35′30″
149°34′ à 43′ obs. Dr.

$g^1 n$ 111°13′
$g^1 \Phi$ 127°29′
$g^1 \iota$ 118°11′
$g^1 L$ 94°50′
$g^1 \mu$ 136°4′
$g^1 U$ 121°25′
$g^1 X$ 121°17′

$g^1 A$ 114°24′
$g^1 \Upsilon$ 102°46′
AA 131°12′ sur Υ
$\Upsilon\Upsilon$ adj. 154°28′

$g^1 \Delta$ 137°19′
$g^1 b^1$ 113°53′
$g^1 b^{3/4}$ 119°18′

$g^1 W$ 141°59′
$g^1 \omega$ 119°14′
WW 76°2′ sur ω

$g^1 b^{1/2}$ 126°11′
$g^1 a^1$ 90°
$b^{1/2} b^{1/2}$ 107°38′ sur a^1

$g^1 V$ 124°53′
VV adj. 110°14′
109°45′ obs. Dr.

$g^1 b^{5/12}$ 128°33′
$g^1 \beta$ 106°1′

ANGLES CALCULÉS.

$g^1 u$ 114°37′
114°34′30″ obs. K.
$g^1 \Sigma$ 119°42′

$g^1 \gamma$ 119°27′
$g^1 v$ 100°39′
$\gamma\gamma$ 121°6′ sur v
vv adj. 148°42′

$g^1 \pi$ 94°9′

$g^1 \Theta$ 104°29′
$\Theta\Theta$ adj. 151°2′
150°45′ obs. Dr.

$g^1 \Pi$ 113°57′
$g^1 \theta$ 111°38′
$g^1 \varphi$ 107°36′
$g^1 \rho$ 99°1′
$g^1 a^{1/3}$ 90°
$\Pi a^{1/3}$ 156°3′
156°10′ obs. Dr.
$\theta\theta$ 136°44′ sur $a^{1/3}$
$\varphi\varphi$ 144°48′ sur $a^{1/3}$
144°0′ obs. Dr.
$\varphi a^{1/3}$ 162°24′
162°21′ à 40′ obs. Dr.
163°2′ obs. Hg.
$\varphi \rho$ adj. 171°25′
171°54′ obs. Dr.
$\rho\rho$ 161°58′ sur $a^{1/3}$

g^1 ȣ 105°18′

$g^1 \xi$ 103°30′
$g^1 a^{1/4}$ 90°
$\xi\xi$ 153°0′ sur $a^{1/4}$

$g^1 \lambda$ 107°45′
$g^1 \varkappa$ 102°3′
$\lambda\lambda$ 144°30′ sur $\varkappa$
$\varkappa\varkappa$ adj. 155°54′

$g^1 y$ 111°1′
$g^1 x$ 100°53′
101°23′ obs. Dr.

ANGLES CALCULÉS.

$g^1 a^{1/5}$ 90°
yy 137°58′ sur $a^{1/5}$
yx 169°51′
169°19′ obs. Dr.
xx 158°14′ sur $a^{1/5}$

$g^1 z$ 107°44′
$g^1 a^{1/6}$ 90°
zz 144°32′ sur $a^{1/6}$

$g^1 \chi$ 110°15′

g^1 Y 107°40′
$g^1 \tau$ 96°4′
YY 144°40′ sur τ
$\tau\tau$ adj. 167°52′
168°28′ obs. Dr.

g^1 R 101°54′

mq adj. 153°32′
152°18′; 153°10′;
154°14′ à 35′ obs. Dr.
$m\psi$ 142°11′ sur q
$mo^{1/8}$ adj. 136°22′
$qo^{1/8}$ 162°50′
162°17′ obs. Dr.
$o^{1/8}$ N adj. 172°37′
$o^{1/8} d^{1/8}$ adj. 138°47′
$o^{1/8} m$ post. 43°38′
$d^{1/8} m$ post. 84°50′

$mo^{1/6}$ adj. 136°2′
136°0′ obs. Mu.
mN adj. 143°27′
144°16′ obs. Dr.

$m\Gamma$ adj. 160°18′
159°28′ obs. Dr.
$mo^{1/4}$ adj. 135°9′
134°21′ obs. Dr.
$o^{1/4}\alpha$ adj. 153°21′
$o^{1/4} d^{1/4}$ adj. 141°12′
$o^{1/4}\sigma$ 128°27′ sur $d^{1/4}$
$o^{1/4} m$ post. 44°51′
αm post. 71°30′

ANGLES CALCULÉS.

$d^{1/4} m$ post. 83°39′
σm post. 96°24′

mk adj. 141°5′
141°9′ obs. Dr.

$d^{3/8} m$ post. 82°46′
82°22′ obs. Dr.
$m\Xi$ adj. 150°30′
149°27′ obs. Dr.

$mo^{2/5}$ adj. 133°4′
132°42′; 133°27′ obs. Dr.
$o^{2/5}\eta$ adj. 168°25′
$o^{2/5} m$ post. 46°56′
ηm post. 58°31′
58°30′ obs. Dr.

$mo^{1/2}$ 131°30′
$o^{1/2} d^{1/2}$ adj. 146°22′
$o^{1/2} e^{1/2}$ 107°10′ sur $d^{1/2}$
$o^{1/2} m$ post. 48°30′
$d^{1/2} m$ post. 82°8′
$e^{1/2} m$ post. 121°20′
121°28′ obs. K.

ms adj. 145°31′
146°3′ obs. Dr.
$m\eta$ adj. 141°13′
141°6′ obs. Dr.
mQ adj. 156°12′
157°7′ obs. Dr.

$m\delta$ adj. 174°50′
174°44′ obs. Dr.
$m\alpha$ adj. 155°51′
154°28′ obs. Dr.
mo^1 adj. 124°4′
$o^1\iota$ adj. 145°7′
$o^1 e^1$ adj. 126°10′
$o^1 m$ post. 55°56′
ιm post. 90°49′
90°56′ obs. Dr.
$e^1 m$ post. 109°46′

$m\zeta$ adj. 163°27′
163°35′ obs. Dr.

ANGLES CALCULÉS.

mn adj 136°49′
137°9′ obs. Dr.
mL adj. 109°44′
110°30′ obs. Dr.

Ωm adj. 163°51′
165°13′ (?) Dr.
ιm adj. 129°11′
129°54′ obs. Dr.

Φm adj. 142°51′
143°22′ obs. Dr.
Υm ant. 92°51′
93°1′ obs. Dr.
Λm ant. 100°49′
100°32′ obs. Dr.
Um ant. 110°3′
109°49′ obs. Dr.

σm adj. 158°5′
158°38′ obs. Dr.
μm ant. 134°57′
135°50′ obs. Dr.
$e^1 m$ ant. 125°1′
Xm ant. 106°55′
108°13′ (?) obs. Dr.
$b^1 m$ ant. 96°2′
$a^1 m$ ant. 63°56′
$b^1 a^1$ adj. 147°54′
147°50′ obs. Dr.
$a^1 m$ adj. 116°4′
116°6′ obs. K.
βm adj. 137°19′
um adj. 149°13′
149°11′30″ obs. K.
γm adj. 156°16′
155°47′ obs. Dr.
$a^1 \beta$ 158°45′
158°46′ obs. Dr.
βu 168°6′
168°16′ à 49′ obs. Dr.
168°20′ obs. K.

Δm ant. 114°52′
ωm ant. 91°20′
91°53′ obs. Dr.

ANGLES CALCULÉS.

$c^{1/2}m$ ant. 132°24′
$b^{1/2}m$ ant. 92°49′
βm ant. 69°3′
$\beta b^{1/2}$ 156°14′
φm adj. 149°13′
148°46′; 149°1′ à 25′ Dr.
Θm adj. 145°38′
144°27′; 145°12′; 146°4′ à 53′ obs. Dr.
vm adj. 141°16′
139°48′; 141°34′; 142°53′ obs. Dr.

Wm ant. 108°39′
108°52′ obs. Dr.
$b^{5/12}m$ ant. 91°55′
91°4′ obs. Dr.
πm adj. 135°50′
135°33′; 136°24′ Dr.

um ant. 73°10′
vm ant. 58°12′
$a^{1/3}m$ ant. 46°50′
$ua^{1/3}$ 153°40′
$va^{1/3}$ 168°38′
$a^{1/3}m$ adj. 133°10′
ξm adj. 147°45′30″
147°36′; 148°33′ Dr.
λm adj. 152°9′
150°41′ à 49′; 151°17′ à 53′; 152°45′ obs. Dr.
$\lambda a^{1/3}$ 161°2′
161°57′ obs. Dr.
ym adj. 155°39′
155°40′ obs. Dr.

πm ant. 71°48′

Σm ant. 77°13′
77°55′ obs. Dr.
Θm ant. 61°6′
59°40′; 60°30′; 62°18′ obs. Dr.
ρm ant. 55°21′
xm adj. 146°46′

ANGLES CALCULÉS.

146°55′ obs. Dr.

γm ant. 75°57′
77°22′ (?) obs. Dr.
φm ant. 63°34′
62°53′; 63°7′ obs. Dr.
$a^{1/4}m$ ant. 45°15′
$\varphi a^{1/4}$ 161°41′
$a^{1/4}m$ adj. 134°45′
xm adj. 146°2′
145°35′ obs. Dr.
zm adj. 153°11′
153°53′ obs. Dr.
χm adj. 155°48′
156°10′ obs. Dr.

Hm ant. 69°40′
69°15′ obs. Dr.
$\varkappa m$ ant. 60°36′
60°2′ à 50′ obs. Dr.

ξm ant. 58°20′
$a^{1/5}m$ ant. 44°30′

λm ant. 62°10′
62°54′ obs. Dr.
xm ant. 55°10′
55°43′ obs. Dr.
$a^{1/6}m$ adj. 135°54′
134°54′; 135°7′ Dr.
Ym adj. 153°53′
$a^{1/6}Y$ 162°1′

ym ant. 65°9′
65°55′ obs. Dr.

zm ant. 61°36′
62°6′ obs. Dr.
$a^{1/8}m$ adj. 136°19′
τm adj. 142°26′

Rm adj. 148°36′
148°17′ obs. Dr.

$\varkappa m$ adj. 148°25′
148°38′; 149°3′ Dr.

ANGLES CALCULÉS

ρm adj. 141°32′
142°12′ obs. Dr.

θm adj. 152°39′
152°24′ obs. Dr.
Hm adj. 154°34′
154°29′ obs. Dr.
Σm adj. 154°3′
153°46′ obs. Dr.

Vm adj. 141°12′
141°10′ à 36′ obs. Dr.
ωm adj. 130°9′

Γm adj. 104°39′
103°25′ obs. Dr.
Λm adj. 112°10′
111°8′ obs. Dr.
Xm adj. 114°48′
115°42′ obs. Dr.
Um adj. 111°44′
112°42′ obs. Dr.

Wm adj. 139°19′
Δm adj. 125°49′
125°18′ obs. Dr.

Lm post. 77°9′
77°13′ obs. Dr.
μm post. 106°19′
105°53′ obs. Dr.
km post. 50°51′
50°34′ obs. Dr.
Qm post. 69°51′
69°36′ obs. Dr.
Ωm post. 87°34′
88°16′ obs. Dr.
ζm post. 78°59′
78°36′ obs. Dr.
Ξm post. 60°31′
59°27′ obs. Dr.
δm post. 83°4′
83°25′ obs. Dr.

$h^2\varepsilon$ 166°24′
$h^2o^{1/8}$ adj. 161°17′

ANGLES CALCULÉS

$o^{1/8}\,\Xi$ 162°43′
$o^{1/8}\,Q$ 153°6′
$o^{1/8}\,d^{1/4}$ 139°12′
$d^{1/4}\,h^2$ post. 59°31′

$h^2\psi$ 166°51′
$h^2 o^{1/6}$ 160°21′

$h^2 N$ 167°15′
$h^2 o^{1/4}$ 158°4′

$h^2 Q$ adj. 161°19′
$h^2\alpha$ adj. 158°56′
$h^2 d^{1/2}$ adj. 141°33′
$\alpha\, d^{1/2}$ 162°37′
162°14′ obs. Dr.
$h^2 e^{3/2}$ 109°18′ sur $d^{1/2}$
$h^2 b^1$ 84°2′ sur $d^{1/2}$
$h^2 x$ adj. 166°36′
$h^2\pi$ adj. 153°36′
$d^{1/2}\pi$ 115°9′ sur h^2
115°56′ obs. Dr.

$h^2 d^{1/6}$ 152°55′
$h^2\sigma$ 140°24′ sur $d^{1/6}$
$h^2 e^{1/2}$ 111°11′ sur $d^{1/6}$
$h^2\varphi$ 40°15′ sur $e^{1/2}$
$e^{1/2}\varphi$ 109°4′
109°0′ obs. Dr.
$\varphi\, a^{1/6}$ adj. 159°44′
$a^{1/6} h^2$ adj. 160°1′
τh^2 adj. 166°58′
$R h^2$ adj. 173°41′

$h^2\chi$ adj. 170°46′
$h^2 y$ adj. 168°0′
$h^2 u$ 151°8′ sur y

$h^3 q$ 170°44′
$h^3 o^{1/4}$ 151°38′
151°47′ ; 152°12′ Dr.
$o^{1/4} s$ 164°46′
$o^{1/4} d^{3/8}$ 141°29′
$o^{1/4} e^{1/2}$ 102°25′
$d^{3/8} e^{1/2}$ 140°56′
140°30′ obs. Dr.

ANGLES CALCULÉS

$d^{3/8} h^3$ post. 66°53′
$e^{1/2} h^3$ post. 105°57′

$h^3 o^{1/2}$ 145°21′
$o^{1/2} n$ 151°1′
$o^{1/2} e^1$ 116°47′
$n\, e^1$ 145°46′
145°52′ obs. Dr.
$e^1 h^3$ post. 97°52′
Δh^3 post. 114°28′

$h^3 s$ adj. 157°28′
$h^3\eta$ adj. 152°36′
$h^3 o^1$ adj. 134°3′
$o^1 e^2$ 136°17′
$o^1 X$ 118°29′ sur e^2
$o^1 b^{1/2}$ 92°15′ sur e^2
$e^2 h^3$ post. 89°40′
$X h^3$ 107°28′ sur $b^{1/2}$
$b^{1/2} h^3$ adj. 133°42′

$h^3\alpha$ adj. 161°26′
$h^3\theta$ adj. 161°6′
$h^3\beta$ 142°41′ sur θ

$h^3 d^{1/2}$ 144°32′
$h^3\iota$ 125°43′ sur $d^{1/2}$
$h^3 e^2$ 110°38′ sur $d^{1/2}$
$d^{1/2}\iota$ adj. 161°11′
161°4′ à 8′ obs. Dr.
$\iota\, a^1$ 111°13′ sur e^2
111°5′ à 19′ obs. Dr.
$a^1\varphi$ adj. 143°20′
143°1′ à 25′ obs. Dr.
$a^1 y$ adj. 134°55′
$a^1 h^3$ adj. 123°3′

φh^3 adj. 159°43′
159°30′ obs. Dr.
$y h^3$ adj. 168°8′
167°24′ obs. Dr.

$h^3\zeta$ adj. 161°39′
$h^3 d^{1/4}$ adj. 155°41′
$h^3 e^1$ 115°26′ sur $d^{1/4}$
$h^3 b^{3/4}$ 84°3′ sur e^1

ANGLES CALCULÉS.

Δh^3 ant. 102°10′
102°36′ obs. Dr.

$h^3 d^{1/6}$ adj. 159°15′
$h^3\Omega$ adj. 155°9′
155°21′ obs. Dr.
$h^3 b^{1/2}$ 79°4′ sur $d^{1/6}$
$h^3\pi$ 37°0′ sur $b^{1/2}$
$h^3 a^{1/3}$ 31°52′ sur $b^{1/2}$
$b^{1/2}\pi$ adj. 137°56′
139°0′ (?) obs. Dr.
$\pi\, a^{1/3}$ 174°51′
$a^{1/3}\,Y$ adj. 157°49′
157°16′ obs. Dr.
$a^{1/3} h^3$ adj. 148°8′
$x h^3$ adj. 161°43′
160°45′ obs. Dr.
$Y h^3$ adj. 170°19′
170°55′ obs. Dr.

$h^3 d^{1/8}$ adj. 160°40′
$h^3 e^{1/2}$ 117°48′ sur $d^{1/8}$
$h^3 W$ 93°34′ sur $e^{1/2}$
$h^3 u$ 89°13′ sur $e^{1/2}$
$h^3\rho$ 39°26′ sur $e^{1/2}$
39°8′ obs. Dr.
$e^{1/2}\rho$ 101°38′
101°35′ obs. Dr.
$u\rho$ 161°51′
162°0′ obs. Dr.
$a^{1/4} h^3$ adj. 150°54′

$h^3 R$ adj. 166°25′
$h^3 x$ adj. 161°45′
161°55′ obs. Dr.

$h^3 z$ adj. 168°5′
168°38′ obs. Dr.
$h^3\xi$ adj. 161°35′
$h^3\rho$ adj. 154°53′
155°51′ obs. Dr.

$h^3\chi$ adj. 170°24′
170°57′ obs. Dr.
$h^3\lambda$ adj. 165°28′
164°57′ ; 166°32′ Dr.

ANGLES CALCULÉS.

$h^3 \varkappa$ adj. 161°0'
161°41' obs. Dr.
$h^3 v$ adj. 152°51'

$h^3 \Pi$ adj. 161°33'
161°48' obs. Dr.

$h^3 \gamma$ adj. 158°4'
$h^3 \Sigma$ adj. 154°56'
154°3' obs. Dr.
$h^3 b^1$ 112°39' sur γ

$h^4 d^{1/2}$ adj. 145°38'
$h^4 \Pi$ adj. 161°8'
$h^4 \beta$ 142°0' sur Π

$h^4 y$ adj. 166°15'
$h^4 v$ adj. 150°39'

$e^{1/2} h^5$ ant. 123°32'
$h^5 b^{5/12}$ 82°45' sur $e^{1/2}$
$e^{1/2} b^{5/12}$ 139°13'
$a^{1/3} h^5$ adj. 142°42'
$\varkappa h^5$ adj. 156°31'
$z h^5$ adj. 163°5'

$e^2 g^5$ ant. 116°35'
$g^5 b^{1/2}$ adj. 139°43'
$g^5 \omega$ 130°10' sur $b^{1/2}$
$b^{1/2} \omega$ 170°27'

$g^4 o^1$ adj. 114°27'
$o^1 \mu$ adj. 128°54'
μg^4 adj. 116°39'

$g^3 \Omega$ adj. 156°17'

ANGLES CALCULÉS.

$g^3 d^{1/4}$ adj. 151°8'
$g^3 o^1$ 111°11' sur $d^{1/4}$
$o^1 e^{1/2}$ 112°43'
$e^{1/2} g^3$ post. 136°6'

$g^3 d^{1/2}$ adj. 139°18'
$g^3 n$ 129°2' sur $d^{1/2}$
$d^{1/2} n$ 169°44'

$L e^2$ 158°24'
$L g^3$ 83°54' sur e^2
$e^2 g^3$ post. 105°30'
$g^3 \sigma$ adj. 158°59'

Υe^1 145°49'
Υg^3 97°27' sur e^1
$e^1 g^3$ ant. 131°38'
$g^3 b^{1/2}$ adj. 138°34'

$e^{1/2} g^3$ ant. 145°5'
Δg^3 126°36' sur $e^{1/2}$
$b^{3/4} g^3$ 105°40' sur $e^{1/2}$
$b^{3/4} e^{1/2}$ 140°35'
$a^1 e^{1/2}$ 108°27'
108°31'30" obs. K.
$b^{3/4} a^1$ 147°52'
148°16' obs. Dr.
$a^1 g^3$ post. 106°28'

$g^3 \Sigma$ adj. 142°59'
$g^3 u$ 137°33' sur Σ

$d^{1/2} X$ adj. 132°23'
132°24' obs. Dr.

$d^{1/2} \sigma$ adj. 159°45'

ANGLES CALCULÉS.

$d^{1/2} e^{1/2}$ 96°14' sur g^1
$\sigma e^{1/2}$ 116°29' sur g^1
$e^{1/2} \mu$ adj. 163°34'

$d^{1/2} \Phi$ adj. 169°42'
170°25' obs. Dr.
$d^{1/2} \mu$ adj. 154°58'
155°27' obs. Dr.
$d^{1/2} W$ 119°46' sur μ
120°39' obs. Dr.

$n e^{1/2}$ adj. 134°21'
134°41' obs. Dr.

$e^{1/2} X$ adj. 148°5'
$e^{1/2} A$ adj. 140°54'

$e^1 U$ adj. 164°51'
$e^1 A$ adj. 155°32'

$e^2 b^{3/4}$ adj. 147°46'
$e^2 \omega$ adj. 142°32'
142°48' obs. Dr.
$e^2 u$ 114°48' sur $b^{3/4}$
ωu 152°16'
152°0' obs. Dr.

Υa^1 adj. 148°41'
148°6' obs. Dr.
$a^1 v$ adj. 149°32'
149°28' obs. Dr.
$a^1 \pi$ adj. 150°7'
149°46'; 150°47' Dr.
$\varphi \pi$ adj. 166°13'
165°43' obs. Dr.
$u \pi$ adj. 158°33'
$a^{1/3} R$ adj. 159°23'
159°11' obs. Dr.

$\varepsilon = (d^{1/10}\ d^{1/12}\ h^1)$
$\psi = (d^{1/8}\ d^{1/10}\ h^1)$
$k = (d^{1/7}\ d^{1/9}\ h^{1/2})$
$N = (d^{1/6}\ d^{1/8}\ h^1)$
$\eta = (d^{1/3}\ d^{1/5}\ h^{1/2})$
$s = (d^{1/7}\ d^{1/13}\ h^{1/4})$
$\Xi = (d^{1/8}\ d^{1/16}\ h^{1/3})$
$q = (d^{1/8}\ d^{1/16}\ h^1)$

$L = (d^1\ d^{1/3}\ h^{1/10})$
$\Gamma = (d^{1/4}\ d^{1/2}\ h^1)$
$Q = (d^{1/4}\ d^{1/14}\ h^{1/3})$
$\alpha = (d^1\ d^{1/4}\ h^1) = o_4$
$n = (d^1\ d^{1/7}\ h^{1/6})$
$\zeta = (d^1\ d^{1/11}\ h^{1/2})$
$\delta = (d^1\ d^{1/21}\ h^1)$
$\Omega = (d^1\ b^{1/15}\ g^{1/3})$

$\Phi = (d^{1/4}\ b^{1/16}\ g^{1/9})$
$\sigma = (d^1\ b^{1/4}\ g^1)$
$\iota = (d^1\ b^{1/3}\ g^{1/3})$
$\mu = (d^{1/2}\ b^{1/3}\ g^{1/2})$
$\pi = (b^{1/12}\ b^{1/14}\ h^{1/5})$
$\tau = (b^{1/8}\ b^{1/10}\ h^1)$
$\rho = (b^{1/5}\ b^{1/7}\ h^{1/2})$
$v = (b^{1/2}\ b^{1/3}\ h^1)$

$x = (b^{1/4}\, b^{1/6}\, h^1)$	$z = (b^{1/4}\, b^{1/8}\, h^1)$	$\Upsilon = (b^1\, b^{1/5}\, h^{1/8})$
$R = (b^{1/14}\, b^{1/22}\, h^1)$	$Y = (b^{1/6}\, b^{1/12}\, h^1)$	$\omega = (b^1\, b^{1/15}\, h^{1/10})$
$\varkappa = (b^{1/7}\, b^{1/11}\, h^{1/2})$	$\chi = (b^{1/5}\, b^{1/9}\, h^1)$	$V = (b^1\, b^{1/21}\, h^{1/10})$
$\xi = (b^{1/3}\, b^{1/5}\, h^1)$	$y = (b^{1/3}\, b^{1/7}\, h^1)$	$\Lambda = (b^1\, d^{1/7}\, g^{1/8})$
$\Theta = (b^{1/4}\, b^{1/7}\, h^{1/2})$	$\theta = (b^{1/7}\, b^{1/17}\, h^{1/4})$	$X = (b^1\, d^{1/3}\, g^{1/3})$
$\varkappa = (b^{1/5}\, b^{1/9}\, h^{1/2})$	$\Pi = (b^{1/8}\, b^{1/22}\, h^{1/5})$	$W = (b^{1/4}\, d^{1/12}\, g^{1/5})$
$\beta = (b^1\, b^{1/2}\, h^1) = a_2$	$u = (b^1\, b^{1/3}\, h^1) = a_3$	$U = (b^{1/5}\, d^{1/11}\, g^{1/12})$
$\varphi = (b^{1/2}\, b^{1/4}\, h^1)$	$\gamma = (b^1\, b^{1/4}\, h^1) = a_4$	$\Delta = (b^{1/4}\, d^{1/8}\, g^{1/5})$
$\lambda = (b^{1/3}\, b^{1/6}\, h^1)$	$\Sigma = (b^{1/5}\, b^{1/21}\, h^{1/6})$	

Nombreuses combinaisons de formes, la plupart observées par Dauber et Hessenberg, donnant aux cristaux des aspects variés, comme le montrent les *fig.* 395, pl. LXVI ($m\,a^{1/4}$), *fig.* 396 ($m\,g^3 a^{1/4} d^{1/2} \delta$), *fig.* 397 ($m\,a^{1/4} d^{1/2} \gamma$) cristaux du Brésil; *fig.* 398 ($d^{1/2} a^{1/3}$), *fig.* 399 ($m\,h^1 g^3 g^1 d^{1/2} a^{1/3}$), *fig.* 400 ($m\,h^1 h^3 g^3 p\, a^1 a^{1/3} e^2 e^1 e^{1/2} d^{1/2} u$), cristaux de Sibérie; *fig.* 401, pl. LXVII ($m\,d^{1/2} d^{1/3} d^{1/4} b^{1/2} V$), *fig.* 402 ($m\,h^1 h^3 g^5 g^4 p\, o^{1/4} a^1 a^{1/3} e^1 e^{1/2} u\, \Gamma \lambda$) cristaux des îles Philippines. Les faces $m\,h^1 g^1 h^5 h^3 g^3$ sont généralement striées verticalement; $a^{1/4}$ et plusieurs autres faces sont ordinairement courbes. Aussi, le tableau des incidences fait-il voir que les angles calculés d'après les données les mieux assurées s'éloignent assez des angles mesurés. Clivage assez imparfait suivant m, imparfait suivant h^1 et p. Cassure conchoïdale ou inégale. Transparente ou translucide. Double réfraction énergique. Plan des axes optiques parallèle au plan de symétrie. Bissectrice aiguë *positive* située dans l'angle *obtus* $p\,h^1$ et faisant un angle d'environ 5°30′ avec l'arête m/m. Dispersion *ordinaire* faible, $\rho > v$; dispersion *inclinée* très marquée.

RAYONS ROUGES.	RAYONS JAUNES.
—	—
$2H_a = 97°29'$ à $45'$	$2H_a = 96°50'$ à $96°17'$
	$\beta = 2{,}42$
	$2V_a = 54°3'$

Éclat adamantin ou vitreux. Rouge hyacinthe de diverses teintes. Poussière rouge orangé. Sectile.

Dur. = 2,5 à 3. Dens. = 5,9 à 6,1.

Dans le matras, décrépite et noircit, mais reprend sa couleur en refroidissant. Au chalumeau, sur le charbon, donne des grains de plomb dans une scorie vert grisâtre. Avec le sel de phosphore, perle jaune devenant verte au feu de réduction. Chauffée avec de l'acide chlorhydrique, dégage du chlore et forme une solution verte, avec dépôt de chlorure de plomb. Se dissout dans une lessive de potasse, après s'être colorée en brun rouge.

Chromate de plomb, $\dot{Pb}\,\ddot{Cr}$; Acide chromique 30,96 Oxyde plombique 69,04.

Analyses de la crocoïse : *a*, par Pfaff; *b*, par Berzélius; *c*, de Bérézowsk, par Baerwald :

	a	*b*	*c*
Acide chromique	31,72	31,5	31,16
Oxyde plombique	67,91	68,5	68,82
	99,63	100,0	99,98

Se présente en cristaux ou en croûtes disséminées, avec quartz et quelquefois Vauquelinite, phœnicite, céruse et pyromorphite, dans des granites ou des gneiss plus ou moins altérés. Signalée d'abord par Lehmann dans les mines d'or de Bérézowsk en Sibérie, on l'a retrouvée dans l'Oural, à Totschilnaja Gora près Mursinsk, et à Bertewaja Gora près Nischne-Tagilsk; à Cogonhas do Campo, province de Minas Geraës, Brésil; à Labo, île de Luçon, l'une des Philippines; à Retzbánya et à Moldawa en Hongrie.

C'est dans la crocoïse de Sibérie que Vauquelin a découvert le chrome en 1794. M. Bourgeois a obtenu de très beaux cristaux de crocoïse en dissolvant du chromate de plomb précipité dans l'acide azotique et en chauffant la solution en tube scellé vers 150° : la crocoïse cristallise par refroidissement.

PHŒNICITE; Haidinger. Phönikochroit; Glocker. Melanochroit; Hermann.

Prisme rhomboïdal droit? de dimensions inconnues. Ordinairement en petites tables presque rectangulaires, groupées en éventail. Clivage facile, normal au plan des lames. Translucide sur les bords. Éclat résineux ou adamantin. Rouge cochenille ou rouge hyacinthe. Poussière rouge brique.

Dur. = 3 à 3,5. Dens. = 5,75.

Mêmes caractères chimiques que la crocoïse.

$\dot{P}b^3 \dddot{C}r^2$: Acide chromique 23,1 Oxyde plombique 76,9.

Analyse par Hermann : $\dddot{C}r$ 23,21 $\dot{P}b$ 76,69 = 100.

Trouvée à Bérésowsk, Oural, sur une galène caverneuse, avec crocoïse, Vauquelinite et pyromorphite.

La jossaïte de Breithaupt se trouve à Bérésowsk, avec laxmannite et phœnicite, en petits primes rhombiques de 110° à 118°, terminés par une base et un biseau surbaissé, qui rappellent la forme de certains cristaux de mispickel.

Traces de clivage suivant les faces *m*.

Éclat entre le vitreux et le gras. Couleur jaune orangé, avec poussière blanc jaunâtre. Dur. = 3. Dens. = 5,2.

D'après Plattner, renferme de l'acide chromique et des oxydes de plomb et de zinc.

LAXMANNITE ; Nordenskiöld. Vauquelinite de Berzélius (en partie). Melanchlor-Malachit ; Mohs.

Prisme rhomboïdal oblique de 109°35′.

$b : h :: 1000 : 1261,169 \quad D = 587,118 \quad d = 809,501.$

Angle plan de la base = 71°54′20″.
Angle plan des faces latérales = 134°3′47″.

ANGLES CALCULÉS.	ANGLES MESURÉS. VAUQUELINITE VERT SOMBRE.	LAXMANNITE VERT CLAIR
*mm 109°35′ avant	109°35′ moy. Dx. 55′ moy. K. (1)	110°31′30″ N. 108°40′ à 109° Dx.
mh^1 144°47′30″	144°53′ à 145°4′ Dx. 144°52′ à 145°23′ K.	144°0′ Dx.
$h^1 h^{5/3}$ 170°0′	170°0′ moy. K.	»
$h^1 h^{13/5}$ 162°35′	163°0′ env. K.	»
$h^1 h^5$ 154°48′	154°45′30″ moy. K.	»
$h^{5/3} h^5$ 144°48′ sur h^1	144°46′ env. K.	»
$h^5 h^5$ 129°37′ sur h^1	129°31′ moy. K.	»
$h^1 g^3$ 125°19′	»	»
$h^1 g^{5/2}$ 121°16′	121°42′ moy. K.	»
mg^3 adj. 160°31′30″	»	160°30′ Dx.
mm 70°25′ côté	»	69°34′ N. (1) 69°34′ et 70°30′ Dx.
ph^1 antér. 149°13′	148° moy. Dx. 149° env. H. (1)	»
pa^6 adj. 170°18′	»	»
$a^6 h^1$ opposé 139°31′	138°7′ moy. Dx.	»
pa^3 adj. 154°22′	»	154° env. Dx.
$a^3 h^1$ adj. 56°25′	»	»
$pa^{3/2}$ adj. 101°27′	»	101°30′ env. N. 100° à 101° Dx.
$a^{3/2} h^1$ adj. 109°20′	»	»
*pa^1 adj. 67°0′	66°50′ à 67° Dx.	»
$a^1 h^1$ adj. 143°47′	»	»
$pa^{6/7}$ adj. 58°53′	»	»
$a^{6/7} h^1$ adj. 151°54′	151°8′ moy. K.	»
ph^1 post. 30°47′	31°40′ env. Dx.	»
$p\iota$ 134° (macle de Haidinger)	134°30′ env. H.	»

(1) Dx. Des Cloizeaux ; K. Kokscharow ; N. Nordenskiöld ; H. Haidinger.

ANGLES CALCULÉS.	ANGLES MESURÉS. VAUQUELINITE VERT SOMBRE.	ANGLES MESURÉS. LAXMANNITE VERT CLAIR
*pm antér. 134°35′	134°35′; 134°4′ moy. Dx.	134°25′ N. 133°54′ Dx.
$pb^{3/4}$ adj. 96°47′	»	96°53′30″ N.
pm postér. 45°25′	45°10′ moy. Dx.	45°36′30″ N. 46°35′ moy. Dx.
$b^{3/4}m$ adj. 128°38′	»	128°43′ N.
px adj. 148°50′	148° à 149° Dx.	»
py adj. 109°44′	»	110° à 110°40′ Dx.
xx adj. 151°56′	»	»
yy adj. 94°50′	»	95° moy. Dx.
ma^1 adj. 131°14′	132°40′ env. Dx.	»
ym adj. 115°16′	»	114°27′ moy. Dx.
ym antér. 64°44′	»	65°18′ moy. Dx.
ym ant. adj. 110°42′	»	111° moy. Dx.

$x = (d^{1/4} d^{1/9} h^1)$ $y = (b^1 b^{1/7} h^{1/7}) = a_{1/7}$

Combinaisons de formes observées : sur les cristaux d'un vert sombre, mpx, *fig.* 403, pl. LXVII ; mh^1pa^1 ; $mh^5 h^{5/3} h^1 a^6 a^{6/7}$; sur les cristaux d'un vert clair, $mh^1pa^{3/2}b^{3/4}$; $mh^1 g^3 pa^3 a^{3/2} y = a_{1/7}$, *fig.* 404 *bis*.

Macle par hémitropie autour d'un axe normal à a^1 (1).

Sans clivage connu.

Plus ou moins translucide. Éclat gras ou vitreux, vert noirâtre, vert olive plus ou moins clair. Poussière vert serin ou vert pistache.

Dur. = 2,5 à 3. Dens. = 5,77 à 6,06.

Au chalumeau, sur le charbon, se gonfle, bouillonne et fond en un globule gris foncé, brillant, entouré de grains métalliques.

Avec le sel de phosphore, verre vert au feu d'oxydation, rouge au feu de réduction, surtout en ajoutant de l'étain. Avec la soude, verre vert à chaud, soluble dans l'eau en la colorant en jaune. L'acide azotique fournit une dissolution verte, avec résidu jaune.

Analyses, *a*, de la Laxmannite (moyenne de deux opérations), par Nordenskiöld ; *b*, du phosphorchromite, offrant les caractères physiques de la Laxmannite, par Hermann ; *c*, de mamelons

(1) Cet assemblage, signalé en 1826 par Haidinger à Pontgibaud (Puy-de-Dôme), comme composé de deux individus mh^1p, *fig.* 404, n'a jamais pu y être retrouvé ; mais il s'observe sur quelques cristaux de Bérésowsk.

à surface cristalline, d'un rouge orangé foncé, accompagnant du quartz et de la Vauquelinite verte, de Bérésowsk, par Pisani :

	a	b	c
Acide chromique	16,01	10,13	15,80
Acide phosphorique	8,31	9,94	9,78
Oxyde plombique	61,46	68,33	70,60
Oxyde cuivrique	11,64	7,36	4,57
Oxyde ferrique	1,18	$\dot{F}e$ 2,80	»
Eau	1,11	1,16	»
	99,41	99,72	100,75
Densité :	5,77	5,80	»

Les petits cristaux de Laxmannite, dont la couleur verte et l'éclat vitreux rappellent l'*épidote* du Dauphiné, ont été signalés en 1867 par M. Nordenskiöld comme associés à la Vauquelinite de Bérésowsk ; ils sont jusqu'ici excessivement rares.

La plupart des échantillons d'un vert foncé, à éclat gras, désignés dans les collections comme Vauquelinite, contiennent 8 à 10 p. 100 d'acide phosphorique, d'après les essais de MM. Nicolajew à Saint-Pétersbourg, Damour, Pisani, Em. Bertrand à Paris; ils appartiennent donc à la Laxmannite. Les cristaux les plus nets sont déposés dans les cavités de croûtes mamelonnées d'un brun rougeâtre ou verdâtre, qui constituent aussi un chromophosphate de plomb et cuivre, à Bérésowsk, Sibérie. Des croûtes analogues, d'un vert serin, se trouvent avec crocoïse sur des grès quartzeux, à Cogonhas do Campo, Brésil.

Le phosphorchromit de Hermann et le Chrom-Phosphorkupferbleispath décrit par John en 1845 sont peut-être des mélanges de Laxmannite et de pyromorphite.

L'ancienne Vauquelinite de Berzélius paraît infiniment moins répandue que la Laxmannite d'un vert foncé, avec laquelle on l'a toujours confondue. Elle contient, d'après Berzélius : $\dddot{C}r$ 28,33 $\dot{P}b$ 60,87 $\dot{C}u$ 10,80 = 100.

M. Nordenskiöld en a rencontré, dans la collection Royale de Stockholm, plusieurs échantillons renfermant environ 60 p. 100 de $\dot{P}b$ et 10 p. 100 de $\dot{C}u$.

TELLURIDES

Tellure. Tellure natif; Haüy. Gediegen Tellur. Rhomboedrisches Tellur; Mohs.

Rhomboèdre de 86°57′ (G. Rose).
Angle plan du sommet = 86°46′42″.

ANGLES CALCULÉS.	ANGLES CALCULÉS.
e^2e^2 120°	*pp 86°57′ arête culmin. (1)
	$pe^{1/2}$ adj. 130°28′
a^1p 123°5′	$pe^{1/2}$ opp. 113°50′ sur e^2
pe^2 146°55′	
145° env. obs.	

Combinaisons observées : $e^2pe^{1/2}$ (Californie) ; $e^2a^1pe^{1/2}$, *fig.* 405, pl. LXVII (2). Clivage très net suivant e^2, imparfait suivant a^1. Opaque. Éclat métallique. Blanc d'étain. Un peu ductile.

Dur. = 2 à 2,5. Dens. = 6,1 à 6,3.

Au chalumeau, fond très facilement, brûle avec une flamme verdâtre, se volatilise et, sur le charbon, dépose une auréole blanche entourée de rouge. Dans un tube ouvert, dégage une vapeur épaisse formant un sublimé blanc qui fond en gouttelettes transparentes. Chauffé doucement avec de l'acide sulfurique concentré, donne une liqueur rouge qui, versée dans de l'eau, fournit un précipité gris noir de tellure métallique.

Te, tellure (équivalent 64).

D'après les analyses de Klaproth, de Petz, de von Foullon et de Genth, le tellure est mélangé de proportions variables d'or (0,25 à 2,8 p. 100), de sélénium et de fer ?

On l'a trouvé à l'état de petits cristaux ou de masses granulaires, avec or natif, quartz et pyrite, à Facebay près Zalathna, Transylvanie, et aux mines Kensington, Mount-Lion, John-Jay, etc., dans le comté Boulder, Colorado.

Ed. Dana et L. Wells ont donné le nom de selen-tellure à une variété à structure bacillaire indistincte, à clivage hexagonal net, fragile, opaque, à éclat métallique, d'un gris noirâtre, d'une dur. = 2 à 2,5.

Au chalumeau, elle fond très facilement en colorant la flamme en bleu verdâtre et donnant une forte odeur de sélénium. Dans le matras, sublimé presque noir, à bord rouge (sélénium), surmontant des gouttelettes à reflet métallique (tellure).

En défalquant 65,58 p. 100 de gangue composée de quartz et d'un peu de barytine, Wells a obtenu :

Te 70,69 Se 29,31.

---

(1) 86°2′ d'après Miller ; 86°50′ d'après Zenger.

(2) Suivant Miller, on obtient par fusion le rhomboèdre primitif p. G. Rose a observé, sur des cristaux formés dans une dissolution de tellurure de potassium, le prisme d^1 et un rhomboèdre d'un angle culminant de 71°51′ qu'on peut rapporter à e^6 (e^6e^6 = 71°29′). Des prismes pyramidés, obtenus par voie sèche ou par voie humide (Margottet 1879) ont fourni $pe^{1/2}$ = 130°28′ ; pe^2 = 147°13′ ; e^6e^6 = 71°48′.

Se trouve engagée dans une gangue consistant en quartz avec un peu de barytine, à la mine d'argent El Plomo, district Ojojona, Tegucigalpa, Honduras.

Mélonite; Genth.

Lames hexagonales microscopiques, facilement clivables suivant la base, d'un blanc rougeâtre, à éclat métallique.

Au chalumeau, dans le matras, dégage un sublimé formé de gouttelettes incolores. Sur le charbon, colore la flamme en bleu et laisse une masse d'un gris vert, entourée d'une auréole blanche.

Soluble dans l'acide azotique en liqueur verte qui, par évaporation, dépose de l'acide tellureux.

$Ni^2 Te^3$; Tellure 76,80 Nickel 23,20 avec un peu d'argent et de plomb.

Analyse par Genth :

Te 73,43 Ni 20,98 Ag 4,08 Pb 0,72 = 99,21.

Trouvée en cristaux ou en petits grains à la mine Stanislas, comté Calaveras, Californie.

ALTAÏTE; Haidinger. Tellurblei; G. Rose. Plomb telluré; Dufrénoy. Hexaedrisches Tellur; Mohs.

Cubique. Difficilement clivable suivant les faces du cube. Cassure inégale. Aigre et facile à pulvériser. Opaque. Éclat métallique. Blanc d'étain inclinant au jaune.

Dur. = 3 à 3,5. Dens. = 8,1 à 8,2.

Dans le tube ouvert, l'essai s'entoure d'un anneau de gouttelettes et dégage une vapeur blanche qui se transforme en un sublimé fusible. Sur le charbon, colore la flamme réductive en bleu et se volatilise presque entièrement, en laissant un petit globule d'argent entouré d'un anneau métallique qui est lui-même bordé par une auréole jaune brunâtre, volatile.

Facilement soluble dans l'acide azotique, à chaud.

Pb Te; Tellure 38,21 Plomb 61,79.

Analyses de l'altaïte: *a*, de la mine Sawodinskoi, Altaï, par G. Rose; *b*, de la mine Stanislas, Californie; *c*, de la mine Red Cloud, Colorado, toutes deux par Genth :

	a	*b*	*c*
Tellure	38,37	37,31	37,99
Plomb	60,35	60,71	60,22
Argent	1,28	1,17	0,62
Or	»	0,26	0,19
Zinc, fer, cuivre	»	»	0,69
	100,00	99,45	99,71
Densité :	»	»	8,06

Trouvée avec Petzite à la mine Sawodinskoi, près Barnaul, Altaï; aux mines Stanislas, Californie; Red Cloud, Colorado; Condoriaco, Chili; à Bontddu, entre Dolgelly et Barmouth, Galles du Nord.

Reproduite artificiellement par M. Margottet (1879).

NAGYAGITE; Haidinger. Tellure natif auroplumbifère; Haüy. Elasmose; Beudant. Blättertellur; Hausmann. Pyramidaler Eu-tom-Glanz; Mohs. Black tellurium; Phillips.

Prisme rhomboïdal droit de 148°37′, Schrauf (1).

$b : h :: 1000 : 265,780 \quad D = 962,721 \quad d = 270,498.$

ANGLES CALCULÉS.	ANGLES CALCULÉS.	ANGLES CALCULÉS.
$g^1 m$ 105°41′30″	*$g^1 e^1$ 105°26′	$g^1 \pi$ 116°13′
$g^1 g^{7/5}$ 149°19′		116°10′ obs. Schrauf
*$g^1 g^3$ 119°20′	$g^1 u$ 128°14′	$g^1 e_3$ 111°27′
	128°15′ obs. Fletcher	$g^1 s$ 104°43′
$g^1 e^{1/5}$ 144°5′	$g^1 x$ 120°34′	104°30′ obs. Schrauf
$g^1 e^{1/3}$ 129°38′	121°0′ obs. Fletcher	$g^1 b^{1/2}$ 101°8′

$u = (b^{1/3} b^{1/5} g^1)$ $\quad x = (b^{1/2} b^{1/4} g^1)$ $\quad \pi = (b^{1/3} b^{1/7} g^{1/2})$

$e_3 = (b^1 b^{1/3} g^1)$ $\quad s = (b^1 b^{1/7} g^{1/3})$

Formes observées par MM. Fletcher et Schrauf : m, $g^{7/5}$, g^3, $e^{1/5}$, $e^{1/3}$, e^1, $b^{1/2}$, u, x, π, e_3, s. Une des combinaisons comprend $g^1 g^{7/5} g^3 e^{1/5} e^{1/3} e^1 e_3 b^{1/2}$. Les cristaux sont aplatis suivant g^1. Clivage facile parallèlement à cette face. Opaque. Éclat métallique. Gris de plomb noirâtre. Malléable et flexible en lames minces.

Dur. = 1 à 1,5. Dens. = 6,68 à 7,20.

Par grillage, dans le tube ouvert, dégage de l'acide sulfureux et

(1) D'après les anciennes observations de Haidinger et de Phillips, la forme était regardée comme quadratique, les faces p, a^1 et $b^{1/2}$ (*fig.* 408, pl. LVIII) correspondant respectivement à g^1, g^3 et e_3 du prisme rhombique de Schrauf et Fletcher.

un sublimé blanc. Au chalumeau, sur le charbon, fond facilement, se volatilise en colorant la flamme en bleu et dépose une auréole jaune qui disparaît au feu de réduction et laisse un globule d'or, après une longue insufflation. Imparfaitement soluble dans les acides chlorhydrique et azotique. Chauffée avec de l'acide sulfurique concentré, produit une dissolution brunâtre trouble, qui devient promptement rouge hyacinthe et donne avec l'eau un précipité gris noirâtre.

Les analyses connues jusqu'ici ne permettent pas encore d'établir la formule avec certitude.

Analyse de la nagyagite de Nagyág : *a*, par Berthier ; *b*, par Schönlein (pure) ; *c*, par Sipöcz ; *d*, par Folbert (moyenne de deux opérations) :

	a	*b*	*c*	*d*
Soufre	11,7	9,70	10,76	9,72
Tellure	13,0	30,09	17,72	17,63
Antimoine	4,5	»	7,39	3,77
Plomb	63,1	50,95	56,81	60,55
Or	6,7	9,10	7,51	5,91
Argent	»	0,53	Fe 0,41	»
Cuivre	1,0	0,99	»	»
	100,0	101,36	100,60	97,58
Densité :	6,84	»	»	6,68

Le minéral, rarement en cristaux isolés, ordinairement en masses lamellaires, se trouve dans des filons, avec sylvanite, stibine, or, pyrite, quartz et diallogite, à Nagyág et Offenbánya, Transylvanie ; on le cite dans un filon aurifère traversant un micaschiste, à Whitehall près Friedrichsburg, Virginie.

La nobilite (Silberphyllinglanz de Breithaupt ; edler Molybdänglanz) paraît devoir se rattacher à la nagyagite. Petites masses feuilletées, facilement clivables dans une direction, très tendres, flexibles en lames minces, d'un gris noirâtre, d'une dens. = 5,8 à 5,9. Contient, d'après Plattner, du soufre, du tellure, de l'antimoine, du plomb, 4,9 p. 100 d'or et 0,3 d'argent. Trouvée dans le gneiss à Deutsch-Pilsen (Borsony) en Hongrie.

TÉTRADYMITE ; Haidinger. Bismuth telluré. Tellurwismuth (en partie). Rhomboedrischer Eutom-Glanz ; Mohs.

Rhomboèdre primitif de 66°40′.
Angle plan du sommet = 49°0′57″,7.

ANGLES CALCULÉS.	ANGLES CALCULÉS.
$a^1 p$ 105°16′	*pp 66°40′ arête culmin.
$a^1 e^1$ 97°46′	
$a^1{}_1 p$ 95°0′	$e^1 e^1$ 61°48′ arête culmin. (1)
95° env. obs. Haidinger	$e^1 p$ adj. 120°54′
$p \underline{p}$ 115°32′ rentrant	

Combinaisons de formes : $a^1 p e^1$, *fig.* 409, pl. LXVIII (les cristaux simples sont rares; le primitif p y est très prédominant et ils sont allongés suivant l'axe vertical); $a^1 p$, *fig.* 410, macle très fréquente qui paraît composée de trois individus s'appuyant sur un individu central par une face très voisine de l'inverse $a^{4/13}$ ($a^1 a^{4/13} = 132°17′$) inobservé et normale à une arête culminante de l'équiaxe b^1. Il en résulte que la base a^1 de chacun des cristaux groupés fait avec celle du cristal central un angle de 95° et que si leur équiaxe existait, chaque arête culminante du premier se trouverait sur le prolongement d'une des arêtes culminantes des trois autres. Les faces p et e^1 sont ternes et striées parallèlement à leur intersection avec la base. Clivage très facile suivant a^1. Se laissant couper assez facilement. Flexible ou élastique en lames minces. Opaque. Éclat métallique. Gris de plomb inclinant au blanc d'étain ou au gris d'acier. Laisse une trace grise sur le papier.

Dur. = 1,5 à 2. Dens. = 7,3 à 7,5.

Dans le tube ouvert, dégage de l'acide sulfureux et de l'acide tellureux, avec odeur de sélénium. Au chalumeau, mêmes caractères que la Bornine. Soluble dans l'acide azotique, avec dépôt de soufre.

$Bi^2 T^2 S$ ou $2 Bi^2 Te^3 + Bi^2 S^3$: Tellure 36,36 Bismuth 59,09 Soufre 4,55.

Analyses de la tétradymite : de Schubkau près Schemnitz, a, par Berzélius, b, par Wehrle, c, par Hruschauer; d, de la mine Washington, comté Davidson, e, de la mine Phœnix, comté Cabarrus, Caroline Nord (abstraction faite de 0,92 de sulfures de fer et de cuivre), toutes deux par Genth; f, de la mine Uncle Sam, Montana, par le même; g, de la mine Whitehall, comté Spotsylvania, Virginie, par Jackson (abstraction faite de 2,7 p. 100 d'impuretés) :

Tellure	36,05	34,6	35,8	33,84	36,89	34,90	36,02
Bismuth	58,30	60,0	59,2	61,35	58,67	60,49	60,43
Soufre	4,32	4,8	4,6	5,27	4,37	4,26	3,75
	98,67	99,4	99,6	100,46	99,93	99,65	100,20
Densité :	»	»	»	7,237	»	»	»

(1) D'après Glocker, le rhomboèdre e^1 serait plutôt $e^{4/5}$ avec $e^{4/5} e^{4/5} = 63°8′$.

Trouvée à Schubkau près Schemnitz et à Rezbánya en Hongrie; à Tellemark en Norwège (sélénifère); à Bastnäes près Riddarhyttan, Suède; aux mines d'or des comtés Davidson (masses lamellaires et écailles feuilletées, associées à de l'or, de la chalcopyrite, de l'épidote, etc.) et Cabarrus, Caroline Nord; à la mine Whitehall, comté Spotsylvania, Virginie, et à la mine Uncle Sam, Montana.

La pilsénite (Molybdänsilber de Werner, Wehrlite de Huot) de Deutsch-Pilsen en Hongrie, paraît très voisine de la tétradymite, par la plupart de ses caractères, sans lui être identique.

Masses feuilletées, facilement clivables suivant la base, à éclat métallique, d'un gris d'acier ou d'un blanc d'étain.

Dur. = 2,5. Dens. = 8,368 (Sipöcz).

Deux échantillons, l'un *a*, très pur, du Musée de Budapest, l'autre, *b*, de la Collection de Vienne, ont donné à M. Sipöcz :

a. Te 35,47 Bi 59,47 Ag 4,37 = 99,31.
b. Te 28,52 Bi 70,02 Ag 0,48 S 1,33 = 100,35.

Le nom de Bornine, donné autrefois au Tellurwismuth par Beudant, pourrait être appliqué à des masses cristallines rhomboédriques? très facilement clivables dans une direction, offrant une structure micacée. Flexible en lames minces. Opaque. Éclat métallique vif. Gris de plomb ou d'acier.

Dur. = 2. Dens. = 7,55 (Damour), à 7,87.

Dans le tube ouvert, donne un sublimé blanc d'acide tellureux. Au chalumeau, sur le charbon, fond et se volatilise en dégageant des fumées blanches qui colorent la flamme réductive en vert bleuâtre; dépose une auréole d'abord blanche, puis jaune orangé.

$Bi^2 Te^3$, Tellure 48 Bismuth 52, offrant quelquefois des traces de soufre ou de sélénium.

Analyses de la Bornine des mines d'or du comté Fluvanna (moyenne de trois opérations), *a*, par Genth; des lavages d'or de Dahlonega, Georgia, *b*, par Balch; des lavages d'or de Highland, Montana, *c*, par Genth :

	a	*b*	*c*
Tellure	48,35	48,50	48,71
Bismuth	52,80	51,51	51,29
	101,15	100,01	100,00
Densité :	»	7,642	»

Trouvée dans les mines ou les lavages d'or du comté Fluvanna, Virginie, de Dahlonega, Georgia, et de Highland, Montana.

JOSÉITE ; Damour.

Masses hexagonales? très facilement clivables suivant une direction, très tendres et légèrement flexibles. Opaque. Éclat semi-métallique. Couleur gris noirâtre ou gris d'acier, rappelant celle des cristaux d'oligiste.

Dur. = 1,5. Dens. = 7,90 à 7,93.

Au chalumeau, sur le charbon, fond facilement et brûle avec une flamme bleue, en dégageant l'odeur sulfureuse et d'abondantes vapeurs blanches qui recouvrent le charbon, après son refroidissement. La masse fondue reste entourée d'une auréole jaune serin. Dans le tube ouvert, produit une odeur sulfureuse et des fumées blanches qui, condensées sur les parois froides du tube, montrent à leur partie supérieure une faible auréole rouge brique de sélénium. Chauffée dans un matras, avec de l'acide sulfurique monohydraté, communique à la liqueur une couleur rouge vineux qui disparaît par l'ébullition.

Composition voisine de la formule $Bi^2(Te, S, Se)^3$.

Nouvelle analyse (1) du tellurure de San José, Brésil, par Damour :

Te 28,20 S et Se 3,00 Bi 68,60 = 99,80.

Les exploitations de quartz aurifère de Forquim, à San José près Mariana, province de Mineras Geraës, Brésil, où le minéral a été signalé autrefois par von Kobell, sont depuis longtemps abandonnées; c'est vers 1844 que Claussen en a rapporté en France de beaux échantillons.

M. Rammelsberg a trouvé, dans un minéral feuilleté du Cumberland, ressemblant à la joséite :

Te 6,73 S 6,43 Bi 84,33 (perte 2,5).

Les divers tellurures de bismuth offrent des teneurs très variables en tellure. Les deux métaux étant isomorphes, il est probable qu'ils forment par leur mélange des alliages en toutes proportions, mais de même forme cristalline, plutôt que des combinaisons définies. Le plomb et l'antimoine fournissent, comme on le sait, un exemple analogue.

HESSITE; Fröbel. Tellursilber; G. Rose. Savodinskite; Huot. Argent telluré. Untheilbares Tellur; Mohs.

Cubique. Formes observées par M. Krenner sur les gros cris-

(1) La nouvelle analyse exécutée par M. Damour en 1887 diffère notablement de celles qu'il avait publiées autrefois, par suite de la difficulté qu'on éprouve à séparer exactement le tellure du bismuth.

taux du mont Bote's en Transylvanie : p, a^2, a^1, $a^{1/2}$, b^3, b^2, b^1, ces cristaux offrant tantôt l'aspect de cubes modifiés, tantôt celui de baguettes plus ou moins allongées. Cassure unie. Opaque. Éclat métallique. Couleur entre le gris de plomb et le gris d'acier. Malléable.

Dur. = 2,5 à 3. Dens. = 8,31 à 8,79.

Au chalumeau, sur le charbon, se volatilise et laisse un globule d'argent, aigre. La matière, obtenue par fusion dans le matras, avec de la soude et du charbon, fournit avec l'eau une liqueur d'un rouge foncé. Soluble à chaud dans l'acide azotique; la solution dépose des cristaux de tellurite d'argent.

AgTe : Tellure 37,21 Argent 62,79 avec des quantités variables d'or ou de fer.

Analyses de la Hessite, de la mine Sawodinskoi, Altaï, *a* (moyen. de deux opérations), par G. Rose; de Nagyág, *b*, par Petz; *c*, en beaux cristaux du mont Bote's, par Loczka; *d* et *e*, de la mine Red Cloud, Colorado, par Genth :

	a	*b*	*c*	*d*	*e*
Tellure	36,93	37,76	37,77	37,86	37,60
Argent	62,37	61,55	61,52	59,91	59,68
Or	»	0,69	1,01	0,22	3,31
Fer	0,37	»	»	1,52	»
				Pb 0,45	
	99,67	100,00	100,30	99,96	100,59
Densité :	8,41 à 8,56	8,31 à 8,45	8,318	8,178	8,789

Signalée d'abord par G. Rose en masses à gros grains, dans un schiste talqueux de la mine Sawodinskoi, Altaï, la Hessite a été retrouvée en beaux cristaux à la mine Jacob et Anna, mont Bote's, entre Zalathna et Vöröspatak, Transylvanie; en masses grenues ou compactes à Nagyág, Transylvanie; à Resbánya, Hongrie; à la mine Stanislas, comté Calaveras, Californie; à la mine Red Cloud, Colorado; à la mine Kearsage, Utah, et à la mine Condoriaco, Chili; à la mine West Side, Tombstone, Comté Cochise, Arizona.

Elle a été reproduite artificiellement par M. Margottet, sous forme d'octaèdres réguliers.

La Petzite de Haidinger (Tellurgoldsilber de Hausmann) diffère de la Hessite en ce que l'or y remplace une grande partie de l'argent. Masses grenues ou amorphes, à cassure conchoïdale, d'un gris noir, entre la couleur de l'acier et celle du cuivre gris, jaunissant à l'air. Poussière noir de fer. Fragile.

Dur. = 2,5. Dens. = 8,7 à 9, suivant la proportion d'or.

Attaquable par l'acide azotique, avec résidu d'or. Composition un peu variable, mais rentrant dans la formule (Ag, Au) Te.

Analyses de la Petzite, *a*, de Nagyág, par Petz; *b*, de la mine Red Cloud, Colorado, par Genth; de la mine Stanislas, Californie, *c*, par Genth; *d*, par Küstel; de la mine Golden Rule, Californie, *e*, par Genth; en petits nodules à surface brun tombac, de Kara-Issar, Asie Mineure, *f*, par Friedel (abstraction faite de 13,8 p. 100 de galène et de blende mélangées) :

	a	*b*	*c*	*d*	*e*	*f*
Tellure	(34,98)	32,97	(32,23)	35,40?	32,68	32,18
Argent	46,76	40,80	42,15	40,60	41,37	43,15
Or	18,26	24,69	25,62	24,80	25,29	24,67
Plomb	»	1,49	»	»	»	»
	100,00	99,95	100,00	100,80	99,34	100,00
Densité :	8,72 à 8,83	9,01	»	9 à 9,4	»	»

Généralement associée à l'altaïte et à d'autres tellurures, en Transylvanie, à Nagyág; en Colorado, à la mine Red Cloud; en Californie, aux mines Stanislas, comté Calaveras, et Golden Rule, Comté Tuolumne; en Asie Mineure, à Kara-Issar (petits nodules dans la galène).

Tapalpite. On a désigné sous ce nom un minéral à grains fins, gris, à éclat métallique, se ternissant à l'air, se laissant couper, quoique assez fragile pour être pulvérisé, d'une dens. = 7,803. Au chalumeau, sur le charbon, il fond facilement, se volatilise et couvre le charbon d'une auréole blanche et jaune, en laissant un globule d'argent. La dissolution dans l'acide azotique, d'abord verte, devient incolore, avec résidu blanc. Paraît être un tellurure de bismuth et d'argent contenant :

a, d'après Rammelsberg; *b*, d'après Genth.

	Te	Bi	Ag	S	
a :	24,10	48,50	23,35	3,32	= 99,27
b :	21,67	24,99	46,09	7,25	= 100,00

De la Sierra de Tapalpa, État de Jalisco, Mexique.

SYLVANITE; Necker. Sylvane; Beudant. Tellure auro-argentifère; Haüy. Tellure graphique. Schrifterz; Esmark. Schrift-Tellur; Hausmann. Or graphique; de Born.

Prisme rhomboïdal oblique de 94°30′ (1).

(1) Mes *fig.* 406 et 407, pl. LXVII, avaient été dessinées en supposant, avec Miller, que le type cristallin était orthorhombique. En prenant leur base p (c Mil.) pour plan de symétrie, on a, dans la forme clinorhombique adoptée ici : g^1 (a Mil.) $= p$; (v Mil.) $= o^2$; g^3 (n Mil.) $= o^1$; $m = h^1$; h^1 (b Mil.) $= a^1$; (l Mil.) $= h^5$; $b^{1/2}$ (r Mil.) $= m$; b^1 (s Mil.) $= g^3$; (o Mil.) $= g^2$; (q Mil.) $= g^{5/3}$;

$b : h :: 1000 : 1321,453 \quad D = 663,821 \quad d = 747,891.$

Angle plan de la base = 83°18′.
Angle plan des faces latérales = 115°8′26″.

ANGLES CALCULÉS.	ANGLES MESURÉS.
mm 94°30′	»
*mh^1 137°15′	137°15′ à 30′ Sc. (1) 137°14′ K. (2) ; 39′ Ls. (3)
mg^1 132°45′	132°40′ Sc. 132°17′ à 56′ Ls.
h^5h^1 148°21′	148°0′ Sc. 148°54′30″ Ls.
h^3h^1 155°12′	»
h^2h^1 162°52′	»
$h^{5/3}h^1$ 166°59′	»
g^3h^1 118°24′30″	118°23′ à 30′ Sc. 118°25′ K.
g^3g^1 151°35′30″	151°28′ à 37′ Sc. 151°49′ moy. Ls.
g^2g^1 160°10′	»
$g^{5/3}g^1$ 161°52′	164°55′30″ Ls.
po^2 154°17′	»
o^2h^1 150°35′	»
*po^1 144°12′	144°7′ à 12′ Sc. 144°10′30″ Ls.
o^1h^1 160°40′	160°35′ Sc. ; 39′ K. 160°1′ à 47′ Ls.
*ph^1 ant. 124°52′	124°52′ moy. Sc. 124°39′ K.
pa^4 adj. 154°8′	»
pa^3 adj. 143°56′	143°58′ Sc.
a^3h^1 adj. 91°12′	91°10′ Sc.
pa^2 adj. 124°20′	»
a^2h^1 adj. 110°48′	110°52′ Sc.
pa^1 adj. 89°36′	89°35′ Ls. 89°36′ moy. Sc.
o^1a^1 sur p 126°12′	126°13′ Sc.

ANGLES CALCULÉS.	ANGLES MESURÉS.
a^1h^1 adj. 145°32′	145°29′30″ Ls. 145°30′ à 34′ Sc.
a^2a^1 145°16′	145°18′ Sc.
pe^5 161°55′	157°48′ ? Ls.
pe^2 140°46′	140°41′ Ls.
e^2g^1 129°14′	129°17′ moy. Ls.
pe^1 121°29′	121°23′ Ls.
e^1g^1 148°31′	148°35′ Sc. ; 39′ K. 148°21′ à 31′ Ls.
$pe^{1/2}$ 107°1′	»
pd^1 144°2′	144°1′ Ls.
$pd^{1/2}$ 132°38′	132°38′ Ls.
pm ant. 114°49′	114°45′ Sc. 114°25′ Ls.
$d^{1/2}m$ 162°11′	162°11′ Ls.
pb^2 adj. 143°51′	»
$pb^{7/4}$ adj. 138°45′	»
$pb^{3/2}$ adj. 132°21′	»
pb^1 adj. 114°23′	»
$pb^{3/4}$ adj. 102°39′	»
$pb^{1/2}$ adj. 89°44′	89°49′ Ls.
$pb^{1/4}$ adj. 76°51′	»
$b^{1/2}m$ 155°27′	155°13′ Ls.
$p0$ adj. 63°13′	»
$ph^{5/3}$ post. 56°9′	»
pN adj. 112°59′	»
$p\beta$ adj. 67°22′	»
ph^2 post. 56°53′	»

: $e^{1/2}$ = (f Mil.) = e^2 ; e^1 (e Mil.) = e^1 ; a^1 (d Mil.) = $b^{1/2}$; (l Mil.) = $d^{1/2}$; (k Mil.) = $(b^1 d^{1/3} g^1)$; $u = (d^{1/2} b^{1/4} g^1)$; (y Mil.) = $(b^1 b^{1/5} h^{1/2})$; (i Mil.) = $x = (d^1 b^{1/3} g^{1/2})$; (p Mil.) = $\mu = (d^{1/3} b^{1/5} g^{1/2})$; (w Mil.) = $w = (d^{1/7} b^{1/9} g^{1/2})$.

(1) Sc. Mesures de M. Schrauf.

(2) K. Mesures de M. de Kokscharow.

(3) Ls. Mesures de M. W. J. Lewis prises sur un petit cristal observé autrefois par Miller.

ANGLES CALCULÉS.	ANGLES MESURÉS.
*p*ε adj. 120°45'	»
$pa_{1/3}$ adj. 106°24'	»
*p*X adj. 89°39'	»
pa_3 adj. 72°57'	»
ph^3 post. 58°44'	»
*p*τ adj. 118°38'	118°44' Ls.
$pa_{1/5}$ adj. 109°54'	109°44' Ls.
*p*Y adj. 100°10'	101°54' Ls.
py adj. 79°16'30"	79°46' Ls.
ph^5 post. 60°53'	»
*p*ψ adj. 149°16'	»
*p*λ adj. 138°17'30"	»
px adj. 130°6'	130°7' Sc. 129°59' Ls.
pn adj. 125°5'	»
*p*δ adj. 119°21'	»
pg^3 ant. 105°47'	105°43' à 50' Sc.
*p*Γ adj. 152°55'	»
*p*χ adj. 149°11'	»
*p*Σ adj. 144°23'	144°33' à 38' Ls.
*p*ρ adj. 138°9'	»
ps adj. 129°55'	129°56' Sc.
*p*φ adj. 124°52'	»
*p*Δ adj. 119°7'	»
*p*σ adj. 105°29'	105°25' à 31' Sc. 105°55' env. Ls.
pk adj. 89°50'	»
pg^3 post. 74°13'	»
sg^3 adj. 124°18'	»
pu adj. 111°28'	»
pg^2 ant. 101°11'	»
*p*ϑ adj. 111°17'	»
*p*ω adj. 100°58'	»
pg^2 post. 78°49'	»
*p*μ adj. 114°13'	»
$pg^{5/3}$ ant. 98°35'	»
*p*π adj. 114°4'	»

ANGLES CALCULÉS.	ANGLES MESURÉS.
pq adj. 98°25'	»
$pg^{5/3}$ post. 81°25'	»
pw adj. 102°54'	»
*p*α adj. 102°49'	»
pz 117°28'	»
$d^{1/2}h^1$ ant. 141°59'	»
$xd^{1/2}$ adj. 166°32'	166°30' à 32' Ls.
xh^1 ant. 128°31'	128°30' à 34' Sc. 128°31' K.
e^1h^1 ant. 107°22'	107°23' à 30' Sc. 107°12' K.
$0h^1$ post. 164°17'	»
βh^1 adj. 158°52'	»
a_3h^1 adj. 148°19'	»
yh^1 adj. 138°40'30"	138°41' à 53' Ls.
$b^{1/2}h^1$ adj. 123°11'	123°13' à 21' Ls.
σh^1 post. 99°41'	99°38' Sc. 99°38' à 44' Ls.
ϑh^1 post. 89°28'	»
πh^1 post. 85°57'	86° à 86°15' Sc.
zh^1 post. 80°6'	»
$e^1\sigma$ adj. 152°57'	152°58'30" Ls.
e^1h^1 post. 72°38'	72°41' Sc.
g^1u 153°10'	»
$g^1\delta$ 142°49'	»
$g^1d^{1/2}$ 123°23'	»
g^1o^1 90°	»
g^1n 138°25'	»
g^1w 165°39'30"	»
$g^1\mu$ 152°55'	»
g^1x 134°21'	134°22'30" Sc. 134°19' K.
xx 91°18' sur o^2	91°18' Sc.
g^1d^1 116°3'	»
g^1o^2 90°	»

ANGLES CALCULÉS.	ANGLES CALCULÉS.	ANGLES CALCULÉS.
$g^1 \lambda$ 127°27′	$g^1 q$ 164°58′	$g^1 \mathrm{Y}$ 126°14′
$g^1 \psi$ 117°51′	$g^1 \omega$ 160°17′	
$g^1 \Gamma$ 114°35′	$g^1 \sigma$ 151°45′	$g^1 k$ 156°4′
	151°40′ à 46′ obs. Sc.	$g^1 b^{1/2}$ 138°24′
$g^1 z$ 151°40′30″	$\sigma\sigma$ 56°30′ sur a^2	138°44′ obs. Ls.
$g^1 \chi$ 117°56′	56°33′ à 34′ obs. Sc.	$g^1 \mathrm{X}$ 119°24′
	$g^1 b^1$ 132°56′	$g^1 a^1$ 90°
$g^1 \Sigma$ 122°9′	$g^1 \tau$ 121°49′	$b^{1/2} a^1$ 131°36′
$g^1 \rho$ 127°35′	$g^1 \varepsilon$ 114°57′	131°49′ obs. Ls.
	$g^1 a^2$ 90°	
$g^1 \alpha$ 165°44′	σb^1 161°11′	$g^1 y$ 126°10′
$g^1 \pi$ 153°3′	σa^2 118°15′	
$g^1 s$ 134°31′	118°15′ à 17′ obs. Sc.	$g^1 b^{1/4}$ 136°45′
$g^1 b^2$ 116°11′	$b^1 a^2$ 137°4′	$g^1 a_3$ 117°59′
$g^1 a^4$ 90°	137°5′ à 6′ obs. Sc.	
		$g^1 \beta$ 108°56′
$g^1 \varphi$ 138°35′	$g^1 a_{1/5}$ 124°23′	$g^1 \theta$ 104°0′
$g^1 b^{7/4}$ 119°33′	$g^1 \mathrm{N}$ 108°53′	xm adj. 158°21′
		158°44′ obs. Kok.
$g^1 \varkappa$ 153°19′	$g^1 b^{3/4}$ 136°52′	xo^1 adj. 134°38′
$g^1 \Delta$ 142°59′30″	$g^1 a_{1/3}$ 118°5′	134°41′ abs. Kok.
$g^1 b^{3/2}$ 123°33′		
$g^1 a^3$ 90°		

Dans les macles parallèles à h^1 :

p ıl 110°16′ sort. — e^1 $_1ɘ$ 145°16′
o^1 $_1o$ 38°40′ sort. — σ ɒ 160°38′
a^2 $_2ɒ$ 138°24′ rentr.

$\theta\,(y4) = (b^{1/3}\, b^{1/5}\, h^1)$ [1]	$\lambda\,(i2) = (d^1\, b^{1/3}\, g^{1/3})$	$k = (b^1\, d^{1/3}\, g^1)$
$\mathrm{N}\,(\mathrm{Y}3) = (b^{1/2}\, b^{1/4}\, h^{1/5})$	$x\,(i) = (d^1\, b^{1/3}\, g^{1/2})$	$u = (d^{1/2}\, b^{1/4}\, g^1)$
$\beta\,(y3) = (b^{1/2}\, b^{1/4}\, h^1)$	$n\,(\mathrm{F}) = (d^{1/2}\, b^{1/6}\, g^{1/3})$	$\varkappa = (b^{1/2}\, d^{1/4}\, g^{1/3})$
$\varepsilon\,(\tau 2) = (b^1\, b^{1/3}\, h^{1/4})$	$\delta\,(\mathrm{D}) = (d^1\, b^{1/3}\, g^1)$	$\omega = (b^1\, d^{1/2}\, g^1)$
$a_{1/3}\,(\mathrm{Y}2)\ (b^1\, b^{1/3}\, h^{1/3})$	$\Gamma = (b^1\, d^{1/3}\, g^{1/8})$	$\mu\,(p) = (d^{1/3}\, b^{1/5}\, g^{1/2})$
$\mathrm{X} = (b^1\, b^{1/3}\, h^{1/2})$	$\chi = (b^1\, d^{1/3}\, g^{1/7})$	$\pi = (b^{1/3}\, d^{1/5}\, g^{1/4})$
$a_3\,(y2) = (b^1\, b^{1/3}\, h^1)$	$\Sigma\,(15) = (b^1\, d^{1/3}\, g^{1/6})$	$q\,(\mathrm{Q}) = (b^{1/3}\, d^{1/5}\, g^{1/2})$
$\tau = (b^1\, b^{1/5}\, h^{1/6})$	$\rho\,(12) = (b^1\, d^{1/3}\, g^{1/5})$	$w = (d^{1/7}\, b^{1/9}\, g^{1/2})$
$a_{1/5}\,(\xi) = (b^1\, b^{1/5}\, h^{1/5})$	$s\,(\mathrm{I}) = (b^1\, d^{1/3}\, g^{1/4})$	$\alpha\,(\Omega) = (b^{1/7}\, d^{1/9}\, g^{1/4})$
$\mathrm{Y} = (b^1\, b^{1/6}\, h^{1/4})$	$\varphi\,(\Phi) = (b^{1/2}\, d^{1/6}\, g^{1/7})$	$z\,(\zeta) = (b^{1/6}\, d^{1/8}\, g^{1/7})$
$y = (b^1\, b^{1/6}\, h^{1/2})$	$\Delta = (b^1\, d^{1/3}\, g^{1/3})$	
$\psi\,(h) = (d^1\, b^{1/3}\, g^{1/5})$	$\sigma = (b^1\, d^{1/3}\, g^{1/2})$	

[1] Les lettres placées entre parenthèses sont celles que M. Schrauf a employées dans son Mémoire de 1878 *Ueber die Tellurerze Siebenburgens*.

Afin de conserver la face h^1 pour plan principal d'hémitropie, comme l'indique la fig. 102 de Dana (5ᵉ édition de 1868) et la fig. 3 de Zirkel-Naumann (p. 423,

Principales combinaisons observées par M. Schrauf : $h^1 m g^3 g^1 p o^1 a^3 a^2 a^1 d^1 d^{1/2} b^{1/2} b^{1/4} x k$; $h^1 m g^3 g^1 p o^1 a^3 a^1 e^1 d^{1/2} x \sigma y$; $h^1 h^5 m g^3 g^1 p o^1 a^3 a^1 \Gamma \Sigma \Delta$; $g^3 g^1 p a^2 b^1 x \chi \Delta \sigma$; $h^1 h^3 m g^1 p o^1 a^2 a^1 b^1 x \sigma y X$; $h^1 g^1 p o^1 a^3 a^2 a^1 e^2 e^1 d^{1/2} b^1 x \delta \sigma a_{1/6} Y \chi \varphi$; $h^1 h^2 h^5 m g^3 g^1 p a^2 a^1 e^5 e^2 e^1 e^{1/2} d^{1/2} b^{1/2} x \sigma k \theta \beta a_3$; $h^1 h^5 m g^3 g^1 p o^1 a^2 a^1 e^2 e^1 b^{1/2} \Delta \sigma k$; cette dernière combinaison constitue un cristal aplati suivant g^1, où dominent h^1, g^1, p, a^2, a^1, σ et qui se rapproche de ma *fig.* 407, pl. LXVII. Il offre nettement la symétrie presque rhombique que font ressortir la projection sphérique ci-jointe et le tableau des incidences où la plupart des formes font, avec p ou avec a^1, en avant et en arrière, des angles très voisins les uns des autres (1).

Les formes qui, le plus généralement, offrent un maximum de développement, sont : g^1, p, h^1, a^2, a^1, σ ; les autres leur sont plus ou moins subordonnées et ordinairement étroites. Les cristaux ont souvent leurs faces creuses et rappellent les squelettes que l'on obtient par fusion.

Macles par hémitropie autour d'un axe normal à h^1. Quelquefois un cristal épais, d'apparence simple, est pénétré par des lames h^1 très minces et hémitropes. Dans le tellure graphique (Schrifterz) le plus répandu, on rencontre des macles par juxtaposition, sous forme de zigzags répétés qui se composent d'individus laminaires parallèlement à g^1, allongés suivant p, et se croisant sous des angles d'environ 111° ($p\,l = 110°16'$ calc.), de 124°52′ ($p_1 y = 124°52'$ calc.), rarement de 90° ; dans ces dernières, c'est σ qui domine.

Clivage facile suivant g^1.

Cassure inégale. Opaque. Éclat métallique prononcé. Blanc d'argent ou gris d'acier, tirant quelquefois sur le jaune. Sectile. Dur. = 1,5 à 2. Dens. = 7,99 à 8,28.

Au chalumeau, dans le matras, dégage un sublimé d'acide tellureux fusible en gouttelettes claires. Sur le charbon, colore la flamme en bleu verdâtre et fond en un globule gris foncé qui, avec un peu de soude, se réduit en grains d'or argentifère. Soluble dans l'eau régale, avec séparation de chlorure d'argent.

Composition un peu variable, pouvant s'exprimer par l'une des

---

12e édition de 1885), j'ai retourné les figures de M. Schrauf, de manière à ce que ses formes dominantes deviennent : B (010) $= g^1$; s (121) $= g^3$; t (323) $= h^5$; r (111) $= m$; m (101) $= h^1$; a (100) $= p$; n (201) $= o^1$; M ($\bar{1}01$) $= a^2$; C (001) $= a^1$; f (210) $= e^2$; c (110) $= e^1$; σ ($\bar{1}21$) $= (b^1 d^{1/3} g^{1/2})$; l (211) $= d^{1/2}$; d (011) $= b^{1/2}$, etc.

(1) Cette particularité est connue dans plusieurs minéraux clinorhombiques et notamment dans la Wöhlérite.

Les formes de la sylvanite presque exactement symétriques par rapport à p et à a^1, sont : ψ, χ ; d^1, b^2 ; λ, ρ ; $d^{1/2}$, $b^{3/2}$; h^3, ε ; x, s ; h^5, τ ; n, φ ; δ, Δ ; m, b^1 ; μ, π ; u, ϑ ; g^3, σ ; g^2, ω ; $g^{5/3}$, q ; celles dont la symétrie a seulement lieu autour de a^1 sont : N, β ; $a_{1/3}$, a_3 ; Y, y ; $b^{3/4}$, $b^{1/4}$.

formules :

$6\,Au\,Te^2 + 5\,Ag\,Te^2$: Te 62,14 Au 25,95 Ag 11,91

ou

$4\,Au\,Te^2 + 3\,Ag\,Te^2$: Te 61,80 Au 27,03 Ag 11,17.

Analyses : de cristaux blanc d'argent, tabulaires et prismatiques d'Offenbánya, *a*, par Sipöcz; du tellure graphique (Schrifterz) ; *b*, en fines aiguilles ; *c*, en cristaux indistincts, d'Offenbánya, par Petz; *d*, de la mine Red Cloud, Colorado, par Genth :

	a	*b*	c	*d*
Tellure	62,15	(59,97)	(58,81)	56,31
Or	25,87	26,97	26,47	24,83
Argent	11,90	11,47	11,31	13,05
Antimoine	»	0,58	0,66	S 1,82
Plomb	»	0,25	2,75	»
Cuivre	0,40	0,76	»	Cu, Zn 0,86
Fer	0,40	»	»	3,28
	100,72	100,00	100,00	100,15
Densité :	8,073	8,28		7,943

Les cristaux les plus nets de sylvanite occupent généralement les vides existant entre les lames entre-croisées du tellure graphique qui tapisse, avec or natif et quartz, des filons étroits dans un porphyre plus ou moins altéré, à Offenbánya et à Nagyág en Transylvanie. On la rencontre aussi, en masses grenues, en Californie, aux mines Stanislas et Melones, comté Calaveras et en Colorado, aux mines Red Cloud, Grand View et Smuggler.

La calavérite de Genth paraît devoir être rattachée à la Krennérite. Petits cristaux imparfaits ou masses grenues, à cassure inégale. Couleur jaune de bronze. Poussière gris jaunâtre. Fragile.

Dur. = 2,5. Dens. = 9,04.

Au chalumeau, sur le charbon, brûle avec une flamme vert bleuâtre et laisse des globules d'or. Soluble dans l'eau régale, avec séparation de chlorure d'argent.

$7\,Au\,Te^2 + Ag\,Te^2$, d'après M. Genth qui a obtenu, *a*, pour les masses de la mine Stanislas, *b*, pour les petits cristaux imparfaits de la mine Keystone (déduction faite de 4,96 p. 100 de quartz et de 0,90 d'impuretés) :

	TELLURE	OR	ARGENT	
a.	55,89	40,70	3,52	= 100,11
b.	57,32	38,75	3,03	= 99,10

Souvent associée à la Petzite et engagée dans le quartz, aux mines Stanislas et Red Cloud, comté Calaveras, Californie, et aux mines Keystone et Mountain-Lion, Colorado.

KRENNÉRITE; vom Rath. Bunsénine; Krenner.

Prisme rhomboïdal droit de 93°30'.

$b : h :: 1000 : 367{,}486 \quad D = 728{,}371 \quad d = 685{,}183.$

ANGLES CALCULÉS.

$*mm$ 93°30'
93°30' obs. v. Rath
mh^5 168°51'
mh^1 136°45'
136°50' obs. Krenner
136°35' obs. Miers
mg^3 161°14'30"
mg^1 133°15'

pa^2 164°59'
a^2h^1 105°1'
pa^1 151°48'
151°41' obs. Miers
a^1h^1 118°12'
117°30' à 118° obs. v R.
$pa^{1/2}$ 132°59'30"
133°8' obs. Miers
$a^{1/2}h^1$ 137°0'30"
137°13' obs. Schrauf
$pa^{1/3}$ 121°52'
$a^{1/3}h^1$ 148°8'
148°30' obs. Schrauf

pe^1 153°14'
153°10' obs. Miers
e^1g^1 116°46'
$pe^{1/2}$ 134°44'30"
134°40' obs. Miers
$pe^{1/3}$ 123°23'30"

ANGLES CALCULÉS.

123°25' obs. Miers
$pe^{1/4}$ 116°22'
116°12' obs. Miers

$pb^{1/2}$ 143°38'
143°33'30" obs. Miers
$p\eta$ 136°29'
pu 150°15'30"
149°55' obs. Krenner
150°13' obs. Miers
pe_3 131°11'
130°56' obs. Miers
pv 120°16'
120°8' obs. Miers
pw 164°3'
164°2' obs. Miers

$h^1\eta$ 125°41'
125°30' obs. v. Rath
49' obs. Miers
$h^1b^{1/2}$ 115°35'
115°30' à 45' obs. v. R.
39' obs. Miers
h^1u 103°28'
103°30' obs. v. Rath
33' obs. Miers
h^1e^1 90°
ηu 157°47'
157° à 158° obs. v. Rath
$b^{1/2}u$ 167°53'

ANGLES CALCULÉS.

167° à 168° obs. v. Rath
e^1u 166°32'
166°30' obs. v. Rath
166°27' obs. M.; 19' Kr.

g^1u 115°59'
g^1a^2 90°
uu 128°2' sur a^2
127°40' obs. Krenner

$g^1b^{1/2}$ 113°58'
g^1a^1 90°

$g^1\eta$ 111°28'

ma^1 adj. 110°8'
me^1 opp. 72°1'30"
$*e^1m$ adj. 107°58'30"
107°58'30" obs. v. Rath
108°7' obs. Krenner
a^1e^1 141°53'30"

$ma^{1/2}$ 122°11'30"
122°20' à 25' obs. Schr.
$m\eta$ 132°30'
mu 118°1'
118°14' obs. Krenner

$\eta = (b^1 b^{1/5} h^{1/2}) \qquad u = (b^1 b^{1/3} g^{1/2})$

Formes et combinaisons observées par vom Rath : $h^1 h^5 m g^3 g^1 p a^1 e^1 b^{1/2} u$; $h^1 h^5 m g^3 g^1 p a^2 a^1 e^1 b^{1/2} u \eta$. M. Schrauf a cité en outre $a^{1/2}$ et $a^{1/3}$.

Miers cite $e^{1/2}$, $e^{1/3}$, $e^{1/4}$, e_3, $v=(b^{1/3}b^{1/9}g^{1/2})$, $w=(b^1 b^{1/3} g^{1/4})$ dans la zone pu.

Les faces correspondantes sont souvent inégalement développées, ce qui donne aux cristaux une apparence clinorhombique. m, h^1, g^3 sont striées verticalement ; η, $b^{1/2}$, $\varkappa$, e^1 le sont parallèlement à leur intersection. Clivage très facile suivant la base. Opaque. Éclat métallique. Blanc d'argent ou jaune pâle. Cassante.

Au chalumeau, décrépite violemment.

Analyses, *a*, par Scharitzer (abstraction faite de 14 p. 100 de sulfure d'antimoine) ; *b*, par Sipöcz :

	Te	Au	Ag	Sb	Fe	Cu		
a.	45,58	34,97	19,45	»	»	»	= 100,00	Dens. 5,598?
b.	58,60	34,77	5,87	0,65	0,59	0,34	= 100,82	Dens. 8,353

L'analyse de M. Sipöcz conduit à la formule $10\,Au\,Te^2 + 3\,Ag\,Te^2$ et ses nombres sont très voisins de ceux qu'a fournis la *calavérite*.

Trouvée en très petits cristaux, dans le quartz, à Nagyág en Transylvanie.

L'ancienne *Müllérine* de Beudant (tellure auroplumbifère de Haüy, Weisstellur de Werner, Gelberz de Karsten, Weisserz *de Nagyág*) offrirait, d'après MM. Krenner et Schrauf, les angles $mh^1 = 136°48'$, $me^1 = 107°57'$ de la Krennérite, à laquelle on devrait la réunir (1). Petz en a fait plusieurs analyses qui lui ont fourni : *c*, cristal allongé, blanc d'étain ; *d*, cristal épais, gris clair ; *e*, cristal court, à reflets jaunâtres ; *f* et *g*, masses amorphes, d'un jaune clair.

	Te	Au	Ag	Pb	Sb		
c.	55,39	24,89	14,68	2,54	2,50 = 100		Dens. = 8,27
d.	48,40	28,98	10,69	3,51	8,42 = 100		Dens. = 7,99
e.	51,52	27,10	7,47	8,16	5,75 = 100		Dens. = 8,33
f.	44,54	25,31	10,40	11,21	8,54 = 100		
g.	49,96	29,62	2,78	13,82	3,82 = 100		

STÜTZITE ; Schrauf. Tellursilberblende ; Stütz.

Prisme rhomboïdal droit très voisin de 120° (2).

(1) Phillips avait publié autrefois une figure du *tellure jaune* et des mesures de Brooke qui semblaient prouver que les formes de ce minéral dérivaient d'un prisme rhomboïdal droit de 105°30' ; mais Miller (*An Elementary Introduction to Mineralogy*, p. 637), en examinant des cristaux provenant de l'échantillon même de Phillips, a fait voir qu'ils appartenaient très probablement à la *Bournonite* dont ils offrent la combinaison $mh^3 g^1 p a^1 b^1 b^{1/2}$. Deux ou trois de leurs incidences sont d'ailleurs très voisines de celles de la Krennérite.

(2) M. Schrauf regarde le minéral comme appartenant au système clinorhombique avec forme limite, ou au système hexagonal. En lui attribuant le système rhombique, il est isomorphe du discrase et de la chalcosine.

$b : h :: 1000 : 627,455 \quad D = 866,171 \quad d = 499,748.$

ANGLES CALCULÉS.	ANGLES MESURÉS. SCHRAUF.
mm 120°2′	120°1′30″
mh^2 160°54′	160°55′
*mh^1 150°1′	150°1′
h^2h^1 169°7′	169° à 169°5′
mg^4 166°6′	166°12′
mg^1 119°59′	120°5′
g^2g^1 149°59′	150°5′ à 7′
g^4g^1 133°53′	133°53′
$g^{4/3}g^1$ 166°6′	166°14′
pa^3 157°17′	»
pa^2 147°53′	147°52′
pa^1 128°32′	128°30′
$pa^{1/2}$ 111°43′	»
ph^1 90°	89°57′
pe^2 160°5′	»
pe^1 144°5′	144°30′
$pe^{1/2}$ 124°37′	124°3′; 30′
$e^{1/2}g^1$ 145°23′	145°22′
$pe^{1/3}$ 114°43′	114°4′; 115°11′
$g^1e^{1/3}$ 155°17′	155°21′
pb^2 160°5′	»
*pb^1 144°4′	144°4′
$pb^{1/2}$ 124°36′	124°37′
$b^1b^{1/2}$ 160°32′	160°31′
$pb^{1/3}$ 114°42′	114°19′; 33′
$b^1b^{1/3}$ 150°38′	150°25′
$b^{1/2}b^{1/3}$ 120°42′ s^r m	120°50′
pm 90°	90° env.

ANGLES CALCULÉS.	ANGLES MESURÉS. SCHRAUF.
$p\mu$ 157°18′	»
$pe_{1/2}$ 147°54′	147°57′
pe_2 128°33′	128°12′; 42′; 50′
$e_{1/2}e_2$ 160°39′	160°45′
px 111°43′	111°16′; 29′; 57′
$e_{1/2}x$ 143°49′	144°0′
e_2x 163°10′	163°15′
pg^2 90°	»
e_2g^2 141°27′	141°24′
xg^2 158°17′	158°16′
e_2e_2 102°54′ sur g^2	102°57′
e_2x 119°44′ sur g^2	119°44′; 54′
xx 136°34′ sur g^2	136°35′
$p\eta$ 117°23′	117°10′
$p\Omega$ 110°57′	110°45′
g^1e_2 132°37′	132°47′
e_2a^2 137°23′	137°32′
b^1a^2 167°57′	»
$g^1\eta$ 146°54′	146°50′
$g^1\Omega$ 155°2′	155°30′
$e^{1/3}\eta$ 162°37′ adj.	162°30′
$e^{1/3}\Omega$ 166°39′ adj.	166°30′
$a^2b^{1/2}$ 149°19′	149°25′
$g^2\eta$ 150°32′ adj.	150° env.
$g^2\Omega$ 153°48′ adj.	154°30′
$x\eta$ 168°31′ adj.	168° env.

$\mu = (b^1b^{1/2}g^{1/3})$ $\quad e_2 = (b^1b^{1/2}g^1)$ $\quad \eta = (b^{1/2}b^{1/3}g^1)$

$e_{1/2} = (b^1b^{1/2}g^{1/2})$ $\quad x = (b^{1/2}b^{1/4}g^1)$ $\quad \Omega = (b^{1/3}b^{1/4}g^1)$

Combinaison de formes observées : $h^1\, h^2\, m\, g^4\, g^2\, g^{4/3}\, g^1\, p\, a^3\, a^2\, a^1\, a^{1/2}\, e^2\, e^1\, e^{1/2}\, e^{1/3}\, b^2\, b^1\, b^{1/2}\, b^{1/3}\, \mu\, e_{1/2}\, e_2\, x\, \eta\, \Omega$. Les faces prismatiques m et g^1 portent des stries fines parallèles à leur intersection avec la base. Les formes p, a^3, a^2, a^1, $a^{1/2}$, e^1, $e^{1/2}$, $e^{1/3}$ sont généralement les plus développées. Par leur aspect général, les cristaux se rapprochent à la fois de l'apatite et de la Jordanite.

Cassure inégale. Opaque. Éclat métallique, adamantin sur quelques faces. Couleur gris de plomb, inclinant au rougeâtre. Poussière gris noirâtre.

Au chalumeau, facilement fusible en une boule noire, d'où l'on extrait un grain d'argent, avec ou sans soude.

Composition incertaine, paraissant se rapporter, comme celle de la chalcosine et du discrase, à Ag^2Te, exigeant 77,08 d'argent (des essais au chalumeau ont fourni de 72 à 77 p. 100 d'argent).

Le seul échantillon connu existe dans la collection de l'Université de Vienne; il vient probablement de Nagyág, Transylvanie, et les cristaux sont implantés sur du quartz, avec or et Hessite. C'est probablement le même minéral qui a été décrit par Stütz en 1803.

COLORADOÏTE; Genth.

Masses grenues, quelquefois imparfaitement prismatiques, à cassure inégale, à éclat métallique, d'une couleur entre le noir de fer et le gris. Dur. = 3. Dens. = 8,627.

Dans le tube ouvert, décrépite légèrement, dégage du mercure et des gouttelettes d'acide tellureux et laisse un résidu de tellure.

Soluble dans l'acide azotique.

$HgTe$; Tellure 39,03 Mercure 60,97.

Analyse par Genth de la variété de Keystone (abstraction faite de 28 p. 100 d'or et de quartz) :

Tellure 43,81 Mercure 56,33 = 100,14.

Trouvée en très petites quantités aux mines Keystone, Mountain-Lion et Smuggler, Colorado.

TELLURINE; Tellurit; Nicol. Tellurocker.

Prisme rhomboïdal droit de 130°55′.

$b : h :: 1000 : 426,825 \quad D = 909,720 \quad d = 415,222.$

ANGLES CALCULÉS.	ANGLES MESURÉS.	ANGLES CALCULÉS.	ANGLES MESURÉS.
mm 130°56′	130°38′ K. 130°30′ B. (1)	$g^3g^{5/3}$ 161°6′30″	160°59′ K.
mg^1 114°32′	»		
g^3g^1 132°23′30″	»	*$b^{1/2}b^{1/2}$ 83°1′ sur p	83°1′ B.
$g^{5/3}g^1$ 151°17′	»	$b^{1/2}b^{1/2}$ 94°7′ côté	94°56′ K.
$g^{19/13}g^1$ 157°40′	»		
$g^{6/5}g^1$ 168°44′	169°3′ B.	*$g^1b^{1/2}$ 108°7′	108°7′ B.
g^3g^3 av. 95°13′	94°54′ K.	$b^{1/2}b^{1/2}$ 143°46′ avt	143°7′ B.

Formes observées : par M. Krenner sur d'anciens cristaux,

(1) K. mesures de M. Krenner sur d'anciens cristaux; B. mesures de M. Brezina sur de nouveaux cristaux trouvés en 1883 à Facebay.

m, g^3, $g^{5/3}$, g^1, $b^{1/2}$; par M. Brezina sur de nouveaux cristaux (1883) de Facebay, g^3, $g^{5/3}$, $g^{19/13}$, $g^{37/31}$? $b^{1/2}$, $\pi? = (b^{1/41} b^{1/43} g^1)$ dans la zone $g^1 b^{1/2}$, avec formes dominantes $g^{19/13}$ et g^1. Cristaux tabulaires suivant g^1 et souvent striés verticalement.

Clivage très facile suivant g^1. Transparente. Axes optiques très écartés, dans un plan parallèle à h^1, autour d'une bissectrice négative, probablement l'*obtuse*, normale à g^1.

Flexible. Éclat vitreux passant à l'adamantin. Couleur jaune paille ou jaune de miel. Dur. = 2. Dens. = 5,90.

Dans le tube ouvert, fond en gouttelettes brunes; sur le charbon, donne les caractères de l'acide tellureux.

$\ddot{\mathrm{Te}}$; Tellure 80 Oxygène 20.

Les cristaux, très rares, ont été observés sur du tellure natif, à Facebay en Transylvanie; ils sont généralement groupés en petites sphères à structure fibreuse. D'après M. Genth, des pyramides rhombiques aiguës ou des prismes allongés, accolés en faisceaux divergents, forment des incrustations sur le tellure, aux mines de Keystone, Smuggler et John Jay, comté Boulder, Colorado.

MONTANITE; Genth.

Masses terreuses, à éclat cireux, d'une couleur blanc jaunâtre, provenant de l'oxydation du tellurure de bismuth sur lequel elles forment des enduits (1).

Dans le matras, dégage de l'eau et, au chalumeau, donne les réactions du tellure et du bismuth. Soluble dans l'acide chlorhydrique avec dégagement de chlore.

Paraît être un tellurate de bismuth $\dddot{\mathrm{Bi}}^2 \dddot{\mathrm{Te}} + 2\dot{\mathrm{H}}$: Acide tellurique 26,04 Oxyde de bismuth 68,64 Eau 5,32.

Analyses par Genth, *a*, de la variété de Montana; *b* et *c*, de la variété de la Caroline Nord.

	a	*b*	*c*
Acide tellurique	26,83	25,45	23,90
Oxyde de bismuth	66,78	68,78	71,90
Oxyde de fer	0,56	1,26	0,32
Oxyde de plomb	0,39	Cu 1,04	1,08
Eau	(5,44)	(3,47)	(2,80)
	100,00	100,00	100,00

Observée sur la tétradymite de Highland, Montana, et du comté Davidson, Caroline du Nord.

---

(1) De petites masses à cassure conchoïdale, à éclat vitreux, d'un vert pomme, formées aux dépens de la Joséite de Forquim, Brésil (M. Gorceix), longtemps exposée à l'humidité de l'air, font effervescence avec l'acide azotique; elles semblent appartenir à la *montanite*.

Emmonsite. M. Hillebrand a décrit sous ce nom, en 1885, des écailles cristallines, probablement clinorhombiques (W. Cross), facilement clivables suivant le plan de symétrie, plus difficilement suivant deux autres directions à peu près rectangulaires entre elles, translucides, fortement biréfringentes, d'un vert jaunâtre, qu'il regarde comme un tellurite *d'oxyde ferrique hydraté*, contenant un peu de sélénium.

Le mélange intime de la substance avec du plomb carbonaté, du quartz, du gypse et de la calamine et sa grande rareté ont empêché jusqu'ici d'en obtenir une analyse exacte. Elle provient des environs de Tombstone, territoire de l'Arizona.

La Durdénite de Ed. Dana et L. Wells se présente en petites masses mamelonnées, sans action sensible sur la lumière polarisée. Friable. Translucide ou opaque. Éclat vitreux. Couleur jaune verdâtre. Dur. = 2 à 2,5.

Dans le tube ouvert, réaction du tellure. Sur le charbon, fusible avec résidu magnétique. Soluble dans l'acide chlorhydrique.

Tellurite d'oxyde ferrique hydraté, $\dddot{Fe}\ddot{Te}^3 + 4\dot{H}$: Bioxyde de tellure 67,1 Oxyde ferrique 22,7 Eau 10,2; une petite portion du tellure étant remplacée par du sélénium.

Une analyse de Wells a fourni, défalcation faite de 23,39 p. 100 de quartz mélangé :

$\ddot{Te}$	$\ddot{Se}$	$\dddot{Fe}$	$\dot{H}$
64,41	2,28	22,97	10,34 = 100.

Forme des grains et de petites veines disséminés dans un conglomérat quartzeux contenant du tellure presque pur, à la mine El Plomo, district Ojojoma, département de Tegucigalpa, Honduras.

M. Genth a nommé magnolite des touffes radiées de très petits cristaux aciculaires, d'un éclat soyeux et d'une couleur blanche. Noircit au contact de l'ammoniaque.

Paraît être un tellurate de mercure $\dot{H}g^2\dddot{Te}$, produit par la décomposition de la *coloradoïte*, à la partie supérieure de la mine Keystone, district Magnolia, Colorado.

ANTIMONIDES

ANTIMOINE. Antimoine natif; Haüy. Native Antimony; Phillips. Antimon; Haidinger. Gediget Spitsglas; Cronstedt.

Rhomboèdre aigu de 87°6'50" (Laspeyres) (1).

Angle plan au sommet = 86°57'38",6.

ANGLES CALCULÉS.	ANGLES CALCULÉS.	ANGLES CALCULÉS.
$d^1 d^1$ 120°	$a^2 a^2$ 143°59' arête culm.	$b^1 b^1$ 116°33' ar. culmin.
		$b^1 a^2$ 148°16'30"
$a^1 a^2$ 159°5'	pp 87°6'50" ar. culm.	
$a^1 p$ 123°12'	$p b^1$ 133°33'25"	$e^1 e^1$ 69°12' ar. culmin.
$a^1 b^1$ 142°37'	$p d^1$ 136°26'35"	$p e^1$ adj. 124°36'
$a^1 e^1$ 108°7'		

Combinaisons de formes observées : $a^1 a^2 p$, *fig* 411, pl. LXVIII; d^1 (cliv.) $a^1 p b^1$ (cliv.) e^1 (cliv.), *fig*. 412 (2). Les faces a^2 sont striées parallèlement à leur intersection avec p. Macle par hémitropie autour d'une face b^1. Clivages : parfait suivant a^1; net suivant b^1; moins distinct suivant e^1, traces suivant d^1. Les clivages a^1 et b^1 portent des stries parallèles à leur intersection mutuelle. Opaque. Éclat métallique. Blanc d'étain. Cassant.

Dur. = 3 à 3,5. Dens. = 6,6 à 6,7.

Au chalumeau, dans le tube ouvert, donne un sublimé blanc *non cristallin*. Sur le charbon, se volatilise et dépose une auréole blanche d'acide antimonieux. Attaquable par l'acide azotique, avec dépôt d'acide antimonieux. L'eau trouble la dissolution par l'eau régale.

Antimoine Sb (équivalent 120), avec de petites quantités d'argent ou de fer.

Analyse de l'antimoine d'Andréasberg, par Klaproth :

Antimoine	98,00
Argent	1,00
Fer	0,25
	99,25

Certaines variétés lamellaires contiennent des proportions variables d'arsenic reconnaissables au chalumeau.

Rarement en cristaux; ordinairement en masses cristallines lamellaires ou granulaires, disséminées dans des calcaires ou des plombs argentifères, à Sahlberg, près Sahla, Suède; à Andréasberg, Hartz; à Przibram, Bohême; à South Ham, Canada; à Warren, New Jersey; à la mine Prince William, New Brunswick; au Mexique; à Huasco, Chili; à Sarawak, Bornéo; à San Vito, Sarrabus en Sardaigne (belles lames); à Allemont en Dauphiné.

(1) 86° 35' d'après G. Rose; 86°12' d'après Zenger.

(2) Par fusion, on obtient le rhomboèdre primitif p.

DISCRASE; Beudant. Diskrasit; Fröbel. Argent antimonial; Haüy. Antimonsilber; Haidinger. Prismatisches Antimon; Mohs. Silberspiessglanz; Hausmann.

Prisme rhomboïdal droit d'environ 120°.

$b : h :: 1000 : 581,579 \quad D = 866,025 \quad d = 500.$

ANGLES CALCULÉS.	ANGLES CALCULÉS.	ANGLES CALCULÉS.
mm 120°	pb^1 146°7′	g^1b^1 106°11′
mh^1 150°	$pb^{1/2}$ 126°40′	b^1b^1 147°38′ avant
mg^3 160°54′	pm 90°	
g^3h^1 130°54′		$g^1b^{1/2}$ 113°39′
mg^2 150°0′	ps 142°13′	$b^{1/2}b^{1/2}$ 132°42′ avant
g^2h^1 120°0′	pg^2 90°	
$mg^{3/2}$ 139°6′		g^1s 122°3′
$g^{3/2}h^1$ 109°6′	h^1b^1 118°52′	
mg^1 120°0′	b^1b^1 122°16′ côté	ma^1 adj. 131°3′
		mb^1 latér. 106°11′
pa^1 130°41′	$h^1b^{1/2}$ 134°0′	me^1 opp. 73°49′
ph^1 90°	h^1s 107°51′	
	h^1e^1 90°	$mb^{1/2}$ latér. 113°39′
*pe^1 146°7′	$b^{1/2}b^{1/2}$ 92°0′ côté	$me^{1/2}$ opp. 66°21′
$pe^{1/2}$ 126°40′		
pg^1 90°		ms adj. 122°3′

$s = (b^{1/2}b^{1/4}g^{1/3})$

Combinaisons observées : $pb^{1/2}$; me^1; $pe^{1/2}b^{1/2}$; mg^1p; $h^1g^2b^{1/2}$; $mg^1e^1b^1$; $mg^1pe^{1/2}b^1b^{1/2}$, *fig.* 413, pl. LXVIII. La base p est striée parallèlement à son intersection avec g^1, *fig.* 414. Macles très fréquentes; plan d'assemblage parallèle à m, *fig.* 414. Clivage facile suivant p et e^1; imparfait suivant m. Cassure inégale. Opaque. Éclat métallique. Blanc d'argent inclinant au blanc d'étain. Sectile. Dur. = 3,5. Dens. = 9,4 à 9,8.

Au chalumeau, dans le tube ouvert, dégage de l'oxyde d'antimoine. Sur le charbon, fond facilement, produit des fumées blanches, dépose une auréole blanche et, après une longue insufflation, laisse un globule d'argent antimonifère. En partie attaqué par l'acide azotique, avec résidu d'oxyde d'antimoine.

L'isomorphisme géométrique du discrase avec la chalcosine Cu^2S porte à croire que sa formule chimique doit s'écrire Ag^2Sb, Argent 64,28 Antimoine 35,72. Cependant, la plupart des analyses connues indiquent une plus forte proportion d'argent et conduiraient soit à Ag^3Sb, soit à Ag^4Sb ou même à Ag^6Sb, avec des quantités d'argent respectivement égales à 73, 78 et 84 p. 100. Mais, comme l'a fait remarquer M. Groth, ces teneurs élevées sont probablement dues à des mélanges mécaniques d'argent natif dont la couleur ne se distingue pas à l'œil de celle du discrase.

Analyses du discrase : *a*, de Chañarcillo, *b*, du Chili, par Domeyko; *c*, de Wolfach (lamellaire), par Petersen; d'Andréasberg, *d*, par Rammelsberg, *e*, par Klaproth, *f*, par Plattner; *g*, de Wolfach (à grains fins), par Rammelsberg :

	a	*b*	*c*	*d*	*e*	*f*	*g*
Argent	64	60,1	71,52	72,6	77,5	84,7	82,2 à 83,8
Antimoine	»	23,0	27,20	»	»	15,0	15,84
Arsenic	»	16,9	»	»	»	»	»
		100,0	98,72			99,7	
Densité :			9,61	9,73 à 9,77	9,82	»	10,027

Se présente en cristaux ou en masses lamellaires ou grenues, dans des filons traversant les granites, les porphyres et les schistes cristallins, avec argent natif, Proustite, arsenic, löllingite, galène, calcaire. Trouvé à Andréasberg, Hartz; à Wolfach, Bade; à Guadalcanal, Espagne; à Chañarcillo, Chili, et au Mexique.

Constitue un minerai d'argent, rare, mais très riche.

L'*Animikite* du lac Supérieur est un antimoniure d'argent de composition incertaine.

L'argent arsenical (Arsensilber, Arsenic Silver, pyritolamprite) d'Andréasberg et de Guadalcanal, paraît être un mélange mécanique de discrase et d'arsenic ou de pyrite arsenicale. Celui d'Andréasberg forme de petits nodules amorphes, à cassure grenue ou inégale, ou des dendrites dans le calcaire. Couleur blanc d'étain, se ternissant à l'air. Dur. = 3,5. Dens. = 7,47.

Au chalumeau, dégage d'abondantes vapeurs, à forte odeur arsenicale et forme une auréole blanche et noire, sans fondre. Soluble dans l'acide azotique en une liqueur qui donne des cristaux d'acide arsénieux.

Un échantillon a fourni à M. Rammelsberg : Arsenic 49,10 Antimoine 15,46 Fer 24,60 Argent 8,88 Soufre 0,85 = 98,89 (1).

BREITHAUPTITE; Haidinger. Antimonnickel; Stromeyer et Hausmann. Nickel antimonial; Dufrénoy.

Prisme hexagonal régulier.

$b : h :: 1000 : 1287,972 \quad D = 866,025 \quad d = 500.$

ANGLES CALCULÉS.	ANGLES CALCULÉS.
mm 120°	$b^3 b^3$ adj. 154°20′ (Breithaupt).
pb^3 153°38′	$b^{6/5} b^{6/5}$ adj. 134°12′
$pb^{6/5}$ 134°12′	134°9′ à 15′ obs. Richard.
*pb^1 123°55′	$b^1 b^1$ adj. 130°58′ (Breithaupt).

(1) Pour l'*Horsfordite*, voy. page 524.

Combinaisons observées : mpb^3b^1, lames aplaties suivant p, *fig.* 415. pl. LXIX (Andréasberg); $mpb^{6/5}$, cristaux allongés suivant l'axe vertical (Sardaigne). La base p porte des stries fines formant des hexagones concentriques.

Cassure inégale ou conchoïdale. Opaque. Éclat métallique. Couleur rouge de cuivre clair, devenant violacée à l'air. Poussière brun rougeâtre.

Dur. = 5. Dens. = 7,54 (Breithaupt), 8,42 (Mattirolo).

Au chalumeau, sur le charbon, très difficilement fusible en produisant un dépôt blanc d'oxyde d'antimoine. Dans l'eau régale, soluble en une liqueur verte.

Ni^2Sb: Antimoine 67,42 Nickel 32,58.

Analyse de la Breithauptite : *a*, d'Andréasberg, par Stromeyer (abstraction faite de 6,44 de galène), *b*, de celle de Sarrabus, par Mattirolo.

	Sb	As	Ni	Co	Fe
a.	68,12	»	30,94	»	0,94 = 100.
b.	65,07	0,20	32,94	0,29	S. Ag. Pb. traces = 98,50.

Se présente en petites tables très minces groupées en dendrites, dans un calcaire cristallin, avec smaltine, galène, blende, pyrargyrite et arsenic natif, à Andréasberg, Hartz, et en prismes hexagonaux ou en pyramides allongées suivant l'axe vertical, à Montenarba près Sarrabus en Sardaigne, avec Ullmannite, argyrose, pyrrhotine, etc.

L'arite (Breithauptite arsénifère) se trouve en petites masses compactes, d'un rouge de cuivre, disséminées avec blende, galène, Ullmannite et un peu d'argent natif, dans un filon calcaréo-quartzeux, à la montagne d'Ar, à six heures au-dessus des Eaux-Bonnes, vallée d'Ossau, Basses-Pyrénées.

Au chalumeau, sur le charbon, le minéral fond très facilement en le couvrant d'un enduit blanc et dégageant d'abondantes vapeurs arsénicales; le globule fondu est d'un rouge pâle et très faiblement magnétique. Un échantillon assez pur, que j'avais recueilli en 1870, a donné à M. Pisani :

Sb 48,6 As 11,5 Ni 37,3 Zn 2,4 S 1,7 = 101,5 Dens. = 7,19 (1).

De temps à autre, quelques mineurs venaient autrefois passer

---

(1) Les anciens échantillons, dont deux analysés ont fourni en moyenne à Berthier, en 1835, Sb 27,9 As 32,6 Ni 33,7 Fe 1,4 S 2,7 quartz 2,0 = 100,3 paraissent identiques à ceux de la montagne d'Ar et, comme eux, ils sont intimement mélangés de blende; mais la localité indiquée sous le nom de *Balen* est absolument *inconnue* dans les Basses-Pyrénées.

Petersen a trouvé dans un calcaire grenu de la mine Wenzel près Wolfach, Bade, un minéral compacte qui offre la même composition que celui analysé par Berthier. Sa dur. = 5,5; sa dens. = 7,50. Au chalumeau, sur le charbon, une saison d'été à la montagne d'Ar, pour exploiter la petite quantité d'argent associée à l'arite. Depuis quelques années, on y a installé une exploitation suivie de blende.

ULLMANNITE; Fröbel. Nickel antimonié sulfuré; Nickelspiessglanzerz; Hausmann. Antimonnickelglanz.

Cubique. Combinaisons : p; pb^1; pb^1 $(\frac{1}{2}b^2)$, pb^1a^1 $(\frac{1}{2}b^{7/5})$ $(\frac{1}{2}b^3)$ $(\frac{1}{2}b^2)$ $(\frac{1}{2}a^{3/2})$ $[\frac{1}{2}(b^1\ b^{1/2}\ b^{1/6})]$ (mine Landeskrone). Sur les cristaux de Montenarba, qui offrent l'hémiédrie à faces *parallèles* (1), M. Klein a observé l'octaèdre a^1 et très rarement le triakisoctaèdre $a^{1/3}$. Leurs faces cubiques sont quelquefois striées parallèlement à leur intersection avec celles du dodécaèdre pentagonal ou de l'octaèdre régulier.

Clivage cubique très net. Cassure inégale. Éclat métallique très prononcé. Gris de plomb ou blanc d'étain.

Dur. = 5 environ. Dens. = 6,694 à 6,733 (Jannasch).

Au chalumeau, dans le tube ouvert, produit un sublimé blanc jaunâtre d'oxyde d'antimoine. Sur le charbon, fond en un globule brillant, entouré d'une large auréole blanche, sans dégagement d'odeur d'ail pour les variétés pures. Soluble à chaud dans l'acide azotique, avec production de vapeurs rutilantes, en une liqueur d'un vert pomme, avec dépôt de soufre et d'oxyde d'antimoine. L'ammoniaque fait bleuir la liqueur.

$Ni\,S^2 + Ni\,Sb^2$: Soufre 15,02 Antimoine 57,28 Nickel 27,70. Quelques variétés renferment de petites proportions d'arsenic et de cobalt.

Analyses de l'Ullmannite, *a*, cristaux de Montenarba, Sardaigne, par Jannasch; *b*, de la mine Landeskrone, à Siegen, par H. Rose; *c*, de Rinkenberg en Carinthie, par Lill; *d*, de Lölling, par Jannasch; *e*, de Nassau, par Behrendt :

---

il fond en donnant les réactions très prononcées de l'arsenic et de l'antimoine. Une analyse a fourni ;

Sb 28,22 As 30,06 Ni 39,81 Fe 0,96 S 1,77 = 100,82.

C'est, sans doute, par suite de l'isomorphisme de l'antimoine et de l'arsenic que ces deux métalloïdes existent en proportions variables dans les divers échantillons d'Ar et de Wolfach.

(1) En 1869, von Zepharowich a décrit de petits cristaux de Lölling en Carinthie, offrant l'hémiédrie à faces *inclinées*, toujours maclés et se présentant tantôt sous l'apparence de deux tétraèdres croisés à angle droit, tantôt sous celle d'un dodécaèdre rhomboïdal dont les faces seraient coupées par une gouttière plus ou moins profonde, suivant leur grande diagonale. Les formes observées par von Zepharowich sont, outre les tétraèdres droit et gauche et le dodécaèdre b^1 dominants, $(\frac{1}{2}a^2)$ droit et gauche $(\frac{1}{2}a^{1/2})$ et $(\frac{1}{2}a^{1/8})$ avec faces peu développées. Ces cristaux ont une densité de 6,625 (Jannasch), à 6,72 (von Zepharowich) et une composition identique à celle des cristaux de Montenarba.

	a	b	c	d	e
Soufre	14,64	15,98	15,28	14,69	16,00
Antimoine	55,73	55,76	56,07	55,71	50,56
Arsenic	0,75	»	0,94	1,38	5,08
Nickel	28,17	27,36	27,50	28,13	26,05
Cobalt	trace	»	»	0,25	1,06
Fer	0,17	»	»	0,09	0,43
Insoluble	0,11	»	»	0,27	Cu 0,40
	99,57	99,10	99,79	100,52	99,58
Densité :	6,694 à 6,733	»	»	6,625	»

Trouvée en cristaux ou en masses cristallines : à Montenarba près Sarrabus, Sardaigne (beaux cristaux offrant l'hémiédrie à faces parallèles, accompagnés de pyrrhotine quelquefois cristallisée, de blende, de Breithauptite, d'argent natif, d'argyrose, de calcite, d'harmotome, etc.); à la mine d'Ar, au sud des Eaux-Bonnes, Basses-Pyrénées (cristaux imparfaits à clivage cubique net, associés à l'arite, à la galène, à la blende, à de la pyrrhotine grenue *magnéti-polaire*, à la chalcopyrite, à l'argent natif, etc.); dans le Westerwald, à Gosenbach, à Eisern, à Wilnsdorf (mine Landeskrone) près Siegen, à Freusburg, etc.; à Harzgerode en Anhalt et à Lobenstein; en Carinthie, à Lölling (très petits cristaux présentant l'hémiédrie tétraédrique), à Waldenstein et à Rinkenberg.

SENARMONTITE; Dana. Antimoine oxydé octaédrique; de Senarmont.

Pseudo-cubique. Octaèdres en apparence réguliers, formés d'après M. Grosse-Bohle, par l'assemblage de 24 pyramides clinorhombiques, à forme limite, se réunissant au centre du cristal. Ces pyramides se composent de deux faces triangulaires isocèles et de deux rectangles; des deux premières, l'une peut être regardée comme le tiers d'une face du pseudo-octaèdre, la seconde comme appartenant au pseudo-cube; les deux autres feraient partie de deux faces du pseudo-dodécaèdre rhomboïdal. Les incidences sont très voisines de: $a^1 p = 54°44'$; $p\, b^1 = 45°$; $b^1\, b^1 = 120°$; $a^1\, b^1 = 90°$.

Clivage assez net suivant les faces du pseudo-octaèdre. Cassure inégale. Transparente ou translucide. Double réfraction peu énergique. Des plaques épaisses, taillées parallèlement aux faces du pseudo-cube, vues sous une faible inclinaison à la lumière naturelle, montrent en général une division nette en quatre triangles rectangles dont deux sont alternativement opalins ou clairs, suivant que leur hypothénuse est verticale ou horizontale. En lumière polarisée convergente, chaque triangle est traversé par une branche d'hyperbole et par des anneaux plus ou moins nombreux annonçant une substance biaxe dont l'un des axes serait presque perpendiculaire aux faces du pseudo-cube. Lorsque les lames sont très minces et prises très près d'un sommet octaédrique, les phénomènes de division et d'extinction en lumière parallèle sont bien marqués. Il n'en est pas toujours de même pour les lames minces taillées parallèlement à une face du pseudo-octaèdre, où des chevauchements rendent plus ou moins irrégulière la division en trois secteurs triangulaires reconnaissables à leur extinction successive. Quant aux lames b^1, tangentes à une arête du pseudo-octaèdre et prises très près de cette arête, elles offrent ordinairement une suture longitudinale en leur milieu et deux plages principales éteignant à 45° l'une de l'autre. En lumière convergente, le microscope permet d'y apercevoir deux axes optiques très écartés, dans un plan parallèle à l'arête pseudo-octaédrique avec bissectrice *négative* plus ou moins normale à la lame. Indice moyen $\mu = 2{,}073$ (rouge); 2,087 (jaune sodium).

Éclat adamantin. Incolore ou grisâtre. Très fragile.

Dur. = 2 à 2,5. Dens. = 5,22 à 5,30.

Dans le matras, fond et se sublime. Au chalumeau, fond facilement sur le charbon, en le couvrant d'un enduit blanc et dégageant d'abondantes vapeurs blanches. Soluble dans l'acide chlorhydrique.

$\dddot{Sb}$: Oxygène 16,44 Antimoine 83,56.

On l'a d'abord trouvée en Algérie, à la mine abandonnée de Mimine près le Djebel Semsa et la source dite Aïn Babouch, à 70 kilomètres S. E. de Constantine, en cristaux ou en masses compactes, avec exitèle fibreuse, stibiconise mamelonnée d'un jaune soufre, petits cristaux de barytine transparente et stibine capillaire; mais, les plus beaux échantillons se sont rencontrés près de là, aux mines Hamimat, sur le Djebel Hamimat.

Ils s'y présentent soit à l'état d'octaèdres isolés grisâtres, translucides, d'une longueur qui varie de 1 à 25 millimètres, disséminés dans une argile grise, soit en cristaux quelquefois limpides, tapissant des géodes dans une masse grenue de même substance et associée à des croûtes mamelonnées et crêtées, produites par l'enchevêtrement de petits cristaux de calcite. On la cite aussi à Pernek près Bösing, Hongrie, en Cornwall et à la mine d'antimoine de South Ham, Canada.

EXITÈLE; Beudant. Valentinite; Haidinger. Antimoine oxydé; Haüy. Weiss-spiessglaserz; Werner. Antimon blüthe; Hausmann. Prismatischer Antimon-Baryte; Mohs.

Prisme rhomboïdal droit de 137°7′

$b : h :: 1000 : 1292{,}434 \quad D = 930{,}790 \quad d = 365{,}554$

ANG. CALCULÉS.	ANG. MESURÉS.	ANG. CALCULÉS.	ANG. MESURÉS.
*mm 137°7′	137°7′; 17′ Lp. (1) 137° à 138° Dx. (1)	$g^1 e^1$ 144°14′	143°30′ env. Dx.
mh^1 158°33′30″	»	$e^1 e^1$ 71°32′	(Mohs)
$h^9 h^9$ 145°7′ sur h^1	144°6′ Lp.	$e^3 e^1$ 100°56′ sur p	100° Dx.
$h^3 h^3$ 157°46′ sur h^1	157°46′ Lp.	$e^{9/10} e^{9/10}$ 65°50′ sur p	65°50′ Lp.
mh^2 166°1′	166°30′ Lp.	$g^1 e^{7/9}$ 150°55′	151°5′ Dx.
$g^{7/5} g^{7/5}$ 46° sur h^1	47°42′ Lp.	$e^{8/13} e^{8/13}$ 47°48′ sur p	47°46′ Lp.
mg^1 111°26′30″	111°19′ à 27′ Lp. 111°10′; 20′; 30′ Dx.	$e^{4/7} e^{4/7}$ 44°44′	45°20′ Lp.
		$e^{1/5} e^{1/5}$ 20°24′ sur p	(Miller)
		yy 129°42′ côté	»
$a^{13/2} a^{13/2}$ 122°54′ s^r p	(Laspeyres)		
$a^4 a^4$ 97°2′ sur p	99° Lp.	*$g^1 y$ 109°30′	109°30′ Dx.
		yy 141°0′ avant	140°35′ Dx.
$e^4 e^4$ 141°42′ sur p	141° env. Sm. (1)		
$e^{10/3} e^{10/3}$ 134°46′	134°23′ Lp.	vv 126°52′ côté	126°20′30″ Lp.
$g^1 e^3$ 114°50′	»	px 157°24′	»
$e^3 e^3$ 130°20′ sur p	130° env. Dx.		
$g^1 e^{8/3}$ 117°30′	117° à 117°45′ Dx.	mx 104°1′	104°5′ Dx.
$e^{8/3} e^{8/3}$ 125°0′ sur p	125°13′ Groth	me^4 96°54′	96°15′ Dx.
$g^1 e^{11/5}$ 122°15′30″	122°30′ env. Dx.	xe^4 172°53′	172°35′ Dx.
$e^{11/5} e^{11/5}$ 115°29′	115°2′30″ Lp.		
$e^{13/7} e^{13/7}$ 106°26′ sur p	106°36′ Lp.	my 121°10′	120° env. Dx.

$y = (b^1 b^{1/3} g^{1/7})$ $v = (b^{1/2} b^{1/6} g^{1/13})$ $x = (b^{1/7} b^{1/9} g^{1/28})$

Les cristaux de Bräunsdorf ont généralement la forme simple d'un octaèdre rhomboïdal, allongé suivant la petite diagonale de la base et composé du prisme m et d'un biseau e^x, à faces plus ou moins arrondies (2), *fig.* 416, pl. LXIX. Les cristaux de Przibram sont au contraire aplatis suivant g^1, *fig.* 417, et au lieu de la forme e_3 que Mohs a prise pour son octaèdre fondamental, j'y ai rencontré $y = (b^1 b^{1/3} g^{1/7})$ et M. Laspeyres $u = (b^{1/7} b^{1/13} g^{1/12})$. Les cristaux des Corbières sont des octaèdres me^4 portant sur l'arête m/e^4 la tron-

(1) Lp. mesures de Laspeyres sur des cristaux de Bräunsdorf, de Przibram et du Mont Semsa. Dx. mesures de Des Cloizeaux sur des cristaux de Bräunsdorf, de Przibram et des Corbières. Sm. mesures de de Senarmont sur des cristaux de Bräunsdorf.

(2) Par suite de la facilité des clivages m et g^1 et de l'arrondissement habituel de la plupart des faces, la mesure des incidences a fourni aux divers observateurs, depuis Mohs et Haidinger, des nombres assez divergents. M. Laspeyres ayant eu à sa disposition des cristaux plus nets qu'ils ne le sont habituellement, a publié, en 1884, un résumé complet des anciennes observations et de celles qu'il a faites lui-même. Ces dernières montrent que les paramètres n'ont pas exactement la même valeur pour les cristaux de Bräunsdorf, de Przibram et de Semsa; quant aux symboles, ils sont loin d'avoir la simplicité désirable, soit qu'on prenne pour l'axe vertical le nombre de M. Laspeyres, soit qu'on adopte le nombre *quatre* fois plus grand que j'ai choisi, d'après Miller.

cature tangente $x = (b^{1/7} b^{1/9} g^{1/28})$. Ceux du Djebel Semsa, province de Constantine, observés par M. Laspeyres, sont allongés suivant l'axe vertical; h^1 y est assez développée; ils se terminent par le biseau $a^{13/2}$; en zone avec $v = (b^{1/2} b^{1/6} g^{1/13})$, symbole plus simple que celui de M. Laspeyres. Clivage facile suivant m et g^1.

Transparente ou translucide. A la température ordinaire, les axes optiques sont généralement très rapprochés dans un plan parallèle à la base, pour les rayons rouges, dans un plan parallèle à g^1 pour les rayons bleus et sensiblement réunis pour les rayons jaunes. Dispersion forte, $\rho > v$ devenant $\rho < v$ quand les axes rouges et les bleus s'ouvrent dans le même plan. Vers 75° C. les axes rouges éprouvent un léger rapprochement et les bleus un léger écartement. Bissectrice aiguë *négative*, normale à h^1.

Éclat adamantin ou soyeux; nacré sur g^1. Incolore en lames minces; blanc de neige, jaunâtre, brunâtre ou gris cendré en cristaux. Poussière blanche. Fragile. Dur. = 2,5 à 3. Dens. = 5,6.

Au chalumeau et avec les acides, mêmes réactions que la Senarmontite.

$\dddot{\text{Sb}}$: Oxygène 16,44 Antimoine 83,56.

On l'a trouvée associée à d'autres minerais d'antimoine, à de la galène et à de la blende, sous la forme de petits octaèdres, de lames rectangulaires souvent groupées en éventail, de baguettes fibreuses : à Bräunsdorf près Freiberg, Saxe; à la mine de los Corbos près Maisons, département de l'Aude, au pied des Corbières; à Przibram, Bohême; à Wolfach en Brisgau; à Horhausen, Nassau; à Wolfsberg au Hartz; en Cornwall; à Pernek, Hongrie; à Allemont, Dauphiné; à South Ham, Canada; à l'ancienne mine de Mimine près le Djebel Semsa, département de Constantine (aiguilles groupées sur de petits cristaux de Senarmontite, avec croûtes cristallines mamelonnées de stibiconise? d'un jaune soufre, ou agglomérations de mamelons à structure divergente, composés de fibres soyeuses, blanches, transparentes et fusibles au centre, mais dont l'extrémité libre est devenue jaune, opaque et infusible).

La Cervantite de Dana (acide antimonieux de Dufrénoy), se présente en aiguilles très fines paraissant orthorhombiques, en masses compactes ou pulvérulentes, quelquefois en enduits.

Translucide ou opaque. Éclat gras ou nacré, plus ou moins prononcé. Blanche, jaune de soufre, jaune isabelle, rougeâtre. Poussière blanc jaunâtre. Dur. = 4 à 5. Dens. = 4,08 à 5,09.

Infusible au chalumeau. Sur le charbon, réductible en antimoine avec la soude. Difficilement soluble dans l'acide chlorhydrique. $\dddot{\text{Sb}} + \ddot{\ddot{\text{Sb}}}$ Oxygène 20,78 Antimoine 79,22 (1).

(1) L'existence d'une cervantite anhydre me paraît toutefois douteuse, car les échantillons de Zamora, de Toscane, de Bornéo, de Chazelles (croûtes anhydres,

Analyses de la Cervantite, *a*, de Solacio, province de Zamora, Espagne, par Dufrénoy (abstraction faite de 11,45 p. 100 de $\dot{C}a\ \ddot{C}$, de 1,5 de $\ddot{F}e$ et de 2,7 de gangue); *b*, en petites aiguilles de Pereta, Toscane, par Bechi (abstraction faite de 1,8 de $\ddot{F}e$ et de 0,5 de gangue; *c*, en masses poreuses à fibres courtes, d'un jaune rougeâtre (dur. = 5, dens. = 5,09), presque entièrement volatiles au chalumeau, de Bornéo, par Frenzel :

	a	*b*	*c*
Oxygène	20,02	19,81	20,36
Antimoine	79,98	80,19	77,64
Chaux	»	»	2,10
Magnésie	»	»	0,15
Eau	»	»	0,70
	100,00	100,00	100,95

Accompagne ordinairement la stibine, dont elle n'est qu'une altération. On l'a citée à Cervantes en Galice et à Solacio près Zamora, Espagne; à Chazelles en Auvergne; à Pereta, Toscane; à Bornéo, etc.

Divers produits *hydratés* dus à l'altération de la stibine et de l'exitèle, où l'on a trouvé de 4 à 20 p. 100 d'eau, sont connus sous les noms de stibiconise (Beudant), de stiblith (Blum et Delffs), d'antimonocker (en partie), de gelbantimonerz (Breithaupt), de Volgérite (Dana), de Cumengite (Kenngott), de stibianite et de stibioferrite (Goldsmith), etc.

La stibiconise est amorphe, à structure grenue ou poreuse, d'un éclat gras ou mat, d'un blanc jaunâtre ou d'un jaune de soufre; elle se présente en masses zonées ou en pseudomorphoses de cristaux de stibine dont une partie existe encore souvent au centre des échantillons. Dur. = 4 à 5,5. Dens. = 5,28. Infusible au chalumeau; dégage de l'eau dans le matras.

Les proportions d'eau dosées sont : 5,4 p. 100 par Phipson (abstraction faite de 31 p. 100 de $\ddot{F}e$, $\ddot{A}l$ et $\ddot{S}i$), dans la variété de Bornéo; 9,43 par Frenzel, dans une variété poreuse de la même localité; 4,63 par Blum et Delffs, dans une variété (stiblithe) de Goldkronach, Bavière; 15 à 16 par Cumenge, dans les fibres pseudomorphes de l'exitèle (Cumengite), des mines de Semsa, département de Constantine; 21,8 par Volger dans la Volgérite, etc.

A Bornéo, comme au mont Taya, près Guelma, province de

d'après Dufrénoy), de Tenez, Algérie, etc., faisant partie des collections de l'École des Mines et du Muséum, dégagent tous dans le matras une quantité d'eau plus ou moins grande et appartiennent probablement à la stibiconise.

Constantine, où la masse est pénétrée de cinabre pulvérulent, les échantillons sont remarquables par la netteté de formes des cristaux de stibine qui ont subi plus ou moins complètement l'épigénie. L'association du cinabre a aussi été observée par von Kobell sur des échantillons de Huitzuco, province de Guerrera, Mexique.

La stibiconise, plus ou moins hydratée, paraît très répandue et elle est presque toujours associée à la stibine ou à l'exitèle dont elle dérive. On la connaît en Bavière; à Bornéo; dans la province de Constantine; dans le comté Sevier, Arkansas; elle forme de grands dépôts dans la Sonora, au Mexique; elle est abondante en plusieurs localités du Pérou et notamment à Chayramonte, province de Cajamarca (gros morceaux fibreux connus sous le nom de *Huesco del Muerto*); dans le district de Salpo, province d'Otuzco, avec exitèle, allemontite et stibine; dans les provinces de Tarma, d'Azangaro, de Huarochiri, de Huaylas (avec anglésite et limonite), etc. Elle recouvre souvent l'allemontite d'Allemont.

La stibferrite argentifère (*paco* du Pérou) ressemble à de la limonite terreuse ou résineuse. Elle est attaquable par l'acide chlorhydrique et elle est souvent mélangée de psaturose, de stéphanite et de pyrite. On la trouve dans le district de Hualgayoc, province de Chota; à la mine de Tambillo, province de Huari, avec Hertérite (épigénie de panabase); à la mine de Huaycho, province de Pallasca, avec Berthiérite.

La Stibioferrite de Goldsmith est généralement amorphe, à cassure inégale ou conchoïdale, fragile. Éclat résineux. Couleur jaune ou jaune brunâtre. Poussière d'un jaune pâle.

Dens. = 3,598. Soluble dans l'acide chlorhydrique.

Trouvée sur la stibine du comté Santa Clara, Californie.

La stibianite, forme des masses poreuses, ternes, d'un jaune rougeâtre, à poussière jaune pâle. Dur. = 5. Dens. = 3,67.

W. H. Dougherty y a trouvé : $\overset{\cdots}{Sb}$ 94,79 $\dot{H}$ 5,21 (abstraction faite de 13,55 p. 100 de gangue). C'est une altération de la stibine de Victoria, Australie, voisine de la stibiconise.

Dans des échantillons de Bornéo? M. Pisani a trouvé respectivement 13 et 32 d'acide arsénique, 23 et 10 p. 100 d'eau. M. Adam avait proposé de les désigner sous le nom d'*arsenstibite*.

NADORITE; Flajolot.

Prisme rhomboïdal droit de 132°51′.

$b : h :: 1000 : 356{,}968 \quad D = 916{,}537 \quad d = 399{,}949$

ANG. CALC.	ANG. MES.	ANG. CALC.	ANG. MES.	ANG. CALC.	ANG. MES.
mm 132°51′ avant	»	g^4g^4 côté 72°3′30″	72°4′ Cés.	$ma^{1/2}$ 143°6′	144° env.
*mm 47°9′ sur g^1	47°9′				
mh^1 adj. 156°25′30″	156°27′ m.	pa^2 155°57′	156°27′ m.	h^1y 164°9′	164°3′
$h^1h^{8/3}$ adj. 168°47′	168°40′	a^2h^1 114°3′	»	yy adj. 31°43′	33° m.
h^1h^6 adj. 162°41′	162°46′	*pa^1 138°15′	138°15′	h^1y sur y 15°51′	15°37′
h^6m adj. 173°44′	175° env.	a^1h^1 131°45′	132°0′		
h^1h^{11} adj. 160°1′	»	$pa^{1/2}$ 119°15′30″	118°52′ à 119°15′	h^1c_4 133°48′30″	133°47′ Cés.
h^1h^{17} adj. 158°48′	158°51′ m.	$a^{1/2}h^1$ 150°44′30″	150°30′	c_4c_4 adj. 92°23′ sur g^1	»
$h^{8/3}h^{17}$ adj. 170°1′	170°0′	$a^{1/2}a^{1/2}$ 58°31′ sr p	»		
$h^{17}h^{17}$ côté 42°24′	42°15′ m.			xx côté 45°17′30″	45°20′
$h^1g^{3/2}$ adj. 114°37′	114°28′	px 108°33′	108°25′ à 45′		
$mg^{3/2}$ adj. 138°11′30″	138°22′			mx 158°51′	158°20′ à 159°
$g^{3/2}g^{3/2}$ côté 130°46′	130°28′	py 102°27′	»		
h^1g^4 143°58′	144° à 144°30′			my 161°35′	161° env.
mg^4 167°32′30″	167°30′	ma^1 127°37′	127°35′		

$x = (b^{1/3}\, b^{1/10}\, h^{1/2})$ $y = (b^{1/6}\, b^{1/13}\, h^{1/2})$ $c_4 = (b^1\, b^{1/4}\, g^1)$

Combinaisons : $h^{8/3} a^1 a^{1/2}$, $m h^{8/3} p a^1 a^{1/2} x$, $m h^{8/3} h^{17} p a^2 a^1 a^{1/2} x$: $m h^6 g^{3/2}$; en outre on y observe rarement la forme h^1 qui n'existe généralement qu'à l'état de clivage. D'autres cristaux trouvés récemment sont très aplatis suivant h^1 et présentent la combinaison $h^1 m g^4 x y$, avec une macle sans angle rentrant dans laquelle les axes verticaux des deux individus composants font entre eux un angle d'environ 45°. Plus rarement, on rencontre (1) de petits cristaux allongés suivant l'arête $p h^1$ et présentant les formes $h^1 h^{11} p e_4$.

Clivages, très facile suivant h^1, difficile suivant $g^{3/2}$. Translucide, transparente en lames minces.

Plan des axes optiques parallèle à g^1. Bissectrice aiguë *positive* perpendiculaire à la base. A travers le clivage facile, j'ai constaté que l'écartement des axes optiques dans l'huile ($2H_0$) est plus grand que 145° autour de la bissectrice obtuse négative, avec une énorme dispersion $\rho > v$.

Éclat résineux passant à l'adamantin. Jaune brunâtre, brun de fumée. Dur. = 3,5 à 4. Dens. = 7,02. Au chalumeau, sur le charbon, donne un globule de plomb entouré d'une auréole d'acide antimonieux; fournit les réactions du chlore dans la perle de sel de phosphore saturée d'oxyde de cuivre; dans le matras,

---

(1) Ces cristaux ont été décrits par M. Cesàro. Ils présentent parfois la macle citée plus haut, mais avec angle rentrant entre les faces p. Pour mettre en évidence la symétrie pseudocubique du réseau de la nadorite, ce savant a proposé de changer les paramètres que j'ai admis, en prenant pour son axe a les 3/5 de ma petite diagonale d et pour son axe c les 2/5 de ma grande diagonale D : voici la concordance des faces dans les deux positions :

Dx. : $h^1, g^1, p, a^2, a^1, a^{1/2}, m, g^{3/2}, g^4, h^{8/3}, h^6, h^{11}, h^{17}, c_4$ $x = (b^{1/3} b^{1/10} h^{1/2}), y = (b^{1/6} b^{1/3} h^{1/2})$

Cesàro : $h^1, p, g^1, g^2, g^5, h^7, a^{3/5}, a^3, a^1, a^{3/4}, a^{3/7}, a^{1/2}, a^{8/5}, b^{1/2}$, $x = (b^{1/10} b^{1/27} h^{1/6}), y = (b^{1/6} b^{1/11} h^{1/2})$

décrépite et produit un sublimé blanc; soluble dans l'acide chlorhydrique.

$\dot{\text{Pb}}\dddot{\text{Sb}} + \text{Pb Cl}$. Oxyde plombeux 28,12 Acide antimonieux 36,82 Plomb 26,10 Chlore 8,90 = 100. L'analyse suivante est due à M. Pisani :

$\dddot{\text{Sb}}$	$\dot{\text{Pb}}$	Pb.	Cl	
37,40	27,60	26,27	9,00	100,27

Les cristaux de nadorite, généralement recouverts d'une pellicule jaune (*bleinière*), ont été trouvés dans le gîte calaminaire de Hammam-Nbaïl-Nador, département de Constantine (Algérie).

ROMÉINE; Dámour. Roméite; Dana.

Pseudo-cubique. Octaèdres en apparence réguliers, pouvant être regardés, d'après M. Em. Bertrand, comme formés par la réunion de huit rhomboèdres d'environ 90° dont la base coïnciderait avec chacune des faces du pseudo-octaèdre. Cassure grenue. Transparente ou translucide. Double réfraction assez énergique à un axe positif, normal à la base des rhomboèdres composants. Eclat vitreux très vif, sur les faces du pseudo-octaèdre. Couleur brun cannelle ou jaune isabelle. Poussière jaunâtre.

Dur. = 5,5. Dens. = 4,712 (en grains); 4,675 (en poudre fine).

Au chalumeau, fond en scorie noire. Sur le charbon, avec la soude, dégage des fumées antimoniales et donne de l'antimoine métallique. Réaction du manganèse sur la feuille de platine. Insoluble dans les acides.

Antimoniate d'oxyde d'antimoine et de chaux, $3\,\dot{\text{R}}, \dddot{\text{Sb}}, \overset{\cdot\cdot}{\dddot{\text{Sb}}}$: Acide antimonique 41,33 Oxyde d'antimoine 37,24 Chaux 21,43.

Les dernières analyses de M. Damour (1853) lui ont donné :

					RAPPORTS D'OXYGÈNE.
Oxygène	15,82	ou	Acide antimonique	40,79	5
Antimoine	62,18		Oxyde d'antimoine	36,82	3
Fer	1,31		Oxyde ferreux	1,70	} 3
Oxyde manganeux	1,21		Oxyde manganeux	1,21	
Chaux	16,29		Chaux	16,29	
Silice soluble	0,96		Silice soluble	0,96	
Quartz mélangé	1,90		Quartz mélangé	1,90	
	99,67			99,67	

Découverte par Bertrand de Lom en croûtes minces formées d'une agrégation de très petits cristaux ou d'une poudre cristalline, et tapissant des filons étroits dans un mélange de piémontite, de quartz, de feldspath, de marceline grenue, servant de gangue aux cristaux de Greenovite et de marceline, à Saint-Marcel, Piémont.

ATOPITE; A. E. Nordenskiöld.

Cubique. Octaèdres réguliers combinés avec le cube et le dodécaèdre rhomboïdal. Translucide. Éclat gras. Couleur brune plus ou moins foncée. Dur. = 5,5 à 6. Dens. = 5,03.

Sur le charbon, à la flamme réductive, se sublime en partie, fond difficilement et, après la transformation de l'acide antimonique en antimoine, donne une scorie noire infusible. Sur la feuille de platine, légère réaction de manganèse. Insoluble dans les acides. Facilement réduite par l'hydrogène.

$2\,\dot{R}\,\overset{..}{\dddot{Sb}}$: acide antimonique 73,12 Chaux 17,51 Oxyde ferreux 2,71 Magnésie 1,50 Soude 4,32 Potasse 0,84 = 100.

La moyenne de deux analyses a donné à M. Nordenskiöld :

$\overset{..}{\dddot{Sb}}$ 72,61 $\dot{Ca}$ 17,85 $\dot{Fe}$ 2,79 $\dot{Mn}$ 1,53 $\dot{Na}$ 4,40 $\dot{K}$ 0,86 = 100,04.

Les cristaux, très rares, sont engagés dans l'hédyphane gris qui forme de petites veines dans la rhodonite de Longban, Suède.

La Schneebergite (Bresina) de Schneeberg (Tyrol) constitue de petits octaèdres à clivages dodécaédriques difficiles et paraît voisine de l'atopite.

La monimolite se présente en petits grains cristallins ou en octaèdres quadratiques? Cassure grenue. Éclat gras, semi-métallique. Couleur jaune. Poussière jaune citron.

Dur. = 4,5 à 5. Dens. = 5,94.

Au chalumeau, sur le charbon, donne un globule malléable qui, à la flamme oxydante, produit une auréole d'oxyde de plomb, entourée d'oxyde d'antimoine. Insoluble dans les acides qui ne l'attaquent qu'après réduction par l'hydrogène à la chaleur rouge.

Paraît être principalement composée d'antimoniate de plomb, d'après une analyse qui a fourni à M. Igelström :

$\overset{..}{\dddot{Sb}}$ 40,29 $\dot{Pb}$ 42,40 $\dot{Fe}$, $\dot{Mn}$ 6,20 $\dot{Ca}$ 7,59 $\dot{Mg}$ 3,25 = 99,73.

Trouvée avec la téphroïte, à la mine de Pajsberg en Wermland et, en grains cristallins disséminés avec calcite, dans la rhodonite et la téphroïte, à Långban en Suède.

BLEINIÈRE; Karsten. Bindheimite; Dana. Antimon bleispath. Stibiogalénite; Glocker. Pfaffite.

Masses amorphes, réniformes, sphéroïdales ou terreuses, offrant quelquefois un assemblage de lames courbes.

Translucide ou opaque. Éclat résineux ou terreux. Couleur blanche, grise, brunâtre ou jaunâtre. Poussière blanc jaunâtre.

Dur. = 4. Dens. = 4,60 à 4,76 (Sibérie); 4,71 brune; 5,05 blanche (Cornwall); 5,46 parties pures (district de Pallasca, Pérou.

Dans le matras, dégage de l'eau. Au chalumeau, sur le charbon, se réduit en un grain de plomb antimonifère, en déposant une auréole jaune au centre, blanche sur les bords.

Composition variable, offrant de 32 à 51 d'acide antimonique, 61 à 44 d'oxyde de plomb et 6 à 12 p. 100 d'eau.

La bleinière résulte de l'oxydation de sulfures de plomb antimonifères tels que Bournonite, Jamesonite, Boulangérite; elle est très commune au Pérou, où elle constitue une partie des minerais riches en argent nommés *pacos;* elle s'y trouve avec *coronguite*, limonite, galène, anglésite, blende, etc., dans les mines des provinces de Pallasca, de Panabamba, de Chota, de Cajamarca, de Huari, etc. En Bolivie, elle conserve souvent la forme des cristaux de Bournonite qu'elle a pseudomorphosés. On l'a aussi rencontrée à Nertschinsk, Sibérie, à Horhausen, Nassau, et près d'Endellion en Cornwall.

La coronguite de Raimondi paraît être une bleinière argentifère. Petits fragments amorphes, offrant quelquefois une structure imparfaitement lamellaire, fragiles, à éclat parfois résineux, jaunâtres à l'extérieur, noirâtres à l'intérieur. Dur. = 2,5 environ. Dens. = 5,05.

Au chalumeau, sur le charbon, fond facilement et, dans la flamme réductrice, dégage d'abondantes vapeurs antimoniales qui laissent un dépôt blanc. En continuant l'action du feu, on obtient une auréole jaunâtre d'oxyde de plomb avec un petit bouton de plomb très riche en argent. Soluble à chaud dans l'acide chlorhydrique en une liqueur jaune foncé qui précipite en blanc par l'eau distillée.

En faisant abstraction de 8,12 p. 100 de sulfures de plomb, d'antimoine et d'argent mélangés et d'une perte de 0,93 la composition de nodules à éclat résineux, noirâtres, est, d'après M. Raimondi :

$$\dddot{Sb}\,58{,}97\quad \dot{Pb}\,21{,}48\quad \dot{Ag}\,7{,}82\quad \dot{Fe}\,0{,}52\quad \dot{H}\,11{,}21 = 100$$

Les fragments les plus homogènes se trouvent dans une masse terreuse, pulvérulente, d'un gris jaunâtre, associés à de la bleinière et de la limonite, au Pérou et notamment aux mines de Huancavelica et d'Empalme, district de Corongo, province de Pallasca; à Pasacancha et dans la province de Pomabamba.

La Taznite de Domeyko, en masses jaunes plus ou moins fibreuses et solubles dans l'acide chlorhydrique, semble être un arsénio-antimoniate de bismuth hydraté, provenant de la décomposition de minerais de bismuth des mines de Tazna et de Choroloque en Bolivie.

La Partzite d'Arents paraît être un mélange de stibiconise avec divers oxydes métalliques, formant des masses noires, vert jaunâtre ou vert noirâtre, à cassure conchoïdale.

Dur. = 3 à 4. Dens. = 3,8. Une analyse d'Arents a fourni :

$$\dddot{Sb}\,47{,}65\quad \dot{Cu}\,32{,}11\quad \dot{Ag}\,6{,}12\quad \dot{Pb}\,2{,}01\quad \dot{Fe}\,2{,}33\quad \dot{H}\,8{,}29 = 98{,}51.$$

Trouvée aux Monts Blind Spring, comté Mono, Californie, avec galène argentifère et minerais antimonifères de plomb et d'argent.

D'après M. Raimondi, une substance analogue, mais contenant

moins de cuivre, plus d'argent, de plomb et d'eau, se rencontre au Pérou en petites masses compactes, à cassure conchoïdale, à éclat résineux lorsqu'elle est pure, d'un gris noirâtre, d'une densité $= 4,4$. Dans le matras, elle dégage beaucoup d'eau.

Au chalumeau, sur le charbon, elle fond, bouillonne, se gonfle en produisant des vapeurs antimoniales et finit par donner un petit bouton d'argent cuivreux. Attaquable par l'acide azotique à chaud et par l'acide chlorhydrique.

Deux échantillons, *a*, du district de Macate, province de Huaylas, *b*, de la montagne de Pumahuan, province de Cajatambo, contiendraient, d'après des analyses de Raimondi :

	$\overset{\therefore}{\ddot{\mathrm{S}}}\mathrm{b}$	$\dot{\mathrm{A}}\mathrm{g}$	$\dot{\mathrm{P}}\mathrm{b}$	$\dot{\mathrm{C}}\mathrm{u}$	$\dot{\mathrm{F}}\mathrm{e}$	$\ddot{\mathrm{S}}\mathrm{i}$	Sulfures multiples.	$\dot{\mathrm{H}}$
a.	47,82	12,00	10,51	7,11	5,50	»	3,83	12,00 = 98,77
b.	23,92	4,68	29,39	15,65	»	3,35	»	23,20 = 100,19

Cette substance s'est probablement formée aux dépens d'une Bournonite riche en argent. Elle est accompagnée de céruse, de malachite ou de chrysocole. A la montagne de Cumahuan, elle se présente quelquefois, avec oxyde de manganèse, sous l'aspect d'une poudre d'un gris obscur, ressemblant à une terre végétale et dont un essai peut seul révéler la richesse en argent.

La Stétéfeldtite de Riotte, en masses noirâtres, brunes ou verdâtres, est un mélange *hétérogène* voisin de la Partzite. Dur. $= 4$ à $4,5$. Dens. $= 4,12$ à $4,24$. Stetefeldt a déduit de la moyenne de deux analyses :

$$\overset{\therefore}{\ddot{\mathrm{S}}}\mathrm{b}\ 46,47\ \ \mathrm{S}\ 4,59\ \ \mathrm{Ag}\ 23,23\ \ \mathrm{Cu}\ 2,27\ \ \dot{\mathrm{C}}\mathrm{u}\ 13,28\ \ \dot{\mathrm{F}}\mathrm{e}\ 2,41\ \ \dot{\mathrm{H}}\ 7,75 = 100.$$

Trouvée dans les districts Empire et Philadelphia (S.-E. du Nevada).

Domeyko cite un minéral analogue à la mine de cuivre de Potochi près Huancavelica, Pérou. Il se présente en masses amorphes, à cassure inégale ou grenue, à éclat faiblement résineux, d'une couleur noire ou noir verdâtre, à poussière vert jaunâtre, infusibles au chalumeau, facilement solubles dans l'acide chlorhydrique. Les parties les plus pures ont fourni :

$$\overset{\therefore}{\ddot{\mathrm{S}}}\mathrm{b}\ 32,93\ \ \dot{\mathrm{C}}\mathrm{u}\ 32,27\ \ \ddot{\mathrm{F}}\mathrm{e}\ 11,14\ \ \dot{\mathrm{Z}}\mathrm{n}\ 0,50\ \ \dddot{\mathrm{S}}\ 1,00\ \ \dot{\mathrm{H}}\ 18,53\ \ \mathrm{Insol.}\ 1,57 = 97,94.$$

La Hertérine ou Hertérite, trouvée à Ober Rochlitz, Bohême, paraît être le produit de la décomposition d'un cuivre gris antimonifère. Elle est amorphe, à cassure semi-conchoïdale, à éclat résineux, d'une couleur vert pistache sombre passant au vert jaunâtre et au brun, d'une densité $= 3,6$ à $3,9$.

Dans le matras, elle dégage de l'eau. Au chalumeau, sur le charbon, elle fond facilement, en colorant la flamme en vert et donne un bouton métallique avec la soude.

Herter et Porth y ont constaté un mélange en proportions variables de $\overset{\therefore}{\ddot{\mathrm{S}}}\mathrm{b}$, $\overset{\therefore}{\ddot{\mathrm{A}}}\mathrm{s}$, $\dot{\mathrm{C}}\mathrm{u}$, $\dot{\mathrm{A}}\mathrm{g}$, $\dot{\mathrm{F}}\mathrm{e}$, $\dot{\mathrm{P}}\mathrm{b}$, $\dot{\mathrm{C}}\mathrm{a}$, $\dot{\mathrm{M}}\mathrm{g}$, $\dot{\mathrm{H}}$ et $\ddot{\mathrm{S}}\mathrm{i}$.

Une matière analogue, en croûtes ocreuses de plus de 1mm d'épaisseur recouvrant des tétraèdres de panabase argentifère, se rencontre au Pérou à la mine de San José, Queropalca, province Dos de Mayo; à la mine de Tambillo, province de Huari; dans le district de Macate, province de Huaylas, avec malachite et céruse.

L'Ammiolite de Dana (Antimoniato de cobre con cinabrio terroso; Domeyko) est une matière pulvérulente d'un rouge écarlate, faisant effervescence avec l'acide azotique, sans se décolorer, mais perdant sa couleur dans l'acide chlorhydrique et laissant un abondant dépôt blanc d'acide antimonique. Dans le matras, sublimé de mercure.

Composition variable, offrant un mélange de Hertérine et de cinabre, d'après l'analyse *a*, faite par Domeyko sur une poudre aussi purifiée que possible par lévigation, ou de Hertérine et de tellurure de mercure, d'après l'analyse *b*, due à Rivot.

a: $\dddot{S}b$ 29,5 $\dot{C}u$ 15,6 Hg 23,6 S 3,3 $\dddot{F}e$ 3,1 Quartz 8,1 $\dot{H}$ et perte 16,8 = 100.
b: Sb 36,5 Cu 12,2 Hg 22,2 Te 14,8 Quartz 2,5 O et perte 12,6 = 100,8.

L'ammiolite se rencontre dans plusieurs mines du Chili, occupant les cavités de la gangue quartzeuse ou argilo-ferrugineuse d'une panabase mercurifère ou les pores mêmes de ce minéral dont la décomposition lui a donné naissance.

La *Barcénite* de W. Mallet est compacte, grenue ou columnaire. Fragile. Dur. = 5,5. Dens. = 5,343. Ce minéral à éclat faiblement résineux ou à aspect terreux est gris presque noir; il provient de Huitzuco, État de Guerrero (Mexique). Sa composition est la suivante d'après une analyse de Santos :

Sb	S	Hg	Ca	O	$\dot{H}$	$\ddot{S}i$
50,11	2,82	20,75	3,88	[17,61]	4,73	0,10 = 100.

HÆMATOSTIBIITE; Igelström.

Prisme rhomboïdal droit, de dimensions inconnues.

Clivage facile dans une direction. Transparent en lames minces. Deux axes optiques très rapprochés, autour d'une bissectrice *négative* normale au clivage facile. Dichroïsme très marqué (Em. Bertrand). Éclat métallique sur le clivage. Noir en grains: rouge de sang en lames minces. Poussière brune.

Sur le charbon, infusible au chalumeau. Avec le carbonate de soude, à la flamme réductrice, dégage des fumées antimoniales. Avec le borax et le sel de phosphore, forte réaction du manganèse. Facilement soluble dans l'acide chlorhydrique en une liqueur jaune.

Probablement $\dot{Mn}^8 \dddot{Sb}$, d'après une analyse qui a fourni à L. J. Igelström : $\dddot{Sb}$ 37,2 $\dot{Mn}$ 51,7 $\dot{Fe}$ 9,5 $\dot{Mg}$ et $\dot{Ca}$ 1,6 = 100.

Trouvé en très petits grains, dans des fissures remplies de calcite et de barytine traversant une gangue de téphroïte, à la mine de fer de Sjögrufvan, paroisse de Grythyttan, gouvernement d'Örebro, Suède.

Sous le nom de manganostibiite, M. Igelström avait décrit en 1884 un minéral très voisin du précédent, qui cristallise *probablement* dans le système rhombique, et possède un clivage difficile, d'un éclat gras. Il se présente en grains de 2 à 5 millimètres de grosseur, d'un noir plus foncé que le fer oxydulé ou la Hausmannite auxquels il ressemble.

Infusible au chalumeau, il dégage avec la soude, sur le charbon, au feu de réduction, des fumées d'antimoine et d'arsenic et il se réduit en un grain métallique. Il se dissout dans l'acide chlorhydrique en une liqueur jaunâtre.

La formule $\dot{Mn}^5$ ($\dddot{Sb}$, $\dddot{As}$) résulterait de l'analyse d'Igelström :

$\dddot{Sb}$ 24,09 $\dddot{As}$ 7,44 $\dot{Mn}$ 55,77 $\dot{Fe}$ 5,00 $\dot{Ca}$ 4,62 $\dot{Mg}$ 3,00 = 99,92.

On l'a rencontré, associé à la Hausmannite, à l'allaktite, au pyrochroïte, etc., dans un calcaire primitif, au milieu des granulites de Nordmark en Wermland, Suède.

La Basiliite de M. Igelström est un minéral bleu d'acier à éclat métallique, non magnétique, soluble dans l'acide chlorhydrique chaud avec des dégagements de chlore. Au chalumeau, donne de l'eau et devient brun rouge : avec la soude, dégage des fumées d'antimoine. L'analyse a donné à M. Igelström :

$\dddot{Sb}$ 13,09 $\ddot{Mn}$ 70,01 $\ddot{Fe}$ 1,91 $\dot{H}$ 15,10 = 99,11.

Ce minéral se trouve avec Hausmannite et pyrochroïte à Sjögrufvan, paroisse de Grythytte (gouvernement d'Örebro), Suède.

La Thrombolite de Breithaupt, considérée par Plattner comme un phosphate de cuivre hydraté, est d'après Schrauf un antimoniate hydraté de cuivre. Amorphe. Vert émeraude ou vert noir à éclat vitreux. Dur. = 3 à 4. Dens. = 3,67.

Se trouve dans un calcaire à Rezbánya, en Hongrie, comme produit d'altération du cuivre gris.

La *Rivotite* de Ducloux est une substance terreuse, jaune plus ou moins verdâtre, renfermant de l'acide antimonique, de l'acide carbonique et de l'oxyde de cuivre ; elle ne constitue pas une espèce définie. On l'a trouvée dans un calcaire de la Sierra del Cadi (province de Lérida).

ARSENIDES.

ARSENIC. Arsenic natif, Gediegen Arsenik.

Rhomboèdre aigu de 85°7′ (1).

ANGLES CALCULÉS.		ANGLES CALCULÉS.	
$a^1 p$	121°44′	$^*pp$	85°7′ obs. v. Zepharowich.
	121°40′ obs. v. Zeph.	$b^1 b^1$	114°1′ arête culmin.
$a^1 b^1$	141°2′	$e^{4/5} e^{4/5}$	73°37′ arête culmin.
$a^1 e^{4/5}$	112°24′		

Formes observées : a^1, p, b^1, $e^{4/5}$. Les cristaux obtenus par sublimation offrent les combinaisons $a^1 p$; $a^1 p e^{4/5}$.

Macles suivant une face parallèle à l'équiaxe b^1.

Clivage parfait suivant a^1, imparfait suivant b^1. Cassure inégale. Opaque. Éclat métallique très prononcé sur les faces de clivage fraîches. Blanc d'étain inclinant au grisâtre; devenant noir au contact de l'air. Fragile. Dur. = 3,5. Dens. = 5,7 à 5,8. Conduit parfaitement l'électricité.

Dans le matras, se sublime sous la forme d'un anneau métallique *caractéristique*. Sur le charbon, au chalumeau, se volatilise sans fondre et dégage une forte odeur d'ail, et dépose une auréole blanche. L'acide azotique le convertit en acide arsénieux.

As, Arsenic. Les analyses indiquent de petites quantités d'antimoine ou de bismuth et des traces d'argent, de fer, d'or.

Se trouve rarement en cristaux, ordinairement en masses fibreuses, mamelonnées ou globulaires, avec antimoine, discrase, argentite, pyrargyrite, Proustite, galène, etc., à Freiberg, Annaberg, Marienberg et Schneeberg en Saxe; à Joachimsthal en Bohême; à Andréasberg au Hartz; à Kapnik en Transylvanie; à Oravicza en Banat; à Kongsberg en Norwège; à Zmeoff en Sibérie; à Sainte-Marie-aux-Mines en Alsace; au Chili, dans les mines d'argent de Chañarcillo et autres localités; aux États-Unis, dans le New Hampshire et le Maine, etc., etc.

Un arsenic contenant 7,97 p. 100 d'antimoine, d'après Schultz, s'est rencontré à la mine Palmbaum près Marienberg en Saxe. Des masses analogues, mamelonnées, à structure quelquefois cristalline et radiée, d'un blanc d'étain dans la cassure fraîche, devenant d'un noir grisâtre à l'air, renferment 9,18 d'antimoine

---

(1) 85°4′ G. Rose; 85°36′ Zenger; 85°41′ Miller.

d'après Genth. On les a trouvées à la mine Ophir, comté Washoe, Californie.

L'Arsenik Wismuth de Werner (Wismutischer Arsen-Glanz de Breithaupt), d'une dur. = 2, d'une dens. = 5,36 à 5,39, est un arsenic à éclat métallique, brillant, et contenant 3 p. 100 de bismuth; il a été trouvé à Marienberg en Saxe.

M. Hintze a décrit sous le nom d'*Arsenolamprite*, un minéral analogue provenant de Copiapo.

ALLEMONTITE; Haidinger. Antimoine natif arsenifère; Haüy. Arsenik-Antimon; Hausmann. Arsenik spiessglanz; Zippe.

Rhomboédrique.

Clivage facile suivant a^1. Masses testacées offrant une alternance de couches à cassure saccharoïde et de couches à grains très fins, presque compactes. Éclat métallique très prononcé. Blanc d'étain sur les clivages, grisâtre sur les parties à grains fins. Fragile, quoique sectile en s'égrenant sous le canif. Laisse une tache grise sur le papier. Dur. = 3,5. Dens. = 3,203.

Au chalumeau, sur le charbon, dégage des fumées d'arsenic et d'antimoine et fond en un globule qui, après avoir brûlé, laisse une auréole d'oxyde d'antimoine.

Sb, As^3 : Arsenic 65,22 Antimoine 34,78.

Rammelsberg a obtenu, sur la variété d'Allemont :

As 62,15 Sb 37,85 = 100.

Les plus belles masses se sont trouvées à Allemont, département de l'Isère, où elles sont souvent recouvertes d'une croûte de stibiconise d'un blanc jaunâtre. On la cite aussi à Przibram en Bohême, avec blende, antimoine, sidérite, etc.; à Schladming en Styrie; à Andréasberg au Hartz; dans le district de Salpo, province d'Otuzco, Pérou.

Sous le nom d'arsenurane, Scheerer a séparé de l'uraninite de Johanngeorgenstadt à laquelle ils ressemblent beaucoup, quoiqu'avec un éclat moindre et une couleur moins noire, des échantillons dans lesquels il n'a trouvé que de l'arsenic et de l'urane, avec des traces de cobalt, de nickel, de fer, de plomb, de bismuth et d'antimoine.

Haidinger a nommé kanéite un minéral *problématique* formant des masses granulaires ou feuilletées, à éclat métallique, d'un blanc grisâtre, fragiles, d'une densité = 5,5.

Au chalumeau, sur le charbon, il brûle avec une flamme bleue et dépose une poudre blanche. Soluble dans l'eau régale. Le Dr R. J. Kane, de Dublin, y a trouvé : Mn 45,5 As 51,8 = 97,3.

Il l'avait rencontré sur une masse de galène, *supposée* provenir de Saxe.

LÖLLINGITE; Haidinger. Arseneisen. Arsenikalkies. Glanzarsenkies; Breithaupt. Axotomer Arsenkies; Mohs; en partie.

Prisme rhomboïdal droit.

mm 113°40'. Schrauf (Chalanches).	e^3e^3 133°50' sur p Schrauf.
112°27'. Brögger (Arö).	e^4e^4 145°44' sur p Brögger.

Combinaisons : ma^1, $me^4e^3e^1b^1$ (Stokö) : Macles suivant a^1 de deux ou trois individus. Forme généralement des masses à cassure grenue ou inégale. Fragile, blanc d'argent. Poussière noir grisâtre.

Dur. = 5 à 5,5. Dens. variant, suivant la composition de 6,2 à 8,7.

Dans le matras, donne le miroir métallique d'arsenic.

Au chalumeau, sur le charbon, dégage d'abondantes fumées arsenicales et, à la flamme réductrice, fond difficilement en globule magnétique. Après grillage, quelques variétés donnent la réaction du cobalt. Soluble dans l'acide azotique avec séparation d'acide arsénieux.

$FeAs$: Arsenic 72,82 Fer 27,18 avec une petite proportion de soufre, provenant sans doute d'un mélange de mispickel, et souvent de faibles quantités d'antimoine, de cobalt, de nickel et de cuivre.

Analyses de la löllingite, de Sätersberg près Fossum en Norwège (*Sätersbergite*), moyenne de deux opérations : *a*, par Scheerer; de Brevig en Norwège (Sätersbergite), *b*, par Nordenskiöld; de Schladming en Styrie, *c*, par Weidenbusch; d'Andréasberg au Hartz, *d*, par Illing; du mont Teocalli, Colorado (cristaux miscroscopiques ma^1, avec $mm = 122°$, maclés en croix), *e*, par Hillebrand; de Breitenbrunn en Saxe (amorphe), *f*, par Behnke; d'Erzberg en Carinthie, *g*, par F. Weyde; des Chalanches, département de l'Isère (cristallisée), *h*, par Frenzel :

	a	*b*	*c*	*d*	*e*	*f*	*g*	*h*
Arsenic	70,16	72,17	72,18	70,59	71,18	69,85	67,47	63,66
Fer	27,77	27,14	26,48	28,67	22,96	27,41	29,35	21,22
Cobalt.	»	»	»	»	4,37	»	»	6,44
Nickel	»	»	»	»	0,21	»	»	»
Antimoine	»	»	»	»	»	1,05	»	5,61
Cuivre	»	»	»	»	0,39	»	»	»
Soufre	1,31	0,37	0,70	1,65	0,56	1,10	3,18	3,66
	99,24	99,68	99,36	100,91	99,67	99,41	100,00	100,59
Dens. :	7,09	»	8,69	»	7,40	7,28	7,23	6,34

Les principales localités de la löllingite proprement dite sont : Sätersberg près Fossum, Arö et Stokö en Norwège; Schladming en Styrie; Dobschau en Hongrie; Breitenbrunn en Saxe; Reichenstein en Silésie; Erzberg en Carinthie; l'ancienne mine des Chalanches, département de l'Isère; l'ancienne carrière de la Vilate près Chanteloube, Haute-Vienne (masses grenues associées à du béryl, dans une pegmatite); le mont Teocalli, Brush Creek, comté de Gunnison, Colorado, dans une gangue de sidérose, barytine et calcite, avec argent natif, Proustite, pyrargyrite, argentite, chalcopyrite et galène.

On a proposé le nom de leucopyrite pour les variétés qui se présentent plus fréquemment que la löllingite en petits cristaux rhombiques offrant les formes m, g^3, h^1, a^1, e^3, e^1 et la combinaison habituelle ma^1, avec $mm = 122°26'$ (Breithaupt); a^1a^1 sur $p = 51°20'$; e^1e^1 sur $p = 82°20'$. Les cristaux ou les masses bacillaires offrent un clivage assez facile suivant la base, difficile suivant e^1. Cassure inégale. Fragile, blanc d'argent ou gris d'acier. Poussière noire. Dur. = 5 à 5,5. Dens. = 6,9 à 7,1.

La composition se rapproche de la formule Fe^4As^3 qui exige : Arsenic 66,77 Fer 33,23.

Analyses de la leucopyrite : i, cristallisée, de Reichenstein, par Weidenbusch; j (*glaucopyrite* de Sandberger, en petites écailles maclées par entre-croisement, d'un gris de plomb clair, noircissant à l'air, d'une dureté=4,5), de Guadalcanal en Andalousie, par Senftler; k (*pazite* en prismes rhombiques clivables sous un angle de 115°24'), de la Paz en Bolivie, par Winkler; l, de Przibram, par Mrazek; m (*geyerite* de Breithaupt), en partie compacte, en partie cristallisée), de Geyer en Saxe, par Behnke :

	i	j	k	l	m
Arsenic	66,30	66,90	66,76	59,47	58,94
Fer	31,88	21,38	25,07	32,29	32,92
Cobalt	»	4,67	0,15	0,35	»
Antimoine	»	3,59	0,13	3,58	1,37
Cuivre	»	1,14	0,13	»	»
Soufre	1,10	2,36	7,22	4,31	6,07
	99,28	100,04	99,46	100,00	99,30
Densité :	»	7,18	6,30	»	6,24 à 6,32

La leucopyrite, dont l'angle du prisme principal paraît aussi variable que la composition, s'est principalement rencontrée à Reichenstein en Silésie, dans la serpentine; à Guadalcanal en Andalousie; à la Paz en Bolivie; à Przibram en Bohême; à Hüttenberg en Carinthie, avec scorodite, dans le sidérose; à Andréasberg au Hartz, associée à la Breithauptite; à Wolfach, duché de Bade; à Geyer en Saxe, etc.

MISPICKEL; Hausmann; Haidinger. Arsenikkies, Werner. Fer arsenical; Haüy. Prismatischer arsenik-kies; Mohs. Arsenopyrit; Glocker.

Prisme rhomboïdal droit d'environ 111°45 (1) :

$$b : h :: 1000 : 991{,}520 \quad D = 827{,}815 \quad d = 561{,}000.$$

ANGLES CALCULÉS.	ANGLES MESURÉS.
*mm 111°45′	110°49′ A. B., 111°24′ M. A., 30′ moy. A. F., 31′ A. Sa. 111°34′ A. J., 36′ A. P., 40′ Dx. A., 43′ A. E., 47′ A. H. 112°1′ A. M., 6′ A. Ma., 17′ A. R. (2)
$g^0 g^0$ 80°32′ côté	81° env. Dx. la Villeder
$a^2 a^2$ 97°4′ sur p	Da. (3)
$a^1 p$ 119°30′	119°7′30″ A. S. (4), 120°33′ moy. A. P.
$a^1 a^1$ 59°0′ sur p	59°1′ A. S., 59°11′ M. A.
$a^1 a^1$ 121°0′ sur h^1	120°53′ A. F.; 119°38′30″ A. J., 120°50′ A. P., 44′30″ A. E., 38′ A. H. 51′ A. M., 55′ A. Ma., 121° 7′ A. R.
$e^4 e^4$ 146°40′ sur p	146°47′ M. A.
$e^3 e^3$ 136°28′ sur p	Da.
*$e^2 e^2$ 118°10′ sur p	118°10′ M. A. 118°19′30″ A. Sa.
$e^{3/2} e^{3/2}$ 102°47′ sur p	»
$e^2 e^{3/2}$ 172°18′30″	172°14′ M. A.
$e^1 e^1$ 79°43′ sur p	79°50′ moy. Dx. A.
$e^1 e^1$ 100°17′ sur g^1	99°43′ M. A., 39′30″ A. S., 55′30″ A. Sa. 100° moy. Dx. A., 100°5′ A. F.
$e^2 e^1$ 160°46′30″	160°40′ M. A. 160°43′ A. Sa., 48′ A. S.
$e^{3/2} e^1$ 168°28′	168°34′ M. A.
$e^{2/3} e^{2/3}$ 58°12′ sur p	»
$e^1 e^{2/3}$ 169°14′30″	168°47′ M. A.
$e^{1/2} e^{1/2}$ 45°19′ sur p	»
$e^1 e^{1/2}$ 162°48′	162°56′ M. A.
$e^{1/3} e^{1/3}$ 31°6′ sur p	Da.

(1) L'angle mm varie souvent par suite d'enchevêtrements qui rendent les faces inégales; mais, mesuré sur des cristaux nets, il paraît diminuer pour une légère augmentation de la quantité de soufre. Les extrêmes sont, d'après M. Arzruni, 110°49′ (vallée de Binnen), 112°7′ (Reichenstein); 111°45′ est une moyenne voisine des nombres trouvés par M. Arzruni sur des cristaux de Freiberg, de Hohenstein et d'Ehrenfriedersdorf, et par moi-même sur de petits cristaux de la montagne d'Ar.

(2) A. B. Arzruni, cristaux de Binnen; M. A. Magel, cristaux d'Auerbach; A. F., A. Sa., A. J., A. P. Arzruni, cristaux de Freiberg, de Sala, de Joachimsthal, du *plinian* de Breithaupt; Dx. A. Des Cloizeaux, petits cristaux de la montagne d'Ar; A. E., A. H., A. M., A. Ma., A. R. Arzruni, cristaux d'Ehren-

ANGLES CALCULÉS.	ANGLES MESURÉS.	ANGLES CALCULÉS.	ANGLES MESURÉS.
$b^{1/2} m$ 154°54′	Da.	$a_2 a^1$ 165°12′	»
$b^{1/2} b^{1/2}$ 129°48′ s^r m	»	$m e^1$ opp. 64°29′30″	»
$b^{1/6} m$ 171°8′	Da.	$a^1 e^1$ 108°23′30″	108°35′ M. A.
$p y$ 118°11′	»	$m e^4$ adj. 99°29′	»
$p a_2$ 110°12′	Da.	$m e^3$ adj. 102°0′	»
$b^{1/2} b^{1/2}$ 118°56′ avant	»	$m e^2$ adj. 106°45′	106°46′ M. A. 106°33′ A. Sa.
$y y$ 147°8′ avant	147°48′ M. A.	$m e^{3/2}$ adj. 110°29′	»
$b^{1/6} b^{1/6}$ 112°40′ avant	»	$m e^1$ adj. 115°30′30″	115°43′ A. Sa. 114°50′ Dx. A.
$a_2 a_2$ 156°8′ avant	»	$m e^{2/3}$ adj. 119°21′	»
$m a^2$ 123°22′	»	$m e^{1/2}$ adj. 121°11′	»
		$m e^{1/3}$ adj. 122°43′	»
$m a_2$ 150°54′	»	$a^1 e^2$ 114°59′	115°23′ M. A.
$m a^1$ 136°6′	136°5′ à 48′ M. A.		
$y = (b^1 b^{1/3} h^{1/2})$		$a_2 = (b^1 b^{1/2} h^1)$	

Combinaisons observées; $m a^1$, $m e^4$, $m e^1$ (montagne d'Ar), $m a^1 e^4$, $m e^4 e^1$, $m a^1 e^2$, $m a^1 e^2 e^1$, $m p a^1 e^2 e^1$ (mispickel ordinaire); $m h^1 e^2 e^1$, $m h^1 a^2 e^4 e^2 e^1 b^{1/2}$, $m a^1 e^3 e^2 e^1 e^{1/3} b^{1/2} b^{1/6} a_2 y$ (Danaïte).

Le *plinian* de Breithaupt offre la combinaison $m a^1 e^2$ où deux faces m opposées, portant des cannelures parallèles aux intersections $m a^1$ supérieure et inférieure, ont pris un développement excessif, tandis que les deux autres sont réduites à de très petits triangles. Cette disposition donne aux cristaux l'apparence d'un prisme clinorhombique, lorsqu'on place, avec Breithaupt, l'arête m/m horizontalement.

Le *glaucodote* présente $m h^1 a^1 e^2 e^1 e^{1/2}$ avec $m m$ oscillant entre 110°20′ et 111°50′; $e^1 e^1$ sur $p = 79°58′$ (Lewis).

Les cristaux de mispickel sont ordinairement allongés, tantôt suivant l'axe vertical, tantôt suivant la petite diagonale de la base. Les faces e^4 et e^2 sont striées parallèlement à leurs intersections mutuelles; il en est de même pour les m sur certains cristaux; les autres faces sont plus ou moins unies et quelquefois raboteuses.

Macles fréquentes, avec plan d'assemblage parallèle à m ou à a^1. On rencontre des étoiles formées de trois individus maclés suivant a^1, à Auerbach, Bade.

Clivage assez net suivant m; traces suivant p. Dans le *glauco-*

---

friedersdorf, de Hohenstein, de Millerberg, de Marienberg, de Reichenstein. (3) Da., cristaux de Danaïte, variété cobaltifère. (4) A. S. Arzruni, cristaux de Sangerberg, Bohême.

dote, c'est au contraire le clivage basique qui est le plus net. Cassure inégale. Opaque. Éclat métallique prononcé. Blanc d'argent ou blanc d'étain. Gris d'acier clair. Poussière noir grisâtre. Fragile.

Dur. = 5,5 à 6. Dens. = 5,22 à 6,07 Damour; 5,915 à 6,18 *glaucodote*.

Dans le matras, donne un sublimé rouge brun de sulfure d'arsenic, puis un anneau d'arsenic métallique. Dans le tube ouvert, vapeurs sulfureuses et dépôt d'acide arsénieux.

Au chalumeau, sur le charbon, dégage d'abondantes fumées arsenicales et fond en globule magnétique. Après grillage, colore le borax en vert ou en bleu, pour les variétés cobaltifères. Facilement soluble dans l'acide azotique, avec résidu de soufre et d'acide arsénieux.

Le *glaucodote* ne dégage dans le matras qu'un léger sublimé d'acide arsénieux. Il colore l'acide azotique en rouge.

La formule du mispickel peut s'écrire :

$$FeAs + FeS^2 \quad \text{Arsenic } 46{,}01 \quad \text{Soufre } 19{,}63 \quad \text{Fer } 34{,}36.$$

Celle des variétés cobaltifères (Danaïte, glaucodote) est de même

$$RAs + RS^2.$$

Analyses du mispickel : *a*, de Reichenstein, par Weidenbusch; *b*, de Hohenstein, par Balson; *c*, d'Auerbach, par Magel; *d*, de Sala, par Potyka; *e*, d'Ehrenfriedersdorf (*plinian*), par Plattner; de Freiberg, *f*, par Chevreul, *g*, par Behnke; *h*, de Joachimsthal, par Baerwald :

	a	*b*	*c*		*d*	*e*	*f*	*g*	*h*
Arsenic	45,94	45,62	44,11		43,26	45,46	43,42	44,83	42,95
Soufre	19,17	19,76	19,91		19,13	20,08	20,13	20,38	20,52
Fer	33,62	34,64	35,04		34,78	34,46	34,94	34,32	36,53
	98,73	100,02	99,06	Sb	1,29	100,00	98,49	99,53	100,00
Densité :	5,896	»	6,082	Bi	0,14	6,3	»	6,043	»
					98,60				
					6,095				

Analyses du mispickel : *i*, d'Altenberg près Kupferberg en Silésie, par Behnke; *k*, de Thum en Saxe, par Winkler; *l*, de Skutterud, par Wöhlèr; *m*, bacillaire, d'Oravicza, par Huberdt; de la *Danaïte*, *n*, de Copiapo, par Smith, *o*, de Franconia, par Hayes (cristaux thermo-électriques *positifs*, d'après Schrauf et Ed. Dana); *p*, de Hokansboda en Suède, par v. Kobell (cristaux thermo-électriques *négatifs*); *q*, du *glaucodote* de Huasco au Chili, par Plattner:

	i	*k*	*l*	*m*	*n*	*o*	*p*	*q*
Arsenic	43,78	44,97	47,45	44,13	44,30	41,44	44,30	43,20
Soufre	20,25	19,89	17,48	19,75	20,25	17,84	19,85	20,21
Fer	34,35	33,75	30,91	30,36	30,21	32,94	19,07	11,90
Cobalt	Sb 1,05	1,03	4,75	5,76	5,84	6,45	15,00	24,77
	99,43	99,64	100,59	100,00	100,60	98,67	Ni 0,80	100,08
							99,02	
Densité :	6,043	»	»	»	»	»	»	6,0

Le mispickel, en cristaux de grosseurs très variables, disséminés ou réunis en druses, en masses granulaires ou bacillaires, est très répandu dans les roches anciennes et dans les filons qui traversent les gneiss, les micaschistes, les serpentines, etc.; il est surtout abondant dans les filons stannifères où il est associé au wolfram, à la marcasite, à la fluorine, au quartz, etc., notamment aux mines d'étain d'Altenberg, de Geyer et d'Ehrenfriedersdorf en Saxe, de Joachimsthal, de Schlaggenwald et de Zinnwald en Bohême, du Cornwall, etc. On le rencontre aussi : en Saxe, à Breitenbrunn, Raschau, Freiberg, Bräunsdorf, Munzig; en Silésie, à Altenberg et Kupferberg; à Auerbach, duché de Bade; au Harz, à Andréasberg et à la mine du Rammelsberg, près Goslar; à Gölnitz en Hongrie; à Oravicza en Banat; à Mitterberg et Lungau en Salzbourg; en Suède, à Sala, Mora et Norrberke; en France, à la mine d'Ar, Basses-Pyrénées, avec arite, Ullmannite et pyrrothine; à l'ancienne mine d'Allemont (ou des Chalanches), département de l'Isère, avec nickéline compacte; à la Chapelle-sous-Indre, Loire-Inférieure; à la Villeder, Morbihan; dans l'Amérique du Nord, États de New-Hampshire, du Maine, de Vermont, de Massachusetts, de Connecticut, de New-Jersey, de New-York, etc.

Le *plinian* s'est trouvé, d'après Breithaupt, à Ehrenfriedersdorf en Saxe et au Saint-Gothard.

Le *glaucodote* est associé à la cobaltine dans un schiste chloriteux de la province de Huasco, Chili; on le cite aussi à Hokansboda, Suède, et Ludwig a trouvé dans les cristaux de cette localité :

As 44,03   S 19,80   Fe 19,34   Co 16,06 = 99,23.

La *dalarnite* et la *thalheimite* de Breithaupt viennent, la première de Dalarne en Suède ($mm = 111°1'$; dens. = 5,66 à 5,69), la seconde de Thalheim près Stolberg, Erzgebirge (dens. = 6,15 à 6,22).

Le *weisserz* (Werner), fer arsenical argentifère (Haüy) est une variété légèrement argentifère de Braünsdorf en Saxe.

La *Danaïte* se rencontre : en Suède, à Hokansboda (*akontite* en octaèdres rectangulaires de plus de 4 centimètres de diamètre, souvent maclés et pénétrés de chalcopyrite) et à Tunaberg; à Skutterud en Norvège, avec cobaltine; à Franconia, New Hampshire (beaux cristaux dans le gneiss); au Mont Sorata et à Inquisivi, Bolivie; dans le Comté de Nevada, Californie (cristaux quelquefois pénétrés d'or).

La *vermontite*, supposée du Vermont, vient probablement de Franconia.

Thomson avait donné autrefois le nom de *crucite* (crucilit) à des empreintes creuses ou remplies par une matière d'un brun rouge, contenant 80 p. 100 de $\dddot{F}e$, avec de l'alumine et de l'eau, et qui paraît provenir de la transformation du mispickel en oxyde ferrique. Ces empreintes offrent en effet des macles, avec plan d'assemblage parallèle à a^1, de deux ou de trois individus allongés suivant l'arête $^m/_m$ ($mm = 111°$ environ) et formant une croix de Saint-André ou une étoile à six branches, comme certains cristaux d'Auerbach. On les a rencontrées dans un grès silurien des environs de Dublin en Irlande et on les avait regardées comme le produit d'une pseudomorphose de staurotide ou de pyrite.

L'alloclase (Tschermak) se présente en agrégats bacillaires plus ou moins irréguliers de très petits cristaux ma^1 où $mm = 106°$ et $a^1a^1 = 58°$ sur p. Clivage net suivant m; passable suivant p. Gris d'acier. Poussière noire.

Dur. = 4,5. Dens. = 6,65.

Dans le matras, dégage de l'acide arsénieux. Au chalumeau, sur le charbon, vapeurs arsenicales et dépôt d'oxyde de bismuth. Soluble dans l'acide azotique en une liqueur rouge.

Les analyses de Hein, de Huberdt et de Patera annoncent une composition un peu variable, qui peut faire croire à des mélanges. Frenzel a trouvé dans une de ses opérations :

As 27,86 S 16,05 Bi 28,33 Co 24,20 Fe 3,66 Cu 0,45 Au 1,10 = 101,65.

Engagée dans un calcaire grenu, à Oravicza, Banat.

NICKÉLINE; Haidinger et Beudant. Nickel arsenical; Haüy. Prismatischer Nickel-Kies; Mohs. Kupfernickel; Hausmann. Rothnickelkies. Arsennickel. Niccolite; Dana.

Prisme hexagonal régulier.

$$b : h :: 1000 : 819,437 \quad D = 866,025 \quad d = 500.$$

ANGLES CALCULÉS.	ANGLES CALCULÉS.
$b^{7/5}b^{7/5}$ 68°6′ sur m	$b^{7/5}b^{7/5}$ adj. 147°29′
pb^1 136°35′ (1)	147°20′ moy. obs. Dx.
b^1b^1 86°50 sur m	*b^1b^1 adj. 139°48′ Breithaupt.

Formes observées : pb^1 ; $b^{7/5}$ (Sangerhausen).

Cassure conchoïdale ou inégale. Opaque. Éclat métallique. Rouge de cuivre, brunissant à l'air. Poussière noire brunâtre. Fragile.

Dur. = 5,5. Dens. = 7,4 à 7,6 ; 7,72 (Damour).

Au chalumeau, sur le charbon, fond, avec dégagement de vapeurs arsenicales, en un globule blanc, cassant. Dans le tube ouvert, produit de l'acide arsénieux et laisse un résidu terreux vert que la soude et un peu de borax transforment en un globule blanc magnétique. La poudre se dissout dans l'acide azotique, avec dépôt d'acide arsénieux.

Ni As : Arsenic 55,97 Nickel 44,03. Isomorphe de la Breithauptite.

Analyses de la nickéline : *a* d'Oester Langöe, près Krageröe, par Scheerer; *b*, de Richelsdorf, par Stromeyer; *c*, du district Gerbstädter en Mansfeld, par Bäumler; *d*, de la mine Saint-Anton, à Wittichen, par Petersen; *e*, de Sangerhausen, par Grunow; *f*, d'Ayer, val d'Anniviers, par Ebelmen; *g*, d'Allemont, par Berthier.

	a	*b*	*c*	*d*	*e*	*f*	*g*
Arsenic	54,35	54,72	54,62	53,49	54,89	54,05	48,8
Antimoine	»	»	»	»	»	0,05	8,0
Nickel	44,98	44,20	44,47	43,86	43,22	43,50	39,9
Fer	0,21	0,34	0,05	0,67	0,54	0,45	»
Cuivre	0,11	»	»	Bi 0,54	»	Co 0,32	Co 0,2
Soufre	0,14	0,35	0,74	1,18	1,35	2,18	2,0
	99,79	99,61	99,88	99,74	100,00	100,55	98,9
Densité :	7,663	»	»	7,526	»	7,39	»

La nickéline, rarement cristallisée, se trouve ordinairement dans des filons, quelquefois dans des couches qui traversent les granites, les micaschites, les schistes cuivreux; elle est associée à l'argent, au bismuth, à l'arsenic, à la pyrargyrite, à la galène, etc., et ses gangues sont la barytine, le calcaire, le sidérose, le quartz, etc. Ses princi-

(1) Si l'on partait de l'angle $pb^1 = 123°55'$ de la Breithauptite, la pyramide hexagonale citée par Breithaupt dans la nickéline deviendrait, comme l'a fait remarquer autrefois Hausmann, $b^{3/2}$ (*fig.* 420, pl. LXIX) avec $b^{3/2}b^{3/2}$ adj. = 138°46′, et celle que j'ai observée sur les cristaux de Sangerhausen aurait pour symbole $b^{11/5}$ ($b^{11/5}b^{11/5}$ adj. = 147°28′).

pales localités sont : Andreasberg au Harz; Schneeberg, Annaberg, Marienberg, Freiberg en Saxe; Joachimsthal en Bohême; Schladming en Styrie; Saalfeld et Sangerhausen en Thuringe; Richelsdorf et Bieber en Hesse; Wittichen et Wolfach en Bade; Oravicza en Banat; Allemont en Dauphiné; les mines Pengelly et Huelchance en Cornwall; Chatam en Connecticut, avec smaltine; Chañarcillo près Copiapo et Huasco au Chili; Mina de la Rioja, Oriocha, République Argentine, etc.

Elle a longtemps constitué le principal minerai de nickel.

CHLOANTITE; Breithaupt. Weissnickelkies et Arsennickelkies, en partie. Weissnickelerz; Hausmann.

Cubique; avec hémiédrie à faces parallèles.

Formes observées : p, a^1, a^2, b^1 $(\frac{1}{2} b^2)$.

Cassure inégale ou unie. Opaque. Éclat métallique. Blanc d'étain, devenant noirâtre ou verdâtre à l'air.

Dur. = 5,5. Dens. = 6,4 à 6,9.

Dans le matras, donne un anneau d'arsenic métallique. Au chalumeau, sur le charbon, dégage d'abondantes fumées arsenicales et laisse un grain poreux, coloré en vert par places.

Ni As : Arsenic 71,77 Nickel 28,23 avec des mélanges, en proportions variables, de cobalt, de fer et quelquefois de soufre.

Analyses de la chloantite : *a*, de Kamsdorf, par Rammelsberg; *b*, de Joachimsthal, par Marian; *c*, d'Allemont, par Rammelsberg; *d*, de Richelsdorf, par Sartorius; *e*, de la mine Grand Prat près Ayer, val d'Anniviers, par Rammelsberg; *f*, de Chatam, Connecticut (*chatamite*), par Genth; *g*, d'Andreasberg, par von Kobell :

	a	*b*	*c*	*d*	*e*	*f*	*g*
Arsenic	70,63	71,47	71,14	73,53	72,91	70,11	72,00
Nickel	29,45	21,18	18,71	14,06	12,25	9,44	7,00
Cobalt	»	3,62	»	9,17	8,09	3,82	1,94
Fer	»	2,83	6,82	2,24	4,70	11,85	17,39
Cuivre	»	0,29	»	»	Zn 2,42	»	»
Soufre	»	0,58	2,29	0,94	0,14	4,78	0,43
	100,08	99,97	98,96	99,94	100,51	100,00	98,76
Densité :	6,735	6,89	6,411	»	6,765	»	6,6

La chloantite, souvent amorphe, avec structure grenue ou bacillaire, se trouve dans des filons, associée aux minerais de nickel, de cobalt, d'argent, de cuivre, à Schneeberg, Saxe; à Richelsdorf en Hesse; à Andreasberg au Harz; à Kamsdorf près Saalfeld en Thuringe; à Joachimsthal et à Dobschau en Hongrie; au val d'Anniviers en Valais; à Allemont en Dauphiné, etc. La *chatamite* s'est rencontrée à Chatam, Connecticut, dans un micaschiste où elle est associée à du mispickel et quelquefois de la nickéline.

D'après Breithaupt et G. Rose, c'est à la chloantite qu'appartiennent la plupart des minéraux désignés sous le nom de *speiskobalt*.

RAMMELSBERGITE; Dana. Weissnickelerz; Hausmann. Weissnickelkies; Breithaupt.

Prisme rhomboïdal droit de 123° à 124° (Breithaupt). Blanc d'étain, inclinant au rose. Légèrement ductile.

Dur = 4,5 à 5,5. Dens. = 7,10 à 7,19.

Caractères chimiques de la chloantite.

Ni As, dimorphe de la chloantite et renfermant de petites quantités de fer, de cobalt ou de cuivre.

Analyses de la Rammelsbergite de Schneeberg, *a*, par Hoffmann, *b*, par Hilger :

	a	*b*
Arsenic	71,30	70,17
Nickel	28,14	27,38
Cuivre	0,50	Fer 2,12
Soufre	0,14	»
	100,08	99,67
Densité :	»	7,9

Se trouve en masses grenues ou en cristaux bacillaires imparfaits, avec la nickéline, à Schneeberg en Saxe et à Richelsdorf en Hesse.

DISOMOSE; Beudant. Nickelglanz; Hausmann, Nickelarsenikglanz. Gersdorffite. Nickelarsenkies. Arsennickelglanz.

Cubique. Combinaisons observées : a^1; pa^1; pa^1 ($\frac{1}{2}b^2$). L'octaèdre est dominant et b^2 offre l'hémiédrie à faces parallèles.

Clivage assez net suivant *p*. Cassure inégale.

Opaque. Éclat métallique. Gris de plomb clair, inclinant au blanc d'étain et devenant gris ou irisé à l'air. Poussière noir grisâtre. Fragile.

Dur. = 5 à 5,5. Dens. = 6,1 à 6,13.

Dans le matras, décrépite et fournit un sublimé jaune et rouge brun de sulfure d'arsenic.

Au chalumeau, sur le charbon, dégage des vapeurs sulfureuses, avec odeur d'ail, et fond en un globule qui, traité par le borax, donne successivement les réactions du fer, du cobalt et du nickel.

Soluble dans l'acide azotique, avec dépôt de soufre et d'acide arsénieux, en une liqueur verte qui bleuit par l'ammoniaque.

La composition, un peu variable quant aux proportions relatives de soufre et d'arsenic, se rapproche généralement de la formule :

$$NiAs + NiS^2 : \text{Arsenic } 45{,}18 \quad \text{Soufre } 19{,}28 \quad \text{Nickel } 35{,}54.$$

Analyse du disomose : *a*, de Loos en Suède, par Berzélius ; *b*, de Müsen (cristallisé), par Schnabel ; *c*, d'Ems (cristallisé), par Bergemann ; *d*, de Lobenstein, par Heidingsfeld ; *e*, de Schladming (cristallisé), par Pless ; *f*, de Siegen (*Plessite*), par Bogen ; *g*, de Lichtenberg (*amoïbite*), par von Kobell ; *h*, de Dobschau (*dobschauite*), par Zerjäu :

	a	*b*	*c*	*d*	*e*	*f*	*g*	*h*
Arsenic	45,37	46,02	45,02	46,12	39,04	37,52	45,34	49,73
Soufre	19,34	18,94	19,04	18,96	16,35	17,49	13,87	9,41
Nickel	29,94	32,66	34,18	33,04	19,59	40,97	37,34	25,83
Fer	4,11	2,38	1,02	1,81	11,13	4,19	2,50	5,20
Cobalt	} 0,92	»	0,27	0,60	14,12	»	»	7,46
Cuivre		»	»	0,11	»	»	»	»
Antimoine	»	»	0,61	0,33	»	»	»	Si 1,63
	99,68	100,00	100,14	100,97	100,23	100,17	99,05	99,26
Densité :	»	»	»	»	6,64	»	6,08	»

Le disomose, en cristaux octaédriques ou en masses grenues, est connu depuis longtemps au Harz, près de Harzgerode et de Tanne, dans des filons traversant une diabase. On l'a aussi trouvé à Loos en Helsingland, Suède ; à Kamsdorf en Thuringe ; à Müsen près Siegen dans le Westerwald ; à la mine Pfingstwiese près Ems ; à Haueisen près Lobenstein en Voigtland ; à Lichtenberg près Steben, Fichtengebirge ; à Schladming en Styrie ; à Dobschau en Hongrie ; en Espagne ; à Phenixville, Pennsylvanie, en incrustations sur galène et blende décomposées ; à la mine Craigmuir, Lock Fyne, Écosse, etc.

Le *wodankies* (Breithaupt) de Dobschau en Hongrie, où Lampadius avait cru découvrir le nouveau métal *wodan*, contiendrait, d'après Stromeyer :

As 56,20 S 10,71 Ni 16,24 Fe 11,12 Co et Mn 4,25 Cu 0,74 Pb 0,53 = 99,79.

Le *tombazite* (Breithaupt), clivable suivant les faces du cube, d'un jaune bronzé, à poussière noire, fragile, a une dureté de 4 à 5 et une densité = 6,64.

D'après Plattner, il contient de l'arsenic, un peu de soufre, du nickel et des traces de cobalt et de fer.

Il se trouve en cristaux cubiques, avec troncatures sur les arêtes ou amorphe, à la mine « *freudiger Bergmann* » près Lobenstein en Voigtland (1).

La *Sommarugaite* est un disomose aurifère de Rezbànya, Hongrie.

La corynite de Zepharowich tient le milieu entre l'Ullmannite et le disomose.

Elle se présente en octaèdres, rarement isolés, ordinairement groupés en boules ou en agrégats à structure fibreuse, à clivage cubique imparfait.

Éclat métallique. Couleur blanc d'argent ou gris d'acier, s'irisant à l'air. Poussière noire. Un peu fragile.

Dur. = 4,5 à 5. Dens. = 5,99 (Olsa); 6,488 (Gosenbach).

Dans le matras, produit un sublimé blanc et un anneau métallique bordé par une zone rouge étroite et une jaune plus large.

Soluble à chaud dans l'acide azotique, avec dépôt de soufre et d'acide antimonieux.

Deux analyses assez divergentes ont donné : *a* à Payer, *b* à Laspeyres (échantillon de Gosenbach près Siegen).

a. As 37,83 Sb 13,45 S 17,19 Ni 28,86 Fe 1,98 = 99,31.
b. As 10,28 Sb 42,93 S 16,22 Ni 28,91 Fe 0,40 Co 1,13 Bi 0,68 = 100,55.

Associée à la Bournonite dans un calcaire, à Olsa, Carinthie; trouvée aussi à Gosenbach près Siegen.

La wolfachite (Sandberger) de Wolfach, Forêt Noire, paraît constituer une forme rhombique, *dimorphe* de la corynite.

Éclat métallique vif. Couleur blanc d'argent ou blanc d'étain. Poussière noire. Fragile.

Dur. = 4,5 à 5. Dens. = 6,37.

Contient, d'après une analyse de Petersen :

As 38,83 Sb 13,26 S 14,36 Ni 29,81 Fe 3,74 = 100.

SMALTINE; Beudant. Weisser Speiskobold; Werner. Cobalt arsenical; Haüy. Oktaedrischer Kobalt-Kies; Mohs. Tinwhite Cobalt; Phillips. Speiskobalt; Hausmann.

Cubique.

---

(1) D'après Zerrener, ce ne serait qu'une chalcopyrite.

ANGLES CALCULÉS.	ANGLES CALCULÉS.
pp 90°	pb^1 135°
	b^1a^2 150°
pa^2 144°44′	b^1b^1 120° sur a^2
pa^1 125°16′	a^2a^2 131°49′ sur b^1
a^2a^1 160°32′	
a^1b^1 144°44′	
a^1a^1 109°28′ sur b^1	

Formes et combinaisons : p; a^1; pa^1; pb^1; $p\,a^2\,a^3\,b^1$, *fig.* 421, pl. LXIX. Les faces p et a^1 sont souvent courbes et comme gercées.

Traces de clivage suivant p, a^1 et b^1. Cassure inégale. Éclat métallique prononcé. Blanc d'étain passant au gris d'acier ou au blanc d'argent et prenant une teinte rosée à l'air. Poussière noir grisâtre.

Dur. = 5,5. Dens. = 6,3 à 6,6.

Dans le matras, anneau d'arsenic.

Au chalumeau, sur le charbon, dégage d'abondantes vapeurs arsenicales et fond en un globule blanc ou gris, magnétique, donnant avec le borax la réaction du cobalt et quelquefois celle du nickel.

Soluble dans l'acide azotique, avec dépôt d'acide arsénieux, en une liqueur plus ou moins rouge.

Co As : Arsenic 71,77 Cobalt 28,23; on trouve presque toujours des mélanges de fer et de nickel en proportions variables.

Analyses de la smaltine : *a*, de Tunaberg, par Varrentrapp; de Schneeberg, *b* (amorphe grise), par Hoffmann; *c*, d'Atacama, par Smith; *d*, de Richelsdorf, par Stromeyer; *e*, de Joachimsthal, par Marian.

	a	*b*	*c*	*d*	*e*
Arsenic	69,46	70,37	70,85	74,22	74,52
Cobalt	23,44	13,95	24,13	20,31	11,72
Nickel	»	1,79	1,23	»	1,81
Fer	4,95	11,71	4,05	3,42	5,26
Cuivre	»	1,39	0,41	0,16	1,00
Bismuth	»	0,01	»	»	3,60
Soufre	0,90	0,66	0,08	0,89	1,81
	98,75	99,88	100,75	99,00	99,72
Densité :	»	»	»	»	6,807

La smaltine, en cristaux ordinairement enchevêtrés, formant souvent des agrégats stalactitiques, arborescents, réticulés (*cobalt tricoté*), à la manière de certains échantillons d'argent natif, ou en masses amorphes, se trouve dans des filons qui traversent des schistes cristallins, avec nickéline, galène, minerais d'argent, de cuivre, de bismuth, etc., à Tunaberg en Suède; en Saxe, à Freiberg, Schneeberg, Annaberg, Marienberg et Johanngeorgenstadt; en Hesse, à Richelsdorf et à Bieber; à Wittichen en Bade; à Siegen; à Joachimsthal en Bohême; à Dobschau en Hongrie; à Schladming en Styrie; à Allemont en Dauphiné; dans la vallée de Gistain, Haut-Aragon; à Herland et Huel Sparnon en Cornwall; aux mines d'argent de Tres Puntas et à Atacama, Chili; à la mine de la Motte, Missouri, etc.

Ses diverses variétés, désignées autrefois sous les noms de speiskobalt *gris*, speiskobalt *blanc*, etc., constituent la principale source d'où l'on tire le bleu de cobalt et l'acide arsénieux employés dans les arts et l'industrie.

La *cheleutite* (Breithaupt), clivable en cubes, d'un blanc d'étain, de Schneeberg, est une smaltine *tricotée* qui paraît contenir un mélange de sulfure de bismuth, d'après une analyse qui a fourni à Kersten :

As 77,96 Co 9,88 Ni 1,10 Bi 3,88 Fe 4,77 Cu 1,30 S 1,02 = 99,91.

SKUTTÉRUDITE; Haidinger, Hartkobalterz; Hausmann. Tesseralkies; Breithaupt. Arsenikkobaltkies; Scheerer.

Cubique.

ANGLES CALCULÉS.	ANGLES CALCULÉS.	ANGLES CALCULÉS.
pa^2 144°44′	a^1b^1 adj. 144°44′	a^2a^2 146°27′ ar^tes obliq.
pa^1 125°16′	a^1a^1 adj. 109°28′	a^2b^3 adj. 154°39′
$pa^{2/3}$ opp. 115°14′		a^2b^1 106°46′30″ sur b^3
$a^1a^{2/3}$ adj. 169°58′	pb^3 161°34′	
169°30′ à 170°30′ v. Rath	pb^1 adj. 135°	a^2s 169°6′30′
pb^1 opp. 90°	b^3b^3 143°8′ sur p	a^2b^1 adj. 150°
a^2a^1 160°32′		sb^1 160°53′30″

$s = (b^1 b^{1/2} b^{1/3})$

Formes habituelles : a^1, a^2, p, b^1, b^3, $(\frac{1}{2}s)$; $a^{2/3}$ (rare, vom Rath).

Combinaisons : a^1; a^1a^2; $a^1a^2b^1$; $a^1a^2b^1b^3$; $pa^2a^1b^1b^3(\frac{1}{2}s)$; $pa^1a^{2/3}$. D'après vom Rath, la forme b^3 est holoèdre; s offrirait l'hémiédrie à faces parallèles, suivant M. Fletcher.

Clivage net suivant p; traces suivant b^1. Cassure conchoïdale. Opaque. Éclat métallique vif. Blanc d'étain, inclinant au gris de plomb. Cristaux thermo-électriques soit *positifs*, soit *négatifs* (Schrauf et Dana).

Dur. = 6. Dens. = 6,74 à 6,84.

Dans le matras, donne un abondant sublimé d'arsenic.

Au chalumeau et avec les acides, mêmes réactions que la smaltine :

Co^2As^3 : Arsenic 79,22 Cobalt 20,78.

Analyses de la Skuttérudite : *a*, par Scheerer; *b*, cristallisée, *c*, amorphe, par Wöhler.

	a	*b*	*c*
Arsenic	77,84	79,2	79,0
Cobalt	20,01	18,5	19,5
Fer	1,51	1,3	1,4
Soufre	0,69	»	»
	100,05	99,0	99,9

Trouvée en cristaux quelquefois implantés sur des cristaux de cobaltine, ou en masses grenues, dans un micaschiste, à Skutterud, paroisse de Modum en Norwège.

SAFFLORITE; Breithaupt. Grauer Speiskobold; Werner. Eisenkobaltkies; von Kobell.

Prisme rhomboïdal droit de dimensions probablement voisines de celles du mispickel : mêmes macles.

Cassure inégale ou conchoïdale. Éclat métallique. Couleur gris d'acier clair inclinant au blanc d'étain, devenant quelquefois gris foncé et irisée, à l'air.

Dur. = 5,5. Dens. = 6,92 à 7,2.

Offre les mêmes caractères chimiques que la smaltine; mais la solution nitrique donne un abondant précipité d'oxyde de fer, par l'addition de carbonate de chaux.

Co As, avec une quantité notable de fer, *dimorphe* de la smaltine.

Analyses de la safflorite : *a*, cristallisée (*eisenkobaltkies*), de Schneeberg, par von Kobell; *b*, en mamelons à structure fibreuse, de Schneeberg, par Jäckel; *c*, de la mine Reinerzau près Wittichen, par Petersen; *d*, amorphe, de Schneeberg (*schlackenkobalt*), par Mac Cay.

	a	*b*	*c*	*d*
Arsenic	71,08	66,02	69,52	70,36
Cobalt	9,44	21,21	22,11	18,58
Nickel	»	»	1,58	»
Fer	18,48	11,60	4,63	9,51
Cuivre	»	1,90	1,78	0,62
Bismuth	1,00	0,04	0,33	»
Soufre	»	0,49	0,32	0,90
	100,00	101,26	100,27	99,97
Densité :	»	6,84	6,915	7,16

Trouvée en très petits cristaux, en masses compactes, en rognons à structure fibreuse ou bacillaire, à Schneeberg en Saxe et à la mine Reinerzau près Wittichen, duché de Bade.

COBALTINE; Beudant. Cobalt gris; Haüy. Hexaedrischer Kobalt-Kies; Mohs. Bright white cobalt; Phillips; Cobaltite; Dana.

Cubique.

ANGLES CALCULÉS.	ANGLES CALCULÉS.	ANGLES CALCULÉS.
$p\,a^1$ 125°16′	$b^4\,b^2$ 167°28′	$(\frac{1}{2}b^2)\,(\frac{1}{2}s)$ 162°59′
$a^1\,a^1$ 109°25′	$(\frac{1}{2}b^4)\,(\frac{1}{2}b^4)$ 151°56′ sr p	$(\frac{1}{2}b^2)\,a^1$ 140°46′
$p\,b^4$ 165°58′	$(\frac{1}{2}b^2)\,(\frac{1}{2}b^2)$ 126°52′ sr p	$(\frac{1}{2}s)\,a^1$ 157°48′
$p\,b^2$ 153°26′	$(\frac{1}{2}s)\,(\frac{1}{2}s)$ 149°0′ sur b^2	$(\frac{1}{2}b^4)\,a^1$ 134°26′
		$(\frac{1}{2}b^4)\,(\frac{1}{2}s)$ 155°10′

$$s = (b^1\,b^{1/2}\,b^{1/3})$$

Formes et combinaisons : a^1 ; a^1p ; $(\frac{1}{2}b^2)$; $a^1\,(\frac{1}{2}b^2)$; $p\,a^1\,(\frac{1}{2}b^2)$; $p\,a^1\,(\frac{1}{2}b^4)\,(\frac{1}{2}b^2)\,(\frac{1}{2}s)$. Les formes b^4, b^2, s, offrent l'hémiédrie à faces parallèles. Les faces p sont striées parallèlement à leur intersection avec $(\frac{1}{2}b^2)$; les autres faces sont unies. Clivage parfait suivant le cube. Cassure imparfaitement conchoïdale ou inégale. Opaque. Éclat métallique. Couleur blanc d'argent inclinant au rouge, se ternissant quelquefois à l'air. Poussière noir grisâtre. Fragile. Les cristaux, comme ceux de pyrite, manifestent la thermo-électricité, tantôt *positive*, tantôt *négative*.

Dur. = 5,5. Dens. = 6,25 à 6,37 (Damour).

Dans le matras, ne fournit qu'un léger sublimé blanc; dans le tube ouvert, dégage de l'acide sulfureux et dépose de l'acide arsénieux.

Au chalumeau, sur le charbon, fond avec dégagement de vapeurs arsenicales en un globule gris, faiblement magnétique, qui colore le borax en bleu. Soluble à chaud dans l'acide azotique, avec dépôt d'acide arsénieux; la liqueur donne un précipité blanc par l'azotate de baryte.

$Co\,S^2 + Co\,As$: Arsenic 45,18 Soufre 19,28 Cobalt 35,54; avec des quantités variables de fer.

Analyses de la cobaltine : *a* (amorphe), de la mine Morgenröthe près Eisern, à Siegen, par Schnabel; *b*, de la mine Philippshoffnung, à Siegen, par le même; de Skutterud en Norwège, *c*, par Stromeyer; d'Oravicza en Banat (bacillaire), *d*, par Patera, *e*, par Huberdt; *f*, de la mine Grüner Löwe à Siegen (speiskobalt fibreux), par Schnabel; *g*, de la mine Hamberg à Siegen (*ferrocobaltite* amorphe, grise), par Ebbinghaus.

	a	*b*	*c*	*d*	*e*	*f*	*g*
Arsenic	45,31	44,75	43,46	43,63	44,13	42,53	43,14
Soufre	19,35	19,10	20,08	19,78	19,75	19,98	19,08
Cobalt	33,71	29,77	33,10	32,03	30,37	8,67	9,62
Fer	1,63	6,38	3,23	4,56	5,75	25,98	24,99
Antimoine	»	»	»	»	»	2,84	1,04
							Cu 2,36
	100,00	100,00	99,87	100,00	100,00	100,00	100,23
Densité :	»	»	6,23	»	»	5,83	»

La cobaltine, en cristaux quelquefois pénétrés par des cristaux de *skuttérudite* dont ils se distinguent par leur couleur jaunâtre et par un éclat moins vif, ou en masses grenues, forme des couches dans les schistes cristallins, avec pyrite, chalcopyrite, Danaïte, magnétite, quartz, amphibole, anthophyllite, calcite, etc. Les plus beaux cristaux viennent de Tunaberg, Riddarhyttan, Hokansboda en Suède et Skutterud, paroisse de Modum en Norwège. Elle est abondante aux mines de Vena en Suède et de Daschkessan près Elisabethpol au Caucase. On la rencontre aussi à Siegen en Westphalie; à Querbach en Silésie; à Oravicza en Banat; à la mine Botallack près Saint-Just en Cornwall; au Chili. Les variétés très riches en fer (*stahlkobalt*, *ferrocobaltite*) se trouvent à Siegen.

Comme la smaltine, elle sert à la préparation du bleu de cobalt.

Arsenbismuth. Thomson a décrit autrefois un minéral *problématique* de Schneeberg en Saxe qui se présente en masses composées d'une superposition de lames ou de baguettes, fragiles, d'un éclat résineux, d'un brun châtain à l'extérieur, d'un jaune brunâtre à l'intérieur.

Dur. = 5,5. Dens. = 3,694.

Au chalumeau, décrépite fortement, dégage une odeur arsenicale et brûle avec une flamme bleue. Soluble dans les acides. Thomson y a trouvé :

As 38,09 Bi 55,91 Fe 6,32 = 100,32.

On peut en rapprocher une substance qui paraît n'être qu'un mélange et qui, d'après Vogl, a été trouvée à Joachimsthal en Bohême. Éclat métallique. Couleur gris d'acier ou de plomb.

Dur. = 5. Dens. = 5.

Au chalumeau, sur le charbon, dégage d'abondantes vapeurs arsenicales, dépose une auréole de bismuth au feu d'oxydation et laisse un grain de cuivre avec la soude, au feu de réduction. Attaquable par les acides. Contient, d'après Lindaker, abstraction faite de 29,57 de silice et d'impuretés :

As 31,03 S 10,03 Bi 45,76 Cu 13,18 = 100.

DOMEYKITE; Haidinger. Arséniure de cuivre; Cobre Blanco; Domeyko. Weisskupfer; Hausmann. Arsenikkupfer; Zinken.

Amorphe. Cassure conchoïdale ou inégale. Opaque. Éclat métallique. Blanc d'étain, se ternissant à l'air en devenant jaunâtre et irisée.

Dur. = 3,5. Dens. = 6,7 à 7,5.

Au chalumeau, sur le charbon, dégage des vapeurs arsenicales et, traité par la soude, donne un globule de cuivre pur. Attaquable par l'acide azotique.

Cu^3As : Arsenic 28,24 Cuivre 71,76.

Analyses de la Domeykite : *a*, de Calabazo, Chili, par Domeyko; *b*, du Chili, par Field; *c*, de la mine San Antonio, à Copiapo, Chili, par Frenzel; *d*, du *cerro* de las Parracutas au Mexique, par le même; *e*, de la mine Corocoro au Chili, par Forbes; du lac Supérieur, *f*, par Genth, *g*, par Frenzel.

	a	*b*	*c*	*d*	*e*	*f*	*g*
Arsenic	28,36	28,35	25,82	27,10	28,41	29,25	28,29
Cuivre	71,64	71,52	70,16	72,99	71,13	70,68	72,02
Fer	»	»	3,50	»	Ag 0,46	»	»
Soufre	»	»	0,49	»	»	»	»
	100,00	99,87	99,97	100,09	100,00	99,93	100,31
Densité :	»	»	6,70	7,547	»	7,56	7,207

La Domeykite, en rognons ou en masses botryoïdes, se trouve avec cuprite et arséniates de cuivre, au Chili, à la montagne de Calabazo, province de Coquimbo, dans un porphyre; dans les filons d'argent du cerro San Antonio, près Copiapo; à la mine de Corocoro; au Mexique, au *cerro* de las Parracutas; aux États-Unis, au lac Portage et à l'île Michipicoten, lac Supérieur, avec nickéline; à Zwickau en Saxe (Dens. = 6,84).

L'algodonite de Field, en masses granulaires ou en incrustations cristallines à cassure semi-conchoïdale, a un éclat métallique prononcé qui se ternit à l'air. Couleur gris d'acier ou blanc d'argent.

Dur. = 4. Dens. = 6,90 à 7,62.

Offre les mêmes caractères chimiques que la Domeykite, mais est moins fusible.

Cu^6As : Arsenic 16,44 Cuivre 83,56.

Analyses de l'algodonite : *a*, de la mine Algodones, Chili, par Field; *b*, du cerro de las Yeguas, Chili, par Genth; du lac Supérieur, *c* et *d*, par le même.

	a	b	c	d
Arsenic	16,23	16,44	16,72	15,30
Cuivre	83,30	83,11	82,35	84,22
Argent	0,31	trace	0,30	0,32
	99,84	99,55	99,37	99,84
Densité :	»	7,62	»	»

Trouvée au Chili, à la mine d'Algodones près Coquimbo, Cerro de las Yeguas, département de Rancagua et aux États-Unis, dans la région du lac Supérieur.

La Whitneyite de Genth, en masses à grains fins, cristallines, offre un éclat peu prononcé dans la cassure, mais en prend un métallique, très vif, par le frottement. Couleur blanc grisâtre ou rougeâtre pâle, devenant brunâtre ou bronzée à l'air ; quelquefois irisée. Malléable.

Dur. = 3,5. Dens. = 8,25 à 8,47 (lac Supérieur) ; 8,64 (Chili), variant probablement avec la porosité des échantillons.

Au chalumeau, moins fusible que l'algodonite.

Cu^9As : Arsenic 11,60 Cuivre 88,40.

Analyses de la Whitneyite : *e*, du comté Hougton, Michigan, par Genth (moy. de deux opérations) ; *f*, de la côte Nord du lac Supérieur, par le même ; *g*, de la Laguna en Sonora, par le même ; *h*, de Potrero grande à Copiapo, Chili, par Forbes.

	e	f	g	h
Arsenic	11,61	12,28	11,46	11,56
Cuivre	88,13	87,48	88,54	88,02
Argent et résidu insoluble	0,40	0,04	trace	0,42
	100,14	99,80	100,00	100,00
Densité :	8,408	8,471	»	8,69

Observée dans l'État de Michigan, au comté Hougton, avec cuivre natif, aux *locations* Sheldon et Albion, aux mines Cliff et Minnesota, lac Supérieur ; dans la Sonora, golfe de Californie (35 milles de Saric). La *Darwinite* de Potrero grande, au Chili, analysée par Forbes est identique à la Whitneyite.

Outre les trois principaux arséniures de cuivre précédents, on en cite un de Los Puquios (Rancagua, au Chili) qui ne contient que 9 à 10 p. 100 d'arsenic ; un autre, blanc rougeâtre, malléable, de la mine Fortuna, désert d'Atacama, qui n'en renferme que 7,5 p. 100. Enfin, d'après Domeykо, diverses mines du Chili fournissent un cuivre natif de couleur rouge blanchâtre, plus ou moins malléable et plus dur que le cuivre pur.

La condurrite de Blyth paraît être un mélange et un produit d'altération de divers minéraux, peut-être de *Tennantite*. Elle se présente en nodules arrondis, noirs, tendres, tachant les doigts, prenant sous l'ongle un éclat un peu métallique.

Dans le matras, dégage de l'eau et de l'acide arsénieux.

Au chalumeau, sur le charbon, émet des vapeurs arsenicales et fond en une boule métallique qui, après refroidissement, se gonfle, se gerce et laisse un globule de cuivre lorsqu'on la traite par la soude et le borax. L'eau sépare de l'acide arsénieux; l'acide chlorhydrique dissout cet acide ainsi que l'oxyde cuivreux et laisse un résidu composé d'arsenic, cuivre et soufre. Une lessive de potasse sépare de l'acide arsénieux et de l'acide arsénique, en laissant de l'oxyde cuivreux.

Les anciennes analyses de Blyth et de Faraday semblent annoncer que le mélange se compose d'acide arsénieux et de *Domeykite*: celles de von Kobell, de Rammelsberg et de Winkler conduisent à des quantités de cuivre plus considérables.

Trouvée à la mine de *Condurrow* en Cornwall.

La Chañarcillite (Dana) se trouve en grains blancs ressemblant à l'argent natif, cassants, dégageant au chalumeau d'abondantes vapeurs antimoniales blanches, avec forte odeur arsenicale. Ce minéral qui semble être un discrase arsenical contient, d'après Domeyko :

ARSENIC.	ANTIMOINE.	ARGENT.	FER.
23,8	19,6	53,6	3,0 = 100
22,3	21,4	53,3	3,0 = 100

Engagée dans un calcaire à Chañarcillo, Chili. D'après M. Raimondi, la même substance, en masses amorphes à structure finement granulaire, grises, se trouve, avec galène et argent natif, dans un calcaire manganésifère aux mines de *Jardin de Plata*, province de Huanta.

La *Macfarlanite* et la *Huntilite* sont probablement des arsénimes d'argent provenant du lac Supérieur.

ARSÉNOLITE; Dana. Arsenic oxydé; Haüy. Arsenit; Haidinger. Arsenikblüthe; Karsten.

Pseudo cubique? octaèdre régulier a^1 tronqué sur ses arêtes par les faces du dodécaèdre b^1.

Clivable suivant les faces de l'octaèdre. Cassure conchoïdale. Transparent ou translucide. $n = 1{,}748$ ray. rouges; 1,755 jau. sodium. Des lames un peu épaisses, parallèles à a^1 offrent quelques plages irrégulières qui paraissent exercer une faible action sur la lumière polarisée *parallèle*. Éclat vitreux, inclinant à l'adamantin. Incolore à l'état de pureté; jaune ou rougeâtre, par suite de mélanges. Poussière blanche.

Dur. = 1,5. Dens. = 3,70.

Au chalumeau, sur le charbon, se volatilise; dans le tube ouvert, forme un dépôt de petits octaèdres.

Chauffé dans le matras, avec un mélange de soude et de cyanure de potassium, donne de l'arsenic métallique. Légèrement soluble dans l'eau; goût astringent et douceâtre.

$\ddot{A}s$: Arsenic 75,75 Oxygène 24,25.

Rencontré en petits cristaux, en croûtes cristallines, en masses stalactitiques ou terreuses, provenant de la décomposition de minerais arsenifères tels que arsenic natif, réalgar, Proustite, etc. à Joachimsthal, Bohême; à Kapnik, Transylvanie; aux anciennes mines de Bieber en Hanau et de Sainte-Marie-aux-Mines en Alsace; à Andréasberg, Harz; aux mines Ophir, Nevada et Armagosa, Californie, etc.

Facile à obtenir artificiellement et se produisant souvent dans le grillage des arséniures de nickel ou de cobalt (1).

EKDÉMITE; Nordenskiöld. Héliophyllite; Flink.

Masses grenues paraissant appartenir au système tétragonal.

Clivage suivant la base. Translucide en lames minces. Double réfraction à un axe *négatif* (2). Jaune clair ou vert. Éclat vitreux sur les faces de clivage, gras dans la cassure.

---

(1) L'acide arsénieux est dimorphe et on obtient la variété prismatique (*arsenphyllite, Claudétite*) en chauffant à 100° de l'acide arsénieux en excès avec de l'acide sulfurique étendu ou au moyen d'une dissolution dans la potasse. Cette variété s'est aussi produite dans un fourneau des environs de Freiberg et à la suite d'un grand incendie, dans les remblayages des mines de Schmölnitz en Hongrie (*Bull. Soc. minéral.*, t. X, p. 303, novembre 1887). Claudet l'a citée en lames pénétrant du mispickel (dens. = 3,85), aux mines de San-Domingo, Portugal. La Claudétite se présente en prismes *clinorhombiques* de 135°, allongés suivant l'axe vertical, très facilement clivables en lames flexibles, suivant le plan de symétrie, blancs, à éclat nacré, et ressemblant à de petits cristaux de gypse.

Elle est *homœomorphe*, mais non isomorphe de la valentinite, comme on l'avait admis jusqu'ici. Bissectrice *aiguë* positive, parallèle à g^1, située dans l'angle obtus $p\ h^1$ et faisant un angle de 6° environ avec l'arête $^m/_m$. Dispersion ordinaire, $\rho < v$. Dispersion *inclinée* peu marquée. Axes optiques très écartés.

(2) M. Nordenskiöld avait observé, avec l'ekdémite de Longban, un minéral à deux axes optiques, ayant la même composition que l'ekdémite et lui ressemblant beaucoup. M. Flink paraît avoir trouvé la même substance à laquelle il a donné le nom d'*héliophyllite*, à la mine Harstigen près Pajsberg. D'après

Dur. = 2,5 à 3. Dens. = 7,14.

Au chalumeau, fond très facilement en une masse jaune et dégage un sublimé blanc de chlorure de plomb. Facilement soluble dans les acides.

$\dot{P}b^5 \dddot{A}s + 2PbCl^2$: Acide arsénieux 10,59 Oxyde plombique 59,66 Plomb 22,15 Chlore 7,60 = 100.

Les analyses ont fourni : *a*, ekdémite de Longban, par Nordenskiöld; *héliophyllite* de Harstigen, *b*, par Flink, *c* et *d* par Hamberg.

	$\dddot{A}s$	$\dot{P}b$	Pb	Cl	$\dot{F}e, \dot{M}n$	$\dot{C}a$	$\ddot{S}b$	
a.	10,60	58,25	23,39	8,00	»	»	»	= 100,24
b.	11,69	55,58	23,32	8,00	0,54	»	»	= 99,13
c.	10,85	55,75	23,47	8,05	0,07	0,08	0,56	= 98,83
d.	10,49	55,92	23,27	7,96	0,16	0,11	1,38	= 99,29

L'ekdémite a été trouvée en croûtes grenues, dans une calcite jaunâtre, à Longban, et l'héliophyllite dans des géodes tapissées de cristaux de barytine, à la mine de Harstigen, près Pajsberg en Wermland.

TRIPPKÉITE; vom Rath.

Prisme droit à base carrée.

$$b : h :: 1000 : 647,755.$$

ANG. CALCULÉS.	ANG. MESURÉS; VOM RATH.	ANG. CALCULÉS.	ANG. MESURÉS; VOM RATH.
[$b^1b^{1/2}$ 160°36′	160°45′	zz adj. 162°29′ sur h^1	162°30′
b^1b^1 65°52′ base	65°50′	a_2a_2 adj. 149°50′ sur h^1	149°55′
$b^{1/2}b^{1/2}$ 104°40′ base	»	$b^{1/2}a_2$ 158°24′	158°15′
$b^{1/6}b^{1/6}$ 151°8′ base]	»	$b^{1/2}z$ 154°16′	»
		$a^2a^{1/2}$ 160°32′	»
*b^1b^1 adj. 134°47′	134°47′		
$b^{1/2}b^{1/2}$ adj. 111°56′	»	[$a_{1/2}z$ 166°50′	»
$b^{1/6}b^{1/6}$ adj. 93°33′	»	$a_{1/2}h^1$ 123°49′]	»
$b^1a_{1/2}$ 164°47′30″	»		
b^1z 153°52′	»	a_2z 171°24′	»
$a_{1/2}a_{1/2}$ adj. 150°37′30″ s^r h^1	»		

$$a_{1/2} = (b^1b^{1/2}h^{1/2}); \quad z = (b^{1/19}b^{1/29}h^{1/20}); \quad a_2 = (b^1b^{1/2}h^1)$$

Combinaisons observées : $m\,h^1\,p\,b^1\,b^{1/2}\,a_{1/2}\,a_2$; $m\,h^1\,p\,b^1\,b^{1/2}\,b^{1/6}\,a_{1/2}\,a_2\,z$.

Clivages parfaits suivant m et h^1. Les faces clivées montrent

---

M. Axel Hamberg, les lames de clivage des deux variétés offrent un mélange de plages uniaxes et de plages biaxes qui pourrait s'expliquer par des macles de prismes voisins de 90°, à forme *limite*.

des stries verticales qui annoncent la structure fibreuse des cristaux. Les faces h^1 et m sont ordinairement arrondies. Les formes p et h^1 sont les plus développées; les faces des trois dioctaèdres ne sont en général que rudimentaires.

Transparente en lames minces. Double réfraction *positive* à un axe. Couleur bleu verdâtre.

Dans le matras, fond en une scorie verdâtre et produit un sublimé blanc, cristallin, d'acide arsénieux. Soluble dans l'acide azotique en une liqueur qui devient bleue par l'ammoniaque.

Les essais qualitatifs de M. Damour, dont il a fallu se contenter jusqu'ici, faute d'une quantité de matière suffisante pour une analyse, paraissent bien établir que la Trippkéite est un arsénite de cuivre.

Elle a été signalée par Paul Trippke en très petits cristaux de 0,5 à 1$^{m/m}$,5 de grosseur, implantés avec olivénite dans les géodes d'un cuivre oxydulé de Copiapo, Chili.

HAIDINGÉRITE; Turner. Prismatischer Euklas-Haloid; Mohs. Diatomous Gypsum-haloide; Haidinger.

Prisme rhomboïdal droit de 100° (Haidinger).

$$b : h :: 1000 : 382,214 \quad D = 766,044 \quad d = 642,787.$$

ANGLES CALCULÉS.	ANGLES CALCULÉS.	ANGLES CALCULÉS.
mm 100°0′	*$e^1 g^1$ 116°31′	nn 87°5′ côté
$m h^1$ 140°0′	$e^1 e^1$ 126°58′ sur p	
*$m g^1$ 130°0′		$m s$ 152°56′
130°42′ à 131°45′ ob. Schr.	ss 42°23′ sur p	$m a^{1/2}$ 125°54′
	ss 137°42′ avant	
$a^2 a^2$ 146°53′ sur p	ss 61°25′ côté	$m n$ 150°14′
$a^{1/2} a^{1/2}$ 80°7′ sur p	nn 58°22′ sur p	$m a^2$ 110°24′30″
$a^{1/4} a^{1/4}$ 45°36′ sur p	nn 121°46′ avant	

$s = (b^{1/2} b^{1/6} h^1)$ $n = (b^1 b^{1/3} h^{1/2})$

Combinaisons : $m h^1 g^1 a^2 a^{1/2} e^1$; $m h^1 g^1 a^2 a^{1/2} a^{1/4} e^1 s n$, *fig.* 423, pl. LXX. Les faces a^2, $a^{1/2}$, $a^{1/4}$ sont raboteuses, s et n arrondies.

Clivage parfait et très facile suivant g^1. Transparente ou translucide. Plan des axes optiques parallèle à h^1. Bissectrice *obtuse* négative normale à g^1, avec axes très écartés et $\rho > v$, faible. $\alpha = 1,67$ envir. (Haidinger).

Éclat nacré très vif, inclinant à l'adamantin sur le clivage. Blanche. Sectile et flexible en lames minces.

Dur. = 2 à 2,5. Dens. = 2,848 (Haidinger).

Dans le matras, dégage de l'eau. Au chalumeau, fond en émail blanc. Sur le charbon donne des fumées arsenicales. Soluble dans l'acide azotique.

$Ca^2\ddot{A}s + 4\dot{H}$: Acide arsénique 55,55 Chaux 27,05 Eau 17,40.

Analyse par Turner :

Arséniate de chaux 85,68 Eau 14,32 = 100.

La Haidingérite, *excessivement* rare, en cristaux allongés suivant l'axe vertical ou en croûtes cristallines, accompagne la pharmacolite et est supposée venir de Joachimsthal en Bohême; Sandberger l'a signalée à Wittichen et à la mine Wolfgang près Alpirsbach en Wurtenberg.

PHARMACOLITE. Pharmakolith; Karsten. Hemiprismatisches Euklas-Haloid; Mohs. Chaux arseniatée; Haüy. Hemiprismatic Gypsum-haloide; Haidinger.

Prisme rhomboïdal oblique de 117°24'.

$b : h :: 1000 : 308{,}067 \quad D = 852{,}835 \quad d = 522{,}177.$

Angle plan de la base = 117°2'34".

Angle plan des faces latérales = 93°31'50".

ANGLES CALCULÉS.	ANGLES MESURÉS.	ANGLES CALCULÉS.	ANGLES MESURÉS.
mm 117°24'	»	$g^1 b^{1/2}$ 107°51'	107°30' S.
$h^2 m$ adj. 160°9'	»	$g^1 a_5$ 110°19'	110°19' S. / 110°35' moy. Dx.
$h^2 g^1$ adj. 101°27'	101°29' S. 100° env. Dx. (1)	$a_5 a_5$ adj. 139°22'	»
$h^2 g^1$ opp. 78°33'	78°28' S. 30' Dx.	$m b^{1/2}$ lat. 100°36'	100°30' S.
$h^2 h^2$ 157°6' av.	»	$e^1 h^2$ adj. 100°11'	100°8' S.
*$m g^1$ adj. 121°18'	121°18' S. / 121°16' moy. Dx.	$e^1 h^2$ opp. 92°21'	92°20' à 21' S.
*$g^1 e^1$ adj. 109°26'	109°44' à 49' S. / 109°25' moy. Dx.	$h^2 a_5$ adj. 148°26'30"	148°40' S.
$g^1 p$ 90°	»	$h^2 a_5$ opp. 135°16'	135°30' S.
$g^1 e^1$ 70°34' s^r p	70°9' à 16' S. / 70°31' moy. Dx.	$p : \frac{m}{m}$ 96°46'	96°45' moy. micr. Dx. (2)
$e^1 e^1$ 141°8' s^r p	140°32' S.	$p : \frac{d^{1/6}}{d^{1/6}}$ 124°53'	124°45' moy. micr. Dx.
*pm ant. 95°47'	»	$p : \frac{a_5}{a_5}$ 114°41'	114°42' moy. micr. Dx.
$b^{1/2} m$ adj. 120°12'	121°20' S.		
$g^1 d^{1/6}$ 116°40'	116°30' ; 35' Dx.		

$$a_5 = (b^1 b^{1/5} h^1)$$

(1) S. Schrauf; Dx. Des Cloizeaux.
(2) Angles plans mesurés au microscope (Des Cloizeaux).

Les formes $d^{1/6}$ (Des Cloizeaux) et $b^{1/2}$ (Schrauf) n'avaient pas été signalées par Miller. Les cristaux sont généralement allongés suivant l'arête $g^1 e^1$.

Combinaisons observées : $m g^1 p e^1$; $h^2 m g^1 p e^1 a_3$, *fig.* 424, pl. LXX ; $m g^1 e^1$; $h^2 m g^1 e^1 a_3$; $h^2 m g^1 e^1 b^{1/2} a_3$; $h^2 m g^1 e^1 d^{1/2} a_3$. Les faces m, h^2 et p, e^1 sont finement striées parallèlement à leurs intersections mutuelles.

Clivage facile et parfait suivant g^1 ; traces suivant h^1.

Transparente ou translucide. Double réfraction assez énergique. La bissectrice *obtuse* positive est perpendiculaire à g^1 ainsi que le plan des axes qui fait en moyenne, pour la lumière blanche, des angles d'environ 27°4' avec l'arête $g^1 e^1$, et 69°42' avec l'arête $g^1 m$.

$2H_0 = 113°27'$ ray. rou. 112°20' jau. sod. 111°47' ray. bleus.

A 45° du plan de polarisation, les hyperboles sont bordées par des couleurs anormales, rouge violet à *l'intérieur*, vert à *l'extérieur*. Dispersion *tournante* nulle.

Éclat vitreux, nacré sur g^1. Couleur blanche, avec légère teinte de gris ou de jaune. Poussière blanche. Sectile; flexible en lames minces.

Dur. = 2 à 2,5. Dens. = 2,73 (Haidinger).

Dans le matras, dégage de l'eau. Au chalumeau, à la flamme oxydante, fond en émail blanc. En ajoutant un peu d'étain à une très petite quantité de matière, fondue avec du sel de phosphore dans une coupelle Lebaillif, on obtient au feu de réduction une couleur noire caractéristique (1). Soluble dans l'acide azotique.

$\dot{C}a^2 \ddot{\dot{A}}s + 6\dot{H}$ (2) Acide arsénique 51,12 Chaux 24,88 Eau 24,00.

Analyses de la pharmacolite : *a*, de Wittichen, par Klaproth; *b*, de la mine Sophie, à Wittichen, par Petersen; *c*, d'Andréasberg (*arsénicite*), par John; *d*, de Glücksbrunn, par Rammelsberg; de la *pikropharmakolith*, *e*, de Riechelsdorf, par Stromeyer, *f*, du Comté Joplin, par Genth et Penfield (moy. de 2 anal.).

---

(1) Damour, *Ann. de chimie et de physique*, tom. X, 3e sér., pag. 74, 1844.

(2) En faisant réagir par diffusion de l'azotate de chaux et de l'arséniate disodique, M. Dufet a obtenu de beaux cristaux transparents qui offrent les formes h^2, m, g^1, e^1, a_3 de la pharmacolite et des propriétés optiques identiques à celles des cristaux naturels, mais qui ne renferment que 20 p. 100 d'eau et se rapportent à la formule $\dot{C}a^2 \ddot{\dot{A}}s + 5\dot{H}$ exigeant $\ddot{\dot{A}}s$ 53,25 $\dot{C}a$ 25,92 $\dot{H}$ 20,83. Peut-être les cristaux naturels analysés étaient-ils mélangés d'une petite quantité de Wapplérite qui leur est ordinairement associée à l'état de poudre blanche.

	a	b	c	d	e	f
Acide arsénique	50,54	49,45	45,68	51,58	46,97	47,67
Chaux	25,00	24,18	27,28	23,59	24,65	21,03
Magnésie	»	»	»	»	3,22	7,52
Oxyde de cobalt	»	»	»	1,43	1,00	»
Eau	24,46	(26,37)	23,86	23,40	23,98	23,85
	100,00	100,00	96,82	100,00	99,82	100,07
Densité :	»	»	»	»	»	2,583

Trouvée comme produit secondaire, en cristaux aciculaires, en croûtes capillaires ou en masses mamelonnées et stalactitiques, dans des filons argentifères, avec arsenic, pyrargyrite, galène, cobaltine, etc., à Andréasberg au Harz; à Glücksbrunn en Thuringe; à Riechelsdorf et à Bieber en Hesse; à Joachimsthal en Bohême; à Wittichen, Forêt Noire; à Sainte-Marie-aux-Mines.

La *picropharmacolite*, citée à Riechelsdorf, a été rencontrée en masses mamelonnées, composées d'aiguilles soyeuses, formant des incrustations de 2 à 15 millimètres d'épaisseur sur *dolomie* dans le Comté Joplin, Missouri.

De nouvelles analyses de M. Genth semblent prouver que la substance ne possède pas une composition bien constante.

SVABITE. Hj. Sjögren.

Hexagonal, isomorphe de l'apatite.

$$mb^1 = 129°32' \quad b^1b^1 = 101°14' \text{ sur } p.$$

Combinaison : $p\,m\,b^1\,a^2$. Les faces prismatiques sont striées verticalement. Incolore et transparent. Double réfraction faible à un axe *négatif*. Éclat gras.

Dur. = 5. Dens. = 3,52.

Au chalumeau, fond difficilement en perle noire. Soluble dans les acides.

L'analyse de Manzélius conduit à la formule :

$$\dot{C}a^{10}\,\dddot{A}s^3 + \dot{H}.$$

$\dddot{A}s$	$\dddot{F}e + \dddot{P}$	$\dot{C}a$	$\dot{M}g$	$\dot{H}$	Cl	Insoluble.
52,2	0,9	42,5	0,7	1,0	0,1	2,1 = 99,5

Tapisse les druses de Schefférite et de grenat, avec Brandtite et manganophylle, à Harstigen (Wermland).

BRANDTITE ; Nordenskiöld.

Prisme doublement oblique, isomorphe de la *rosélite* (voir plus loin, page 400).

Angles approximatifs, observés par Nordenskiöld :

[ph^1 antér. 89°25′
$o^{3/2}h^1$ 113°5′
$o^{3/4}h^1$ 130°14′
$o^{3/8}h^1$ 150°4′
$h^1a^{3/4}$ adj. 132°58′

$h^1a^{3/2}$ 114°53′

[$h^1f^{1/2}$ 110°8′
$h^1e^{1/2}$ adj. 111°25′

Les cristaux, d'apparences variables, sont généralement allongés dans la direction de l'axe latéral et ils sont aplatis suivant la base qui est cannelée parallèlement à l'arête p/h^1, plus ou moins courbe et raboteuse. Ils constituent le plus souvent des agrégats de plusieurs individus à axes imparfaitement parallèles, ce qui rend peu exacte la mesure de leurs incidences.

Macles fréquentes parallèlement à la base.

Clivage très net suivant h^1, moins net suivant p et g^1.

Incolore ou blanche. Éclat vitreux, légèrement nacré.

Dur. = 5 à 5,5. Dens. = 3,671 à 3,672.

Au chalumeau, fond en perle brune. Dans le matras, dégage de l'eau sans décrépiter. Soluble dans les acides azotique et chlorhydrique.

$(\dot{C}a^2, \dot{M}n)\dddot{\bar{A}}s + 2\dot{H}$; Acide arsénique 51,22 Chaux 24,94 Oxyde manganeux 15,81 Eau 8,03.

M. G. Lindström a obtenu, sur la matière desséchée à 100°C. :

$\dddot{\bar{A}}s$ 50,48 $\dddot{\bar{P}}h$ 0,05 $\dot{P}b$ 0,96 $\dot{C}a$ 25,07 $\dot{M}n$ 14,03 $\dot{M}g$ 0,90

$\dot{F}e$ 0,05 $\dot{H}$ 8,09 Cl 0,04 Perte 0,04 = 99,71.

Associée à la Schéelite, au calcaire, à la karyopilite et à la sarkinite, à Harstigen près Pajsberg, Suède.

KÜHNITE; Miller. Berzéliite; Kühn. Chaux arséniatée anhydre; Dufrénoy.

Cubique? Paraissant clivable dans une direction. Cassure inégale. Transparente en lames minces. Masse monoréfringente, avec petites plages manifestant une action irrégulière sur la lumière polarisée. Éclat résineux. Couleur jaune de miel; jaune légèrement rougeâtre en masse.

Dur. = 5 à 6. Dens. = 2,62.

Au chalumeau, devient grise, sans fondre. Avec le sel de phosphore et l'étain, même réaction que la pharmacolite. Avec le carbonate de soude, réaction du manganèse. Soluble dans l'acide azotique.

$$(\dot{C}a, \dot{M}g, \dot{M}n)^{10} \dddot{A}s^{3}.$$

Analyses, *a* et *b*, par Kühn; *c*, par Högbom :

	$\dddot{A}s$	$\dot{C}a$	$\dot{M}g$	$\dot{M}n$	Perte au feu.	Insoluble.
a.	58,51	23,22	15,68	2,13	0,30	» = 99,84
b.	56,46	20,96	15,61	4,26	2,95	0,23 = 100,47
c.	57,59	19,97	16,12	5,68	0,49	» = 99,85

Se trouve en nodules, quelquefois assez volumineux, dans une dolomie accompagnant des minerais de fer, à Longban en Suède.

M. Lindgren a rencontré, également à Longban, une Berzéliite *biréfringente*, en petits grains engagés dans une calcite brun rougeâtre, avec mica manganésifère très dichroïque et un peu de Hausmannite.

Dur. = 5. Dens. = 4,03 à 4,04.

$(\dot{C}a, \dot{M}g, \dot{M}n)^{3} \dddot{A}s$, d'après une analyse qui a donné à M. Mac Cay :

$\dddot{A}s$	$\dot{C}a$	Mg	$\dot{M}n$	$\ddot{S}i$
62,00	20,00	12,81	4,18	0,68 = 99,67

Peut-être faut-il voir ici un exemple de dimorphisme ou un phénomène analogue à celui des Gadolinites *mono* et *biréfringentes*.

Dans des masses de Hausmannite provenant des mines de Nordmarken en Suède, autour de Mossgrufvan, M. Igelström a aussi observé une Berzéliite biréfringente, ayant le même aspect que la Kühnite de Longban, mais ne se présentant qu'en petits grains arrondis, disséminés au milieu de la Hausmannite. Ces grains sont transparents, d'une couleur jaunâtre. D'après M. Em. Bertrand, ils possèdent une forte biréfringence et une bissectrice aiguë *positive* autour de laquelle l'écartement des axes dans l'air est d'environ 2E = 140° (lumière blanche). La bissectrice *obtuse* est normale à deux faces planes reconnues sur un des grains examinés, ce qui, joint à l'absence de toute dispersion *inclinée* ou *tournante*, semble indiquer que la forme cristalline est probablement rhombique.

Dans le matras, la Berzéliite de Nordmarken conserve sa transparence et sa couleur et, au chalumeau, elle donne un peu de plomb, en dégageant des fumées arsenicales. Elle est très soluble dans les acides.

Sa formule paraît identique à celle de la Kühnite de Kühn, car M. Igelström a obtenu dans deux analyses :

$\dddot{A}s$	$\dot{C}a$	$\dot{M}g$ et un peu de $\dot{M}n$	
57,80	25,25	16,95	= 100
56,43	26,56	17,01	= 100

Ce minéral paraît être identique à l'*adélite* de M. Hj. Sjögren, ou en être très voisin. L'adélite forme des masses opaques ou translucides, possédant deux axes optiques très écartés autour d'une bissectrice *positive* avec $\rho < v$. Le minéral, gris ou gris jaunâtre possède l'éclat gras.

Dur. = 5. Dens. = 3,71 à 3,76.

Au chalumeau, fusible en émail gris; soluble dans les acides.

Les analyses conduisent à la formule :

$$(\dot{C}a^2, \dot{M}g^2)\, \dddot{A}s + \dot{H}.$$

Analyses de l'*adélite* : *a*, de Kittelgrufvan, par Manzélius; *b*, de Mossgrufvan; par Lundström; *c*, de Longban, par Manzélius.

	a		*b*	*c*
Acide arsénique	50,04		49,73	50,28
Chaux	25,43		25,52	24,04
Magnésie	17,05		18,98	17,90
Baryte	traces		0,81	0,23
Oxyde manganeux	1,64		1,69	0,48
Oxyde plombeux	0,39	$\dot{Z}n$	0,08	2,79
Chlore	0,24		»	traces
Eau	4,25		2,36	3,90
Oxyde ferrique et alumine	0,30		0,83	0,08
Oxyde cuivrique	0,26		»	0,32
	99,60		100,00	100,02

Se trouve avec d'autres arséniates dans les mines de manganèse de Nordmark (Kittel et Mossgrufvan) et de Longban.

WAPPLÉRITE; Frenzel.

Prisme rhomboïdal oblique de 96°16′ (1).

$$b : h :: 1000 : 194,198 \quad D = 743,326 \quad d = 668,929.$$

(1) Quoique les formes observées par M. Schrauf se correspondent à droite et à gauche du plan de symétrie et semblent annoncer un type clinorhombique, ce savant a cru devoir regarder les cristaux comme *tricliniques*, par suite des différences qu'il a trouvées entre les angles mesurés des deux côtés du plan de symétrie et de l'obliquité apparente de la bissectrice aiguë sur ce plan. (Zeitsch. f. Krystallog. de Groth, t. IV, 1880).

Angle plan de la base$=96°1'52''$.
Angle plan des faces latérales$=93°28'48''$.
Angle p : $^{m}/_{m}=95°12'$.

ANGLES CALCULÉS.	ANGLES MESURÉS (SCHRAUF).
*mm 96°16′	96°16′
$h^1 m$ 138°8′	»
$h^3 m$ 162°16′	»
$h^3 g^1$ 114°8′	114°14′; 15′ à droite; 114°12′ à gauche
$m g^1$ 131°52′	132°2′; 4′; 7′ à droite; 131°41′; 44′; 47′ à gauche.
$g^3 g^1$ 150°51′	150°54′ à droite
$h^1 o^{1/4}$ 141°30′	»
$h^1 o^{1/2}$ 123°59′	»
$a^{1/2} h^1$ adj. 116°12′	»
$a^{1/4} h^1$ adj. 137°4′	»
$a^{2/15} h^1$ adj. 154°29′	»
$h^1 \gamma$ adj. 117°57′	»
$e^{1/3} h^1$ antér. 94°6′	»
$\gamma e^{1/3}$ adj. 156°9′	156°10′ à gauche
$h^1 \delta$ 140°35′	142° environ à droite
$h^1 \rho$ 123°7′	»
$e^1 h^1$ antér. 95°2′	96° environ à droite
ρe^1 151°55′	152° environ; 152°2′ à droite
$\rho \pi$ 121°26′ sur e^1	121°35′ à droite
$e^1 \pi$ 149°31′	149°44′ à droite; 149°23′ à gauche
$e^1 \omega$ 128°49′	128°48′ à droite
πh^1 postér. 115°27′	»
ωh^1 postér. 136°8′	»
$\omega \pi$ adj. 158°58′	159°8′ à gauche
$e^1 h^1$ postér. 84°58′	85° environ à gauche
$g^1 e^{1/3}$ 127°58′	128°10′ à droite; 128°0′; 3′ à gauche
$g^1 e^1$ 104°35′	104°45′; 49′; 52′ à droite; 22′; 30′ à gauche
$e^{1/3} e^1$ 156°37′	156°41′ à droite; 156°26′; 34′ à gauche
$e^{1/3} e^{1/3}$ 104°4′ sur e^1	104°9′
*$e^1 e^1$ adj. 150°50′	150°47′; 53′
$g^1 \delta$ 99°14′	99°47′ à droite
$\delta\delta$ avant 161°32′	»
$g^1 \varphi$ 146°36′	146°10′ à gauche
$g^1 \varepsilon$ 137°17′	»
$g^1 \gamma$ 123°1′	123°0′; 13′ à droite; 122°47′; 51′; 54′; 57′ à gauche

ANGLES CALCULÉS.	ANGLES MESURÉS (SCHRAUF).
$g^1 \rho$ 102°13′	102°19′; 30′; 32′ à dr.; 101°54′; 102°1′; 4′ à gau.
$g^1 o^{1/2}$ 90°	»
$\gamma \rho$ 159°12′	159°13′; 18′ à droite; 159°7′; 10′ à gauche
$g^1 \pi$ 103°12′	103°30′ à droite; 102°50′; 55′ à gauche
$\pi\pi$ adj. 153°36′	153°35′
$g^1 \omega$ 100°5′	»
$\omega\omega$ adj. 159°50′	»
$m\omega$ opp. 114°50′	114°58′ à gauche
$m\omega$ adj. 130°50′	130°42′ à gauche
$m\pi$ opp. 99°40′ sur ω	99°39′ à droite
$\omega\pi$ adj. 148°50′	149°2′ environ à gauche
$\pi e^{1/3}$ adj. 142°42′	142°43′ à droite
$e^{1/3} m$ antér. 117°38′	117°20′ environ; 40′ à gauche
εm antér. 140°36′	140° environ à droite
$m\delta$ adj. 133°1′	»
$m\rho$ opp. 105°30′ sur δ	»
$\rho e^{1/3}$ adj. 143°33′	143°36′ à gauche
$m\pi$ adj. 118°12′	118°10′; 16′ à droite; 118°13′ à gauche
$m e^1$ 76°30′ sur π	76°38′ à droite; 76°10′ à gauche
πe^1 138°18′ croisés	»
*$e^1 m$ antér. 103°30′	103°25′; 35′ à gauche
γm adj. 135°27′	135°18′; 23′; 29′ à gauche
ρm adj. 123°14′	123°25′ à droite; 122°57′; 123°7′; 12′ à gauche
$m e^1$ opp. 84°6′ sur ρ	83°59′; 84°10′ à gauche
ρe^1 140°52′ croisés	140°52′ à gauche
$e^{1/3} h^3$ antér. 108°28′	108°3′ environ; 21′ à gauche
$e^{1/3} \omega$ 125°38′	»
ωh^3 postér. opp. 125°54′	125°40′ environ; 126°5′ à gauche
γh^3 antér. 130°5′	»
$\gamma \pi$ 122°2′	122° à droite
πh^3 postér. opp. 107°24′	107°36′ à gauche
ρh^3 antér. 125°48′	125°30′ environ; 52′ à droite
πh^3 postér. adj. 119°3′	119°7′ à droite
δh^3 antér. opp. 129°44′	»
$e^{1/3} h^3$ opp. 79°15′ sur δ	»
$\delta e^{1/3}$ adj. 129°31′	»

ANGLES CALCULÉS.	ANGLES MESURÉS (SCHRAUF).
δh^3 adj. **140°24′**	»
$h^3 a^{2/15}$ adj. **145°27′**	**145°50′** environ à droite

$\delta = (d^{1/3} d^{1/5} h^1)$ $\gamma = (d^1 b^{1/5} g^1)$ $\varphi = (d^{1/5} b^{1/9} g^1)$
$\rho = (d^1 d^{1/3} h^1) = o_3$ $\varepsilon = (d^{1/3} b^{1/7} g^1)$ $\pi = (b^1 b^{1/3} h^1) = a_3$
$\omega = (b^{1/3} b^{1/5} h^1)$

Dans certaines combinaisons de formes telles que $m\,g^1\,e^{1/3}\,e^1\,\delta\gamma\rho\varphi\pi$, $h^3 m\,g^3 g^1 e^{1/3} e^1 \gamma\rho\pi$, $h^3\,m\,g^3 g^1 \gamma\rho\pi$, M. Schrauf a observé des faces très inégalement développées à droite et à gauche; dans d'autres, telles que $h^1 h^3 m\,g^1 e^{1/3} e^1 \delta\gamma\rho\omega\pi$, $h^3 m\,g^1 a^{2/15} e^{1/3} e^1 \gamma\rho\omega\pi$, elles offraient au contraire toute la symétrie d'un cristal clinorhombique régulier.

Clivage facile parallèlement à g^1.

Transparente *à l'état frais*, mais se transformant, au contact de l'air humide, en une masse pulvérulente, blanche et opaque (*Rösslérite*).

Double réfraction énergique. Bissectrice *aiguë* négative, paraissant *un peu oblique* au plan de symétrie. Plan des axes faisant un angle d'environ 69°30′ avec l'arête antérieure $m\,g^1$ et un angle de 15° avec l'arête $g^1 e^1$. $2E = 55°$ environ. Dispersion *ordinaire* des axes très sensible, avec $\rho < v$; dispersion *tournante* très marquée (1).

Éclat vitreux. Incolore ou blanche. Très fragile.

Dur. = 2 environ. Dens. = 2,48.

$\dot{R}^2 \dddot{\ddot{A}}s + 8\dot{H}$ où $\dot{R} = (\dot{C}a, \dot{M}g)$ et $\dot{C}a : \dot{M}g :: 4 : 3$; Acide arsénique 48,65 Chaux 13,54 Magnésie 7,34 Eau 30,47.

A 100° la substance perd 18 à 20 p. 100 d'eau dont le reste est chassé à 360°.

La Wapplérite se présente en groupes allongés de petits cristaux, en croûtes cristallines ou en enduits vitreux; elle accompagne la

---

(1) A travers un très petit fragment transparent que M. Schrauf a bien voulu m'envoyer, j'ai pu, malgré son obliquité sur la bissectrice *négative*, voir simultanément les deux systèmes d'anneaux, à l'aide de l'éclaireur et de l'objectif à grand angle d'ouverture de M. Em. Bertrand (*Bull. Soc. min.*, t. VIII, p. 29 et 377). Dans l'un de ces systèmes, les anneaux sont notablement plus dilatés que dans l'autre; mais les couleurs qui bordent les hyperboles sont presque aussi vives d'un côté que de l'autre. Elles ne me permettent donc pas d'affirmer qu'il existe une dispersion *inclinée* combinée avec la dispersion *tournante*, comme semble l'annoncer la différence entre les diamètres des anneaux des deux systèmes. Il est malheureusement impossible de s'assurer si cette différence provient réellement de ce que les cristaux appartiennent au système *triclinique* ou si elle ne tient pas uniquement à ce que le plan de symétrie n'est pas exactement parallèle aux surfaces du petit fragment qui ont dû être légèrement repolies par M. Schrauf pour leur rendre de la transparence.

pharmacolite, très rarement mélangée de Haidingérite, à Joachimsthal, à Schneeberg, à Wittichen, à Riechelsdorf et à Bieber.

Comme il a été dit plus haut, la *Rösslérite* ne serait, d'après M. Schrauf, qu'une pseudomorphose de la Wapplérite dont les cristaux, en absorbant un équivalent d'eau, deviennent blancs et opaques, tout en conservant leurs formes et même l'éclat de leurs faces.

Suivant Blum, la Rösslérite en croûtes cristallines, blanches ou incolores, trouvée dans les schistes cuprifères de Bieber en Hesse, se rapprocherait de la Hörnésite. Sa composition conduit à la formule $\dot{\mathrm{Mg}}^2\,\dddot{\mathrm{As}} + 15\,\dot{\mathrm{H}}$, d'après une analyse qui a fourni à Delffs :

$$\dddot{\mathrm{As}}\ 40{,}16 \quad \dot{\mathrm{Mg}}\ 14{,}22 \quad \dot{\mathrm{H}}\ 45{,}62 = 100.$$

HÖRNÉSITE ; Haidinger.

Prisme rhomboïdal oblique d'environ 107°.

Lames assez larges, mais très minces, fortement aplaties suivant le plan de symétrie et terminées par les faces d'une hémipyramide qui font entre elles un angle de 152°. Ces lames ressemblent à des lames trapéziennes de gypse dont les angles plans seraient de 144° et 36°. Clivage très facile suivant g^1, fournissant des lames qui sont finement striées parallèlement à l'arête mg^1.

Transparente par places. Les axes optiques, très écartés autour de la bissectrice *obtuse* négative, sont compris dans un plan normal au plan de symétrie, situé dans l'angle obtus de 144° et faisant avec l'arête mg^1 un angle de 31° à 39° (Em. Bertrand et Haidinger).

Éclat nacré sur le clivage. Couleur blanche. Flexible en lames minces.

Dureté du talc. Dens. = 2,474 (Haidinger).

Fusible à la simple flamme d'une bougie. Odeur d'ail par fusion avec le carbonate de soude sur le charbon.

Dans le matras, dégage beaucoup d'eau. Facilement soluble dans les acides.

$\dot{\mathrm{Mg}}^3\,\dddot{\mathrm{As}} + 8\,\dot{\mathrm{H}}$: Acide arsénique 46,42 Magnésie 24,51 Eau 29,07.
Chimiquement isomorphe de l'érythrine et de la Vivianite.

Une analyse a donné à M. von Hauer :

$$\dddot{\mathrm{As}}\ 46{,}33 \quad \dot{\mathrm{Mg}}\ 24{,}54 \quad \dot{\mathrm{H}}\ 29{,}07 = 99{,}94.$$

Des lames larges de 12 à 13 millimètres, groupées en étoiles et ressemblant à du talc, ont été reconnues par M. Kenngott, comme constituant une espèce nouvelle, dans la collection minéralogique de Vienne. Ces lames tapissent des cavités dans un échantillon de calcaire pénétré de grenat que l'on suppose venir de Cziclova ou d'Oravicza en Banat.

Une substance semblable, en petites lames d'un rose pâle, offrant les mêmes propriétés optiques, peut être considérée, d'après les essais de M. Em. Bertrand, comme une Hörnésite manganésifère; elle a été trouvée, avec *nagyagite*, dans une gangue argileuse de Nagyag, Transylvanie.

ZEUNÉRITE ; Weisbach.

Prisme droit à base carrée.

$$b : h :: 1000 : 1456{,}232 \quad D = 707{,}107.$$

ANGLES CALCULÉS.	ANGLES MESURÉS ; WEISBACH.
$*pb^{1/2}$ 108°57′ (1)	108°57′ bonne moyenne ; 109°32′
$b^{1/2}b^{1/2}$ 142°6′ arête basique	141°4′ à 48′
$b^{1/2}b^{1/2}$ 96°3′ arête culminante	»

Combinaison dominante $pb^{1/2}$ accompagnée de plusieurs pyramides striées parallèlement à leur intersection avec la base et ne fournissant que des mesures peu précises.

Clivage très facile parallèlement à la base; moins facile suivant les faces du prisme tangent aux arêtes basiques de $b^{1/2}$.

Transparente en lames minces qui sont quelquefois parsemées de taches noires opaques. Double réfraction à un axe *négatif*.

Éclat nacré sur le clivage basique. Couleur vert émeraude ou vert pomme.

Dur. = 2,5. Dens. = 3,53.

$(\ddot{U}^2, \dot{C}u)\,\dddot{A}s + 8\,\dot{H}$: Acide arsénique 22,34 Oxyde uranique 55,94 Oxyde cuivrique 7,74 Eau 13,98.

Une analyse de M. Winkler a donné :

$$\dddot{A}s\ 20{,}94 \quad \ddot{U}\ 55{,}86 \quad \dot{C}u\ 7{,}49 \quad \dot{H}\ 15{,}68 = 99{,}97.$$

---

(1) M. Schrauf a trouvé en moyenne $pb^{1/2} = 111°15'$. Ses mesures présentent, avec celles de M. Weisbach une différence de même ordre que celle qui résulte des observations faites sur la *chalcolite* par Lévy, d'une part, et par Kokscharow, Hessenberg, Sella, Schrauf et Des Cloizeaux d'autre part.

Outre l'octaèdre dominant $b^{1/2}$, M. Schrauf a observé une forme $b^{1/4}$ qui deviendrait $b^{2/7}$ en la rapportant à l'axe vertical de M. Weisbach et ce dernier cite deux pyramides plus obtuses que $b^{1/2}$ qui ne peuvent s'exprimer que par les symboles compliqués et douteux $b^{8/9}$ et $b^{13/4}$.

Les cristaux de Zeunérite, généralement très petits, tabulaires ou allongés suivant l'axe vertical, sont implantés sur un quartz ferrifère ou une limonite ocreuse, avec uraninite, Trögérite et walpurgine, à la mine *Weisser Hirsch* à Neustädtel, près Schneeberg en Saxe ; on en cite aussi au Gasterhalde près Joachimsthal, à Zinnwald, au filon Saint-Antoine près Wittichen, et à Huel Gorland en Conwall.

URANOSPINITE ; Weisbach.

Prisme droit à base carrée.

$$b : h :: 1000 : 1456,824 \quad D = 707,107.$$

ANGLES CALCULÉS.	ANGLES MESURÉS ; WEISBACH.
pb^5 163°45′	163°
*pb^1 124°28′	124°28′
$b^1 b^1$ 111°4′ arête basique	111°3′30″
$pb^{1/2}$ 108°57′	108°30′

Ordinairement en petites tables pb^1, les faces b^1 étant striées parallèlement à leur intersection avec p.

Clivage très facile suivant la base.

Transparente en lames minces. Double réfraction à un axe *négatif*. Couleur vert serin.

Dur. = 2 à 3. Dens. = 3,45.

Géométriquement et chimiquement isomorphe de la Zeunérite et se rapportant à la formule :

$(\ddot{U}^2, \dot{C}a)\dddot{A}s + 8\dot{H}$: Acide arsénique 22,86 Oxyde uranique 57,26 Chaux 5,57 Eau 14,31.

Une analyse a fourni à M. Winkler :

$$\dddot{A}s\ 19,37 \quad \ddot{U}\ 59,18 \quad \dot{C}a\ 5,47 \quad \dot{H}\ 16,19 = 100,21.$$

L'uranospinite a été trouvée à la mine *Weisser Hirsch* près Schneeberg, avec Trögérite, walpurgine et Zeunérite et ses lames sont régulièrement enchevêtrées dans les cristaux de ce dernier minéral.

TRÖGÉRITE ; Weisbach.

Prisme rhomboïdal oblique d'environ 102°24′.

ANGLES CALCULÉS.	ANGLES MESURÉS APPROXIMATIVEMENT ; SCHRAUF.
$*h^2 g^1$ 105°0′	105°
⎡ $o^3 h^1$ adj. 90°30′	91°
⎢ $a^{1/3} h^1$ adj 153°30′	153° à 154°
⎣ $o^3 a^{1/3}$ 116° sur p	116°
$g^1 d^{3/2}$ »	100°
$g^1 b^{1/6}$ »	125°

Les cristaux, rarement épais, se présentent ordinairement en lames aplaties suivant g^1 qui rappellent l'aspect du gypse et qui sont souvent superposées en se croisant.

Clivage très facile parallèlement au plan de symétrie.

Transparente ou translucide. Axes optiques assez écartés autour de la bissectrice *aiguë* négative normale à g^1, et situés dans un plan qui *paraît* faire des angles d'environ 101°30′ avec l'arête $g^1 h^1$ et un angle de 52°30′ avec l'arête $g^1 a^{1/3}$ (Bertrand); $\rho > v$. Couleur jaune citron. Éclat nacré sur le clivage.

Dens. = 3,23.

Devient brune par calcination.

$\ddot{U}^3 \dddot{As} + 12 \dot{H}$: Acide arsénique 17,55 Oxyde uranique 65,95 Eau 16,50.

M. Winkler a obtenu dans une analyse :

$$\dddot{As}\ 19{,}64 \quad \ddot{U}\ 63{,}76 \quad \dot{H}\ 14{,}81 = 98{,}21.$$

Trouvée avec walpurgine, Zeunérite et autres minerais d'urane, à la mine *Weisser Hirsch* près Freiberg.

PYRRHOARSÉNITE; Igelström.

Forme indéterminée. Un seul clivage visible. Masse monoréfrigérente parsemée de quelques points biréfringents, très analogue à la Berzéliite. Translucide.

Couleur jaune ou rouge jaunâtre, rappelant celle du bichromate de potasse. Poussière jaune ou jaune orangé.

Dur. = 4. Dens. = 4,01.

Dans le matras, donne un peu d'eau. Au chalumeau, sur le charbon, noircit et fond avec bouillonnement en une boule noire, non magnétique. L'odeur arsenicale ne se dégage qu'en ajoutant un peu de carbonate de soude; il se produit alors un léger enduit d'oxyde d'antimoine. Soluble à froid dans les acides azotique et chlorhydrique.

Paraît se rapporter à la formule $\dot{R}^5\overset{\cdot\cdot\cdot}{A}s^2$, où $\dot{R} = (\dot{M}n, \dot{C}a, \dot{M}g)$.

Deux analyses, *a*, de la variété rouge jaunâtre, *b*, de la variété jaune, toutes deux mélangées d'un peu de barytine et de calcite, ont fourni à M. Högbom :

	$\overset{\cdot\cdot\cdot}{A}s$	$\overset{\cdot\cdot\cdot}{S}b$	$\dot{M}n$	$\dot{C}a$	$\dot{M}g$	$\dot{B}a\dddot{S}$ insol.	$\ddot{C}$
a.	50,92	2,60	19,18	18,35	3,50	3,96	1,27 = 99,78
b.	53,39	2,90	14,12	18,54	7,53	1,36	1,58 = 99,42

Trouvée en veines ou en petits amas de 3 à 4 centimètres dans la Hausmannite, avec téphroïte, barytine et calcite, à la mine de manganèse de Sjögrufvan, gouvernement d'Örebro, Suède.

CHONDROARSÉNITE; Igelström.

Grains de forme indéterminable, ressemblant à la chondrodite de Finlande, transparents en lames minces, à deux axes optiques très écartés autour de leur bissectrice *aiguë* négative.

Éclat gras dans la cassure. Couleur jaune. Fragile.

Dur. = 3.

Dans le matras, décrépite, noircit et donne de l'eau neutre.

Sur le charbon, à la flamme réductrice, dégage des vapeurs arsenicales. Facilement soluble dans les acides étendus.

$\dot{M}n^6\overset{\cdot\cdot\cdot}{A}s + 3\dot{H}$: Acide arsénique 32,39 Oxyde manganeux 60,00 Eau 7,61 = 100.

Une analyse a fourni à M. Igelström :

$\overset{\cdot\cdot\cdot}{A}s$ 33,50 $\dot{M}n$ 51,59 $\dot{C}a$ 4,86 $\dot{M}g$ 2,05 $\dot{H}$ 7,00 = 99,00.

Les grains sont disséminés dans des filons de barytine intercalés dans la Hausmannite, à Pajsberg en Wermland.

SARKINITE; Sjögren et Flink. Polyarsénite; Igelström.

La Sarkinite de Hartigsgrufvan cristallise en prisme clinorhombique de 58°54′ (Flink).

$b : h :: 1000 : 677,255$ $D = 446,900$ $d = 894,584$.

Angle plan de la base = 53°5′24″.
Angle plan de m = 114°28′16″; ph^1 = 117°46′32″.

ANG. CALCULÉS.	ANG. MESURÉS; FLINK.	ANG. CALCULÉS.	ANG. MESURÉS; FLINK.
*mm 58°54′ avant	58°9′ à 54′	$b^{1/2}h^1$ adj. 100°16′	100°37′
mm 121°6′ côté	121°5′30″	$b^{1/2}h^1$ antér. 79°44′	79°20′
mh^1 119°27′	119°22′ à 45′		
		$e^{1/2}m$ antér. 153°38′	153°18′
pm antér. 103°15′	»	$b^{1/2}e^{1/2}$ adj. 155°14′	115°12′ à 28′
*$mb^{1/2}$ adj. 143°24′	143°24′ à 37′	*$b^{1/2}m$ antér. 128°52′	128°25′ à 52′

Cristaux offrant la combinaison $mh^1g^1pe^{1/2}b^{1/2}$, avec grande prédominance des formes p et h^1.

Deux clivages, dont l'un plus facile que l'autre.

Axes optiques compris dans le plan de symétrie. Bissectrice *aiguë* négative, située dans l'angle aigu $ph^1 = 62°13'$ et faisant avec l'axe vertical un angle de 54°.

Les grains cristallins de polyarsénite se présentent sans forme déterminable et sans clivages; ils sont transparents et offrent deux axes optiques écartés de 80° à 85° autour de leur bissectrice *aiguë* négative (Em. Bertrand).

Éclat gras. Presque incolore en lames minces. Rouge rose ou rouge de chair (*sarkinite*). Jaune rouge (*polyarsénite*). Poussière rouge clair. Fragile.

Dur. = 4 à 5. Dens. = 4,14 à 4,19.

Dans le matras, dégage un peu d'eau. Au chalumeau, sur le charbon, produit quelques fumées d'antimoine et fond, avec bouillonnement, en un globule noir, non magnétique (*polyarsénite*) ou magnétique (*sarkinite*). Avec la soude, au feu de réduction, odeur arsenicale et quelques grains de plomb. Facilement soluble dans l'acide chlorhydrique.

$\dot{M}n^4\overset{..}{\ddot{A}}s + \dot{H}$: Acide arsenique 43,23 Oxyde manganeux 53,38 Eau 3,39.

Analyses : *a*, du *polyarsénite*, par Söderbaum, moyenne de deux opérations; de la *sarkinite*, *b*, de Pajsberg, par Lundström, *c*, de Harstigsgrufvan, par Hamberg :

	a	*b*	*c*
Acide arsénique	39,05	41,60	41,50
— phosphorique	»	0,21	trace
— antimonique	1,20	»	»
Oxyde manganeux	50,18	51,60	51,92
— ferreux	»	0,13	»
— plombique	»	0,25	»
Chaux	2,89	1,40	1,22
Magnésie	0,75	0,98	0,38
Eau	3,15	3,06	3,48
Acide carbonique	3,51	0,76	»
Matière insoluble	»	0,38	»
	100,73	100,37	98,50
Densité :	4,17	4,19	4,22

La polyarsénite a été trouvée associée à l'*hæmatostibiite*, dans des veines de calcite, avec un peu de barytine; ces veines traversent une masse de téphroïte à Sjögrufvan, paroisse de Grythyttan, gouvernement d'Örebro, Suède. La sarkinite s'est rencontrée à la mine de Pajsberg, district de Filipstad, Suède, et à Hartigsgrufvan, près Pajsberg.

ALLAKTITE; Sjögren.

Prisme rhomboïdal oblique de 117°16'.

$$b : h :: 1000 : 284,636 \quad D = 852,648 \quad d = 522,486.$$

Angle plan de la base = 117°0'6".
Angle plan de m = 92°59'12"

ANGLES CALCULÉS.	ANGLES CALCULÉS.	ANGLES CALCULÉS.
$h^1 h^{5/4}$ 176°7'	$h^3 h^5$ 140°56' sur h^1	$h^1 o^{4/5}$ 128°7'
$h^1 h^2$ 168°30'30"	140°35' obs. Sjögren	*$h^1 o^1$ 122°56'
$h^1 h^{7/3}$ 166°18'	*$h^5 h^5$ avant 135°45'30"	122°56' obs. Sg.
$h^1 h^3$ 163°3'	135°45'30" obs. Sg.	$h^1 p$ 95°43'
$h^1 h^5$ 157°53'	$m h^5$ 126°31' sur h^1	*$a^1 h^1$ adj. 114°6'
157°11' à 158°53' obs. Sg.	126°16' obs. Sjögren	114°6' obs. Sg.
$h^1 m$ 148°38'	$g^7 h^5$ 118°46' sur h^1	
$h^1 g^7$ 140°53'	118°43' obs. Sjögren	$d^{1/2} d^{1/2}$ 148°42' sur o^1
$h^1 g^{3/2}$ 108°10'	$g^{3/2} h^5$ 86°2' sur h^1	εo^1 144°59'
$h^{5/4} h^5$ 154°0' sur h^1	85°28' obs. Sjögren	$\varepsilon\varepsilon$ 109°58' sur o^1
153°36' à 154°14' obs. Sg.	$g^1 h^5$ 67°53' sur h^1	δo^1 131°44'
$h^2 h^5$ 146°23' sur h^1	67°32' obs. Sjögren	131°39' à 133°39' obs. Sg.
$h^{7/3} h^5$ 144°10' sur h^1		$\delta\delta$ 83°28' sur o^1
		$\delta\varepsilon$ 96°43' sur o^1

$$\varepsilon = (d^{1/3} b^{1/7} g^{1/2}) \qquad \delta = (d^{1/3} b^{1/5} g^1)$$

Combinaisons observées : $h^1 h^5 o^1 \delta$; $h^1 h^2 h^5 o^1 a^1 d^{1/2} \delta$; $h^1 h^2 h^5 o^1 a^1 \delta$; $h^1 h^5 o^{4/5} o^1 a^1 \delta$ (1). Formes dominantes $h^1 h^5 o^1 \delta$; les prismes $h^{5/4}$, h^2, $h^{7/3}$, h^3, m, g^7, $g^{3/2}$ et la troncature g^1 sont rares. Cristaux généralement aplatis suivant h^1 qui porte des stries verticales.

Clivage facile suivant o^1, difficile suivant h^1. Cassure inégale.

---

(1) *Geologiska Föreningens* de Stockholm; tom. VII des *Förhandlingar*, p. 220, avril 1884.

Transparente. Double réfraction très forte. A la température ordinaire, les axes optiques, peu écartés, s'ouvrent dans un plan parallèle à g^1, pour les rayons rouges et jaunes, sont réunis pour les rayons verts et passent dans un plan normal à g^1 pour les rayons bleus (Krenner). La bissectrice *aiguë* négative, située dans l'angle aigu $o^1h^1 = 57°4'$, fait un angle de 49°12′ avec h^1 (Sjögren). Dispersion des axes très forte, $\rho > v$. Dispersion *horizontale* nulle.

	ROUGE.	JAUNE SODIUM.	VERT THALLIUM.	BLEU.	
$\beta =$	1,778	1,786	»	1,795	(Hj. Sjögren).
2 Ha =	12°22′	9°12′	0°	11°36′	(Krenner).
2 E =	18°12′	13°32′	»	»	
2 V =	10°12′	7°34′	»	»	

Éclat vitreux à la surface des cristaux, gras dans la cassure. Les cristaux sont d'un brun plus ou moins clair. A la lumière artificielle réfléchie, ils offrent une belle couleur d'un rouge de sang ou hyacinthe. Polychroïsme très marqué, vert olive à travers h^1, jaune verdâtre suivant l'axe horizontal, vert bleuâtre suivant l'axe vertical. Poussière gris clair, inclinant au chocolat. Très fragile. Dur. = 4 à 5. Dens. = 3,83 à 3,85.

Dans le matras, donne de l'eau en conservant son éclat. Au chalumeau, sur le charbon, décrépite et fond difficilement en se recouvrant d'un émail noir; avec la soude, dégage une odeur d'ail. Facilement soluble dans l'acide chlorhydrique, plus difficilement dans les acides azotique et sulfurique.

$Mn^7 \ddot{A}s + 4\dot{H}$: Acide arsénique 28,78 Oxyde manganeux 62,22 Eau 9,00.

Analyses de l'allaktite, *a*, par A. Sjögren; *b*, par Lundström :

	$\ddot{A}s$	$\dot{M}n$	$\dot{F}e$	$\dot{C}a$	$\dot{M}g$	$\dot{H}$
a.	29,10	58,64	»	2,01	1,34	8,97 = 100,06
b.	28,89	58,86	0,25	1,53	1,37	9,02 = 99,92

Le minéral a été découvert en 1883 par J. E. Jansson dans le calcaire manganésifère de Mossgrufvan en Nordmark, avec manganosite, pyrochroïte, Hausmannite, etc.

XANTHOARSÉNITE; Igelström.

Aiguilles ou grains de forme indéterminable. Translucide en écailles minces. Fortement biréfringent. Deux axes optiques très écartés autour d'une bissectrice *positive*.

Jaune de soufre. Fragile.

Dans le matras, dégage de l'eau. Au chalumeau, sur le charbon, fond très facilement en scorie noire, non magnétique, et donne une odeur arsenicale. Avec le carbonate de soude, au feu de réduction, il se produit quelques fumées antimoniales. Facilement soluble dans l'acide chlorhydrique.

On suppose que la formule est $\dot{M}n^5 \dddot{A}s + 5\dot{H}$ exigeant : Acide arsénique 34,07 Oxyde manganeux 52,59 Eau 13,34, d'après une analyse *approximative* qui a donné à M. Igelström :

$(\dddot{A}s, \dddot{S}b)$ 33,26 $\dot{M}n$ 43,60 $\dot{F}e$ 3,11 $\dot{M}g$ 6,08 $\dot{C}a$ 1,93 $\dot{H}$ 12,02 = 100.

Le xanthoarsénite s'est rencontré à la mine de fer de Sjögrufvan, paroisse de Grythyttan, gouvernement d'Örebro, Suède; il se présente sous forme de veines, d'amas ou de grains ressemblant au grenat jaune de Longban et associés à la magnétite, à l'oligiste, à la Hausmannite, au milieu d'un calcaire formant couche dans la granulite.

HÆMAFIBRITE; Igelström.

Prisme rhomboïdal droit de 124°30'.

$b : h :: 1000 : 1018,576 \quad D = 884,987 \quad d = 465,614.$

ANGLES CALCULÉS.	ANGLES MESURÉS; SJÖGREN.	ANGLES CALCULÉS.	ANGLES MESURÉS; SJÖGREN.
*mm 124°30'	124°30'	*$\delta\delta$ avant 104°20'	104°12' à 30'
mg^1 117°45'	117°13'	$m\delta$ adj. 143°16'	143°22' à 50'
		$m\delta$ opp. 103°19'	103°12' à 104°7'

$\delta = (b^1 b^{1/3} g^{1/2})$

Homœomorphe de la scorodite et de la Strengite.

Clivage net suivant g^1.

Transparente en lames minces. Plan des axes optiques parallèle à h^1. Bissectrice *aiguë* positive parallèle à l'arête $^m/_m$. 2 E = 70° environ; $\rho > v$ (Bertrand).

Éclat vitreux sur les faces des cristaux; gras dans la cassure. Couleur brun rouge ou rouge grenat à l'état frais; noircissant à l'air. Poussière rouge de cire.

Dur. = 3. Dens. = 3,50 à 3,65.

Dans le matras, dégage de l'eau et noircit. Au chalumeau, sur le charbon, fond en une scorie noire non magnétique, avec dégagement d'odeur arsenicale. Facilement soluble dans les acides.

$\dot{M}n^6 \dddot{A}s + 5\dot{H}$: Acide arsénique 30,83 Oxyde manganeux 57,10 Eau 12,07.

Analyses de l'hœmafibrite, *a*, par A. Sjögren; *b*, par Lundström.

	$\dddot{As}$	$\dot{Mn}$	$\dot{Fe}$	$\dot{Mg}$	$\dot{H}$
a.	30,76	57,94	0,79	»	12,01 = 101,50
b.	30,88	58,02	0,25	0,41	12,01 = 101,57

Découverte par L. J. Igelström en globules radiés de 2 à 10 millimètres et quelquefois plus, tapissant des druses dans une masse gris verdâtre composée principalement de carbonate et d'oxydes de manganèse, avec des produits d'altération de silicates, à la mine de Nordmark en Wermland, Suède.

DIADELPHITE; Sjögren. Aimatholite ou Hæmatolite; Igelström.

Pseudo-rhomboédrique suivant M. Bertrand (1). On peut concevoir que chaque angle culminant du pseudo-rhomboèdre primitif de 103°21′ résulte de l'assemblage de trois hémioctaèdres clinorhombiques $d^1 b^1$ ayant pour base une face de ce pseudo-rhomboèdre. Le contact de deux pyramides élémentaires adjacentes a lieu par leurs faces b^1 et, au centre, l'un des assemblages vient s'emboîter exactement dans l'autre, après une rotation de 60°.

Angle plan de la base = 100°48′30″.

$p\,b^1$ = 51°40′20″ (moitié de l'angle culminant du pseudo-rhomboèdre).

$b^1 b^1$ = 120°; l'arête b^1/b^1 se confond avec l'axe vertical du pseudo-rhomboèdre qui est le double de la hauteur de chaque pyramide clinorhombique.

$$p\,d^1 = 38°19'40''; \quad b^1 d^1 \text{ opp.} = 90°.$$

Le clivage parallèle à la base du pseudo-rhomboèdre devient o^1 des pyramides clinorhombiques :

$$o^1 p = 134°16'; \quad p : b^1/b^1 = 44°16'; \quad p\,n = 103°21'.$$

Transparente ou translucide à l'état frais; devenant noire et opaque par oxydation à l'air. Chacun des trois triangles isocèles, à côtés très nets, dans lesquels se divisent les lames triangulaires de clivage, vues en lumière polarisée parallèle, montrent en lumière convergente deux axes très peu écartés autour de la bis-

---

(1) D'après Lorenzen et M. Sjögren, les cristaux seraient réellement rhomboédriques et ils offriraient les formes a^1 (clivage), p, a^{10}, e^5, $e^{17/4}$, qui deviendraient respectivement o^1, p, $a^{2/7}$, a^1, $a^{11/10}$ sur les pyramides clinorhombiques.

ANG. CALCULÉS.	ANG. MESURÉS.	ANG. CALCULÉS.	ANG. MESURÉS.
*$a^1 p$ 134°16′	134°16′ moy. Sjög. 134°18′ Lorenzen	$a^1 e^5$ 115°59′	115°26′ à 47′ Sjögren
		$p\,e^{17/4}$ 158°24′	158°46′ Lorenzen
$a^1 a^{10}$ 142°25′	142°5′ Sjögren		
		pp 103°21′ ar. culm.	102°24′ à 103°48′ Sjög.

sectrice aiguë négative et situés dans un plan parallèle à leur base.

$\omega = 1{,}723$ (rayons rouges); $1{,}740$ (rayons bleus), pour les cristaux regardés comme rhomboédriques.

Couleur brun rouge ou rouge grenat à l'état frais. Éclat métallique sur le clivage. Poussière brun chocolat clair.

Dur. $= 3{,}5$.

Infusible au chalumeau. Sur le charbon, avec la soude, donne des fumées arsenicales. Sur la feuille de platine, réaction du manganèse. Facilement soluble dans les acides forts. Attaquable par l'acide acétique.

M. Igelström propose la formule $\dot{\mathrm{Mn}}^8\overset{\cdot\cdot\cdot\cdot\cdot}{\mathrm{As}} + \dddot{\mathrm{Al}}, \dddot{\mathrm{Fe}} + 8\dot{\mathrm{H}}$ exigeant :

Acide arsénique 22,68 Oxyde manganeux 48,99 Magnésie 3,99 Alumine 10,15 Eau 14,19.

Analyses : *a*, par Lundström; *b*, par A. Sjögren :

	$\overset{\cdot\cdot\cdot\cdot\cdot}{\mathrm{As}}$	$\dot{\mathrm{Mn}}$	$\dot{\mathrm{Ca}}$	$\dot{\mathrm{Mg}}$	$\dddot{\mathrm{Al}}$	$\dddot{\mathrm{Fe}}$	$\dot{\mathrm{H}}$	Insoluble.	
a.	21,55	46,86	0,66	6,66	6,39	1,01	13,93	0,64	= 97,70
b.	22,54	50,98	0,71	5,38	8,61		14,02	»	= 102,24

Découverte en 1884 par A. Sjögren, en petits cristaux de 2 millimètres de diamètre, dans les masses poreuses de calcaire manganésifère qui contiennent l'allaktite, à Mossgrufvan en Nordmark.

SYNADELPHITE; Hj. Sjögren.

Prisme rhomboïdal oblique? d'environ 98°49'.

$b : h :: 1000 : 697{,}298 \quad D = 759{,}350 \quad d = 650{,}682.$

Forme limite appartenant probablement au système rhombique (Axel Hamberg).

Angle plan de la base $= 98°48'50''$.

Angle plan des faces latérales $= 90°3'21''$.

ANG. CALCULÉS.	ANG. MESURÉS ; HJ. SJÖGREN.	ANG. CALCULÉS.	ANG. MESURÉS ; HJ. SJÖGREN.
[$^*h^1 g^5$ 127°53'	127°53' moy.	[$o^2 d^{1/2}$ 143°22'	142°46' moy.
[$h^1 g^3$ 120°16'	119°6'	$o^2 \eta$ 136°57'	136°58'
		$o^2 g^3$ 103°48']	104°34' moy.
[$^*o^2 h^1$ ad. 118°34'	118°34' moy.		
$^*a^2 h^1$ adj. 118°7'	118°7' moy.	$o^2 g^5$ 106°54'	106°58'
$o^2 a^2$ 123°38' sur p]	123°54' à 127°		
		[$a^2 b^{1/2}$ 143°19'	142°57' moy.
$d^{1/2} b^{1/2}$ 109°21' base	109°37' moy.	$a^2 \gamma$ 136°53'	136°53'
$d^{1/2} d^{1/2}$ 115°54' av.	115°22' moy.	$a^2 g^3$ 103°44']	104°36'
$d^{1/2} b^{1/2}$ 103°26' côté	103°53' moy.		
$b^{1/2} b^{1/2}$ adj. 115°50'	115°48'	$a^2 g^5$ 106°50'	107°35'

$\eta = (d^1 b^{1/16} g^{1/6})$; $\gamma = (b^1 d^{1/15} g^{1/6})$.

Combinaisons observées : $h^1 g^3 o^2 a^2$; $h^1 g^3 o^2 a^2 d^{1/2} b^{1/2} \eta \gamma$; $g^3 o^2 a^2 d^{1/2} b^{1/2}$; les formes dominantes sont $g^5, g^3, o^2, a^2, d^{1/2}, b^{1/2}$ et les cristaux ressemblent à ceux de la *liroconite*, *fig.* 436ª, pl. LXXII.

Clivages rectangulaires, parallèles à h^1 et à g^1. Cassure irrégulière.

Transparente par places, en lames minces. Deux axes optiques peu écartés, autour de la bissectrice *aiguë* positive perpendiculaire à g^1, s'ouvrant dans un plan oblique (suivant Sjögren), sensiblement normal (suivant Hamberg) à l'arête $h^1 g^1$. Les parties claires s'altèrent facilement à l'air et passent au brun rouge foncé.

Dans le matras, dégage de l'eau et noircit. Sur le charbon, fond assez facilement en un globule scoriacé. Avec la soude, donne des fumées arsenicales. Facilement attaquable par les acides. En se décomposant, le minéral se transforme en *acerdase*.

M. Igelström a proposé la formule $\dot{M}n^5 \dddot{\dot{A}}s + \ddot{A}l, \ddot{F}e + 5 \dot{H}$ qui conduit à :

Acide arsénique 29,56 Oxyde manganeux 45,62 Alumine 13,23 Eau 11,59.

Une analyse de M. A. Sjögren a fourni :

$\dddot{\dot{A}}s$ 29,31 $\dot{M}n$ 35,71 $\dot{C}a$ 3,76 $\dot{M}g$ 2,19 $\ddot{M}n$ 11,79 $\ddot{A}l$ 6,16 $\ddot{F}e$ 1,23

$\dot{H}$ 11,39 = 101,54

Trouvée dans les masses poreuses de carbonates de Nordmark.

M. A. Hamberg a observé à la mine Harstigen près Pajsberg, une substance en petites lames minces, rhombiques, offrant les formes $m, g^1, p, a^1, e^{10}? \ e^4? \ e^{7/2}? \ b^{1/2}$, d'un brun verdâtre, d'une dur. = 4 environ, d'une dens. = 3,87, très fragiles, qu'il a nommée *Flinkite*. Ces lames, dont les principales incidences sont :

$p a^1 = \begin{cases} 119°24' \text{ mes.} \\ 119°13' \text{ cal.} \end{cases}$ $*p b^{1/2} = 117°20'$; $a^1 b^{1/2} = \begin{cases} 159°44' \text{ mes.} \\ 160°10' \text{ cal.} \end{cases}$ $*b^{1/2} g^1 = 109°49'40''$, ne paraissent pas être géométriquement semblables à la synadelphite. Le plan des axes optiques est parallèle à la base, comme dans cette dernière espèce, mais la bissectrice aiguë *positive* paraît être normale à h^1; la double réfraction est forte, les axes très écartés et la dispersion probablement $\rho < v$. La substance, facilement soluble dans les acides chlorhydrique et sulfurique, insoluble dans l'acide azotique, est d'ailleurs chimiquement voisine de la synadelphite, puisqu'elle a fourni à M. Hamberg :

$\dddot{\dot{A}}s$ 29,1 $\dddot{\dot{S}}b$ 2,5 $\ddot{M}n$ 20,2 $\ddot{F}e$ 1,5 $\dot{M}n$ 35,8 $\dot{M}g$ 1,7 $\dot{C}a$ 0,4 $\dot{H}$ 9,9 = 101,1.

Les lames sont rarement isolées, mais le plus souvent groupées en agrégats palmés, assez irréguliers.

ARSÉNIOPLÉITE; Igelström.

Paraît être rhomboédrique.

Offre plusieurs clivages à reflets métalliques. Transparent et rouge de sang en lames minces. Double réfraction à un axe *positif*. Couleur rouge brunâtre ou rouge cerise en masse. Poussière jaune brun foncé.

Au chalumeau, sur le charbon, décrépite, fond en scorie noire non magnétique et dégage une forte odeur d'arsenic, avec quelques fumées d'antimoine. Facilement soluble dans les acides azotique et chlorhydrique.

Une analyse a fourni à M. L. J. Igelström :

$\dddot{\ddot{A}}s$ 44,98 $\dot{M}n$ 28,25 $\ddot{F}e$ 3,68 $\dot{P}b$ 4,48 $\dot{C}a$ 8,11 $\dot{M}g$ 3,10 $\dot{H}$ 5,67 = 98,27.

Découvert en 1887 avec rhodonite, en veines minces ou en noyaux de 5 à 10 millimètres de largeur, dans le calcaire avec Hausmannite, à la mine de Sjö, paroisse de Grythyttan, gouvernement d'Örebro (Suède).

M. Igelström a décrit tout récemment sous le nom de *Sjögrufvite* un minéral jaune ou rouge (suivant l'épaisseur des lames) provenant du même gisement. Il possède la plupart des propriétés physiques de l'arséniopléite, mais en diffère un peu par sa composition chimique, ainsi que le montre l'analyse suivante :

$\dddot{\ddot{A}}s$ 49,46 $\dot{M}n$ 27,26 $\ddot{F}e$ 11,29 $\dot{C}a$ 3,61 $\dot{P}b$ 1,74 $\dot{H}$ 6,81 = 100,17.

SCORODITE. Cuivre arseniaté ferrifère; Haüy. Peritomes Fluss-Haloid; Mohs. Néoctèse; Beudant.

Prisme rhomboïdal droit de 98°6'.

$b : h :: 1000 : 723,759$ D = 755,282 d = 655,400.

ANGLES CALCULÉS.	ANGLES MESURÉS. DES CLOIZEAUX; BRÉSIL.	VOM RATH; DERNBACH.	KOKSCHAR; OURAL.
mm 98°6'	»	»	»
mh^1 139°3'	»	»	»
mg^1 130°57'	»	»	»
h^1g^3 119°57'	120° env. Cornw^{l}.	120°	»
mg^3 160°54'	161°	»	»

ANGLES CALCULÉS.	ANGLES MESURÉS. DES CLOIZEAUX ; BRÉSIL.	VOM RATH ; BERNBACH.	KOKSCHAR ; OURAL.
g^3g^1 150°3′	150°10′	150°2′	»
g^3g^3 59°54′ avant	60°	»	59°17′ moy.
g^3g^3 120°6′ sur g^1	120°	»	»
$a^{1/2}h^1$ 155°38′	155°28′	»	»
$a^{1/2}a^{1/2}$ 131°16′ sur h^1	»	»	133°17′ moy.
b^1m 126°10′	125°0′	»	»
b^1b^1 72°20′ sur m	»	»	»
$b^{1/2}m$ 145°38′	145°35′	»	»
$b^{1/2}b^{1/2}$ 111°16′ sur m	»	»	»
$b^1b^{1/2}$ 160°32′	160°45′	160°30′	»
e_3e_3 131°20′ sur g^3	»	»	»
b^1b^1 134°30′ avant	134°20′	134°40′	»
g^1e_3 142°8′30″	»	»	»
$g^1b^{1/2}$ 122°45′	»	122°46′	»
e_3e_3 75°43′ avant	»	»	»
*$b^{1/2}b^{1/2}$ 114°30′ avant	114°30′	114°40′	»
b^1b^1 127°4′ côté	126°20′	»	»
*$b^{1/2}b^{1/2}$ 102°52′ côté	103°5′	102°52′	»
e_3e_3 125°52′ côté	»	»	»
$a^{1/2}b^{1/2}$ 143°12′	143°0′	»	»
$a^{1/2}g^3$ 117°3′	»	»	117°5′ moy.
$a^{1/2}e_3$ 125°45′	»	»	»
$b^{1/2}g^3$ 141°15′30″	141°30′	»	»
$b^{1/2}e_3$ 160°36′30″	»	160°23′	»

$e_3 = (b^1 b^{1/3} g^1)$

Combinaisons de formes : $p b^{1/2}$; $g^3 g^1 p a^{1/2} b^{1/2}$; $h^1 g^3 g^1 a^{1/2} b^{1/2}$, *fig.* 425, pl. LXX; $g^3 g^1 a^{1/2} b^{1/2} e_3$, *fig.* 426; $h^1 m g^3 g^1 b^1 b^{1/2} e_3$, *fig.* 427. Stries verticales habituelles sur g^3, plus rares sur g^1.

Clivages passables suivant h^1 et g^1. Cassure inégale. Transparente ou translucide. Plan des axes optiques parallèle à h^1, Bissectrice aiguë *positive* parallèle à l'arête mm. Dispersion très forte, $\rho > v$. Dans les cristaux du Brésil :

$2\,H = 76°43'30''$ d'où $2\,E = 130°58'$ rayons rouges ;
$2\,H = 76°5'$ d'où $2\,E = 129°32'$ jaune sod. ;
$2\,H = 72°44'$ d'où $2\,E = 122°25'$ rayons bleus (1).

(1) Les enchevêtrements irréguliers des cristaux produisent des plages à écartements variables.

L'écartement des axes augmente légèrement avec la température.

Couleur verte ou bleu verdâtre de diverses teintes. Dichroïque; à travers h^1, la loupe dichroscopique montre l'image O. incolore ou teintée de rose et l'image E. d'un vert bleuâtre. Poussière blanche. Éclat vitreux, inclinant au résineux dans la cassure. Fragile.

Dur. = 3,5 à 4. Dens. = 3,11 à 3,18.

Chauffée dans le matras, donne de l'eau neutre et devient gris jaunâtre. Au chalumeau, sur le charbon, dégage l'odeur arsenicale et fond en scorie noire, magnétique. Soluble dans l'acide chlorhydrique en une liqueur brune. Attaquable par la potasse caustique en laissant un résidu d'oxyde ferrique.

$\dddot{Fe}\ddot{\ddot{As}} + 4\dot{H}$: Acide arsénique 49,78 Oxyde ferrique 34,63 Eau 15,59.

Analyses de la scorodite : (gros cristaux de néoctèse du Brésil), *a*, par Berzélius; *b*, par Damour; *c*, petits cristaux verdâtres de Vaulry; *d*, cristaux bleuâtres de Cornwall; *e*, bleuâtres, sur mispickel, de Saxe, toutes par Damour; *f*, (masse terreuse) de Marmato, par Boussingault; *g*, amorphe de Nertschinsk, par Hermann :

	a	*b*	*c*	*d*	*e*	*f*	*g*
Acide arsénique	50,78	50,96	50,95	51,06	52,16	49,6	48,05
Acide phosphorique	0,67	»	»	»	»	»	»
Oxyde ferrique	34,85	33,20	31,89	32,74	33,00	34,3	36,41
Oxyde plombique	»	»	»	»	»	0,4	»
Eau	15,55	15,70	15,64	15,68	15,58	16,9	15,54
	101,85	99,86	98,48	99,48	100,74	101,2	100,00
Densité :	»	3,18	3,11	»	»	»	»

La scorodite est fréquemment associée au mispickel. On l'a trouvée à Antonio Pereira, près Villa Rica, Brésil (*néoctèse* de Beudant), en cristaux aplatis suivant h^1, dépassant quelquefois 1 centimètre de largeur et 1 centimètre et demi de hauteur, souvent recouverts d'une pellicule d'oxyde de fer et implantés sur hématite brune, compacte; à Graul, Erzgebirge; à Schwarzenberg, Saxe; à Saint-Austle, Cornwall; dans la Haute-Vienne, à Vaulry, à Saint-Léonard et à Cieux (avec wolfram et cassitérite), où existent des filons de minerais d'étain et de cobalt (petits cristaux souvent implantés sur un quartz gras); au Laurium, sur pyrite arsenicale; à Schlaggenwald et Schönfeld, Bohême; à Dernbach (beaux cristaux sur hématite brune) et à Horhausen, Nassau; à Lölling et à Hüttenberg, Carinthie; aux mines de Bérésowsk, Oural; aux mines de Mouzaïa, Algérie (petits groupes fasciculés, accompagnés de pharmacosidérite, sur des cristaux de barytine, dans le cuivre gris); à Loaysa près Marmato, province de Popayan en Colombie; aux monts

Adun-Tschilon, district de Nertschinsk, en masses terreuses (*Jogynaïte*) associées au béryl, avec mispickel, wolfram, etc. Forme des croûtes minces, amorphes, ou de petits nodules entre les couches de la geysérite déposée par plusieurs des sources chaudes, arsenicales, du Yellowstone national Park, États-Unis.

MM. Bourgeois et Verneuil ont obtenu de beaux cristaux de scorodite en faisant réagir de l'acide arsénique sur du fer métallique,

---

PHARMACOSIDÉRITE, Würfelerz; Werner. Fer arseniaté; Haüy. Hexaedrischer Lirokon-Malachit; Mohs.

Pseudocubique.

En lumière polorisée parallèle, les lames minces taillées suivant les faces du pseudocube montrent une division nette en quatre secteurs triangulaires qui paraissent annoncer le groupement de six pyramides carrées? à un axe *négatif* ou à deux axes optiques très voisins (Ém. Bertrand).

Combinaisons de formes apparentes : p; p ($\frac{1}{2}a^1$); p ($\frac{1}{2}a^1$) ($\frac{1}{2}a^{1/2}$); pb^1 ($\frac{1}{2}a^1$) ($\frac{1}{2}a^{1/2}$); ($\frac{1}{2}a^1$) et ($\frac{1}{2}a^{1/2}$) offrent l'hémiédrie à faces inclinées. Les faces du pseudocube sont souvent striées parallèlement à leur intersection avec a^1 ou ondulées; ($\frac{1}{2}a^1$) et ($\frac{1}{2}a^{1/2}$) sont souvent courbes. Macles fréquentes par pénétration irrégulière d'individus plus ou moins nombreux. Clivage imparfait suivant p. Cassure inégale ou conchoïdale. Transparente ou translucide. Couleur verte de diverses teintes, brun jaunâtre ou noirâtre. Poussière jaune clair. Éclat vitreux.

Dur. = 2,5. Dens. = 2,9 à 3,0. Pyro-électrique.

Dans le matras, donne de l'eau et devient rouge. Au chalumeau, sur le charbon, dégage des vapeurs arsenicales et fond en un globule magnétique. Soluble dans l'acide chlorhydrique. Attaquable par la potasse, avec résidu d'oxyde ferrique.

$\dddot{F}e^3 \ddot{\dot{A}}s + 12\dot{H}$: Acide arsénique 39,79 Oxyde ferrique 41,52 Eau 18,69.

Analyse de la pharmacosidérite du Cornwall, par Berzélius.

$\ddot{\dot{A}}s$ 40,20 $\ddot{\dot{P}}$ 2,53 $\dddot{F}e$ 37,82 $\dot{C}u$ 0,65 $\dot{H}$ 18,61 Gangue 1,76 = 101,57.

La pharmacosidérite, souvent associée à la scorodite et quelquefois à la pyrite, tapisse des cavités dans des gangues quartzeuses ou ferrugineuses aux anciennes mines de cuivre de Huel Gorland, Huel Unity, Carharrack, Redruth et Botallack en Cornwall; à Burdle Gill en Cumberland, à Cork en Irlande (avec Beudantite); à Saint-Léonard et à Vaulry, département de la Haute-Vienne; au cap Garonne, département du Var; à Mouzaïa, Algérie, à l'île d'Elbe;

à Horhausen (avec Beudantite) et à Dernbach (avec scorodite) près Montabaur, Nassau; à Longeborn, Bavière; à Lobenstein, principauté de Reuss; à Graul près Schwarzenberg, Saxe; à Pisek et à Königsberg, Hongrie; à Victoria et à la Nouvelle-Galles du Sud, Australie; à Eagle mine, Utah, et en divers points des États-Unis, etc. Une substance qui paraît analogue a reçu les noms de *Eisensinter* (Werner), *Pittizit* (Hausmann), *Sidérétine* (Beudant). Elle est amorphe, à cassure conchoïdale, à éclat vitreux, blanche, jaunâtre, brun rougeâtre, rouge, à poussière jaune, translucide. Une variété des environs de Freiberg a donné à Kersten :

$$\dddot{A}s\ 30,25 \quad \dddot{F}e\ 40,45 \quad \dot{H}\ 28,50 = 99,20.$$

D'autres variétés renferment une proportion variable d'acide sulfurique, comme le montrent les analyses faites par Rammelsberg, *a*, sur un échantillon de Sieglitzstollen près Gastein en Autriche; *b*, sur un échantillon de la mine Stamm Asser près Schwarzenberg, Saxe :

	$\dddot{A}s$	$\dddot{S}$	$\dddot{F}e$	$\dot{H}$
a.	24,67	5,20	54,66	15,47 = 100
b.	26,70	13,91	34,85	24,54 = 100

C'est probablement un produit d'altération qu'on rencontre dans de vieilles mines des environs de Freiberg, Saxe, et de Gastein, Salzbourg. Beck lui a réuni une substance de Hopkin's farm, près Edenville, New-York. Sous le nom d'*Eisensinter*, Hermann a analysé autrefois une scorodite amorphe de Nertschinsk.

ARSÉNIOSIDÉRITE; Dufrénoy. Arsénocrocite; Glocker.

Masses fibreuses concrétionnées, formées par le groupement de lamelles entrelacées plus ou moins régulièrement, à forme hexagonale (Lacroix).

Clivage difficile perpendiculaire à l'aplatissement des lamelles.

Translucide ou transparente en lames très minces. Double réfraction énergique. Un axe *négatif* normal au clivage. Dichroïsme marqué à travers les plages parallèles à l'axe.

Couleur jaune d'or ou jaune rougeâtre, analogue à celle de l'or *musif*, en masse; rouge brun en lames minces. Éclat soyeux.

Dur. = 1,5 environ; tachant les doigts et le papier. Dens. = 3,52 (Dufrénoy) : 3,88 (Rammelsberg).

Au chalumeau, sur le charbon, dégage une faible odeur arsenicale et fond facilement en globule magnétique. Soluble dans les acides.

$\dddot{F}e^7 \dddot{A}s^4 + \dot{C}a^6 \dddot{A}s + 15 \dot{H}$: Acide arsénique 39,98 Oxyde ferrique 38,94 Chaux 11,68 Eau 9,40.

Analyses : *a*, par Dufrénoy (abstraction faite de 4 p. 100 de silice gélatineuse); *b* et *c* (abstraction faite de 3,57 de silice gélatineuse), toutes deux par Rammelsberg; *d*, par Church.

	a	*b*	*c*	*d*
Acide arsénique	35,69	39,16	38,74	39,86
Oxyde ferrique	43,03	40,00	39,37	35,75
Oxyde manganique	1,35	»	»	»
Chaux	10,03	12,18	12,53	15,53
Magnésie	»	»	»	0,18
Potasse	0,80	»	»	0,47
Eau	9,10	8,66	9,36	7,87
	100,00	100,00	100,00	99,66

Les variations dans la proportion d'oxyde ferrique tiennent sans doute à la plus ou moins grande abondance des globules d'hématite rouge qui se voient dans les lames minces soumises au microscope en lumière ordinaire.

Trouvée d'abord par M. T. Lacroix, en croûtes d'épaisseurs très variables, sur la psilomélane de Romanèche près Mâcon, Saône-et-Loire; signalée ensuite à Schneeberg, Saxe, par M. E. Bertrand.

MAZAPILITE; König.

Prisme rhomboïdal droit très voisin de 120°.

$$b : h :: 1000 : 488,813 \quad D = 866,025 \quad d = 500.$$

ANGLES CALCULÉS.	ANGLES MESURÉS; DES CLOIZEAUX.	ANGLES CALCULÉS.	ANGLES MESURÉS; DES CLOIZEAUX.
* mm 120°	120°	$m e^{1/4}$ 117°12′	117°15′
* $a^2 a^2$ adj. 127°54′	127°54′ moy.	$m e_3$ 141°44′	141°24′ à 142°
$e^{1/4} e^{1/4}$ som. 47°47′	47°17′ à 24′	$a^2 e_3$ 137°38′	137°50′
$e_3 e_3$ av. 102°11′	102°20′ à 46′	$e_3 e^{1/4}$ 143°6′	142°45′ à 56′
$e_3 e_3$ côté 114°6′	114°30′	$e_3 = (b^1 b^{1/3} g^1)$	

Les cristaux, minces et très allongés suivant l'axe vertical, par suite du grand développement de la forme $e^{1/4}$, m'ont offert les combinaisons $m\,e^{1/4} e_3$; $m\,a^2\,e^{1/4} e_3$. Les faces m sont légèrement ondulées, les faces $e^{1/4}$ et e_3 assez unies et les faces a^2 très petites (1).

Couleur noire à l'extérieur; faiblement translucide et d'un rouge foncé en lames minces. Poussière jaune brunâtre, avant calcination, brun chocolat après calcination. Éclat vitreux.

Dur. = 4,5. Dens. = 3,582.

---

(1) *Bulletin de la Société française de minéralogie*, t. XII, 1889.

Au chalumeau, sur le charbon, fond en une scorie noire magnétique, en dégageant l'odeur d'ail. Dans le matras, donne de l'eau et devient brun foncé.

Formule approximative : $\dot{Ca}^5 \dddot{Fe}^3, \overset{\cdot\cdot\cdot\cdot\cdot}{As}^4 + 10 \dot{H}$.

Analyse par König :

$\overset{\cdot\cdot\cdot\cdot\cdot}{As}$ 43,60 $\overset{\cdot\cdot\cdot\cdot\cdot}{Sb}$ 0,25 $\overset{\cdot\cdot\cdot\cdot\cdot}{P}$ 0,14 $\dddot{Fe}$ 30,53 $\dot{Ca}$ 14,82 $\dot{H}$ 9,83 = 99,17.

Les cristaux, engagés dans un quartz blanc, grenu, et jusqu'ici très rares, ont été rencontrés sur les haldes de la mine Jesus Maria, district de Mazapil (Zacatecas), Mexique.

LISKEARDITE ; Maskelyne.

Croûtes fibreuses pouvant atteindre 6 millimètres d'épaisseur constituées par des fibres ou lamelles radiées probablement orthorhombiques. Plan des axes optiques parallèle à la longueur des fibres. Bissectrice aiguë *négative* parallèle à *l'une des diagonales* de la base. Écartement des axes très grand, sans dispersion appréciable. Couleur blanche, avec teinte verdâtre ou bleuâtre. Perdant déjà 4 p. 100 d'eau, au-dessus de l'acide sulfurique, à la température ordinaire, 11 p. 100 à 100° C., en tout 34 p. 100, après avoir été calcinée au rouge. La composition peut être rapportée à la formule $(\dddot{Al}, \dddot{Fe})^3 \overset{\cdot\cdot\cdot\cdot\cdot}{As} + 16 \dot{H}$, d'après une analyse qui a fourni à M. W. Flight :

$\overset{\cdot\cdot\cdot\cdot\cdot}{As}$26,96 $\dddot{Al}$28,23 $\dddot{Fe}$7,64 $\dddot{S}$ 1,11 $\dot{Cu}$1,03 $\dot{Ca}$0,72 $\dot{H}$34,05 = 99,74.

Cette substance, constituant un arséniate qui correspondrait au phosphate l'*Evansite*, tapisse des cavités dans des agrégations de scorodite ou recouvre des cristaux de quartz; elle est associée à de la chlorite terreuse, de la pyrite, du mispickel et de la chalcopyrite, près Liskeard en Cornwall.

SYMPLÉSITE ; Breithaupt.

Prisme rhomboïdal oblique de dimensions inconnues ; probablement, isomorphe de la Vivianite.

Clivage facile parallèlement au plan de symétrie. Cassure inégale. Transparente ou translucide.

Plan des axes optiques et bissectrice obtuse? *positive*, perpendiculaires à g^1.

$$2H_0 = 107°28' \text{ (Krenner), rayons jaunes.}$$

Couleur bleu indigo pâle ou vert céladon. Pléochroïque. Poussière blanc bleuâtre. Éclat vitreux; nacré sur les faces de clivage. Se laissant couper.

Dur. = 2,5. Dens. = 2,957.

Dans le matras, brunit en dégageant beaucoup d'eau. Infusible au chalumeau; sur le charbon, émet une forte odeur arsénicale, en devenant noire et magnétique.

$\dot{F}e^3 \dddot{\bar{A}}s + 9\dot{H}$: Acide arsénique 37,83 Oxyde ferreux 35,53 Eau 26,64.

Analyse de la symplésite de Hüttenberg (dens. = 2,964) par Boricky : $\dddot{\bar{A}}s$ 37,84 $\dot{F}e$ 34,73 $\dot{H}$ 27,43 = 100.

Trouvée en très petits prismes ou en nodules fibreux, à Klein Friesa près Lobenstein, avec sidérose, et à Hüttenberg en Carinthie.

CARMINITE; Dana. Carminspath; Sandberger.

Prisme rhomboïdal droit de dimensions indéterminées.

Apparence de clivages prismatiques.

Fortement translucide. Rouge carmin ou rouge de cire d'Espagne. Poussière jaune rougeâtre. Éclat vitreux; nacré sur les clivages. Fragile.

Dur. = 2,5. Dens. = 4,105.

Sans changement dans le matras. Au chalumeau, sur le charbon, dégage des vapeurs arsenicales et fournit un globule gris d'acier qui, avec la soude, donne un grain de plomb. Soluble dans les acides en une liqueur jaune. La potasse sépare l'acide arsénique.

$5\,\dddot{\bar{F}}e\,\dddot{\bar{A}}s + \dot{P}b^3\dddot{\bar{A}}s$: Acide arsénique 48,44 Oxyde ferrique 28,08 Oxyde plombique 23,48.

Une analyse de R. Müller a donné : $\dddot{\bar{A}}s$ 49,11 $\dddot{\bar{F}}e$ 30,29 $\dot{P}b$ 24,55 = 103,95.

Observée en fines aiguilles ou en petits mamelons fibreux, avec la Beudantite, dans une gangue de quartz et hématite brune à Horhausen, Nassau.

AERUGITE et XANTHIOSITE.

On a proposé ces noms pour deux arséniates de nickel découverts par Bergemann en 1858.

L'aerugite se présente en petites masses cristallines, laminaires ou grenues, d'un vert d'herbe foncé, avec taches brunes, d'une dur. = 4, d'une dens. = 4,838.

Le Xanthiosite est amorphe, d'un jaune de soufre, d'une dur. = 4, d'une dens. = 4,982.

Tous deux restent sans changement dans le matras. Sur le charbon, avec la soude, ils dégagent l'odeur arsenicale et donnent une masse magnétique. Difficilement attaquables par les acides.

Les analyses de Bergemann et les formules auxquelles elles conduisent sont :

Aerugite, $\dot{N}i^5 \dddot{A}s$: Acide arsénique 38,02 Oxyde de nickel 61,98

Trouvé : $\dddot{A}s$ 36,57 $\dddot{P}$ 0,14 $\dot{N}i$ 62,07 $\dot{C}o$ 0,54 $\dot{C}u$ 0,34 $\ddot{B}i$ 0,24 = 99,90

Xanthiosite, $\dot{N}i^3 \dddot{A}s$: Acide arsénique 50,55 Oxyde de nickel 49,45

Trouvé : $\dddot{A}s$ 50,53 $\dot{N}i$ 48,24 $\dot{C}o$ 0,21 $\dot{C}u$ 0,57 $\ddot{B}i$ 0,62 = 100,17.

Les deux minéraux, mélangés ensemble et associés à du bismuth et à de l'annabergite ont été rencontrés à Johanngeorgenstadt en Saxe, dans un filon de minerais d'urane.

ANNABERGITE; Miller. Nickel arséniaté; Haüy. Nikelocker; Haidinger. Nickelblüthe; Hausmann.

Prisme rhomboïdal oblique paraissant isomorphe avec l'érythrine et la Vivianite. Clivage parfait suivant g^1. Plan des axes optiques et bissectrice *négative* perpendiculaires à g^1. 2H = 104° à 107° (Lacroix), lumière blanche. Vert de diverses teintes. Pléochroïque. Poussière blanc verdâtre. Tendre.

Dur. = 2 à 2,5. Dens. = 3,08 à 3,13.

Dans le matras, dégage de l'eau. Au chalumeau, sur le charbon, donne des fumées arsenicales et fond en une boule noirâtre d'arséniure de nickel. Solution verte dans les acides.

$\dot{N}i^3 \dddot{A}s + 8\dot{H}$: Acide arsénique 38,40 Oxyde de nickel 37,56 Eau 24,04.

Analyses de l'annabergite : *a*, de Riechelsdorf, par Stromeyer; *b*, d'Allemont, par Berthier; des environs de Schneeberg, *c*, filon *Gottes Geschicken*, *d*, mine *Weisser Hirsch*, *e*, mine *Adam Heber*, toutes par Kersten; *f*, de la Dudgeonite, par Heddle.

	a	*b*	*c*	*d*	*e*	*f*
Acide arsénique	36,97	36,8	38,30	37,21	38,90	39,33
Acide sulfurique	0,23	»	»	»	»	»
Oxyde de nickel } Oxyde de cobalt }	37,35	36,2	36,20	36,10	35,00	25,01
			1,53	»	»	0,76
Oxyde ferreux	1,13	2,5	»	1,10	2,21	Ca 9,32
Eau	24,32	24,5	23,91	23,92	24,02	25,01
	100,00	100,0	99,94	98,33	100,13	99,43

Se trouve en très petites aiguilles ressemblant à l'érythrine ou en croûtes amorphes produites par l'efflorescence des minerais arséniés de nickel et de cobalt, en Saxe, dans les districts de Schneeberg, d'Annaberg, de Marienberg, de Johanngeorgenstadt, de Freiberg; à Gottes Geschick et à Graul près Raschau; à Himmelfürst et à Segen Gottes, etc.; au Hartz, à Andréasberg; en Hesse, à Riechelsdorf et à Bieber; en Thuringe, à Saalfeld et à Glücksbrunn; en Bohême, à Joachimsthal; en Dauphiné, à Allemont; en Connecticut, à Chatam, etc., etc.

La cabrerite (Dana) est une variété géométriquement, optiquement et chimiquement isomorphe de l'érythrine. Clivage facile suivant g^1, fournissant des lames clinorhombiques dont l'angle plan $p/g^1 : h^1/g^1 = 125°$ à $125°20'$. Nombreuses fentes parallèles à h^1/g^1 et stries fines parallèles à p/g^1 paraissant annoncer des clivages difficiles ou des plans de séparation parallèles à h^1 et à p.

Plus ou moins transparente en lames minces. Plan des axes optiques et bissectrice *négative* (1) perpendiculaires au plan de symétrie. Le plan des axes fait approximativement, pour la lumière blanche des angles de :

LAURIUM.	ESPAGNE.	
35°55′	34°20′	avec h^1/g^1 postérieure;
19°5′	20°20′	avec p/g^1.

Dispersion ordinaire forte, $\rho > v$. Dispersion *tournante* très marquée.

LAURIUM.	ESPAGNE.
2 H = 105°30′ à 106°32′;	110°20′ à 112°20′ rayons rouges.

Couleur d'un beau vert pomme. Éclat nacré sur le clivage g^1.

Dur. = 1 environ. Dens. = 2,92 à 2,96 (Espagne); 3,11 (Laurium).

Dans le matras, dégage beaucoup d'eau. Au chalumeau, sur le charbon, brunit sans fondre et donne des fumées arsenicales. Fondue dans une coupelle, avec du sel de phosphore, produit un verre brun à chaud qui devient noir par l'addition de l'étain.

$\dot{R}^3\ddot{\ddot{A}}s + 8\dot{H}$: Acide arsénique 40,74 Oxyde de nickel 26,57 Magnésie 7,17 Eau 25,52.

Analyses des cristaux d'Espagne : *a*, par Ferber; *b*, par Frenzel; des cristaux du Laurium; *c*, par Damour :

---

(1) Peut-être est-ce la bissectrice obtuse.

	$\dddot{As}$	$\dot{Ni}$	$\dot{Co}$	$\dot{Mg}$	$\dot{Fe}$	$\dot{H}$
a.	42,37	20,01	4,06	9,29	»	25,80 = 101,53
b.	41,42	25,03	1,49	6,94	»	25,78 = 100,66
c.	41,40	28,72	traces	4,64	2,01	23,11 = 99,88

Les cristaux, plus ou moins aplatis suivant g^1, forment des veinules ou de petits noyaux à structure radiée dans un calcaire magnésien ferrifère, à la Sierra Cabrera en Espagne et aux mines du Laurium en Grèce.

La *Forbésite* de Kenngott (Hydrous bibasic arseniate of nickel and cobalt) de Forbes, se rapproche de l'annabergite. Structure fibro-cristalline; couleur blanc grisâtre; faible éclat soyeux ou résineux. Dur. = 2,5. Dens. = 3,086.

Dans le matras, donne de l'eau. Au chalumeau, sur le charbon, fond partiellement en dégageant des vapeurs arsenicales et laissant des globules métalliques qui fournissent la réaction du nickel et du cobalt.

Forbes y a trouvé: $\dddot{As}$ 44,05 $\dot{Ni}$ 19,71 $\dot{Co}$ 9,24 $\dot{H}$ 26,98 = 99,98.

Forme des veines dans une diorite décomposée du désert d'Atacama, où elle paraît provenir de l'altération d'une chloantite.

ÉRYTHRINE; Beudant. Cobalt arséniaté; Haüy. Diatomes Euklas-Haloid; Mohs. Kobaltblüthe; Hausmann. Erythrite; Dana.

Prisme rhomboïdal oblique de 94°12′ (1).

$$b : h :: 1000 : 641{,}098 \quad D = 661{,}946 \quad d = 749{,}550.$$

Angle plan de la base = 82°53′49″.
Angle plan des faces latérales = 115°21′39″.

ANGLES CALCULÉS.	ANGLES CALCULÉS.	ANGLES CALCULÉS.
*mm 94°12′ avant	*$pa^{3/2}$ 145°14′	$e^{4/3}e^{4/3}$ 118°24′ sur p
mh^1 137°6′	$a^{3/2}h^1$ adj. 89°55′	
mg^1 132°54′	$pa^{2/5}$ adj. 82°48′	pm ant. 114°45′
h^3h^1 155°5′	$a^{2/5}h^1$ adj. 152°21′	$e^{4/3}h^7$ ant. 134°4′
h^3g^1 114°55′		134°12′ obs. Brezina
h^3h^3 130°10′ avant	$pe^{4/3}$ 149°12′	
	150°17′ obs. Brezina	
*ph^1 antér. 124°51′	*$e^{4/3}g^1$ 120°48′	

(1) Pour faire ressortir l'isomorphisme géométrique de l'érythrine et de la Vivianite, il suffit de la rapporter, avec Miller, à un prisme d'environ 110° dont les formes *s* (340 Mil.) = m de ma *fig.* 429, pl. LXXI; *k* (320 Mil.) = h^3; *w* (101 Mil.) = p; *q* ($\bar{3}$02 Mil.) = $a^{2/5}$; *o* (103 Mil.) = $a^{3/2}$; *v* (111 Mil.) = $e^{4/3}$.

Les faces h^1, h^3, h^7, m, g^1, sont striées parallèlement à leurs intersections mutuelles. Combinaisons : $h^1 g^1 p$; $m g^1 p a^{3/2}$; $h^1 h^3 m g^1 p e^{4/3}$, fig. 429, pl. LXXI ; $h^7 g^1 p e^{4/3}$ (Brezina). Clivage très facile suivant g^1 ; traces suivant h^1 et $a^{3/2}$. Transparente ou translucide. Double réfraction énergique.

	AVEC UNE NORM. à p	AVEC UNE NORM. à h^1 ANTÉR.
Angle des axes rouges	= 65°26′30″	120°36′30″
Angle des axes bleus	= 66°6′30″	121°15′30″

Bissectrice *négative* normale à g^1, $\rho > v$; dispersion *tournante* faible.

$$2\,H = \begin{cases} 102°58' \text{ à } 104°44' \text{ rayons rouges ;} \\ 102°1' \text{ à } 104°31' \text{ rayons jaunes.} \end{cases}$$

Dichroïsme prononcé à travers g^1, parallèlement à la direction du plan des axes optiques. Couleur rouge carmin ou fleur de pêcher, quelquefois verdâtre par suite de décomposition. Poussière rose pâle. Éclat nacré sur le clivage g^1, vitreux ou légèrement adamantin sur les autres faces. Flexible en lames minces. Sectile.

Dur. = 1,5 à 2, ayant son minimum sur g^1. Dens. = 2,9 à 3.

Dans le matras, dégage de l'eau et devient bleue ou verte (variétés ferrifères). Au chalumeau, sur le charbon, donne des vapeurs arsenicales et fond en une boule grise. Soluble dans l'acide chlorhydrique en une liqueur rouge lorsqu'elle est étendue. La poudre est en partie attaquée par la potasse, en laissant un résidu noir.

$\dot{C}o^3\dddot{A}s + 8\dot{H}$: Acide arsénique 38,40 Oxyde de cobalt 37,56 Eau 24,04 Chimiquement isomorphe avec la Vivianite.

Analyses de l'érythrine, de Schneeberg, *a*, *b*, *c* (agrégats sphéroïdaux d'un rouge clair), par Kersten ; de Joachimsthal, *d*, par Lindacker ; d'Allemont, *e*, par Laugier :

	a	*b*	*c*	*d*	*e*
Acide arsénique	38,43	38,30	38,10	36,42	40,0
Oxyde de cobalt	36,52	33,42	29,19	23,75	20,5
Oxyde de nickel	»	»	»	11,26	9,2
Oxyde ferreux	1,01	4,01	»	3,51	5,5
Chaux	»	»	8,00	0,42	»
Eau	24,10	24,08	23,90	23,52	24,5
				$\dddot{S}$ 0,86	
	100,06	99,81	99,19	99,74	99,7
Densité :	»	2,912	»	»	»

L'érythrine, en cristaux aciculaires formant des groupes divergents, allongés suivant l'arête $h^1 g^1$, en boules fibreuses ou étoilées, provient de la décomposition de divers minerais de cobalt et se trouve en Saxe, à Schneeberg et Annaberg; en Bohême, à Joachimsthal et à Platten (cristaux mélangés de rouge et de vert); en Thuringe, à Saalfeld et Glücksbrunn; en Hesse, à Richelsdorf et Bieber; en Bade, à Wittichen et Wolfach; à Allemont en Dauphiné; dans la vallée de Gistain, Pyrénées; à Modum en Norwège.

La *rhodoïse* de Huot (cobaltbloom, Kobaltbeschlag), terreuse, en petites boules ou en petits rognons, d'un rouge rose, est un mélange d'érythrine et d'acide arsénieux qui se sublime quand on chauffe la substance dans le matras et qui s'enlève par l'eau chaude. Kersten y a trouvé :

	$\dddot{A}s$	$\ddot{\ddot{A}}s$	$\dot{C}o$	$\dot{F}e$	$\dot{H}$	
Schneeberg	51,00	19,10	16,60	2,10	11,90	= 100,70
Annaberg	48,10	20,00	18,30	»	12,13	= 98,53

On l'a rencontrée à Allemont en Dauphiné; en Cornwall, aux mines de Botallack, Saint-Just, etc.; près Alston en Cumberland; près Killarney en Irlande.

Le Lavendulane (Breithaupt et Vogl) constitue des croûtes amorphes, à cassure conchoïdale ou de petites masses terreuses. Translucide ou opaque. Couleur bleu de lavande ou bleu de cobalt; poussière plus pâle. Très fragile. Éclat gras ou vitreux. Dur. = 2,5 à 3. Dens. = 3,014 (Breithaupt).

D'après Plattner, contient de l'arsenic, des oxydes de cobalt, de nickel et de cuivre et de l'eau. Suivant Lindacker, la matière dégage de l'eau dans le matras, avec un sublimé d'acide arsénieux. Au chalumeau, sur le charbon, elle fond en dégageant des fumées arsenicales; avec le borax et le sel de phosphore, elle donne les réactions du cuivre et du cobalt et, avec la soude, des grains de cuivre. Soluble en partie dans l'eau bouillante, complètement dans l'ammoniaque et l'acide chlorhydrique étendu.

C'est un mélange provenant de l'altération des minerais de nickel, de cobalt et de cuivre, qui a été trouvé en Saxe, à Annaberg et à la mine Elias, à Joachimsthal.

Une substance anlogue, formée aux dépens de minerais de cobalt du Chili, serait, d'après M. Goldschmidt, un arséniate hydraté de cuivre avec 3,86 p. 100 d'oxydes de cobalt et de nickel ($\dot{R}^3 \ddot{\ddot{A}}s + 3\dot{H}$), voisin de la trichalcite (p, 412).

ROSÉLITE; Lévy.

Prisme doublement oblique de 48°53'45" (Schrauf).

$b : c : h :: 1000 : 991,1424 : 595,8241$ D = 412,0777 $d = 906,293.0$

Angle plan de la base $= 48°54'$.
Angle plan de $m = 89°52'12''$.
Angle plan de $t = 89°2'52''$.

ANGLES CALCULÉS.

*mt 48°53'45'' avant
*h^1t 115°0'
tg^1 155°40'
mg^1 adj. 155°26'
h^1g^1 dr. 90°40'
h^1g^3 dr. 103°26'

$po^{3/2}$ 156°14'30''
$o^{3/2}h^1$ 113°10'30''
113°21' obs. Schrauf
po^1 146°31'
$po^{3/4}$ 138°31'
$po^{1/2}$ 126°53'
$po^{3/8}$ 119°16'
ph^1 89°25' avant
89°10'; 20'; 30' obs. Sc.
$pa^{3/2}$ adj. 156°26'
157°17' obs. Sc.
$o^{3/2}a^{3/2}$ 47°19'30'' sur h^1
47°8' obs. Sc.
$a^{3/2}h^1$ adj. 114°9'
114°5' obs. Sc.
$pa^{3/4}$ 139°1'
138°52' à 139°30' obs. Sc.
$a^{3/4}h^1$ adj. 131°34'
131°15' obs. Sc.
$pa^{1/2}$ 127°38'
$pa^{3/8}$ 120°9'
ph^1 90°35' arr.

pe^1 124°0'
$pe^{1/4}$ 98°51'
pi^1 125°20'
*$pi^{1/4}$ 100°46'30''
100°44' à 54' obs.
pg^1 dr. 91°0'

$pd^{1/2}$ 121°29'
$pd^{1/4}$ 106°30'
*pm antér. 88°51'
$pc^{1/2}$ 123°8'
$pc^{1/4}$ 108°35'

ANGLES CALCULÉS.

pm post. 91°9'

$pf^{1/2}$ 122°33'
122°33' à 36' obs. Sc.
$pf^{1/4}$ 108°0'
*pt antér. 90°39'30''
pb^2 158°10'
158° obs. Sc.
$pb^{1/2}$ 121°36'30''
$pb^{1/4}$ 106°48'
106° à 107° obs. Sc.
pt post. 89°20'30''

pL 120°53'
$p\beta$ 99°46'
$p\Lambda$ 119°52'30''
$p\Gamma$ 98°31'
$p\lambda$ 121°35'
$p\gamma$ 100°4'
$p\alpha$ 120°4'
$p\delta$ 98°44'

Lh^1 ant. 116°29'
116°40' obs. Sc.
$f^{1/2}h^1$ ant. 110°32'
110°25' obs. Sc.
$c^{1/2}h^1$ post. 110°10'
λh^1 post. 116°9'

Λh^1 ant. 115°59'
115°22' obs. Sc.
$d^{1/2}h^1$ ant. 109°53'
109°42' obs. Sc.
$b^{1/2}h^1$ post. 111°26'
111°50' obs. Sc.
αh^1 post. 117°24'
$d^{1/2}b^{1/2}$ 138°41'

βh^1 ant. 103°9'
$i^{1/4}h^1$ ant. 90°34'
90°15' à 20' obs. Sc.
γh^1 post. 102°5'

ANGLES CALCULÉS.

Γh^1 antér. 101°56'
$e^{1/4}h^1$ antér. 90°45'30''
δh^1 post. 103°23'

$o^{3/2}L$ 130°39'
$o^{3/2}f^{1/4}$ 116°25'
$o^{3/2}\delta$ post. 87°21'

$o^{3/2}\Lambda$ antér. 129°23'
$o^{3/2}d^{1/4}$ 114°36'
115° obs. Sc.
$o^{3/2}\gamma$ post. 85°38'

$a^{3/2}\Gamma$ ant. 86°59'30''
$a^{3/2}\lambda$ adj. 130°51'
$a^{3/2}c^{1/4}$ 116°28'

$a^{3/2}\alpha$ adj. 129°53'
$a^{3/2}b^{1/4}$ 115°16'
$a^{3/2}\beta$ ant. 86°21'

$o^{3/2}d^{1/2}$ 128°6'30''
$o^{3/2}\Gamma$ 102°41'

$o^{3/2}f^{1/2}$ 129°30'
$o^{3/2}\beta$ 104°20'

$a^{3/2}c^{1/2}$ 129°33'
$a^{3/2}\gamma$ 104°4'

$o^{3/4}f^{1/2}$ 129°14'
$o^{3/4}i^{1/4}$ 98°30'
$f^{1/2}i^{1/4}$ 148°46'
148°32'; 149°8' obs.

$o^{3/4}d^{1/2}$ 128°19'
$o^{3/4}e^{1/4}$ 83°50'

$a^{3/4}c^{1/4}$ 119°30'
$a^{3/4}b^{1/4}$ 118°55'30''
118° obs. Sc.

$L = (f^1 d^{1/7} h^{1/3})$ $\Gamma = (d^{1/2} b^{1/6} g^1)$ $\alpha = (b^1 c^{1/7} h^{1/3})$
$\beta = (f^{1/2} c^{1/6} g^1)$ $\lambda = (c^1 b^{1/7} h^{1/3})$ $\delta = (b^{1/2} d^{1/6} g^1)$
$\Lambda = (d^1 f^{1/7} h^{1/3})$ $\gamma = (c^{1/2} f^{1/6} g^1)$

Combinaisons de formes variées, donnant lieu à des cristaux d'apparence prismatique, *fig.* 428 *bis*, pl. LXXI ($h^1 p\, o^{3/2} o^{3/4} a^{3/2} a^{3/4} i^{1/4} d^2 d^{1/4} c^{1/2} f^{1/2} b^2 b^{1/4} \beta \gamma$); $h^1 p\, o^{3/2} o^{3/4} o^{1/2} o^{3/8} a^{3/2} a^{3/4} a^{1/2} a^{3/8} d^{1/4} f^{1/2} b^{1/4} c^{1/4} \lambda L$, tabulaire ou pyramidale, *fig.* 428 ($h^1 d^{1/4} c^{1/2} f^{1/2} b^{1/4}$); $h^1 m\, d^{1/2} f^{1/4} c^{1/2} \delta$, etc. Les faces *m* et *t* sont généralement très étroites; d^2 et b^2 sont peu développées et courbes; $d^{1/4}$, $b^{1/4}$ et la plupart des autres faces sont striées parallèlement à leur intersection avec h^1 ou traversées par des lamelles hémitropes. Sauf dans la zone $p\, h^1$, les incidences ne se mesurent donc pas très exactement.

Macles fréquentes par hémitropie autour d'une normale aux faces h^1, g^1 ou *p*. La macle offre rarement deux individus égaux accolés; elle s'accuse plutôt par l'interposition de lamelles hémitropes.

Clivage suivant h^1. Translucide ou transparente. Couleur rouge rose, plus ou moins foncée. Poussière blanche. Éclat vitreux, très vif sur les faces unies.

Dur. = 3,5. Dens. = 3,5 à 3,6 (Schrauf); 3,55 à 3,56 (Winkler).

Chauffée à 100°, s'écaille et devient d'un bleu foncé; reprend sa couleur rouge par refroidissement. Au rouge, la couleur bleue persiste.

$(\dot{Ca}^{10}, \dot{Mg}^2, \dot{Co}^3)\ddot{As}^5 + 10\dot{H}$: Acide arsénique 52,36 Chaux 25,50 Magnésie 3,68 Oxyde de cobalt 10,25 Eau 8,21 (1).

La proportion de chaux varie un peu avec la couleur des cristaux.

Analyses de la rosélite : *a*, par Schrauf; *b* et *c*, par Winkler :

	a	*b*	*c*
Acide arsénique	50,9	52,67	52,41
Chaux	21,9	25,05	25,17
Magnésie	4,3	4,10	4,22
Oxyde cobaltique	(12,1)	10,29	10,03
Eau	10,8	8,29	8,22
	100,0	100,40	100,05

Des échantillons très rares ont d'abord été rencontrés vers 1800 à la mine Rappold; en 1873 on a retrouvé de très petits cristaux tapissant des druses de quartz incolore, entourés d'une croûte de

(1) La formule, écrite $(\dot{Ca}^2, \dot{Co})\ddot{As} + 2\dot{H}$, comme celle de la Brandtite, page 370, exigerait : $\ddot{As}$ 50,77 $\dot{Ca}$ 24,72 $\dot{Co}$, 16,55 $\dot{H}$ 7,96.

calcédoine blanche, dans une quartzite cristalline, aux mines Daniel, Weisser Hirsch et Adam Heber près Schneeberg en Saxe.

ADAMINE; Friedel.

Prisme rhomboïdal droit de 91°15′.

$b : h :: 1000 : 508{,}730 \quad D = 714{,}778 \quad d = 699{,}351.$

ANG. CALCULÉS.	ANG. MESURÉS.
$h^1h^{5/3}$ 166°4′	»
h^1h^3 153°37′	»
h^1h^4 149°14′	»
h^1m 135°37′30″	»
*mm 91°15′ $\mathrm{s^r}$ h^1	91°15′ moy. Dx. (1) 90°14′ à 50′ Lp. (2)
$h^{5/3}m$ 149°33′30″	»
h^3m 162°0′30″	161°40′ à 45′ Dx.
h^4m 166°23′30″	»
mg^4 165°32′30″	»
mg^3 161°7′30″	161°3′ à 43′ Dx.
mg^1 134°22′30″	134°22′34″ moy. Dx.
mm 88°45′ sur g^1	88°42′ moy. Dx. 89°13′ à 45′ Lp.
$h^{5/3}g^1$ 103°56′	»
$h^{5/3}h^{5/3}$ 152°8′ $\mathrm{s^r}$ h^1	»
h^3g^1 116°23′	116°15′ moy. Dx.
h^3h^3 127°14′ $\mathrm{s^r}$ h^1	128°6′ Lp. 128°5′ moy. Dx.
h^4g^1 120°46′	120°22′; 56′ Dx.
h^4h^4 118°28′ $\mathrm{s^r}$ h^1	»
g^4g^1 148°50′	»
g^4g^4 117°40′ $\mathrm{s^r}$ g^1	»
g^3g^1 153°15′	153°10′; 15′ Dx.
g^3g^3 126°30′ $\mathrm{s^r}$ g^1	125° à 125°40′ 126° Dx.
h^3g^3 adj. 143°8′	143° à 143°28′ Dx.
$a^{7/6}a^{7/6}$ 116°6′ $\mathrm{s^r}$ p	116°14′ moy. Dx.
*a^1a^1 72°4′ $\mathrm{s^r}$ h^1	72°4′ moy. Dx. 71°22′ à 49′ Lp.
a^1a^1 107°56′ $\mathrm{s^r}$ p	107°55′ moy. Dx.
e^1e^1 109°7′ $\mathrm{s^r}$ p	108°48′ Dx.
$mb^{1/2}$ 135°30′	136°20′ Dx.
$b^{1/2}b^{1/2}$ 120°9′ av.	»
me_3 adj. 143°35′	143°30′ Dx.
me^1 adj. 113°55′30″	113°20′ Dx.
ma^1 65°8′ $\mathrm{s^r}$ e^1	65°7′ moy. Dx.
e_3e^1 150°20′	150°7′ Dx.
e_3a^1 101°33′ $\mathrm{s^r}$ e^1	102°20′ à 40′ Dx.
e^1a^1 adj. 131°13′	131°40′ Dx.
a^1m adj. 114°52′	113°35′? Dx.
h^3a^1 adj. 121°58′	122°4′ à 37′ Dx.
$h^3b^{1/2}$ adj. 132°43′	»
$h^3b^{1/2}$ op. $\mathrm{s^r}$ m 103°38′	104°20′ à 26′ Dx.
g^3a^1 adj. 105°21′	105°6′ à 55′ Dx.
g^3a^1 opp. 74°39′	74°20′ Dx.
$a^{7/6}g^3$ adj. 103°47′	103°30′ à 104°40′ Dx.

Principales combinaisons de formes : $m\,h^3\,g^3\,g^1\,a^1$ (Chañarcillo),

---

(1) Dx. Des Cloizeaux, mesures prises sur des cristaux de Chañarcillo et du Laurium.

(2) Lp. Laspeyres, mesures prises sur des cristaux du Laurium.

fig. 438, pl. LXXII; $m h^3 a^1 b^{1/2}$ (Chañarcillo); $m a^1 b^{1/2}$ (Cap Garonne près Toulon), *fig.* 439; $m g^3 a^1$; $m g^3 a^1 b^{1/2}$; $m a^1 e^1$; $m g^3 a^{7/6}$; $m a^1$; $m h^3 g^1 a^1$; $m a^1 e^1 e_3$; $m h^4 g^3 g^1 a^1$; $h^1 h^{5/3} h^3 h^4 m g^4 p a^1 e^1$ (Laurium).

Les formes a^1 et g^3 sont généralement dominantes; a^1 a ses faces ondulées; m et g^3, quelquefois unies, portent souvent des stries parallèles à leur intersection mutuelle. Les cristaux, presque toujours allongés parallèlement à la grande diagonale de la base, le sont rarement suivant l'axe vertical.

Clivage net suivant a^1. Transparente (Chañarcillo et Laurium) ou translucide (Cap Garonne). Axes optiques très écartés, dans un plan parallèle à la base. Bissectrice aiguë *positive* normale à g^1. Dispersion des axes forte, avec $\rho < v$.

Une lame jaune de la variété analysée par M. Friedel et une lame violette de Chañarcillo ont fourni (1) :

	RAY. ROUGES.	RAY. BLEUS.
$2\,H_a =$	108°34′	111°39′
$2\,H_o =$	115°50′	113°52′

Incolore, jaune pâle ou violet clair; vert de mer ou vert émeraude; rose ou rouge foncé; brunâtre. Poussière blanche. Éclat vitreux, très vif sur les faces de clivage, quelquefois adamantin. Fragile.

Dur. = 3,5. Dens. = 4,338 à 4,352.

Dans le matras, décrépite faiblement et dégage une petite quantité d'eau, en devenant d'un blanc de porcelaine. Sur le charbon, fond en s'entourant d'une auréole d'oxyde de zinc et émettant une très faible odeur arsenicale. Fondue dans un tube, avec du carbonate de soude et du charbon, produit un anneau d'arsenic. Avec du sel de phosphore et un peu d'étain, sur une coupelle Lebaillif, la réduction produit l'émail noir caractéristique des arséniates. Les cristaux rouges du cap Garonne communiquent au borax la couleur bleue produite par l'oxyde de cobalt. Soluble dans les acides; fortement attaquée par la potasse caustique.

$Zn^4 \ddot{\ddot{A}}s + \dot{H}$: Acide arsénique 40,10 Oxyde zincique 56,76. Eau 3,14; avec des proportions d'arséniates de cuivre et de cobalt variables suivant la couleur des échantillons. Chimiquement et géométriquement isomorphe de l'olivénite.

Analyses de la variété jaune, de Chañarcillo, *a*, par Friedel; de

---

(1) Malgré leur transparence, les cristaux du Laurium ne donnent pas de bonnes mesures de l'écartement des axes, par suite de l'enchevêtrement irrégulier des divers individus qui les composent.

gros mamelons à structure radiée, d'un vert clair, du Laurium, *b*, par le même; de diverses variétés du cap Garonne près Hyères, *c*, en cristaux rouges, par Damour, *d*, en croûte cristalline rose, *e*, en cristaux lenticulaires d'un vert céladon, par Pisani :

	a	*b*	*c*	*d*	*e*
Acide arsénique	39,95	40,17	39,24	38,50	39,85
Oxyde zincique	54,32	55,97	49,11	52,50	31,85
Oxyde cobaltique	»	»	5,16	3,92	0,52
Oxyde cuivrique	»	0,64	1,75	»	23,45
Oxyde ferreux	1,48	0,18	»	» et Ċa	0,87
Eau	4,55	4,01	4,25	3,57	3,68
	100,30	100,97	99,51	98,49	100,22
Densité :	4,338	»	4,352	»	»

Les cristaux d'Adamine, rarement simples et presque toujours formés de plusieurs individus irrégulièrement enchevêtrés, sont surtout abondants aux mines du Laurium où ils forment quelquefois de petits groupes étoilés ou des boules à surfaces cristallines, à cassure fibro-radiée, soudées en croûtes épaisses. Ils tapissent en plus ou moins grand nombre une Smithsonite cuprifère mamelonnée, d'une couleur verdâtre ou violacée où ils sont souvent associés à des mamelons cristallins formés par le groupement de rhomboèdres aigus blancs ou incolores, doués d'un vif éclat, d'une calcite zincifère; ils sont aussi disséminés dans les cavités d'une hématite terreuse où l'on rencontre de l'olivénite fibreuse, de la Buratite, etc. A Chañarcillo, Chili, l'Adamine s'est rencontrée en petits cristaux composés de couches superposées, d'un violet plus ou moins foncé, avec embolite verte, ou en grains d'un jaune de miel, avec argent natif. A la mine du cap Garonne, entre Hyères et Toulon, les cristaux, généralement aplatis et comme comprimés, roses ou rouge carmin et quelquefois verts, occupent les fentes d'une roche quartzeuse où ils sont accompagnés par de l'olivénite, de la pharmacolite, de la Lettsomite, de la chessylite et de la malachite.

KÖTTIGITE; Dana.

Prisme rhomboïdal oblique d'environ 106° (Groth), probablement isomorphe de l'érythrine.

Clivage parfait parallèlement au plan de symétrie. Plus ou moins translucide.

Couleur rouge carmin pâle ou fleur de pêcher. Poussière blanc rougeâtre. Éclat soyeux dans la cassure.

Dur. = 2,5 à 3. Dens. = 3,1.

Dans le matras, dégage beaucoup d'eau et un sublimé cristallin d'acide arsénieux. Facilement fusible au chalumeau, en colorant la flamme en bleu. Sur le charbon, donne des vapeurs arsenicales et une auréole d'oxyde de zinc. Avec le borax, réaction du cobalt. Soluble dans les acides.

$(\dot{Z}n, \dot{C}o, \dot{N}i)^3 \ddot{\ddot{A}}s + 8\dot{H}$ d'après une analyse de Köttig qui a obtenu :

$\ddot{\ddot{A}}s$ 37,17 (différ.) $\dot{Z}n$ 30,52 $\dot{C}o$ 6,91 $\dot{N}i$ 2,00 $\dot{H}$ 23,40 = 100.

Trouvée en croûtes fibreuses cristallines et en petites masses, avec smaltine, à la mine Daniel près Schneeberg, Saxe.

MIMETÈSE ; Beudant. Mimetite ; Haidinger et Dana ; Mimetesit ; Breithaupt et Hausmann. Plomb arséniaté ; Haüy. Brachytyper Blei-Baryt ; Mohs.

Pseudohexagonale. En apparence isomorphe de la pyromorphite et présentant les mêmes formes avec des incidences très voisines. Schabus a trouvé sur les cristaux de Johanngeorgenstadt les nombres suivants :

$b^1 b^1$ adj. 142°29′
$b^1 b^1$ sur m 80°4′

Combinaisons : pm ; pmb^1, *fig.* 422, pl. LXX ; $pmb^1b^{1/2}$; $mb^1b^{1/2}$. On cite l'hémiédrie pyramidale, présentée par la forme a_2, comme dans la vanadinite.

Les cristaux sont généralement allongés suivant l'axe vertical, plus rarement aplatis suivant la base, comme dans la *fig.* 446 ; ils ont une grande tendance à prendre des formes globulaires.

Clivage b^1 imparfait. Cassure inégale. Eclat résineux.

L'examen optique montre que les prismes hexagonaux de mimetèse sont constitués par le groupement de six prismes de 60° ayant leur bissectrice aiguë *négative* parallèle à l'axe vertical du cristal résultant. En effet, tandis que les sections parallèles aux faces du prisme paraissent homogènes en lumière polarisée parallèle, les sections basiques montrent très nettement une division en six secteurs.

Chacun des six primes élémentaires possède une structure intérieure très complexe : dans les lames parallèles à la base, on voit en effet un fin quadrillage de lamelles entre-croisées, rendant les extinctions imparfaites : l'écartement des axes optiques et l'orientation de leur plan sont très variables d'un point à un autre. Ce plan fait avec les côtés de la base hexagonale des angles variant de 0° à 30° ; 2 E atteint parfois 64°. En quelques points, se manifeste une sorte de *dispersion tournante*, rappelant celle de la Prehnite. Il est assez fréquent en outre d'observer dans un secteur des interpénétrations de plages, possédant l'orientation des secteurs voisins.

La disposition régulière qui vient d'être décrite n'existe pas dans les cristaux de toutes les localités; la mimetèse, surtout dans ses variétés phosphatées (*campylite*) présente souvent des groupements en tonnelets dans lesquels les sections basiques montrent des secteurs irréguliers, alors que les sections longitudinales possèdent une structure fibreuse des plus troublées.

Enfin dans un petit nombre de cristaux, on observe des emboîtements de pyromorphite uniaxe et de mimetèse biaxe. Ce dernier minéral forme alors l'enveloppe extérieure et présente des secteurs très nets.

La couleur la plus habituelle est le jaune citron, passant parfois au brun ou au jaune orangé; plus rarement le minéral est blanc ou incolore. Poussière plus ou moins blanche. Fragile.

Dur. = 3,5. Dens. = 6,92 à 7,3 s'abaissant dans les variétés calciques (6,6 env.).

Au chalumeau, facilement fusible; sur le charbon donne une odeur d'ail et se réduit en un globule de plomb entouré d'une auréole de chlorure de plomb, puis d'acide arsénieux et d'oxyde de plomb. Soluble dans l'acide azotique.

Analyses de la mimetèse : *a*, de Zacatecas, par Rivot; *b*, de Johanngeorgenstadt, par Wöhler; *c*, de Phenixville (jaune citron), par L. Smith; *d*, d'Eureka (cristaux incolores), par Massie; *e*, du Cumberland (*campylite*), par Rammelsberg; *f*, de Villevielle près Pontgibaud, par M. Damour.

	a	*b*	*c*	*d*	*e*	*f*
Acide arsénique	23,06	22,10	23,17	23,41	18,47	19,65
— phosphorique	»	0,62	0,14	traces	3,34	3,44
Oxyde plombique	67,62	68,17	67,61	68,21	68,90	63,25
Chaux	»	»	»	»	0,50	3,46
Chlorure de plomb	9,76	9,76	9,36	8,69	9,44	10,06
	100,44	100,65	100,28	100,31	100,65	99,86
Densité :			7,32	6,92	7,218	6,65

La mimetèse se rencontre dans les filons de galène en beaux cristaux, en agrégats cristallins arrondis (les variétés phosphatées ont reçu le nom de *campylite*) ou en masses mamelonnées. Les plus beaux cristaux proviennent de Johanngeorgenstadt (gros cristaux jaunes) et de Schneeberg; de Nertschinsk, Sibérie; de Zinnwald; de Badenweiler; de Longban, Suède; de Wheal Unity près Redruth, Cornwall; de Beeralston en Devonshire; de Roughten Gill, Drygill en Cumberland (*campylite*), de Phénixville, Pennsylvanie; de Zacatecas, Mexique, etc.

Les emboîtements de pyromorphite et de mimetèse se rencontrent à Roughten Gill, à Phenixville, etc. Des pseudomorphoses d'anglesite en mimetèse ont été décrites à la Mina del Diablo près Durango, Mexique.

La mimetèse a été souvent reproduite synthétiquement et notamment par M. Lechartier, en fondant de l'arséniate et du chlorure de plomb dans un excès de chlorure de plomb. Debray l'a obtenue par voie humide en employant le procédé indiqué plus loin pour la pyromorphite.

HÉDYPHANE; Breithaupt.

Clinorhombique.

Deux clivages inégalement faciles, l'un à surface assez unie, un peu terne, l'autre à surface interrompue, d'un éclat adamantin, faisant entre eux un angle d'environ 96°. Cassure écailleuse. Translucide; transparente par places en lames minces. Axes optiques à peine séparés dans un plan parallèle à l'arête obtuse formée par les deux clivages et passablement normal à la bissectrice aiguë *positive* lorsqu'il fait un angle d'environ 155° avec le clivage à surface unie. Dispersion inappréciable.

Blanc grisâtre ou jaunâtre. Éclat gras, légèrement adamantin. Dur. = 3,5 à 4. Dens. = 5,46 à 5,49.

Sur le charbon, décrépite violemment, dégage une faible odeur d'ail et se réduit en partie. Soluble à chaud dans l'acide azotique.

Probablement isomorphe de la karyinite.

Analyses de l'hédyphane de Longban : *a*, par Kersten; *b*, par Michaelson; d'une variété terreuse, impure, du Chili, par Domeyko.

	a	*b*	*c*
Acide arsénique	22,87	28,51	12,06
— phosphorique	7,10	3,19	5,36
— vanadique	»	»	1,94
Oxyde de plomb	52,98	57,45	68,46
Chaux	13,89	10,50	8,31
Chlore	2,63	3,06	2,41
Oxyde de cuivre	»	»	0,96
	99,47	102,71	99,50

Dans une variété de Longban (*barythedyphan*), associée à l'hédyphane ordinaire et contenant évidemment diverses matières étrangères, M. Lundström a constaté :

$\overset{\cdot\cdot\cdot\cdot\cdot}{\text{As}}$ 28,18 $\overset{\cdot\cdot\cdot\cdot\cdot}{\text{P}}$ 0,53 $\dot{\text{Pb}}$ 49,44 $\dot{\text{Ba}}$ 8,03 $\dot{\text{Ca}}$ 8,99 $\dot{\text{Mg}}$ 0,24 $\dot{\text{Na}}$ 0,15

$\dot{\text{K}}$ 0,09 $\overset{\cdot\cdot\cdot}{\text{Fe}}$ 0,08 Cl 3,05 $\ddot{\text{C}}$ 1,07 Insolub. 0,42 = 100,27. Dens. = 5,82.

L'hédyphane s'est rencontrée en Suède, à Longbanshytta, en

petites masses engagées dans un mélange de rhodonite et de Schefférite grenue, et à Pajsberg; on l'a citée au Chili.

KARYINITE; Lundström.

Clinorhombique.

Deux clivages inégalement faciles, mais éclatants, faisant entre eux un angle d'environ 130° et *paraissant* correspondre aux formes p et h^1. Cassure écailleuse. Transparente en lames minces. Deux axes optiques à écartement variable avec les échantillons.

$$2E = 42^\circ \text{ à } 47^\circ \text{ environ, rayons rouges.}$$

Bissectrice aiguë *positive* paraissant normale à l'arête d'intersection des deux clivages principaux. Dispersion ordinaire annonçant $\rho > v$. Dispersion *horizontale* appréciable.
Brun cannelle ou brun noisette. Éclat gras.
Dur. = 3 à 3,5. Dens. = 4,25.
Au chalumeau, fusible avec odeur d'ail, en une scorie noire qui produit de fortes réactions du plomb et du manganèse. Soluble dans l'acide azotique, avec une légère effervescence et résidu de grains noirs de Hausmannite.

$$\dot{R}^3\ddot{\ddot{A}}s \text{ où } \dot{R} = (\dot{M}n, \dot{P}b, \dot{C}a, \dot{M}g).$$

L'analyse a fourni à C. H. Lundström :

$\ddot{\ddot{A}}s$ 47,17 $\dot{P}b$ 10,52 $\dot{M}n$ 15,82 $\dot{F}e$ 0,54 $\dot{C}a$ 16,40 $\dot{M}g$ 4,25 Cl 0,07 $\ddot{C}$ 3,86 Insol. 0,65 = 99,28.

Forme de petites masses pénétrées de calcite et de Hausmannite, à Longbansbytta, Suède.

WALPURGINE; Weisbach.

Prisme rhomboïdal oblique d'environ 118° (1).

---

(1) D'après M. Weisbach, les cristaux considérés comme clinorhombiques offriraient, en avant et en arrière, deux hémiprismes, l'un de 107°42′, l'autre de 118°4′, constituant une hémimorphie particulière; ce savant a donc proposé de les regarder comme des macles de deux individus tricliniques m (g^9), t (m), h^1 (h^1), g^1 (g^1), p (e^1), assemblés suivant une face g^1; mais les incidences ne peuvent pas être mesurées avec assez d'exactitude pour décider complètement la question.

Des mesures approximatives ont donné à M. Weisbach :

mg^1 120°58′	e^1/e^1 : h^1 { 113°30′ Schrauf ; 114°8′ Weisbach
mm 118°4′	
g^9g^1 125°55′ à 126°23′	g^1e^1 { 106°40′ Schrauf ; 109°6′30″ Weisbach
g^9g^9 avant 107°41′30″	
h^1g^1 91°38′	e^1m postér. 80°25′ à 54′
	e^1g^9 antér. 96°47′ à 97°14′

Les faces h^1 portent deux séries de stries fines se croisant sous un angle de 35° et à peu près perpendiculaires à l'arête e^1h^1.

Facilement clivable suivant g^1. Transparente en lames minces. Bissectrice *aiguë* négative normale à g^1. Axes optiques très écartés dans un plan faisant un angle d'environ 102°30′ avec l'arête h^1/g^1 et 11° avec l'arête e^1/g^1 (Em. Bertrand); $\rho > v$.

Couleur variant du jaune paille au jaune orangé. Poussière jaune d'ambre. Éclat gras ou adamantin.

Dur. = 3,5. Dens. = 5,76.

Dans le matras, décrépite plus ou moins fortement, devient plus foncée et dégage de l'eau. Au chalumeau, dans la pince de platine, se colore en bleu pâle et fond facilement. Sur le charbon, produit un enduit jaune. Avec le borax et le sel de phosphore, réaction de l'urane.

$$5\,\dddot{B}i\,\overset{\cdot\cdot\cdot\cdot\cdot}{A}s + 3\,\dddot{\underline{U}}\,\overset{\cdot\cdot\cdot\cdot\cdot}{A}s + 10\,\dot{H}.$$

Deux analyses *a* et *b* ont donné à M. Winkler :

	$\overset{\cdot\cdot\cdot\cdot\cdot}{A}s$	$\dddot{B}i$	$\dddot{\underline{U}}$	$\dot{H}$
a.	11,88	61,43	20,29	4,32 = 97,92
b.	13,03	59,34	20,54	4,65 = 97,56

Les cristaux, laminaires suivant g^1 et ressemblant beaucoup à des lames de gypse, sont presque toujours groupés par une de leurs extrémités, mais ils se présentent quelquefois en petites aiguilles divergentes formant des sphéroïdes de la grosseur d'un pois; on les a découverts en 1871 à la mine de cobalt *weisser Hirsch* près Neustädtel en Saxe.

RHAGITE; Weisbach.

Petites sphères microcristallines, à cassure imparfaitement conchoïdale, translucides sur les bords, paraissant monoréfringentes en lames minces, d'un vert jaunâtre pâle, à poussière blanche, à éclat cireux, un peu adamantin dans la cassure, fragiles.

Dur. = 5. Dens. = 6,82.

Dans le matras, décrépite, donne de l'eau et une poussière jaune isabelle. Fusible sur le charbon. Facilement soluble dans l'acide chlorhydrique, difficilement dans l'acide azotique.

$$\dddot{\mathrm{Bi}}^{6}\,\ddot{\mathrm{As}}^{2},\ +\ 8\dot{\mathrm{H}}$$

M. Winkler a obtenu : $\ddot{\mathrm{As}}$ 14,20 $\dddot{\mathrm{Bi}}$ 72,76 $\dot{\mathrm{H}}$ 4,62 $\dddot{\mathrm{Fe}}$ et $\dddot{\mathrm{Al}}$ 1,62 $\dot{\mathrm{Co}}$ 1,47 $\dot{\mathrm{Ca}}$ 0,50 Gangue 3,26 = 98,43.

Associée à la walpurgine, dans une masse de bismuthite jaune clair, très fragile, mélangée de grains de quartz, à la mine *weisser Hirsch* près Neustädtel.

ATÉLESTITE; Breithaupt.

J'ai donné, d'après vom Rath, page XLV, les principales incidences de l'atélestite rapportée à un prisme clinorhombique de 97°52'.

En adoptant le même prisme, mais en changeant respectivement les formes $o^{5/2}$ et $b^{1/2}$ de vom Rath en a^1 et $d^{1/2}$, M. Busz a observé les combinaisons $h^1 m a^1 d^{1/2} p$ (microscopique); $h^1 h^2 m g^1 o^1 a^1 e^1 d^{1/2} q = (d^{1/2} d^{1/4} h^{1/3})$.

Les paramètres et les principaux angles calculés sont alors :

$$b : h :: 1000 : 1100,333 \quad D = 920,312 \quad d = 682,393.$$

ANGLES CALCULÉS.	ANGLES CALCULÉS.
*mm avant 97°14'15"	pa^1 adj. 107°4'30"
mh^1 138°37'	*a^1h^1 adj. 143°38'30"
h^2h^2 avant 147°16'	
	e^1e^1 70°17'
po^1 135°12'	$p\,d^{1/2}$ 126°21'
*ph^1 antér. 109°17'	$d^{1/2}d^{1/2}$ avant 113°20'
o^1h^1 adj. 143°38'30"	qq avant 155°16'

Cristaux aplatis suivant h^1, avec a^1 dominante. Clivage indistinct suivant la base. Transparente ou translucide. Jaune de soufre. Éclat adamantin.

Dur. = 3 à 4,5. Dens. = 6,4 (Busz).

$\dddot{\mathrm{Bi}}^{3}\ddot{\mathrm{As}} + 2\dot{\mathrm{H}}$: Acide arsénique 13,90 Oxyde bismuthique 84,88 Eau 1,22.

Analyse de M. Busz : $\ddot{\mathrm{As}}$ 14,12 $\dddot{\mathrm{Bi}}$ 82,41 $\dddot{\mathrm{Fe}}$ 0,51 $\dot{\mathrm{H}}$ 1,92 = 98,96.

Cristaux très petits et très rares, implantés sur bismuthoferrite, avec érythrine, à la mine Neuhilfe, Schneeberg, Saxe.

TRICHALCITE ; Hermann.

Dendrites ou aiguilles formant des groupes radiés, d'une couleur de vert-de-gris, à éclat soyeux, d'une dur. = 2,5.

Dans le matras, décrépite, dégage beaucoup d'eau et devient d'un brun noir. Au chalumeau, sur le charbon, fond et, à la flamme réductive, donne des grains de cuivre en dégageant l'odeur d'ail. Facilement soluble dans l'acide chlorhydrique.

$$\dot{\mathrm{C}}\mathrm{u}^3 \overset{\cdot\cdot\cdot\cdot\cdot}{\mathrm{A}}\mathrm{s} + 5\dot{\mathrm{H}}$$

Hermann a obtenu : $\overset{\cdot\cdot\cdot\cdot\cdot}{\mathrm{A}}\mathrm{s}$ 38,73 $\overset{\cdot\cdot\cdot\cdot\cdot}{\mathrm{P}}$ 0,67 $\dot{\mathrm{C}}\mathrm{u}$ 44,19 $\dot{\mathrm{H}}$ 16,41 = 100.

Ressemble à la *tyrolite* (Kupferschaum) et tapisse des cristaux de cuivre gris, aux mines de cuivre de Turginsk ou de Bérésowsk, Sibérie.

Le *chlorotile* de Frenzel forme de petits cristaux capillaires orthorhombiques vert émeraude ou vert pâle, transparents, dont la composition semble être :

$$\dot{\mathrm{C}}\mathrm{u}^3 \overset{\cdot\cdot\cdot\cdot\cdot}{\mathrm{A}}\mathrm{s} + 6\dot{\mathrm{H}}$$

Ce minéral a été trouvé à Schneeberg avec aragonite et wapplérite, ainsi qu'à Zinnwald avec quartz et scheelite.

OLIVÉNITE. Olivenerz ; Werner. Prismatischer Oliven-Malachit ; Mohs.

Prisme rhomboïdal droit de 92°32′.

$$b : h :: 1000 : 484{,}392 \quad \mathrm{D} = 722{,}642 \quad d = 691{,}222$$

ANGLES CALCULÉS.	ANGLES CALCULÉS.	ANGLES CALCULÉS.
mm 92°32′	$c^1 c^1$ adj. 109°2′	117°30′ obs. Fried.
92°30′ obs. Phillips	112°9′ obs. H. Washingt. (1)	
93°34′ obs. H. Washingt. Utah		$b^{1/2} m$ 135°53′
$m h^1$ 136°16′	*$b^{1/2} b^{1/2}$ avant 120°30′	
$m g^1$ 133°44′	120°30′ obs. Friedel	$m a^1$ adj. 115°34′
	$b^{1/2} a^1$ 150°15′	$m c^1$ 66°21′ sur a^1
$a^1 h^1$ 126°42′		$a^1 c^1$ 130°46′
$a^1 a^1$ 73°24′ sur h^1	$h^1 b^{1/2}$ 121°15′	$m a^1$ opp. 64°26′
	*$b^{1/2} b^{1/2}$ côté 117°30′	$c^1 m$ adj. 113°39′

Combinaisons de formes : $m e^1$ (octaèdres rectangulaires) ; $e^1 m b^{1/2}$, *fig.* 431, pl. LXXI ; $m g^1 e^1$; $m h^1 e^1$; $m h^1 g^1 e^1$; $m h^1 g^1 a^1 e^1$,

---

(1) H. Washingt. Mesures de M. Washington sur des cristaux d'Utah.

fig. 430. Les faces $b^{1/2}$ sont étroites, mais unies; les faces e^1, g^1 sont généralement concaves, les m, convexes et inégales.

Clivages difficiles suivant e^1 et m. Cassure conchoïdale ou inégale. Transparente ou translucide. Bissectrice *aiguë* positive normale à h^1. Axes optiques s'ouvrant dans un plan normal à h^1 et à g^1 et offrant un écartement variable suivant les plages d'un même cristal, par suite des enchevêtrements intérieurs. Dispersion forte, $\rho < v$. Deux bonnes plaques m'ont donné, vers 15° C :

		VERRE ROUGE.	JAUNE SOD.	BLEU.	
I.	2 H =	101°36′	»	»	1re plage.
		104°57′	106°43′	110°31′	2e plage.
II.	2 H =	105°5′	105°6′	109°47′	

Légèrement pléochroïque.

Vert olive, passant au vert noirâtre ou au brun. Poussière vert olive pâle. Éclat vitreux, inclinant au résineux ou à l'adamantin. Fragile.

Dur. = 3,0. Dens. = 4,38.

Dans le matras, dégage un peu d'eau neutre, devient d'abord vert de chrome, puis gris noirâtre. Au chalumeau, sur la pince de platine, fond et cristallise par refroidissement; sur le charbon, donne des vapeurs arsenicales et laisse un globule de cuivre, grisâtre à l'intérieur, rouge à l'extérieur.

Soluble en une liqueur bleue dans les acides et l'ammoniaque. Attaquable à chaud par la potasse, avec résidu d'oxyde de cuivre.

Géométriquement et chimiquement isomorphe de l'Adamine et de la libéthénite, optiquement différente.

$\dot{C}u^4 \dddot{A}s + \dot{H}$: Acide arsénique 40,63 Oxyde de cuivre 56,19 Eau 3,18 = 100 avec de petites proportions, variables, d'acide phosphorique.

Analyses de l'olivénite : *a*, en petits cristaux brillants, de Cornwall, par Damour; *b*, par von Kobell; *c*, cristallisée; *d*, fibreuse (*Holzkupfererz*), toutes deux par Hermann.

	a	*b*	*c*	*d*
Acide arsénique	34,87	36,71	33,50	40,50
— phosphorique	3,43	3,36	5,96	1,00
Oxyde de cuivre	56,86	56,43	56,38	51,03
— ferreux	»	»	»	3,64
Eau	3,72	3,50	4,16	3,83
	98,88	100,00	100,00	100,00
Densité :	4,378	»	4,135	3,913

Se trouve en cristaux tapissant des cristaux de quartz, ou en masses réniformes, à structure aciculaire ou fibreuse, quelquefois terreuses, dans les mines de cuivre de Huel Gorland et Huel Unity près Saint-Day, de Tin Croft près Redruth en Cornwall; à la mine de Tyne head près Alston Moor en Cumberland; à la mine de la Garonne, département du Var, avec Adamine, Lettsomite, etc. Les variétés fibreuses et terreuses se rencontrent à Kamsdorff et Saalfeld en Thuringe, à Schwatz et Kogel en Tyrol; dans le Banat; en Sibérie; dans les Asturies; au Chili; à Eagle Mine, district Tintic, Utah (les cristaux aciculaires, à faces *m* dominantes, paraissent offrir des incidences assez différentes de celles qu'a obtenues Phillips sur les cristaux du Cornwall).

EUCHROÏTE; Breithaupt.

Prisme rhomboïdal droit de 117°20′.

$b : h :: 1000 : 886,567 \quad D = 854,156 \quad d = 520,016.$

ANGLES CALCULÉS.	ANGLES CALCULÉS.	ANGLES CALCULÉS.
mm 117°20′	mg^3 160°44′	*pe^1 133°56′
*mg^1 121°20′	g^3g^1 140°36′	e^1g^1 136°4′
mg^5 168°56′	g^5g^5 avant 95°12′	e^1e^1 87°52′ sur p
g^5g^1 132°24′	g^3g^3 avant 78°47′	

Combinaisons observées: mg^3pe^1; $mg^5g^3g^1pe^1$, *fig.* 437, pl. LXXII. Les faces m, g^5, g^3 sont striées verticalement. La base est souvent convexe. Clivage assez net suivant m, traces suivant e^1. Cassure inégale. Transparente ou translucide. Plan des axes optiques parallèle à h^1; bissectrice *aiguë* positive normale à la base. Rapprochement notable des axes par la chaleur. Dispersion inappréciable, par suite de la très forte absorption.

$$2\,E = \begin{cases} 61°11' \text{ à } 17°\,C. \\ 56°8' \text{ à } 86°\,C. \end{cases}$$

Couleur vert émeraude. Poussière vert pomme. Éclat vitreux. Fragile.

Dur. = 3,5 à 4. Dens. = 3,38 à 3,41 (Breithaupt).

Dans le matras, dégage de l'eau, devient vert jaunâtre et friable. Au chalumeau, sur le charbon, donne l'odeur d'ail et se réduit instantanément, avec une sorte de détonation. Soluble dans l'acide azotique.

$\dot{C}u^4\ddot{\ddot{A}}s + 7\dot{H}$: Acide arsénique 34,12 Oxyde cuivrique 47,19 Eau 18,69 = 100.

Analyses: *a*, par Turner; *b*, par Kühn; *c*, par Wöhler:

	$\dddot{As}$	$\dot{Cu}$	$\dot{H}$
a.	33,02	47,85	18,80 = 99,67
b.	34,42	46,97	19,31 = 100,70
c.	33,22	48,09	18,39 = 99,70

Les cristaux, souvent d'une dimension considérable, sont implantés dans les fentes d'un micaschiste quartzeux, à Libethen en Hongrie.

LEUCOCHALCITE; Sandberger. Petites aiguilles d'un blanc verdâtre, à éclat soyeux, verdissant par calcination, fusible en verre noir. $\dot{C}u^3 \dddot{A}s + 3\dot{H}$, composition voisine de celle de l'euchroïte, d'après une analyse qui a fourni à Petersen :

$\dddot{A}s$ 37,89 (différ.) $\dddot{P}$ 1,60 $\dot{C}u$ 47,10 $\dot{C}a$ 1,56 $\dot{M}g$ 2,28 $\dot{H}$ 9,57 = 100.

Forme des houppes délicates associées à de la malachite, à la mine Wilhelmine, dans le Spessart en Bavière.

CHALCOPHYLLITE; Breithaupt. Erinite; Beudant. Tamarite; Miller. Cuivre arséniaté hexagonal lamelliforme; Haüy. Rhomboedrischer Euchlor-Malachit; Mohs. Kupferglimmer; Werner.

Rhomboèdre aigu de 69°48'.

ANGLES CALCULÉS.	ANGLES CALCULÉS.	ANGLES CALCULÉS.
$a^1 a^{8/5}$ 153°50'	$a^1 a^{1/4}$ 135°30'	69°12' obs. Phillips
153°50' obs. H. Washingt.	138°10' ? obs. Washingt.	*pp 110°12' ar. basique
$a^1 a^4$ 124°9'	$a^1 b^1$ 124°9' sur p	110°12' obs. Descloiz.
124°42' obs. Phillips	123°9' obs. Washington	
$a^1 p$ 108°44'	$p b^1$ 124°54'	$a^4 a^4$ 88°26' ar. culmin.
108°40' obs. Phillips		$b^1 b^1$ 91°34' ar. basique
108°33' obs. Washington	pp 69°48' arête culmin.	

Combinaisons de formes : $a^1 p$, *fig.* 434, pl. LXXII ; $a^1 p\, b^1$; $a^1 p\, e^2$; $a^1 p\, a^4 b^1$, *fig.* 435, cristaux du Cornwall ; $a^1 a^{8/5} p\, b^1 a^{1/4}$, cristaux de l'Utah, mesurés par H. Washington.

Clivage très facile suivant a^1 ; trace suivant p. Cassure conchoïdale, difficile à observer. Transparente ; translucide. Double réfraction énergique à un axe *négatif*. Par suite de pénétrations irrégulières, les lames basiques offrent souvent une croix noire disloquée. Couleur vert émeraude, vert d'herbe, vert-de-gris.

Poussière bleu verdâtre. Éclat nacré sur a^1, vitreux sur p. Se laissant couper, mais très fragile.

Dur. = 2. Dens. = 2,66 (Damour).

Dans le matras, décrépite fortement et se divise en écailles excessivement légères, noircit et dégage beaucoup d'eau neutre. Au chalumeau, sur le charbon, fond, avec odeur arsenicale, en une scorie noirâtre qui enveloppe un grain de cuivre métallique. Soluble dans les acides et l'ammoniaque.

$\dot{C}u^6\,\overset{\cdot\cdot\cdot}{\ddot{A}}s + 12\dot{H}$: Acide arsénique 24,91 Oxyde cuivrique 51,68 Eau 23,41 = 100.

Analyses de lames hexagonales transparentes, *a* et *b*, par Damour; *c*, par Church.

	$\overset{\cdot\cdot\cdot}{\ddot{A}}s$	$\overset{\cdot\cdot\cdot}{\ddot{P}}$	$\dot{C}u$	$\dddot{A}l$	$\dddot{F}e$	$\dot{H}$
a.	19,35	1,29	52,92	1,80	»	23,94 = 99,30
b.	21,27	1,56	52,30	2,13	»	22,58 = 99,84
c.	15,54	»	46,14	5,97	0,60	31,75 = 100,00

D'après Church, le minéral perd dans le vide, comme à 100°, 13,8 p. 100 d'eau.

Les cristaux, toujours tabulaires suivant la base, accompagnent les minerais de cuivre dans les filons des environs de Redruth en Cornwall; à la mine de la Garonne, Var, ils sont associés dans les fentes d'une quartzite, à l'Adamine, à l'olivénite, à l'azurite; on en cite à Altväter et Esching près Saida, dans l'Erzgebirge; à Herrengrund en Hongrie; à Moldawa en Banat. MM. Hillebrand et H. Washington en ont trouvé, avec d'autres arséniates, à Eagle Mine, district de Tintic, Utah.

APHANÈSE; Beudant. Klinoklas; Hausmann. Abichit; Haidinger. Strahlerz; Werner. Diatomer Habronem-Malachit; Mohs.

Prisme rhomboïdal oblique de 56°.

$b : h :: 1000 : 1687,837 \quad D = 463,072 \quad d = 886,320.$

Angle plan de la base = 55°10′16″.
Angle plan des faces latérales = 99°28′14″.

ANGLES CALCULÉS.

*mm avant 56°
56° obs. Philipps
mh^1 118°

po^1 125°53′
125° obs. Phillips
o^1h^1 154°49′

ANGLES CALCULÉS.

ph^1 100°42′ sur o^1
$pa^{2/3}$ adj. 99°30′
$a^{2/3}h^1$ 159°18′
*$pa^{2/3}$ 80°40′ sur h^1
80°30′ obs. Phillips

*pm antér. 95°0′

ANGLES CALCULÉS.

95° obs. Phillips
$pb^{1/2}$ adj. 99°5′
pm post. 85°
$b^{1/2}m$ adj. 165°55′
166°40′ obs. Washington.

Combinaisons de formes : *m p* ; *m p* $o^1 a^{2/3}$; *m* h^1 *p* $a^{2/3}$, *fig.* 433, pl. LXXI ; *m* h^1 *p* $o^1 a^{2/3}$, *fig.* 432, cristaux du Cornwall ; *m p* $o^1 a^{2/3} b^{1/2}$, cristaux d'Utah observés par H. Washington. Les cristaux, généralement allongés suivant l'axe vertical, *fig.* 432, le sont quelquefois suivant la diagonale horizontale de la base, *fig.* 433. Clivage parfait suivant *p*. Cassure inégale. Translucide ou opaque. Plan des axes optiques parallèle au plan de symétrie. Bissectrice *aiguë* négative presque exactement perpendiculaire à la diagonale inclinée de la base. Dispersion ordinaire *énorme* dans l'air, $\rho < v$; dispersion *inclinée* faible.

Lames extraites d'aiguilles d'un bleu verdâtre :

$$2\,\text{Ha} = \begin{cases} 81°56' \text{ à } 82°50' \\ 83°42' \text{ à } 84°34' \end{cases} \quad \text{d'où } 2\,\text{E} = \begin{cases} 134°36' \text{ à } 137°8' & \text{ray. verts.} \\ 160°52' \text{ à } 167°52' & \text{ray. bleus.} \end{cases}$$

Lames extraites de grands cristaux verts :

$$2\,\text{Ha} = \begin{cases} 84°7' \text{ à } 84°12' \\ 85°34' \text{ à } 86°42' \end{cases} \quad \text{d'où } 2\,\text{E} = \begin{cases} 140°58' \text{ à } 141°14' & \text{ray. verts.} \\ \text{Réflexion totale} & \text{ray. bleus.} \end{cases}$$

Couleur vert noirâtre à l'extérieur, vert-de-gris ou bleu de ciel à l'intérieur. Poussière vert bleuâtre. Éclat vitreux, tournant au résineux ; nacré sur la base. Fragile.

Dur. = 2,5 à 3. Dens. = 4,31 à 4,36.

Dans le matras, donne de l'eau et noircit. Au chalumeau, sur le charbon, fond facilement, en dégageant des vapeurs arsenicales et laisse un globule de cuivre rouge à l'extérieur, grisâtre à l'intérieur. Soluble dans les acides et l'ammoniaque.

$\dot{C}u^6 \overset{\cdot\cdot\cdot\cdot\cdot}{A}s + 3\,\dot{H}$: Acide arsénique 30,22 Oxyde cuivrique 62,69 Eau 7,09 = 100.

Analyses : *a*, par Rammelsberg ; *b*, par Damour (lames testacées du Cornwall) ; *c*, par Hillebrand (masses globulaires de l'Utah).

	$\overset{\cdot\cdot\cdot\cdot\cdot}{A}s$	$\overset{\cdot\cdot\cdot\cdot\cdot}{P}$	$\dot{C}u$	$\dot{Z}n$	$\ddot{F}e$	$\dot{H}$	$\ddot{S}i$		
a.	30,32	0,65	61,22	»	»	7,81	»	= 100	
b.	27,08	1,50	62,80	»	0,49	7,57	»	= 99,44	
c.	29,59	0,05	62,44	0,05	0,12	7,72	0,06	= 100,03.	Dens. = 4,38.

Se trouve en cristaux plus ou moins allongés, en larges aiguilles ou en masses écailleuses, hémisphériques et réniformes, dans les filons de Huel Muttrel, Huel Gorland et Huel Unity, Cornwall, avec liroconite ; à Altväter et Esching dans le Mordelgrund près Saida en Saxe ; à l'Eagle Mine, district de Tintic, Utah, États-Unis.

LIROCONITE ; Haidinger. Linsenerz; Werner. Cuivre arséniaté octaèdre obtus; Haüy. Chalcophacite; Glocker. Prismatischer Lirokon-Malachit; Mohs.

Prisme rhomboïdal oblique de 74°21′.

$b : h :: 1000 : 1010{,}33 \quad D = 604{,}124 \quad d = 796{,}890.$

Angle plan de la base = 74°19′54″.
Angle plan des faces latérales = 91°9′20″.

ANGLES CALCULÉS.	ANGLES MESURÉS; DES CLOIZEAUX.	ANGLES CALCULÉS.	ANGLES MESURÉS; DES CLOIZEAUX.
*mm avant 74°21′	74°21′	e^1e^1 118°29′ sur g^1	118°26′
ph^1 antér. 91°27′	»		
		e^1m antér. 133°50′	133°32′
*e^1e^1 61°31′ sur p	61°31′ moyen.	*e^1m post. 132°36′	132°36′ moyen.

Combinaison ordinaire me^1, *fig.* 436^a, pl. LXXII. Les cristaux, qui simulent un octaèdre rectangulaire aplati, ont presque toujours leurs faces m et e^1 striées parallèlement à leurs intersections mutuelles, ce qui leur donne une forme arrondie, ainsi qu'aux arêtes m/m et e^1/e^1, *fig.* 436^b. Clivage difficile suivant m; traces suivant p. Cassure imparfaitement conchoïdale. Transparente ou translucide. Plan des axes optiques normal au plan de symétrie, situé dans l'angle aigu e^1/e^1 : m/m et faisant des angles d'environ { 20° à 25° avec l'arête m/m ; 68°33′ à 63°33′ avec l'arête e^1/e^1.

Bissectrice aiguë *négative* perpendiculaire à g^1. Dispersion ordinaire faible; $\rho < v$ dans l'air. Dispersion *tournante* inappréciable.

1re LAME.			2e LAME.		
2H =	78°8′ 78°10′30″ 78°49′	d'où 2E = 135°1′ 135°31′ 139°32′	2H =	77°24′40″ 77°18′ 76°57′40″	d'où 2E = 132°54′ r. rouges. 132°57′ r. jaunes. 133°46′ r. bleus.

Bleu de ciel ou bleu verdâtre. Poussière bleu pâle. Éclat vitreux, inclinant au résineux. Se laissant difficilement couper.

Dur. = 2 à 2,5. Dens. = 2,96 (Damour).

Dans le matras, donne beaucoup d'eau neutre, verdit et devient incandescente. Après calcination, la couleur est brun foncé. Au chalumeau, dans la pince de platine, fond seulement sur les bords, en colorant la flamme en vert. Sur le charbon, fond lentement en un globule rouge, friable. Avec le carbonate de soude, forme une scorie rougeâtre pénétrée de grains métalliques blancs, d'arséniure de cuivre. Facilement soluble dans l'acide chlorhydrique et dans la potasse bouillante qui laisse une poudre noire, en grande partie formée d'oxyde cuivrique. Avant calcination, *entièrement* soluble dans l'ammoniaque caustique. Après calcination, la dissolution est incomplète et il reste un résidu, brun de rouille, contenant beaucoup d'alumine et de l'oxyde de cuivre.

$2\,\dot{C}u^6\,\ddot{\ddot{A}}s + \dddot{A}l^2\,\ddot{\ddot{A}}s + 32\,\dot{H}$: Acide arsénique 28,44 Oxyde de cuivre 39,32 Alumine 8,49 Eau 23,75 = 100,00.

Analyses de cristaux bleus : *a*, par Trolle-Wachtmeister; *b*, par Hermann ; *c* et *d*, par Damour.

	a	*b*	*c*	*d*
Acide arsénique	23,14	23,05	22,22	22,40
Acide phosphorique	2,98	3,73	3,49	3,24
Oxyde cuivrique	39,16	36,38	37,18	37,40
Alumine	8,94	10,85	9,68	10,09
Eau	25,78	25,01	25,49	25,44
	100,00	99,02	98,06	98,57
Dens :	»	2,985	2,964	

Les cristaux, de dimensions très variables, se trouvent dans les filons de Huel Muttrel, Huel Gorland et Huel Unity en Cornwall; à Herrngrund en Hongrie et à Ullersreuth en Voigtland (très petits cristaux).

ERINITE; Haidinger. Monotomer Dystom-Malachit; Mohs.

Petits groupes cristallins mamelonnés, à structure fibreuse, paraissant clivables dans une direction, à cassure inégale. Translucide sur les bords. Couleur vert émeraude inclinant au vert d'herbe. Poussière plus pâle. Éclat faiblement résineux. Fragile. Dur. = 4,5 à 5. Dens. = 4,043.

Dans le matras, décrépite et donne de l'eau. Au chalumeau, sur le charbon, fond en dégageant des vapeurs arsenicales. Soluble dans l'acide azotique.

$\dot{C}u^5\,\ddot{\ddot{A}}s + 2\,\dot{H}$: Acide arsénique 34,66 Oxyde cuivrique 59,91 Eau 5,43 = 100.

Des analyses approximatives, *a*, par Turner; *b*, par Hillebrand (échantillons de l'Utah, moyenne de deux opérations) ont donné :

	$\ddot{\ddot{A}}s$	$\ddot{\ddot{P}}$	$\dot{C}u$	$\dot{Z}n$	$\dot{C}a$	$\dddot{F}e$	$\dddot{A}l$	$\dot{H}$	
a.	33,78	»	59,44	»	»	»	1,77	5,01	= 100
b.	32,72	0,10	57,59	0,82	0,41	0,17	»	8,18	= 99,99

Ce minéral, très rare, a été observé en petites masses à couches concentriques provenant du comté de Limerick en Irlande, d'après Haidinger, ou du Cornwall, d'après Church. Il a été retrouvé par M. Richard Pearce à Eagle Mine, district de Tintic, Utah, où, d'après MM. Hillebrand et H. S. Washington, il est associé à de l'énargite, de l'azurite, de la barytine de l'aphanèse et de l'olivénite.

CORNWALLITE ; Zippe.

Amorphe. Cassure conchoïdale. Vert émeraude ou vert-de-gris foncé.

Dur. = 4,5. Dens. = 4,166.

Dans le matras, dégage de l'eau. Au chalumeau, sur le charbon, dégage des vapeurs arsenicales et fond en un globule de cuivre entouré d'une croûte fragile.

$\dot{C}u^5 \ddot{\ddot{A}}s + 5\dot{H}$: Acide arsénique 32,05 Oxyde cuivrique 55,41 Eau 12,54 = 100.

Analyses : *a*, par Lerch ; *b*, par Church (moyenne de plusieurs opérations) :

$\ddot{\ddot{A}}s$	$\ddot{\ddot{P}}$	$\dot{C}u$	$\dot{H}$		
30,22	2,15	54,55	13,02 =	99,94.	Dens. = 4,166
30,47	2,71	59,95	7,95 =	101,08.	Dens. = 4,17

Associée en masses compactes, mamelonnées ou réniformes, rappelant la malachite, à l'olivénite du Cornwall.

CONICHALCITE ; Breithaupt.

Petites masses mamelonnées, ressemblant à la malachite, à cassure écailleuse. Faiblement translucide. Couleur vert pistache inclinant au vert émeraude. Poussière verte. Fragile.

Dur. = 4,5. Dens. = 4,123.

Dans le matras, décrépite, donne de l'eau et devient noire. Au chalumeau, dans la pince de platine, fond en colorant la flamme d'abord en vert et ensuite en bleu pâle. Sur le charbon, fond avec déflagration en une masse scoriacée à réaction alcaline qui, traitée par la soude, donne un globule de cuivre. Avec du sel de phosphore et du plomb métallique, verre jaune à chaud, vert de chrome à froid.

Analyses : *a*, de la conichalcite d'Espagne, par Fritzsche ; *b*, de la variété d'Eagle Mine, par G. S. Mackensie.

	Ä	P̈	V̈	Ċu	Ċa	Ṁg	Żn	Ag	F̈e	Ḣ	C̈	Quartz.	
a.	30,68	8,81	1,78	31,76	21,36	»	»	»	»	5,61	»	»	= 100
b.	39,80	0,20	»	28,59	19,67	0,61	2,75	0,29	0,45	5,55	(0,98)	1,11	= 100

Trouvée à Hinajosa de Cordoba en Andalousie et, sous forme d'enduit sur un mélange plus ou moins friable d'arséniates de cuivre, à Eagle Mine, territoire d'Utah, États-Unis.

CHÉNEVIXITE; Adam.

Petites masses ou fragments à cassure conchoïdale, opaques, d'un vert sombre, à poussière vert jaunâtre, à éclat vitreux.

Dur. = 4,5. Dens. = 3,93 environ.

Dans le matras, décrépite, donne de l'eau et brunit. Au chalumeau, sur le charbon, fond facilement en dégageant des fumées arsenicales et laissant une scorie noire magnétique mélangée de grains de cuivre. Facilement soluble dans les acides.

Analyses de la Chenevixite du Cornwall: *a*, par Chenevix; *b*, par Pisani, abstraction faite de 10,3 p. 100 de sable mélangé; de la variété d'Utah, *c*, par Mackensie.

	Äs	P̈	Ċu	F̈e	Ċa	Ṁg	Äl	Ḣ	Sable.	
a.	33,5	»	22,5	27,5	»	»	»	12	3	= 98,5
b.	30,20	2,30	31,70	25,10	0,34	»	»	8,66	»	= 100,30
c.	34,62	»	26,88	26,94	0,55	0,23	1,17	9,25	0,71	= 100,35

En petites masses ou en fragments disséminés dans une roche quartzeuse du Cornwall, dont il est difficile de la séparer complètement, ou dans des mélanges d'arséniates compactes d'Eagle Mine, territoire d'Utah, États-Unis.

BAYLDONITE; Church.

Petites masses concrétionnées, à surfaces rugueuses et à structure quelquefois réticulée. Cassure conchoïdale ou inégale. Translucide sur les bords. Vert d'herbe ou vert noirâtre. Poussière vert pomme ou vert serin.

Dur. = 4,5. Dens. = 5,35.

Au chalumeau, dégage de l'eau et devient noire. Sur le charbon, fond en une scorie noire qui brûle en dégageant des vapeurs arsenicales et laisse un globule métallique blanc, de plomb et cuivre. Avec le borax, à la flamme oxydante, verre bleu. Difficilement soluble dans l'acide azotique.

Une analyse a donné à Church :

$\dddot{A}s$ 31,76 $\dot{C}u$ 30,88 $\dot{P}b$ 30,13 $\dot{H}$ 4,58 $\ddot{F}e$, $\dot{C}a$ et perte 2,65 = 100. Trouvée en Cornwall.

MIXITE; Schrauf.

Clinorhombique ou triclinique? (Schrauf); quadratique? ou rhombique (Whitman Cross). Cryptocristalline, offrant quelquefois des fibres capillaires qui, au microscope, montrent des prismes à six faces d'environ 125° (Schrauf) ou des aiguilles cannelées verticalement (Whitman Cross). Extinction maximum en lumière polarisée à 6° ou 9° de la longueur des fibres (Schrauf) ou parallèlement à cette longueur (Whitman Cross). Vert émeraude ou vert bleuâtre; blanchâtre ou verdâtre. Poussière plus claire. Éclat soyeux.

Dur. = 3 à 4. Dens. = 3,66 (Schrauf); 3,79 (Hillebrand).

Au chalumeau, devient vert noirâtre. Dans l'acide azotique étendu, se recouvre presque instantanément d'une poudre blanche d'arséniate de bismuth insoluble dans l'acide qui dissout l'arséniate de cuivre.

L'analyse a fourni : à M. Schrauf, *a*, moyen. de 3 essais; à M. Hillebrand, *b*, moyen. de 2 essais.

	$\dddot{A}s$	$\dddot{P}$	$\dot{C}u$	$\dddot{B}i$	$\dot{Z}n$	$\dot{C}a$	$\dot{H}$	$\dddot{F}e$	$\ddot{S}i$	
a.	30,45		43,21	13,07	»	0,83	11,07	1,13	»	= 99,76
b.	28,79	0,06	43,89	11,18	2,70	0,26	11,04	0,97	0,42	= 99,31

Trouvée à la surface d'une *bismite* jaune, impure, tantôt sous forme d'efflorescences, tantôt sous celle de parties grenues au centre, entourées de fibres concentriques, au Geistergang, Joachimsthal ou en fines aiguilles implantées sur une croûte amorphe, à Eagle Mine, Utah, États-Unis. On l'a citée à Wittichen, Bade.

TYROLITE; Haidinger. Kupferschaum; Werner. Prismatischer Euchlor-Malachit; Mohs.

Prisme rhomboïdal droit de 94°. $g^3g^1 = 152°$. Tables rectangulaires allongées dans la direction de la grande diagonale et aplaties parallèlement à la base, suivant laquelle a lieu un clivage. Faiblement transparente ou translucide sur les bords. Axes optiques écartés dans un plan parallèle à g^1, autour d'une bissectrice négative normale à la base, $\rho > v$. Vert pomme, vert-de-gris, inclinant au bleu de ciel. Poussière de même couleur. Éclat nacré sur la base, vitreux sur les autres faces. Se laisse facilement couper. Flexible en lames minces.

Dur. = 1,5 à 2 ou 2,5. Dens. = 3 à 3,16.

Dans le matras, décrépite violemment et dégage de l'eau. Au chalumeau, dans la pince de platine, noircit et fond en un globule gris; sur le charbon, fond en donnant des fumées arsenicales. Soluble avec effervescence dans l'acide azotique, à chaud. Attaquable par l'ammoniaque qui laisse un résidu de carbonate de chaux.

$\dot{C}u^6 \overset{\cdot\cdot\cdot}{A}s + \dot{C}a\ddot{C} + 9\dot{H}$: Acide arsénique 25,85 Oxyde de cuivre 44,69 Eau 18,21 Carbonate de chaux 11,25 = 100.

Analyses : de la tyrolite de Falkenstein en Tyrol : *a*, par von Kobell; de Libethen? *b*, par Church (dens. = 3,16); de l'Utah *c*, par Hillebrand (dens. = 3,27).

	$\overset{\cdot\cdot\cdot}{A}s$	$\ddot{F}e$	$\dot{C}u$	$\dot{C}a$	$\dot{H}$	$\dot{C}a\ddot{C}$	$\overset{\cdot\cdot\cdot}{S}$	
a.	25,01	»	43,88	»	17,46	13,65	»	= 100
b.	29,29	»	50,06	»	8,73	11,92	»	= 100
c.	28,52	0,08	45,08	6,78	17,21	»	2,23	= 99,90

Se trouve ordinairement en petits groupes mamelonnés, composés de fibres divergentes, d'un éclat soyeux, dans les cavités de la calamine, de la calcite, du quartz, avec d'autres minerais de cuivre, à Falkenstein près Schwatz en Tyrol; à Saalfeld en Thuringe, à Riechelsdorf en Hesse; à Schneeberg en Saxe; à Posing et Libethen en Hongrie; dans le Banat; à Nertschinsk en Sibérie; près de Bieber (dans une dolomie); en écailles minces sur quartz ou en masses écailleuses radiées rappelant certaines pyrophyllites, à Eagle Mine, et à Mammoth Mine, Utah, États-Unis.

LINDAKÉRITE; Vogl.

Tables rhombiques allongées. Plus ou moins translucide. Vert-de-gris ou vert pomme. Poussière vert clair ou blanche. Éclat vitreux.

Dur. = 2. Dens. = 2 à 2,5.

Dans le matras, donne d'abord de l'eau, puis un sublimé d'acide arsénieux et une odeur d'acide sulfureux. Au chalumeau, sur le charbon, dégage des vapeurs arsenicales et fond en une masse noire. Traitée après grillage par du borax ou du sel de phosphore, donne au feu d'oxydation un globule opaque brun rouge et au feu de réduction, un verre d'un bleu sale lorsqu'il est refroidi. En partie soluble dans l'eau après une longue ébullition; complètement dans l'acide chlorhydrique étendu.

Une analyse a fourni à Lindaker :

$\dddot{As}$ 28,58 $\ddot{S}$ 6,44 $\dot{C}u$ 36,34 $\dot{N}i$ 16,15 $\dot{F}e$ 2,90 $\dot{H}$ 9,32 = 99,73.

Ce minéral, très rare, paraît être un produit de décomposition associé à des minerais de nickel, de cobalt, de bismuth, de plomb, de cuivre, de zinc, dans l'ancienne mine Elias, à Joachimsthal.

DURANGITE; Brush.

Prisme rhomboïdal oblique de 110°10'.

$b : h :: 1000 : 651{,}077 \quad D = 791{,}724 \quad d = 610{,}878.$

Angle plan de la base = 104°41'38".
Angle plan des faces latérales = 105°5'10".
Angle de la base sur h^1 = 115°13'.

ANG. CALCULÉS.	ANG. MESURÉS; DES CLOIZEAUX.	ANG. CALCULÉS.	ANG. MESURÉS; DES CLOIZEAUX.
*mm av. 110°10'	110°10' Blake; 109° à 110°7' g. réfl.	$d^{1/2} b^1$ sʳ g^1 120°6'	120° g. ord.
mh^1 145°5'	»	$m b^1$ sʳ g^1 97°19'	98° g. ord.
mg^1 124°55'	124°40' à 50' g. réfl.	$c^{1/2} m$ antér. 132°4'	»
		$m b^{1/2}$ sʳ $c^{1/2}$ 85°27'	85° g. réfl.
$c^{1/2} g^1$ 146°6'	147° env. g. réfl.	$m b^{1/2}$ sʳ h^1 94°33'	95° env. g. ord.
$m d^{1/2}$ adj. 150°24'	152°30' env. g. ord.	$h^1 : \frac{d^{1/2}}{d^{1/2}}$ 148°46'	150° env. g. ord.
$m b^1$ opp. sʳ $d^{1/2}$ 72°13'	73°25' env. g. ord.		
$m b^{1/2}$ opp. sʳ $d^{1/2}$ 44°28'	44°30' g. réfl.		
$b^1 b^{1/2}$ adj. 152°15'	152°5' moy. g. ord.	$h^1 : \frac{b^1}{b^1}$ sʳ p 83°16'	83° à 84° g. ord.
$b^1 m$ adj. 107°47'	»		
*$b^{1/2} m$ adj. 135°32'	135°32' moy. g. réfl.	$h^1 : \frac{b^{1/2}}{b^{1/2}}$ adj. 125°25'	125°54' g. ord.
$d^{1/2} b^{1/2}$ opp. sʳ b^1 74°4'	76° env. g. ord.		
$g^1 d^{1/2}$ 113°6'	»	$\frac{b^1}{b^1} : \frac{b^{1/2}}{b^{1/2}}$ adj. 151°19'	151° g. ord.
$d^{1/2} d^{1/2}$ av. 133°48'	134°4' moy. g. ord.		
$g^1 b^{1/2}$ 123°55'	»	$\frac{d^{1/2}}{d^{1/2}} : \frac{b^1}{b^1}$ adj. 114°30'	115° env. g. ord.
*$b^{1/2} b^{1/2}$ adj. 112°10'	112°10' g. réfl.		

La forme dominante la plus habituelle est celle d'un octaèdre oblique à base rhombe (1). Combinaisons de formes observées :

---

(1) *Annales de chimie et de physique*, 5ᵉ sér., tom. IV, 1875.

$m b^{1/2}$; $m b^{1/2} b^1$ (fréquente); $m h^1 b^{1/2} b^1$; $m h^1 g^1 b^{1/2} b^1$; $m d^{1/2} b^{1/2} b^1$; $m h^1 d^{1/2} b^{1/2} b^1$; $m h^1 e^{1/2} d^{1/2} b^{1/2} b^1$; $m h^1 g^1 e^{1/2} d^{1/2} b^{1/2} b^1$ (rare).

Les faces des cristaux sont presque toujours raboteuses, corrodées ou ternes, et ce n'est que très rarement qu'elles se prêtent à des mesures au goniomètre de réflexion.

Clivage facile suivant m. Cassure conchoïdale. Transparente en lames minces. Plan des axes optiques normal au plan de symétrie. Bissectrice aiguë *négative* faisant approximativement, pour la lumière jaune, des angles de :

$$25°7' \text{ avec } h^1 \text{ antérieur;}$$

$$71°37' \text{ avec l'arête postérieure } \frac{b^1}{b^1};$$

$$79°42' \text{ avec l'arête postérieure } \frac{b^{1/2}}{b^{1/2}};$$

$$2H_a = \begin{cases} 80°53' \text{ rayons rouges,} \\ 80°49' \text{ rayons jaunes,} \end{cases} \text{ à } 15° \text{ C.}$$

La dispersion ordinaire est donc faible, et $\rho > v$; la dispersion *horizontale* est visible sur les lames très minces.

Rouge orangé, plus ou moins foncé. Poussière jaune. Éclat vitreux. Fragile.

Dur. = 5. Dens. = 3,95 à 4,03.

Au chalumeau, fond facilement en verre jaune et donne les réactions du fluor. Odeur d'ail avec la soude. Difficilement soluble dans l'acide chlorhydrique. Attaquable par l'acide sulfurique, avec dégagement d'acide fluorhydrique.

Une des analyses exécutées par Brush a donné :

$\dddot{A}s$ 55,10 $\dddot{A}l$ 20,68 $\dddot{F}e$ 4,78 $\dot{M}n$ 1,30 $\dot{N}a$ 11,66 $\dot{L}i$ 0,81 Fl 5,67 = 100.

Cette composition offre une certaine analogie avec celle de l'*amblygonite* dont la forme cristalline est totalement différente de celle de la durangite.

Les cristaux isolés, de 3 à 9 millimètres de longueur sur 2 à 5 millimètres de largeur, ont été trouvés, avec de nombreux petits cristaux de topaze incolore, dans des sables stannifères, près Durango au Mexique : ils ont été trouvés en place associés à de la cassitérite dans un filon de la mine Barranca, au N.-E. de Conetot (État de Durango).

PHOSPHORIDES.

NATROPHITE. Poudre blanche composée de très petits cristaux sans contours nets, fortement biréfringents.

D'après M. Pisani, phosphate de soude hydraté $\dot{N}a^2\ddot{\ddot{P}} + \dot{H}$.

Trouvée à Ténériffe (collection Adam).

PHOSPHAMMITE. Aiguilles très fines, orthorombiques, fortement biréfringentes, dont le plus petit indice correspond à l'allongement (Mallard), ou masses terreuses blanches ou d'un gris jaunâtre.

Contient, suivant Herapath et Teschemacher : Acide phosphorique 52,96 Ammoniaque 23,98 Eau 23,06 correspondant à

$\dot{A}m\ddot{\ddot{P}} + 3\dot{H}$.

Observée dans les guanos de l'île Ichaböe, côte ouest d'Afrique, et de Guanape, Pérou.

STERCORITE; Herapath. Microcosmic Salt.

Masses formées de fibres blanches ou jaunâtres, clinorhombiques, offrant quelquefois, à travers des lames de clivage, des macles très nettes suivant un plan sensiblement perpendiculaire à leur longueur (Mallard). Dans ces macles, l'extinction fait avec la longueur des fibres un angle de 30° pour une série de plages, de 15° pour l'autre série.

Fortement biréfringente. Axes optiques assez voisins. Bissectrice aiguë *positive* faiblement oblique au plan de clivage.

Éclat vitreux. Dur. = 2. Dens. = 1,61.

Facilement soluble dans l'eau. Au chalumeau, gonfle en dégageant de l'eau et de l'ammoniaque et fond en globule incolore.

Phosphate ammoniaco-sodique (sel de phosphore).

$(\dot{A}m, \dot{N}a^2)\ddot{\ddot{P}} + 9\dot{H}$: Acide phosphorique 34,05 Ammoniaque 12,40 Soude 14,92 Eau 38,63.

Se trouve, mélangée de 8 p. 100 d'impuretés, dans le guano de l'île Ichaböe, côte ouest d'Afrique et dans celui de Mejilonnes, Chili.

STRUVITE; Ulex. Guanite; Teschemacher.

Prisme rhomboïdal droit de 122°32′.

$b : h :: 1000 : 544,570 \quad D = 876,876 \quad d = 480,717.$

ANGLES CALCULÉS.	ANGLES MESURÉS (1).
mm 57°28′ sur g^1	57°16′ S.; 10′ Mx.; 15′ Mn.; 30′ T.; 58° U.
mh^1 151°16′	151° U.
mg^1 118°44′	118°30′ T.; 119° U.
*g^3g^3 95°16′ sur g^1	95°16′ S.; 95°10′ Mx.; 14′ Mn.; 6′ R.
g^3h^1 132°22′	132°25′ Mx.; 132°40′ R.
h^1a^1 138°34′	138°25′ Mx.; 52′ R.; 12′ U.
a^1a^1 82°52′ sur p	83°24′ U.
a^1a^1 97°8′ sur h^1	96°48′ Mn.
e^1g^1 121°50′30″	121°40′ U.
*e^1e^1 63°41′ sur g^1	63°41′ S.; 30′ Mx.; 29′ Mn.; 20′ U.
$b^{1/2}m$ 142°15′	»
$h^1b^{1/2}$ 133°54′	133°20′ T.
$g^1b^{1/2}$ 112°21′	112°20′ T.
e^1g^3 112°56′30″	»

Sur les anciens cristaux de Hambourg, les formes g^1e^1 sont ordinairement et les formes mg^3 toujours hémièdres, à faces inclinées. D'après Ulrich, sur les cristaux des Skipton Caves, près Ballarat, les faces h^1, g^1, m, e^1, existent des deux côtés des cristaux, mais elles sont plus développées et plus nettes d'un côté que de l'autre. Des quatre faces e^1, deux sont unies, les deux autres arrondies ou striées, *fig.* 456, pl. LXXV. La forme $b^{1/2}$, très rare et peu développée, ne montre qu'un quart des faces de l'octaèdre, dans la zone g^1a^1. h^1 est inégale, courbe et ordinairement terne; les g^3 sont unies et brillantes; a^1 est en général mate.

Combinaisons : h^1e^1; $h^1(\frac{1}{2}g^1)(\frac{1}{2}e^1)$; $h^1g^1e^1(\frac{1}{2}g^3)$; $h^1(\frac{1}{2}g^1)(\frac{1}{2}m)(\frac{1}{2}g^3)e^1$, *fig.* 456, pl. LXXV; $h^1(\frac{1}{2}m)(\frac{1}{2}g^3)(\frac{1}{2}g^1)a^1e^1$, *fig.* 457; $h^1(\frac{1}{2}g^3)(\frac{1}{2}g^1)a^1(\frac{1}{2}e^1)$; $h^1mg^3g^1a^1e^1\frac{1}{4}b^{1/2}$), cristaux de Ballarat.

Macles suivant g^1. Clivage net suivant h^1, moins net suivant g^1. Cassure conchoïdale. Transparente ou translucide. Éclat vitreux; se ternissant à l'air.

Plan des axes optiques parallèle à g^1; bissectrice aiguë *positive* normale à h^1. Dispersion notable, $\rho < v$.

(1) Angles mesurés : Mx. par Marx; Mn. par Meyn; R. par Rammelsberg; S. par Sadebeck; T. par Teschemacher; U. par Ulrich.

Écartement des axes variable avec les échantillons et la température.

1re PLAQUE.	2me PLAQUE.
2 E = { 46°32′ rouge / 48°31′ bleu } à 12° C.	2 E = { 41°49′ à 6°,6 C. / 43°14′ à 21° / 44°53′ à 36°,5 / 46°4′ à 47° / 48°17′ à 66°,5 / 51°50′ à 95°,5 } rayons rouges.
Von Lang a observé 2 E = 60° env.	

$$\beta = \begin{cases} 1{,}497 \text{ verre rouge;} \\ 1{,}502 \text{ jaune sodium.} \end{cases}$$

Incolore; jaune, brune. Poussière blanche.

Dur. = 1,5 à 2. Dens. = 1,66 à 1,75. Pyroélectrique. Le pôle *analogue* se trouve du côté où ($\frac{1}{2}g^1$) est le plus développée; le pôle *antilogue* du côté où dominent les ($\frac{1}{4}g^3$).

Dans le matras, dégage de l'eau et de l'ammoniaque. Au chalumeau, fond en verre incolore. Très peu soluble dans l'eau; soluble dans l'acide chlorhydrique.

Phosphate ammoniaco-magnésien hydraté $(\dot{A}m, \dot{M}g^2)\ddot{\ddot{P}} + 12\dot{H}$: Acide phosphorique 28,97 Magnésie 16,32 Ammoniaque 10,63 Eau 44,08.

Découverte en 1845 par Ulex, à Hambourg, dans les fondations de la nouvelle église Saint-Nicolas, creusées au milieu d'un terrain où s'étaient depuis longtemps décomposées des matières animales; retrouvée dans un canal de dérivation d'une caserne de Dresde; dans une fosse à purin (Düngergrube) en Brunswick; dans des travaux exécutés en 1880, au milieu de vases marines, à six mètres au-dessous du niveau de la mer, pour établir le pont d'Aalborg, Lumfjord en Danemark (grands cristaux aplatis, à faces arrondies, à cassure fibreuse, paraissant maclés). La Struvite s'est aussi montrée dans des dépôts de guano, aux îles Falkland, en beaux cristaux; sur plusieurs points de la côte Ouest d'Afrique (guanite), notamment à la baie de Saldaña et aux Skipton Caves, près Ballarat, Victoria (guano de chauve-souris).

Un précipité ayant la même composition se forme dans des liqueurs neutres ou alcalines contenant de l'acide phosphorique, de l'ammoniaque et de la magnésie.

HANNAYITE ; vom Rath.

Prisme doublement oblique de 114°34'.

$b : c : h :: 1000 : 1855,316 : 1160,138.$ $D = 1221,388$ $d = 853,750.$

Angle plan de la base $p = 114°17'30''$.
Angle plan de la face gauche $m = 129°0'35''$.
Angle plan de la face droite $t = 81°27'38''$.

*mt 114°34' obs. vom Rath	*pt 129°10' obs. vom Rath.
*$h^1 t$ 140°28' obs. vom Rath	$p\omega$ 114°37' calc.
*ph^1 114°32' obs. vom Rath	*ωh^1 109°36' obs. vom Rath.
pm 80°48' calc.	ωm 142°59' calc.

Combinaison de formes $m h^1 t p \omega = (b^{1/2} d^{1/4} g^{1/3})$.
Les cristaux sont allongés suivant l'axe vertical. Les faces m et t sont striées parallèlement à leur intersection; ω est mate et un peu arrondie. Clivage parfait suivant p ; moins parfait suivant m et t.
Couleur jaunâtre clair.
Dens. = 1,893.
Les cristaux n'éprouvent pas de changement jusqu'à 100° ; chauffés jusqu'à 120°, ils deviennent opaques et perdent 21,08 de leur poids; au-dessus de 120° ils se tordent, en perdant 36,48 p. 100, eau et ammoniaque. Le reste fond au chalumeau et ne se dissout qu'en partie dans l'acide chlorhydrique.

$(\dot{M}g^3, \dot{A}m)\,\dddot{P}^2 + 10\,\dot{H}$: Acide phosphorique 44,55 Magnésie 19,05 Ammoniaque 8,17 Eau 28,23.

Deux analyses ont donné à M. Mac Ivor :

	$\dddot{P}$	$\dot{M}g$	$\dot{A}m$	$\dot{H}$
I.	45,63	18,72	8,19	28,12 = 100,66
II.	45,77	19,08	7,99	28,29 = 101,13

Trouvée, avec Struvite et Newberyite, dans le guano de chauve-souris aux Skipton Caves près Ballarat, Victoria.

APATITE; Werner. Chaux phosphatée; Haüy. Asparagolithe ; Abildgaard. Asparagus Stone. Rhomboedrisches Fluss-Haloid ; Mohs.

Prisme hexagonal régulier (pseudo-hexagonal, d'après M. Mallard).

$b : h :: 1000 : 732,712$ $D = 866,025$ $d = 500.$

ANGLES CALCULÉS.	ANGLES MESURÉS.
mm 120°	120° K. G. et K. Kb. (1)
mh^1 150°	150° Dx. (2)
mh^4 adj. 169°6′	»
mh^2 adj. 160°54′	»
h^4h^1 adj. 160°54′	»
h^2h^1 adj. 169°6′	»
pa^{12} 173°2′	172°52′ V. P. (2 *bis*)
pa^6 166°16′30″	166°30′ Sc. Sg. (3)
pa^2 143°46′	143°38′ V. P.; 50′ Sc. G. (3 *bis*)
a^2h^1 126°14′	126°19′ S. Th. (4)
pa^1 124°19′	124°14′ S. F. (4 *bis*); 15′ Dx., V. P., Sc. G. et Sg.; 15′30″ K. Cr. 124°19′ K. Kb.; 22′ K. A. (5)
a^1h^1 144°41′	145°42′ K. Kb.; 4′ S. F.; 46′ K. Cr.
a^1a^1 111°22′ sur h^1	111°25′ K. Kb.; 31′ K. G.; 38′30″ Nord. Tab.
a^2a^1 160°33′	160°34′ K. G.
$pa^{1/2}$ 108°50′	»
ph^1 90°0′	90° S. F.
b^9m 95°22′	95°30′ Sc. G. (5 *bis*)
pb^3 164°15′	164°14′ Sc. G.
b^3m 105°45′	105°48′ Sc. G.
pb^2 157°4′	157°0′ S. Th., S. F., V. P. et Sc. Sg. 157°9′ K. Kb.; 10′ Sc. G.
b^2m 112°56′	112°57′ K. Kb.; 113°1′ K. G.
b^2b^2 45°52′ sur m	45°55′ K. G.
$b^2b^{12/5}$ 176°29′	176°29′30″ St. Al. (6)
$pb^{5/3}$ 153°15′	»
$b^{5/3}m$ 116°45′	117°11′ S. Th.
$b^2b^{5/3}$ 176°1′	175°42′ S. Th.
$pb^{4/3}$ 147°36′	147°29′ V. P.
$b^{4/3}m$ 122°24′	123°28′ Sc. G.

(1) K. G. et K. Kb. Kokscharow, cristaux du Saint-Gothard et de la mine Kiräbinsk, Oural.

(2) Dx. Des Cloizeaux, petit cristal bleu très net, observé en 1842.

(2 *bis*) V. P. Vrba, cristaux de Pisek.

(3) Sc. Sg. Schrauf, cristaux de Schlaggenwald.

(3 *bis*) Sc. G. Schrauf, cristaux du Saint-Gothard.

(4) S. Th. Schmidt, cristaux de Tavetsch, Grisons.

(4 *bis*) S. F. Schmidt, cristaux du Floitenthal, Tyrol.

(5) K. A. Kokscharow, cristaux d'Achmatowsk.

(5 *bis*) Sc. G., Schrauf, cristaux du Saint-Gothard.

(6) St. Al., Struever, cristaux du val d'Ala, Piémont.

ANGLES CALCULÉS.	ANGLES MESURÉS.
*$p\,b^1$ 139°46′	139°40′ Sc. Sg. ; 40′ à 45′ Sc. Po. (6 *bis*) ; 42′ R. E., K. T. (7) et V. P. 139°43′ S. F. et R. G. (7 *bis*) ; 44′ K. G. et K. B. (8), Sc. G. 139°45′ Dx. 46′ K. Kb. et R. J. (9) ; 54′ R. L. (10) et K. A.
$b^1 m$ 130°14′	130°4′ K. A ; 10′ Dx. ; 15′ K. Kb. 17′ K. T., S. Th. et Sc. G. 130°18′ Sc. G. ; 19′ K. G. et B.
$b^1 b^1$ 99°32′ sur p	99°28′ K. B. ; 99°36′ à 99°37′30″ (9 *bis*) Sc. J.
$b^1 b^1$ 80°28′ sur m	80°29′ K. Kb.
$b^2 b^1$ 162°42′	162°41′30″ K. Kb. ; 162°43′ K. G.
$b^{5/3} b^1$ 166°31′	166°54′ S. Th.
$p\,b^{2/3}$ 128°14′	»
$b^{2/3} m$ 141°46′	»
$p\,b^{1/2}$ 120°35′	120°20′ Dx. ; 28′ V. P. ; 30′ K. T. et Sc. Po. ; 30′ à 33′ Sc. G. ; 120° 34′30″ K. Kb. ; 35′ Sc. Sg. ; 37′ K. G. ; 39′ S. F.
$b^{1/2} m$ 149°25′	149°17′ K. A. ; 26′ S. Th. ; 28′ K. Kb. ; 29′ K. G. ; 30′ Sc. G.
$b^{1/2} b^{1/2}$ 118°50′ sur m	118°53′ K. Kb. ; 52′ Nordensk. Taberg.
$b^2 b^{1/2}$ 143°31′	143°31′ S. Th.
$b^1 b^{1/2}$ 160°49′	160°37′30″ K. A ; 48′ K. T.
$p\,b^{3/7}$ 116°52′	»
$b^{3/7} m$ 153°8′	»
$p\,b^{1/3}$ 111°30′	111°32′ K. A.
$b^{1/3} m$ 158°30′	158°26′30″ K. A.
$b^1 b^{1/3}$ 151°44′	151°36″ K. A.
$b^{1/2} b^{1/3}$ 170°55′	170°57′ K. A.
$p\,b^{1/4}$ 106°30′	106°30′ Sc. G.
$p\,m$ 90°	90° K. T. et A. ; S. Th.
$p\,q$ 101°0′	»
$p\,\beta$ 131°47′	»
$p\,u$ 114°4′	»
$p\,h^2$ 90°	»
$p\,\delta$ 123°15′	»
$p\,\theta$ 108°9′	»
$h^1 q$ 168°3′	»
$h^1 u$ 153°43′	153°37′ S. Th. ; 153°40′ Dx.

(6 *bis*) Sc. Po., Schrauf, cristaux de Paloma, Hongrie.

(7) R. E. et K. T., G. Rose, cristaux d'Ehrenfriedersdorf et Kokscharow, cristaux des mines d'émeraude de la rivière Tokowaia.

(7 *bis*) R. G., G. Rose, cristaux du Saint-Gothard.

(8) K. B., Kokscharow, cristaux du mont Blagodat, Oural.

(9) R. J. et 9 *bis* Sc. J., G. Rose et Schrauf, cristaux de Jumilla.

(10) R. L., G. Rose, cristaux du lac de Laach.

ANGLES CALCULÉS.	ANGLES MESURÉS.
$h^1 \delta$ 143°28′	»
$h^1 b^1$ 124°1′	»
$h^1 b^2$ lat. 90°	»
$u \delta$ 169°45′	169°40′ S. Th.
$u b^1$ 150°18′	150°20′ S. Th.
$b^1 b^2$ 145°59′	145°59′ S. Th.
$a^2 a^2$ adj. 145°38′	»
$a^1 a^1$ adj. 131°12′	131°9′ V. P. 26′ Nordensk. Taberg.
$a^1 b^{1/2}$ 155°36′	»
$a^{1/2} a^{1/2}$ adj. 123°30′	»
$m \delta$ adj. 144°16′	»
$m \beta$ adj. 134°48′	»
$m a^2$ adj. 120°47′	»
$a^2 a^2$ rhomboèd. 118°27′ sur b^2	»
$m b^2$ latér. 101°14′	»
$b^2 b^2$ adj. 157°32′	157°30′ K. G. ; 36′30″ K. Kb.
$m 0$ adj. 157°17′	157°10′ Sc. G. ; 12′ V. P. ; 17′ S. Th. 157°20′ Dx. et Sc. Po ; 29′ S. F.
$m u$ adj. 149°37′30″	149°30′ Sc. Sg.. ; 35′ Sc. Po ; 36′ S. Th. ; 40′ Dx. G. (11) et Sc. G. ; 38′30″ Nordensk. Taberg.
$m a^1$ adj. 135°40′	135°36′ K. A. ; 39′ V. P. ; 40′ Sc. G. ; 41′ K. J. (12) ; 48′30″ Nord. Tab. 135°42′ Dx. G. et K. Kb. ; 45′ S. Th. et Sc. Po.
$m \beta$ opp. 124°19′	»
$m b^1$ lat. 108°50′30″	108°50′30″ V. P. ; 51′ K. Kb. ; 55′ S. Th.
$m a^2$ lat. 90°	»
$0 u$ adj. 172°20′30″	172°15′ Dx. G.
$0 a^1$ adj. 158°23′	158°20′ Dx. G. ; 31′ V. P.
$u a^1$ adj. 166°2′30″	166°5′ Dx. G. et S. F. ; 165°57′ Nordensk. Taberg.
$a^1 \beta$ adj. 168°39′	168°25′ V. P. ; 43′ S. Th.
$a^1 a^1$ rhomboèd. 88°40′ sur b^1	88°44′ K. Kb.
$a^1 b^1$ adj. 153°10′30″	153°9′ S. F. ; 11′ K. J. et K. Kb. ; 12′ V. P ; 16′ K. A. 14′ Nordensk. Taberg.
$b^1 b^1$ adj. 142°19′ sur a^2	142°15′ Dx. G., S. Th. et V. P. ; 15′30″ K. T. 142°18′ K. B. ; 19′ K. G., K. Kb. et K. J. 142°20′ à 22′ Sc. J. ; 22′ S. F.

(11) Dx. G,. Des Cloizeaux, cristaux du Saint-Gothard.
(12) K. J., Kokscharow, cristaux de Jumilla.

ANGLES CALCULÉS.	ANGLES MESURÉS.
$m b^{2/3}$ latér. 113°7'30''	»
$b^{2/3} b^{2/3}$ adj. 133°45'	»
$m a^{1/2}$ adj. 145°3'	»
$m u$ opp. 133°39'	»
$m b^{1/2}$ lat. 115°30'	115°10' Dx.
$m \delta$ latér. 103°25' sur $b^{1/2}$	»
$m a^1$ latér. 90°	»
δa^1 adj. 166°35'	166°30' Sc. G.
$a^{1/2} b^{1/2}$ 150°27'	»
$u b^{1/2}$ adj. 161°51'	»
$a^{1/2} a^{1/2}$ rhomboèd. 69°54' sur $b^{1/2}$	»
$b^{1/2} b^{1/2}$ adj. 129°0'	128°25' Dx.; 129°5' V. P.
$m b^{3/7}$ latér. 116°29'	»
$b^{3/7} b^{3/7}$ adj. 127°2'	»

ANGLES CALCULÉS.	ANGLES CALCULÉS.
$m q$ adj. 152°34'	$a^1 h^4$ adj. 141°17'
$m \theta$ opp. 131°13'	141°30' obs. Dx.
$m b^{1/3}$ latér. 117°43'	$(\frac{1}{2} q) : (\frac{1}{2} q)$ hémiéd. 121°12'
$m u$ latér. 104°39' sur $b^{1/3}$	$(\frac{1}{2} \theta) : (\frac{1}{2} \theta)$ 123°16'
$b^{1/3} u$ adj. 166°57'	
$b^{1/3} b^{1/3}$ adj. 124°34'	$(\frac{1}{2} u) : (\frac{1}{2} u)$ 125°40' sur $b^{3/7}$
	$(\frac{1}{2} u) : b^{3/7}$ adj. 162°33'
$m q$ opp. 143°48'	$b^{3/7} : (\frac{1}{2} u)$ opp. 143°7'
$m \theta$ latér. 105°17' sur q	
$m a^{1/2}$ latér. 90°	$(\frac{1}{2} \delta) : (\frac{1}{2} \delta)$ 130°34'
$\theta a^{1/2}$ adj. 164°43'	$(\frac{1}{2} \beta) : (\frac{1}{2} \beta)$ 136°13'

$\frac{1}{2} q = \frac{1}{2}(b^{1/3} b^{1/4} h^1)$ $\quad \frac{1}{2} u = \frac{1}{2}(b^1 b^{1/2} h^1) = \frac{1}{2} \alpha_2$ $\quad \frac{1}{2} \delta = \frac{1}{2}(b^1 b^{1/3} h^{1/2})$

$\frac{1}{2} \beta = \frac{1}{2}(b^1 b^{1/2} h^{1/2}) = \frac{1}{2} a_{1/2}$ $\quad \frac{1}{2} \theta = \frac{1}{2}(b^1 b^{1/3} h^1) = \frac{1}{2} a_3$

Les formes h^2, h^4, q, β, u, θ, δ, offrent généralement l'hémiédrie à faces parallèles (hémiédrie pyramidale de Haidinger), à laquelle conduit aussi, suivant M. Baumhauer, l'examen des empreintes de corrosion. D'après Hessenberg, la forme $u = a_2$ serait holoèdre sur de petits cristaux transparents de Pfitsch en Tyrol.

Les nombreuses mesures prises par M. de Kokscharow sur les cristaux d'Ehrenfriedersdorf, de Tokowaia, de Jumilla, du lac de Laach et d'Achmatowsk, l'ont conduit à admettre l'angle $p b^1 =$ 139°42' dans les apatites fluorifères sans chlore, tandis que cet angle serait un peu plus *fort* et, par suite, l'axe vertical un peu plus *court* dans les apatites chlorées.

Combinaisons de formes *excessivement* nombreuses, parmi lesquelles on peut citer : mp; mpb^1; mh^1pa^1 (Ehrenfriedersdorf), *fig.* 440, pl. LXXII; $m h^1 p b^1$; $m b^1$ (moroxite) du lac Baïkal et grands cristaux du Canada, *fig.* 441, pl. LXXIII; $m h^4 h^1 p b^1$ (Jumilla), *fig.* 442; $m h^4 h^1 p a^1 b^2 b^1 b^{1/2}$ $(\frac{1}{2}u)$ (Cornwall), *fig.* 443; $m h^2 h^1 p a^1 b^2 b^1 b^{4/3} b^{1/2}$ $(\frac{1}{2}u)$ $(\frac{1}{2}\theta)(\frac{1}{2}\delta)$ (Kiräbinsk, Oural), *fig.* 444; $m p a^1 b^2 b^1$, $m h^1 p a^2 a^1 b^2 b^1 b^{1/2}$, $m p a^1 b^2 b^1 b^{1/2}$, $m h^1 p a^1 b^2 b^1 b^{1/2}$ $(\frac{1}{2}\beta)$, $m p a^{12} a^1$, $m p a^1 b^2 b^1 b^{1/2} (\frac{1}{2}\theta)$ (toutes observées par Vrba sur des cristaux de Pisek); $m h^4 h^1 p a^1 b^2 b^1 b^{1/2} b^{3/7} b^{1/3}$ $(\frac{1}{2}u)$ $(\frac{1}{2}\delta)$ $(\frac{1}{2}q)$ $(\frac{1}{2}\theta)$ (Edw. Dana, cristaux de Paris, Maine, allongés suivant l'axe vertical par suite de la prédominance des faces m, h^1, $(\frac{1}{2}u)$; $m h^1 p a^2 a^1 b^{5/3} b^2 b^1 (\frac{1}{2}u)$ $(\frac{1}{2}\theta)$ $(\frac{1}{2}\beta)$ $(\frac{1}{2}\delta)$ (formes observées par Schmidt sur des cristaux de Tavetsch, Grisons et du Floitenthal, Tyrol). δ fait partie des zones $b^{1/2} a^1$ et $(\frac{1}{2}u) b^1$; β se trouve dans les zones $b^1 a^1$ et δa^2; cette face avait d'abord été trouvée par M. Struever sur des cristaux d'Ala. Macle rare en croix, suivant a^1.

Clivages imparfaits suivant m et p, un peu plus facile suivant m. Cassure conchoïdale ou inégale. Transparente ou translucide. Double réfraction faible, à un axe *négatif*. Les anneaux colorés et la croix noire visibles dans les cristaux aplatis suivant la base sont souvent déformés par suite des groupements intérieurs.

Certains cristaux examinés en lames minces parallèlement à la base, montrent une division en 3 ou 6 secteurs, plus ou moins réguliers. Les plans des axes optiques, dans deux secteurs contigus, font entre eux des angles de 60° (Mallard).

Dans les cristaux de quelques localités, au contraire, on constate que le centre du cristal est à un axe; il est bordé par des plages biaxes dans lesquelles le plan des axes optiques est parallèle aux faces m. L'écartement de ces axes est variable.

Les indices ordinaire et extraordinaire sont, d'après Heusser, sur un beau cristal transparent du Zillerthal et, d'après M. Schrauf, sur des cristaux jaunes de Jumilla :

RAIES.	ω (Zillerthal)	ε (Zillerthal)	ω (Jumilla)	ε (Jumilla)
D	1,64607	1,64172	1,63896	1,63448
E	1,64998	1,64543	1,64324	1,63824
F	1,65332	1,64867		
G	1,65953	1,65468		

Éclat vitreux, inclinant au résineux. Incolore; blanche; grise; bleue; verte (pierre d'asperge); jaune, brune, rouge. Dichroïque. Poussière blanche. Fragile.

Dur. = 5. Dens. = 3,19 (Saint-Gothard); 3,21 (Tokowaïa et Ehrenfriedersdorf); 3,23 (Jumilla).

Au chalumeau, fond difficilement en verre incolore. Avec le sel de phosphore, donne un verre clair qui, saturé, devient opaque par refroidissement. Humecté d'acide sulfurique, colore la flamme en vert. Certaines variétés, fondues avec du sel de phosphore et de l'oxyde de cuivre, montrent la réaction du chlore; d'autres, fondues dans le tube ouvert avec du sel de phosphore ou de l'acide sulfurique, indiquent la présence du fluor. Soluble dans les acides. La solution azotique donne à chaud un précipité jaune par le molybdate d'ammoniaque. Quelques variétés sont phosphorescentes lorsqu'on les chauffe ; d'autres le sont par simple friction.

$3\,\dot{C}a^3\,\dddot{P} + Ca\left(\begin{matrix}Cl\\Fl\end{matrix}\right)$. Le chlore domine dans les apatites chlorées et le fluor dans les apatites fluorées. Les deux substances coexistent dans la plupart des variétés, dont les deux types purs sont très rares. La couleur jaune ou verdâtre de certains cristaux paraît due à une petite quantité de matière organique, car elle disparaît par la calcination.

Les analyses suivantes indiquent la composition des principaux types : *a*, cristaux blancs de Krageröe en Norwège, par Völker ; *b*, gros cristaux jaunâtres d'Ala, par Rengert ; *c*, cristaux jaunes de Miask, par vom Rath ; *d*, cristaux verdâtres de Buckingham, Canada, par C. Hoffmann ; *e*, cristaux jaunâtres de Faltigl près Sterzing en Tyrol, par Joy ; *f*, cristaux de la rivière Tokowaïa par Pusirewski ; *francolite* de Wheal Franco près Tavistok ; *g*, par Henry (moyenne de deux analyses), de la Levant Mine (Saint-Just en Cornwall) ; *h*, par Robinson :

	a	*b*	*c*	*d*	*e*	*f*	*g*	*h*
Acide phosphor.	41,25	44,03	42,08	41,08	43,01	41,99	41,57	40,37
Chaux	53,84	54,34	55,17	54,04	55,24	55,95	53,40	49,34
Magnésie	»	»	»	0,16	»	»	} 3,09	»
Oxyde de fer	0,84	»	0,17	0,12	0,09	»	}	
Alumine	»	»	»	0,71	»	»	»	Ca 4,63
Chlore	4,10	0,06	trace	0,26	0,05	0,01	trace	»
Fluor	»	1,90	2,58	3,47	3,74	3,76	2,25	4,41
Acide carboniq.	»	»	»	0,37	»	»	»	1,25
Eau	0,42	»	»	»	»	»	»	»
Insoluble	»	»	»	0,37	»	»	»	»
	100,45	100,33	100,00	100,58	102,13	101,71	100,01	100,60
Densité :	»	»	3,234	»	3,166	3,201	»	»

L'apatite cristallisée se rencontre dans la plupart des roches telles que granites, gneiss, micaschistes, talcschistes, amphibolites, diorites, basaltes, trachytes, marbres, etc. ; dans les filons de cassitérite et les couches de minerais de fer ; ses gisements sont très nombreux. Les cristaux les plus remarquables ont été trouvés : à Jumilla, province de Murcie, Espagne (pierre d'asperge) ; à la pointe Fibia, Saint-Gothard ; dans les vallées de Maggia et de Tavetsch, canton des Grisons ; à Pfitsch et à Faltigl près Sterzing, Tyrol ; dans l'Oural, aux mines d'émeraude de la rivière Tokowaïa près Katharinenburg ; aux mines d'Achmatowsk, de Blagodat, de Schaitansk, de Kiräbinsk, district de Slatoust ; à la rivière Slüdianka, lac Baïkal ; dans le gouvernement d'Irkutsk, etc., etc. ; à

Morro Velho, Brésil, avec gros cristaux de Schéelite brune et de pyrrhotine; aux mines d'étain de Zinnwald et de Schlaggenwald en Bohême, d'Ehrenfriedersdorf en Saxe; en Cornwall près Saint-Austell (cristaux bleus, dans la *Gilbertite*); à Botallack et au Mont Saint-Michel (beaux cristaux associés à la topaze); à la Villeder, Morbihan; dans les pegmatites, en petits cristaux d'un bleu plus ou moins foncé, associés à la Bertrandite de Barbin et de Petit-Port près Nantes, de Pizek en Bohême et du mont Antero, Colorado; à Templeton et à Buckingham, Canada (grands prismes rougeâtres ou d'un vert bleuâtre, disséminés dans de puissantes masses grenues, largement exploitées); aux États-Unis, à Hammond, Rossie, East Moriah, etc., État de New-York; à West Moreland, New Hampshire; à Norwich, Massachusetts; au mont Apatit, Auburn, État du Maine (cristaux transparents, verts, roses et violets, avec tourmaline) et dans un très grand nombre d'autres localités; en Norwège, à Krageröe, à Arendal (*moroxite*), dans les minerais de fer; à Snarum; à Pargas en Finlande (dans le calcaire grenu); à Bovey Tracey en Devonshire (pyramides très surbaissées) et à Coldbeck Fell, Cumberland, dans le granite.

La *francolite*, découverte d'abord à Wheal Franco près Tavistock, Devonshire, a été retrouvée à Fowey Consols, et à Saint-Just, Cornwall, sous forme de pyramides fortement aplaties, groupées en mamelons stalactitiques sur quartz et chalcopyrite.

Des masses considérables plus ou moins compactes ou fibreuses et renfermant quelquefois des cristaux, se trouvent près Truxillo en Estramadure (variété très phosphorescente par calcination); à Bamle en Norwège, etc., etc.

De grosses sphères, ayant l'aspect extérieur de boulets et une structure intérieure fibreuse radiée, ont été trouvées dans une bande du terrain silurien suivant le cours du Dniester, à quelques milles au N.-E. de Kicheneff en Russie.

Sous le nom de *phosphorite* on exploite dans plusieurs départements du Nord de la France, en Russie, aux États-Unis, etc., des nodules ou des mélanges de calcite et d'apatite en grains cristallins fibreux; ces derniers remplissent des poches ou puits naturels au milieu des divers étages du terrain crétacé et sont très recherchés pour l'agriculture. L'*eupyrchroïte* de Crown Point, État de New-York, est en nodules à couches concentriques, à structure fibreuse, d'un gris de cendre ou bleuâtre (dens. = 3,053), qui donnent par la chaleur une phosphorescence verte. Dans le Quercy (département du Lot et de Lot-et-Garonne), en Tunisie et en d'autres localités, il s'est formé pendant une longue période et sous l'influence de sources thermales, dans les étages miocène inférieur, éocène et crétacé, d'abondants dépôts où se rencontrent de nombreux débris de poissons et dont la structure, par couches concentriques et ondulées, rappelle celle de certaines *geysérites*.

La *talcapatite* (Hermann), de Kussinsk, dans les monts Schischimsk en Oural, n'est, d'après Kokscharow et Volger, qu'une apatite altérée, en prismes hexagonaux faiblement transparents, à surface jaunâtre et terreuse, renfermant 8 p. 100 de magnésie.

La *pseudo-apatite*, en cristaux opaques, d'un blanc jaunâtre ou rougeâtre, de la mine Churprinz près Freiberg, Saxe, est, d'après Breithaupt et Frenzel, une pseudomorphose de pyromorphite.

Jeremejew a cité, dans l'Oural, des pseudomorphoses d'apatite en muscovite et lithomarge, aux monts Blagodat, et en serpentine, aux Schischimskaja Gora.

L'*épiphosphorite* (Breithaupt), dont on ne connaît qu'un petit fragment sans localité, est mamelonnée, d'un vert poireau tirant sur le céladon. Très fragile. Dens. = 3,125. Difficilement fusible. D'après Richter, donne les réactions de $\overset{\cdot\cdot\cdot\cdot\cdot}{Ph}$, $\dot{C}a$, $\dot{F}e$, $\dddot{A}l$. Associée à des cristaux de grenat brun et à de petites écailles de graphite.

La *cupro-apatite*, en cristaux d'un bleu turquoise, contient, d'après une analyse de Field, 21 p. 100 de $\dot{C}u$ et 2 p. 100 d'eau. Elle paraît être une apatite chlorée, mélangée de phosphate de cuivre. On l'a trouvée, avec *tagilite* et *libéthénite*, dans les mines de cuivre de Tambillos près Coquimbo, Chili.

La *manganapatite* (Siewert) est une apatite de San Roque près Cordoba, République Argentine, qui renferme 6,7 p. 100 de $\dot{M}n$, d'après Siewert. Penfield en a trouvé 10,59 p. 100 dans celle de Branchville, Connecticut, et il en existe aussi dans celles de Franklin Furnace, New Jersey et de Montebras dans la Creuse.

DAHLLITE; Brögger et Bäckström.

Hexagonale ou quadratique. Fibres sans terminaisons distinctes, allongées suivant l'axe vertical et dont l'agglomération prend parfois l'aspect d'une calcédoine. Double réfraction à un axe *négatif*, un peu plus forte que celle de l'apatite. Blanc légèrement jaunâtre, quelquefois rougeâtre à l'extrémité des fibres. Poussière blanche. Dureté de l'apatite. Dens. = 3,053.

Au chalumeau, décrépite sans fondre. Facilement soluble à froid dans les acides avec dégagement d'acide carbonique.

$4(\dot{C}a^3\overset{\cdot\cdot\cdot\cdot\cdot}{Ph}) + 2\dot{C}a\ddot{C} + \dot{H}$, d'après une analyse de Bäckström qui a donné :

$\overset{\cdot\cdot\cdot\cdot\cdot}{Ph}$ 38,44 $\dot{C}a$ 53,00 $\dot{F}e$ 0,79 $\dot{N}a$ 0,89 $\dot{K}$ 0,11 $\ddot{C}$ 6,29 $\dot{H}$ 1,37 = 100,89.

La Dahllite, très rare, forme de petites croûtes fibreuses de 6 à

8 millimètres d'épaisseur sur une apatite rouge, à Odegården près Brevig en Norwège.

HYDROAPATITE; Damour.

Croûtes minces, mamelonnées, dont les mamelons, formés de couches concentriques à cassure fibreuse, sont biréfringents, à un axe *négatif*. Transparente en écailles minces. Couleur gris bleuâtre, devenant blanc de lait en perdant une partie de son eau.
Dur. = 5,5. Dens. = 3,10.
Chauffée dans le matras, décrépite et tombe en poussière en dégageant de l'eau ammoniacale.

$3\dot{C}a^3\dddot{P}h + \dot{H} + \frac{1}{3}(CaFl)$, d'après une analyse qui a fourni à M. Damour :

$\dddot{P}h$ 40,00 $\dot{C}a$ 47,31 Fl 3,36 Ca 3,60 $\dot{H}$ 5,30 = 99,57.

Tapisse les fentes d'une argile ferrugineuse brunâtre, au milieu des schistes noirs des environs de Saint-Girons, Ariège.

La *staffélite* (Stein) forme des concrétions mamelonnées ou des stalactites à structure fibreuse, à un axe optique *négatif*, grisâtres et ressemblant à l'hydroapatite, quelquefois d'un jaune verdâtre ou d'un vert sombre.
Dur. = 4. Dens. = 3,128.
Se comporte dans le matras comme l'hydroapatite, à laquelle on doit la réunir. Une analyse de Forster en fait une apatite fluorée impure, contenant de petites quantités de $\ddot{F}e$, de $\ddot{A}l$, de $\ddot{C}$ et d'eau. On l'a observée sur de la dolomie, du calcaire ou de l'apatite, à Staffel en Nassau, à Amberg, Bavière, et à Waltsch, Bohême.

Spodiosite; Triberg.

Prisme droit de 96°. Cristaux offrant la combinaison $m\, g^1\, e^{1/2}\, b^{1/2}$, aplatis suivant g^1 et allongés suivant l'axe vertical. $e^{1/2} e^{1/2} = 33°$ environ, au sommet.
Cassure inégale. Fragile. Gris de cendre, passant au brun pâle. Poussière blanche. Translucide sur les bords. Mate ou offrant un éclat vitreux, analogue à celui de la porcelaine.
Au chalumeau, les écailles minces fondent en émail blanc.
Soluble sans effervescence dans les acides.

C. H. Lundström a trouvé :

$\dddot{P}h$ 32,20 $\dddot{A}s$ 0,24 $\dot{C}a$ 49,81 $\dot{M}g$ 2,27 $\ddot{F}e$ 1,24 $\ddot{A}l$ 1,11 $\dot{M}n$ 0,55

Cl 0,12 $\dot{H}$ 2,70 $\ddot{C}$ 3,90 Fl et perte 4,71 Insoluble 1,15 = 100.

En regardant comme un mélange le carbonate de magnésie, de fer et de manganèse, l'analyse correspondrait à la formule :

$\dot{C}a^3 \dddot{P}h$ + Ca Fl.

Provient de Kangrufva en Wermland, Suède, et est peut-être de l'apatite pseudomorphique de Wagnérite?

Au moyen de procédés en apparence un peu différents, mais qui reviennent tous à mettre en présence, au rouge, du phosphate de chaux et du chlorure de calcium, plusieurs chimistes ont reproduit l'apatite. En chauffant dans un creuset de charbon de cornue un mélange de chlorures ou de fluorures métalliques secs et d'acide phosphorique fondu, H. Sainte-Claire Deville a obtenu les apatites de chaux, de plomb (pyromorphite), de baryte et de strontiane.

BRUSHITE; G. E. Moore.

Prisme rhomboïdal oblique d'environ 117°15', géométriquement isomorphe de la pharmacolite. En renversant l'ancienne figure donnée par J.-D. Dana et en utilisant ses incidences, M. Dufet a trouvé, comparativement à la pharmacolite :

$$b : h :: 1000 : 299,598 \quad D = 852,802 \quad d = 522,234.$$

Angle plan de la base = 117°2'8"
Angle plan des faces latérales = 92°44'20"

ANGLES CALCULÉS.	ANGLES MESURÉS; DANA.
[*mm 117°15'	117° à 117°30'
h^2g^1 101°29'	»
h^2h^2 157°2' avant	156°20' environ
*Arête e^1/e_1; arête $^m/_m$ 95°15'	95° à 95°30'
[e^1g^1 108°47'	108°47'
*e^1e^1 142°26' sur p	»

Clivages faciles suivant g^1 et $a^{1,3}$ (Ed. Dana); difficile suivant h^1.

Transparente ou translucide. Plan des axes optiques et bissectrice *obtuse* perpendiculaire à g^1. La bissectrice aiguë, située dans le plan de symétrie, fait avec l'arête $^m/_m$ un angle d'environ 15°, difficile à préciser, à cause de la courbure des cristaux :

mais elle paraît occuper approximativement la position de l'axe moyen d'élasticité de la pharmacolite.

Écartement des axes optiques un peu plus petit que dans la pharmacolite. Incolore ou jaunâtre pâle. Éclat nacré sur g^1 ; vitreux ou plus ou moins résineux dans d'autres directions. Très fragile.

Dur. = 2 à 2,5. Dens. = 2,208.

Si l'on chauffe la Brushite et la pharmacolite vers 100°, on les voit devenir presque opaques. On peut constater que cette opacité apparente est due à la formation de cristaux groupés, d'une substance biréfringente moins hydratée que le minéral primitif. Si l'on chauffe à une température élevée, toute trace de biréfringence disparaît (Lacroix).

Au chalumeau, fond facilement en se gonflant et colorant la flamme en vert. Dans le matras, blanchit et dégage de l'eau. Facilement soluble dans les acides azotique ou chlorhydrique étendus.

$\dot{C}a^2\overset{\cdots\cdot}{P}h + 5\dot{H}$: Acide phosphorique 41,28 Chaux 32,56 Eau 26,16.

Analyses de la Brushite : *a*, des îles Aves, par Moore, moyenne de deux opérations ; *b*, de l'île Sombrero, par Julien.

	$\overset{\cdots\cdot}{P}h$	$\dot{C}a$	$\dot{H}$	$\ddot{A}l, \ddot{F}e$	$\ddot{S}$	Humidité.	
a.	41,41	32,69	26,36	»	»	»	= 100,46
b.	39,95	32,11	25,95	0,33	0,78	1,23	= 100,35

Trouvée en groupes de petits cristaux, en croûtes ou en masses concrétionnées dans le guano des îles Aves et de Sombrero, groupe des Antilles, à Solutré, Saône-et-Loire, à la surface d'os humains préhistoriques, à la grotte de Minerve, Hérault.

Julien a décrit, sous le nom de *métabrushite*, un minéral de Sombrero qui renfermerait un peu moins d'eau que la Brushite ; mais les deux substances sont identiques, comme propriétés et mode de décomposition, et ne sauraient être séparées.

La *Zeugite* et l'*ornithite* de Julien, provenant aussi de Sombrero, ne sont que des pseudomorphoses de la Brushite qui n'offrent pas une composition constante.

La *martinite* de Kloos se présente en très petits rhomboèdres, offrant des angles plans de 105° et 75° et remplissant les cavités de pseudomorphoses de gypse. Densité = 2,894. Éclat vitreux, couleur blanche ou jaune pâle. Transparente. Au chalumeau, blanchit et se brise sans fondre. Soluble dans les acides.

Une analyse a donné à Kloos les résultats suivants :

$\dddot{P}$	$\dot{C}a$	$\dot{H}$
47,87	47,63	5,46 = 100,96

A été trouvée dans les dépôts de guano de Table Mont, près S. Barbara, sur la côte sud de l'île de Curaçao (Antilles).

L'**isoclase** (Sandberger) offre de petits cristaux clinorhombiques $m\,g^1\,p$, à surfaces ternes. Clivage parfait suivant g^1. Éclat vitreux ou nacré. Incolore ou blanc de neige.

Dur. = 1,5. Dens. = 2,92.

Dans le matras, dégage de l'eau neutre. Au chalumeau, fond en rougissant. Soluble dans l'acide chlorhydrique.

Une analyse de Köttnitz sur des cristaux frais a donné :

$$\dddot{P}\ 29{,}90 \quad \dot{C}a\ 49{,}51 \quad \dot{H} \begin{cases} 2{,}06 \text{ à } 100^\circ \\ 18{,}53 \text{ au rouge} \end{cases} = 100.$$

Associée à des cristaux pseudomorphiques de 3 à 4 centimètres de longueur sur des échantillons de dolomie ferrifère de Joachimsthal.

La **monétite** (Shepard junr.) se présente en prismes tricliniques, offrant, d'après E. Dana, les formes m, h^1, g^1, p, a^1.

$$\begin{bmatrix} m h^1 & 138^\circ \\ h^1 g^1 & 90^\circ \end{bmatrix} \qquad \begin{bmatrix} p h^1 & 104^\circ \\ p a^1 & 62^\circ \end{bmatrix}$$

Clivage suivant h^1. Éclat vitreux ; blanc jaunâtre.

Dur. = 3,5. Dens. = 2,75.

Fond en globule cristallin.

On pourrait admettre la formule $\dot{C}a^2\,\dddot{P} + \dot{H}$, d'après une analyse qui, après déduction de 9,78 p. 100 de gypse, donne : $\dddot{P}$ 52,28 $\dot{C}a$ 41,14 $\dot{H}$ 6,58 = 100.

Les cristaux sont groupés et se trouvent avec calcite, gypse et *monite* dans le guano de l'île Moneta.

La **monite** (Shepard junr.) est en masses terreuses peu cohérentes, d'un blanc de neige, d'une dur. = 2, d'une dens. = 2,1. Elle fond difficilement en émail blanc opaque.

$\dot{C}a^3\,\dddot{P} + \dot{H}$. Déduction faite de 4,64 p. 100 de gypse, l'analyse fournit : $\dddot{P}$ 41,92 $\dot{C}a$ 51,15 $\dot{H}$ 6,93 = 100.

Ce minéral, trouvé avec la *monétite*, est probablement identique au kollophan de Sandberger, $\dot{\text{Ca}}^3 \dddot{\text{P}} + \dot{\text{H}}$, matière ressemblant à la *gymnite*, mélangée à environ 8 p. 100 de calcite, d'une dur. = 5, d'une dens. = 2,70 et rencontrée dans le guano de l'île Sombrero, l'une des Antilles.

La *pyroclasite* et la *glaubapatite* de Shepard ne paraissent être que des mélanges de monétite et de monite.

La *pyrophosphorite* (Shepard) est une substance terreuse, impure, voisine d'une monétite sans eau et contenant 3 p. 100 de magnésie.

CIRROLITE; Kirrolith (Blomstrand).

Compacte, sans clivages. Couleur jaune pâle. Deux axes optiques, avec bissectrice aiguë *positive*. Écartement dans l'air plus grand que 110° (Lacroix).

Dur. = 5 à 6. Dens. = 3,08.

Au chalumeau, fond très facilement en émail blanc. Réaction du manganèse avec la soude. Soluble en poudre, dans l'acide chlorhydrique.

$2\,\dot{\text{Ca}}^3 \dddot{\text{P}} + \ddot{\text{Al}}^2 \dddot{\text{P}} + 3\,\dot{\text{H}}$ d'après une analyse qui a donné à C.-W. Blomstrand, défalcation faite de 4,60 de matière insoluble :

$\dddot{\text{P}}$ 41,17 $\dot{\text{Ca}}$ 29,37 $\ddot{\text{Al}}$ 20,54 $\dot{\text{Mn}}$ 2,24 $\dot{\text{Fe}}$ 0,91 $\dot{\text{Mg}}$ 0,21 $\dot{\text{Pb}}$ 0,11

$\dot{\text{H}}$ 5,06 = 99,61.

Trouvée à la mine de fer de Westana en Scanie, Suède, en petites masses *mélangées de Klaprothine*.

TAVISTOCKITE; Dana.

Cristaux aciculaires microscopiques, formant quelquefois des groupes étoilés blancs, à éclat nacré, transparents ou translucides, fragiles.

Au chalumeau, se montre incandescente et devient opaque. Couleur bleue avec le nitrate de cobalt. Difficilement soluble dans les acides.

$(\frac{1}{2}\dot{\text{Ca}}^3 + \frac{1}{2}\ddot{\text{Al}})^2 \dddot{\text{P}} + 3\,\dot{\text{H}}$ formule pouvant se déduire d'une analyse de Church :

$\dddot{\text{P}}$ 30,36 $\ddot{\text{Al}}$ 22,40 $\dot{\text{Ca}}$ 36,27 $\dot{\text{H}}$ 12,00 = 101,03.

Trouvée dans des cavités de cristaux de quartz, avec pyrite, chalcopyrite et Childrénite, à Tavistock en Devonshire.

HERDÉRITE; Haidinger. Allogonite; Breithaupt. Prismatisches Fluss-Haloid; Mohs.

Prisme rhomboïdal droit de 116°21′.

$b : h :: 1000 : 359{,}7856 \quad D = 849{,}6626 \quad d = 527{,}3266$

ANGLES CALCULÉS.

*mm 116°21′
116°20′ à 23′ obs. Da. (1)
mg^1 121°49′30″
$g^3 g^3$ 102°18′ sur g^1
$g^2 g^2$ 123°32′ sur g^1

$pa^{2/3}$ 134°20′
$a^{2/3} a^{2/3}$ 91°20′ sur h^1
91°15′ à 37′ obs. Da.

pe^1 157°3′
*$e^1 e^1$ 134°6′ sur p
134°6′ à 10′ obs. Da.
$pe^{2/3}$ 147°35′
$e^{2/3} e^{2/3}$ 115°10′ sur p
$pe^{1/3}$ 128°13′
$e^{1/3} e^{1/3}$ 76°26′ sur p
76°21′ à 25′ obs. Da.
$pe^{1/6}$ 111°29′

ANGLES CALCULÉS.

$e^{1/6} e^{1/6}$ 42°58′ sur p
42°58′ à 58′30″ obs. Da.

$pb^{1/2}$ 141°14′
$b^{1/2} b^{1/2}$ 102°28′ sur p
$pb^{1/3}$ 129°42′
$b^{1/3} b^{1/3}$ 79°24′ sur p
$pb^{1/6}$ 112°33′
$b^{1/6} b^{1/6}$ 134°54′ sur m
135°8′ à 18′ obs. Da.
$pb^{1/8}$ 107°18′

py 124°44′30″
px 121°30′30″

$g^1 b^{1/2}$ 109°17′
$b^{1/2} b^{1/2}$ av. 141°26′

$g^1 b^{1/3}$ 113°56′

ANGLES CALCULÉS.

$b^{1/3} b^{1/3}$ av. 132°8′

$g^1 b^{1/6}$ 119°9′
$b^{1/6} b^{1/6}$ av. 121°42′

$g^1 b^{1/8}$ 120°14′
$b^{1/8} b^{1/8}$ av. 119°32′

$g^1 y$ 136°23′
$g^1 x$ 131°36′
$a^{2/3} e^1$ 130°3′
130°21′ à 23′ obs. Da.
$a^{2/3} b^{1/6}$ adj. 146°1′
146°7′ obs. Da.
$a^{2/3} b^{1/6}$ opp. 107°3′30″
106°53′ obs. Da.
$e^1 b^{1/6}$ 122°53′
122°53′ obs. Da.

$y = (b^{1/2} b^{1/4} g^1) \qquad x = (b^{1/3} b^{1/9} g^{1/2})$

Combinaisons de formes observées : Sur les cristaux d'Ehrenfriedersdorf, $mpe^{2/3} b^{1/2}$; $mg^1 pe^{2/3} b^{1/2}$, *fig.* 448, pl. LXXIV; $mg^1 p e^{2/3} e^{1/6} b^{1/2} b^{1/6} b^{1/8}$; sur les cristaux de Stoneham, $ma^{2/3} e^1 e^{1/3} e^{1/6} b^{1/6}$; $mg^1 pa^{2/3} e^1 e^{1/3} e^{1/6} b^{1/3} b^{1/6}$; $mg^1 pa^{2/3} e^1 e^{2/3} e^{1/3} e^{1/6} b^{1/2} b^{1/3} b^{1/6} x$; sur les petits cristaux de Mursinsk, $me^{1/3} e^{1/6} b^{1/3}$. En outre, les formes g^3, g^2, $y = (b^{1/2} b^{1/4} g^1)$ ont été observées par M. Dana sur les cristaux de Stoneham. La plupart des faces portent des stries irrégulières et de petites proéminences ou sont ondulées, ce qui ne permet pas de mesurer leurs incidences avec une grande exactitude. Clivage interrompu suivant m, imparfait suivant h^1; traces suivant p. Plus ou moins transparente. Plan des axes optiques parallèle à g^1; bissectrice aiguë *négative* normale à l'arête antérieure m/m. Dispersion faible; $\rho > v$. Par suite des groupements intérieurs d'individus à axes imparfaitement parallèles, les mesures d'écartement des axes optiques sont très variables et difficiles à fixer

(1) Mesures prises par M. Edw. Dana sur des cristaux de Stoneham, Maine.

exactement. On peut admettre approximativement pour les cristaux de Stoneham :

	α	β	γ	2 V	2 E
Ray. jaunes.	1,621	1,612	1,502	56°59′34″	125°39

(Em. Bertrand, réfractomètre).

Raie D 1,609 (A. Cornu, prisme de 45°22′).

Mesures directes : $2\,H_{a.r} = 75°50'$ $2\,H_{o.r} = 130°56'$ $2\,E_r = 128°52'$,

et pour les cristaux d'Ehrenfriedersdorf :

$2\,H_{a.r} = 74°18'$ d'où $2\,E_r = 124°35'$ $2\,H_{a.j} = 74°4'$ d'où $2\,E_j = 124°18'$

Incolore ou légèrement jaunâtre. Poussière blanche.

Dur. = 5. Dens. = 2,98 à 2,99.

Les cristaux de Stoneham, chauffés dans le matras, jusqu'à fusion du verre, dégagent une faible quantité d'eau acide et une partie de leur fluor. D'après les essais de M. Damour, ils sont essentiellement composés d'acide phosphorique, de fluor, d'alumine, de glucine, d'une forte proportion de chaux et de très peu d'eau. On ne peut encore établir leur formule exacte, d'après les analyses assez divergentes que l'on connaît.

Cristaux d'Ehrenfriedersdorf, *a*, par Winkler; cristaux de Stoneham, *b*, par Winkler, *c*, par Genth :

	a	*b*	*c*
Acide phosphorique	42,44	41,51	43,43
Alumine	6,58	2,26	0,20
Oxyde ferrique	1,77	1,18	0,15
Chaux	34,06	33,67	33,65
Glucine	8,61	14,84	15,04
Oxyde manganeux	»	»	0,11
Eau	6,54?	6,59?	0,61?
Fluor	»	»	8,93
	100,00	100,05	102,12
		— O	3,76
			98,36

Trouvée d'abord dans les mines d'étain d'Ehrenfriedersdorf en Saxe, puis dans les granites de Stoneham, État du Maine, États Unis, avec topazes, et en très petits cristaux à Mursinsk, Oural, avec topaze, quartz enfumé, tourmaline, muscovite, albite, etc.

Hamlinite. MM. Hidden et Penfield ont donné le nom de *Hamlinite* à un fluophosphate hydraté d'alumine ou de glucine, formant de petits rhomboèdres transparents et incolores ($p\,a^1\,e^1$) clivables suivant la base et possédant la double réfraction à un axe *positif*. Un seul échantillon a été trouvé à Stoneham, Maine, où il accompagne la Herdérite et la Bertrandite.

NEWBERYITE; vom Rath.

Prisme rhomboïdal droit de 92°37′.

$b : h :: 1000 : 677,520 \quad D = 723,064 \quad d = 690,781$

ANGLES CALCULÉS.	ANGLES MESURÉS; A. SCHMIDT.	ANGLES CALCULÉS.	ANGLES MESURÉS; A. SCHMIDT.
mm 92°37′	»	pa_3 114°42′	»
mh^1 136°18′30″	»	a_3h^3 155°18′	»
mg^1 133°41′30″	»		
h^1g^1 90°	90°	ps 105°42′	»
h^1h^3 154°28′	154°50′		
h^3g^1 115°32′	115°32′	h^1s 158°14′	158°25′
h^1h^5 147°30′	147°53′	h^1a_3 145°4′	145°7′30″
h^6g^1 124°19′	124°17′	*$h^1b^{1/2}$ 125°35′30″	125°35′30″
h^7g^1 125°37′	125°15′	[$b^{1/2}c^1$ 144°24′30″	144°5′
$h^1a^{2/3}$ 145°48′	145°30′ env.	g^1b^1 112°49′	»
h^1a^1 134°27′	134°30′ env.	b^1a^2 157°11′	»
*h^1a^2 116°7′	116°7′	b^1b^1 134°22′ sur a^2	»
h^1p 90°	90°		
a^2p 153°53′	153°46′ v. Rath	$g^1b^{1/2}$ 123°47′	»
a^2a^2 127°46′ sur p	127°41′	$b^{1/2}a^1$ 146°13′	»
	127°38′ v. Rath	$b^{1/2}b^{1/2}$ 112°26′ s^r a^1	112°58′ v. Rath.
pc^1 136°52′	136°50′	ma_3 adj. 149°41′	»
c^1g^1 133°8′	133° env.	ma^1 120°25′	»
$pc^{1/2}$ 118°5′	118°11′	mb^1 91°28′ sur a^1	»
$c^{1/2}g^1$ 151°55′	151°57′	mc^1 opp. 61°49′	»
$c^1c^{1/2}$ 161°13′	161°14′	a_3c^1 92°8′	»
$c^{1/2}c^{1/2}$ 56°10′ sur p	56°17′	c^1b^1 153°17′	»
pb^1 145°51′	»	$mc^{1/2}$ adj. 127°33′	»
$pb^{3/4}$ 137°53′	»	$mb^{1/2}$ 92°6′ sur $c^{1/2}$	»
$pb^{1/2}$ 126°24′	»	$c^{1/2}b^{1/2}$ 144°33′	»
pm 90°	90°		
$b^1b^{3/4}$ 172°2′	»	h^3s 161°19′	»
$b^1b^{1/2}$ 160°33′	160°32′	$h^3a^{2/3}$ 138°16′	»
$b^{1/2}m$ 143°36′	143°37′30″	h^3b^1 101°29′ sur $a^{2/3}$	»
		$a^{2/3}s$ 156°57′	»

$a_3 = (b^1 b^{1/3} h^1) \qquad s = (b^{1/5} b^{1/9} h^{1/2})$

Principales combinaisons de formes observées : $h^1 g^1 p\, a^2 e^{1/2} b^{1/2}$ (Skipton Caves) ; $m h^1 g^1 p a^2 e^1 e^{1/2} b^1 b^{1/2}$; $h^1 g^1 a^2 e^1 e^{1/2} b^1 b^{1/2}$; $m h^1 h^7 g^1 p\, a^2 e^{1/2} b^1 b^{1/2}$; $m h^1 h^6 g^1 p\, a^2 a^{2/3} e^1 e^{1/2} b^1 b^{1/2} a_3$; $m h^1 h^3 g^1 p\, a^2 a^1 e^1 e^{1/2}$

$b^1 b^{3/4} b^{1/2} a_3$; $h^1 h^3 h^5 g^1 p\, a^2 e^1 e^{1/2} b^1 b^{1/2} s$; $m\, h^1 h^3 g^1 p\, a^2 e^1 e^{1/2} b^1 b^{1.2} a_3$; $m\, h^1 g^1 p\, a^2 e^1 e^{1/2} b^1 b^{1/2} a_3$ (Mejillones).

Les faces h^1 et g^1 sont toujours très développées; les cristaux sont tabulaires suivant h^1 (Skipton Caves) ou plus ou moins allongés suivant l'axe vertical. Clivage parfait suivant g^1 ; difficile suivant p. Transparente ou translucide.

Plan des axes optiques parallèle à g^1. Bissectrice aiguë *positive* normale à p. Dispersion des axes notable $\rho < v$.

Ray. roug.	68°10′	44°46′	142°8′ (Skipton Caves), Dx.
Ray. roug. 2E =	69°47′ 2 H_a =	46°12′ 2H_o =	147°25′ (Méjillones), Schmidt.
Ray. jaun.	70°20′	46°24′	145°56′ (Méjillones), Schmidt.

Des nombres de M. Schmidt, on tire approximativement :

$$2\,V_j = 44°47' \qquad \beta = 1{,}5196$$

Incolore ou jaunâtre. Éclat vitreux. Poussière blanche.

Dur. un peu supérieure à 3. Dens. = 2,10.

Perd son eau à 110° C. Facilement soluble dans les acides, avec réactions de l'acide phosphorique et de la magnésie.

$\dot{M}g^2 \dddot{\dot{P}} + 7\dot{H}$: Acide phosphorique 40,80 Magnésie 22,99 Eau 36,21.

Analyse des cristaux des Skipton Caves par Mac Ivor :

$$\dddot{\dot{P}}\ 41{,}25 \quad \dot{M}g\ 23{,}02\ (\text{différence})\ \dot{H}\ 23{,}73 = 100.$$

Trouvée dans le guano de *chauves-souris* des Skipton Caves, Victoria, avec la Hannayite et dans le guano de Mejillones, Chili, avec la Bobierrite.

BOBIERRITE ; Dana.

Prisme rhomboïdal oblique probablement isomorphe de la Vivianite. Masses tuberculeuses de la grosseur du poing, constituées par de petites aiguilles enchevêtrées qui, au microscope, présentent les formes $m\, h^1 g^1$, sont allongées suivant l'axe vertical et aplaties suivant le plan de symétrie. Clivage parallèle à g^1. Transparente. Plan des axes optiques normal à g^1 ; bissectrice aiguë *positive*, parallèle à ce plan et faisant avec h^1 un angle d'environ 34°. Autour de la bissectrice aiguë, 2 E = 125° environ ; $\rho < v$ faible (Lacroix).

Éclat soyeux. Blanc de neige; poussière blanche.

Rayée par l'ongle. Dens. = 2,41.

Dans le matras, dégage beaucoup d'eau. Se dissout facilement dans les acides, même dans l'acide acétique.

$Mg^3 \ddot{P} + 8 \dot{H}$: Acide phosphorique 34,98 Magnésie 29,55 Eau 35,47.

Une analyse sur des cristaux purs a fourni à M. A. Lacroix :

$\ddot{P}$ 34,59 $\dot{M}g$ 29,97 $\dot{H}$ 35,38 = 99,94

Rencontrée jusqu'ici seulement dans le guano de Mejillones, Chili.

WAGNÉRITE; Haidinger; Beudant. Hemiprismatischer Dystom-Spath; Mohs.

Prisme rhomboïdal oblique de 95°24′ ; $p\,h^1$ = 108°7′.

$b : h :: 1000 : 543{,}900$ D = 722,371 d = 691,506.

Angle plan de la base = 92°30′4″
Angle plan des faces latérales = 102°25′2″

ANGLES CALCULÉS.	ANGLES MESURÉS.	ANGLES CALCULÉS.	ANGLES MESURÉS.
mm 95°24′ avant	»	$g^3 g^3$ 122°25′ sur g^1	122°30′ K. Dx.
$m h^1$ 137°42′	»	$g^{7/3} g^1$ adj. 156°16′	156° K.
$m g^1$ 132°18′	»	$g^{5/3} g^1$ adj. 164°38′	164°30′ K.
$h^3 h^3$ 131°4′ sur h^1	»		
$h^1 h^5$ adj. 148°46′	149°30′ K. (1)	$p o^1$ adj. 149°0′30″	»
$g^{17} g^3$ opp. 106°52′30″	107° K.	*$p h^1$ antér. 108°7′	»
$g^{10} g^{10}$ 83°56′ avant	84° K. Dx.	*$p a^1$ adj. 135°18′	»
$g^5 g^1$ adj. 143°46′	144°30′ K.	$a^1 h^1$ adj. 116°35′	117°48′ K.
$g^{11/3} g^{11/3}$ 115°44′ s. g^1	116° à 116°30′ K.	$a^{1/2} h^1$ adj. 143°1′	143°0′ K.
*$g^3 g^3$ 57°35′ avant	57°35′ Lévy.	$a^{1/3} p$ 83°14′ sur h^1	83°0′ K.
$g^3 g^1$ 151°12′30″	152°30′ K. Dx.		

ANGLES CALCULÉS.	ANGLES CALCULÉS.	ANGLES CALCULÉS.
$p e^2$ 160°20′	$e^{2/3} e^{2/3}$ 85°56′ sur p	$e^{1/2} e^{1/2}$ 69°54′ sur p
$e^2 e^2$ 140°40′ sur p	$p e^{1/2}$ 124°57′	68° à 69°54′ obs. K.
$p e^1$ 144°25′	$e^{1/2} g^1$ 145°3′	
$e^1 e^1$ 108°50′ sur p	145° obs. K. Dx.	$p d^{1/2}$ 140°15′
$p e^{4/5}$ 138°12′	$e^{4/5} e^{1/2}$ adj. 166°45′	$p d^{1/4}$ 125°44′
$p e^{2/3}$ 132°58′	166°30′ obs. K.	$p m$ antér. 103°18′

---

(1) K. angles mesurés au goniomètre d'application sur les cristaux de Kjerulfine, par Brögger et Des Cloizeaux.

ANGLES CALCULÉS.

$p\,b^1$ adj. 149°29′
$p\,b^{1/2}$ adj. 126°8′
$p\,b^{1/4}$ adj. 103°52′
$p\,m$ postér. 76°42′

$p\,h^5$ antér. 105°39′

$p\,v$ 144°16′
$p\,g^3$ antér. 98°37′
$p\,\lambda$ adj. 137°24′

$p\,\delta$ 144°13′

$p\,x$ 139°21′
$p\,h^3$ post. 73°30′

$e^2 h^1$ antér. 107°2′
$b^1 h^1$ 85°22′ sur e^2
$e^2 x$ 137°53′ sur b^1
$x\,h^1$ adj. 115°6′

$d^{1/2} h^1$ antér. 132°41′30″
$v\,h^1$ 120°37′ sur $d^{1/2}$
$e^1 h^1$ 104°39′ sur $d^{1/2}$
λh^1 86°3′ sur $d^{1/2}$
$b^{1/2} h^1$ adj. 111°47′
$b^{1/2} e^1$ 143°34′ sur λ

$d^{1/4} h^1$ antér. 137°38′
$e^{1/2} h^1$ 100°16′ sur $d^{1/4}$
$b^{1/4} h^1$ adj. 126°18′

ANGLES CULCULÉS.

$d^{1/2} d^{1/2}$ 127°32′ sur o^1
$d^{1/4} d^{1/4}$ 111°42′ avant
$v\,v$ 117°40′ avant

$b^1 b^1$ adj. 138°53′
$\lambda\lambda$ 106°16′ sur b^1
107°30′ obs. K.

$\delta\delta$ adj. 159°32′

$b^{1/2} a^1$ 146°3′
$x\,a^1$ 161°24′
$b^{1/2} b^{1/2}$ 112°6′ sur a^1
$x\,x$ 142°48′ sur a^1

$b^{1/4} b^{1/4}$ 95°40′ sur $a^{1/2}$

$e^2 v$ adj. 159°50′
$e^2 m$ antér. 116°18′
$v\,m$ antér. 136°28′
$e^2 x$ 58°12′ sur m
$e^2 \delta$ 45°15′ sur m
δm 108°57′ sur x
$x\,m$ adj. 121°54′

$e^{1/2} m$ antér. 133°6′30″
133°6′ obs. Lévy.

$a^1 \delta$ 165°34′
$a^1 b^1$ adj. 150°30′
$a^1 e^1$ 125°9′ sur b^1

ANGLES CALCULÉS.

$a^1 m$ postér. 109°20′

$a^1 e^2$ 132°1′
$a^1 d^{1/2}$ 102°39′ sur e^2
$a^1 h^3$ postér. 113°59′

$a^1 v$ 112°45′
$a^1 d^{1/4}$ 89°51′ sur v
$a^1 h^5$ postér. 112°15′

$o^1 d^{1/4}$ 143°23′
$o^1 v$ 137°0′
$o^1 e^{1/2}$ 109°47′ sur v
$v\,e^{1/2}$ 152°47′
$e^{1/2} g^3$ postér. 129°15′
129°30′ obs. K. Dx.

$a^1 \lambda$ 138°2′30″
138°43′ obs. K.
$a^1 e^{1/2}$ 114°1′ sur λ
114°30′ obs. Lévy.
$e^{1/2} g^3$ antér. 143°32′
144° obs. K. Dx
$a^1 b^{1/4}$ adj. 131°35′
$a^1 g^3$ postér. 102°27′

$e^1 g^3$ antér. 129°11′
$e^1 b^{1/2}$ 81°7′ sur g^3
$b^{1/2} g^3$ adj. 131°56′

$v = (d^1 b^{1/3} g^{1/2})$ $\lambda = (b^1 d^{1/3} g^{1/2})$ $\delta = (b^1 b^{1/2} h^{1/2}) = a_{1/2}$
$x = (b^1 b^{1/3} h^{1/2})$

Principales combinaisons de formes : dans la Wagnérite, $m\,h^1 h^5 g^3 p\,a^1 e^2 e^1 e^{1/2} b^1 b^{1/2} v \lambda x$, *fig.* 447, pl. LXXIV ; $m\,h^1 h^3 h^5 g^3 p\,a^1 e^2 e^1 e^{1/2} d^{1/2} d^{1/4} b^1 b^{1/2} v \lambda \delta$; dans la Kjerulfine, $g^{10} g^3 g^1 e^{1/2}$; $h^1 g^3 g^1 o^1 a^1 a^{1/2} e^{1/2} \lambda$; $m\,g^3 g^1 o^1 a^1 e^{1/2} b^{1/4} v \lambda$.

Dans la Wagnérite, les faces $h^1 h^3 h^5 m$ sont striées parallèlement à leurs intersections muturelles; g^3 et $e^{1/2}$ sont nettes. Dans la Kjerulfine, les faces sont assez unies, mais ternes. Dans la première variété, clivage imparfait suivant g^3, traces suivant h^1 et p; dans la seconde, le clivage est assez facile suivant h^1, difficile suivant g^1. Cassure conchoïdale. Transparente ou plus ou moins translucide. Plan des axes optiques parallèle au plan de symétrie. Bissectrice aiguë *positive* faisant un angle d'environ 6° à 8° avec l'arête verticale $^m/_m$ pour la Wagnérite de Werfen (Dx.) et d'environ 21°30' dans l'angle aigu $p\ h^1$ (Brögger), pour la Kjerulfine de Bamble. Dispersion ordinaire des axes généralement plus marquée dans un système d'anneaux que dans l'autre, $\rho > v$. Dispersion *inclinée* variable avec les échantillons.

Pour la Wagnérite de Werfen :

2 E = { 44°48' à 45°21' verre rouge.
43°8' à 43°57' solution cupro-ammoniacale.

Pour la Kjerulfine de Bamble :

	DES CLOIZEAUX.	BRÖGGER.
2 E =	59°30' à 60°42' verr. rouge	60°21' roug. lith.
	58°46'	59°30' jaune sodium
	»	58°23' vert thallium

$\alpha = 1,582$ $\beta = 1,570$ $\gamma = 1,560$ jaun. sod. (réfractom.) Mic. Lévy et Lacroix.

La chaleur paraît sans action sur l'écartement des axes optiques.

Incolore, jaune clair, jaune de topaze, jaune rougeâtre, à l'état de cristaux frais, devenant blanc grisâtre, blanc d'émail et opaque ou d'un rouge plus ou moins foncé, par suite d'altérations. Éclat vitreux. Poussière blanche.

Dur. = 5 à 5,5. Dens. = 2,98 à 3,13.

Au chalumeau, les aiguilles minces fondent difficilement en un verre grisâtre, avec dégagement de bulles gazeuses. Facilement soluble dans les acides; donnant les réactions du fluor avec l'acide sulfurique.

$Mg^3 \dddot{P}h + Mg\ Fl$: Acide phosphorique 43,57 Magnésie 37,26 Magnésium 7,51 Fluor 11,66.

Analyses de la Wagnérite de Werfen, *a*, par von Kobell, *b*, par Rammelsberg; de la Kjerulfine de Bamle, *c*, par Rammelsberg, *d*, par Pisani :

	a	*b*	*c*	*d*
Acide phosphorique	40,30	40,61	44,23	43,7
Magnésie	32,78	46,27	44,47	34,7
Chaux	2,24	2,38	6,60	3,1
Oxyde ferrique	8,00	$\dot{F}e$ 4,59	»	»
Soude	5,12	»	»	Mg 6,8
Fluor	10,00	9,36	6,23	10,7
Alumine	1,11	»	»	»
Perte au feu	0,50	»	Perte 0,77	Insol. 0,9
	100,05	103,21	102,30	99,9
Densité :	»	3,068	3,14	3,12

La chaux, constatée en quantités variables, provient en général d'un mélange d'apatite.

La Wagnérite, minéral excessivement rare, n'a été observée jusqu'ici qu'à Höllengraben, près Werfen en Salzbourg. Ses cristaux, dont une portion est souvent altérée et opaque, sont engagés dans un schiste argileux, avec des cristaux de quartz rosé. La variété qu'on a nommée Kjerulfine se présente en cristaux pouvant atteindre 15 à 20 centimètres de largeur suivant g^1 et peser plusieurs kilogrammes. Ces cristaux, d'un jaune foncé dans leurs parties transparentes, sont fréquemment entourés d'une croûte blanche opaque et traversés par des veines blanchâtres ou rosées, formées en grande partie d'apatite. On les a rencontrés près Havredal, paroisse de Bamle en Norwège, avec des masses clivables, d'un rouge de chair, quelquefois pénétrées d'oligiste. Des masses verdâtres ont été observées à Odegorden.

H. Sainte-Claire Deville a reproduit artificiellement la Wagnérite fluorée en petits cristaux possédant les formes m, h^1, g^3, p, o^1, $e^{1/2}$ et la composition exacte (dens. = 3,12) de la Wagnérite naturelle ($\dot{M}g^3 \ddot{\dot{P}}h + Mg\,Fl$). Il a également obtenu la Wagnérite chlorée, en gros prismes offrant les formes m, h^1, g^3, une Wagnérite complexe, fluorée et chlorée, à base de *chaux* et de *magnésie*, ayant encore les faces m, h^1, g^3, dans la zone verticale, mais offrant les faces nouvelles o^2 et $a^{7/8}$ dans la zone $p\,h^1$. Enfin une Wagnérite de *chaux* s'est présentée en cristaux rhombiques n'ayant plus que la zone verticale $m\,h^1$ de la Wagnérite magnésienne.

XÉNOTIME ; Beudant. Ytterspath ; Hausmann. Phosphorsyrad Ytterjord ; Berzélius. Wisérine ; Kenngott.

Prisme droit à base carrée.

$$b : h :: 1000 : 874,407 \quad D = 707,107$$

ANGLES CALCULÉS	ANGLES MESURÉS.
$m\,b^{1/3}$ 159°8′	159°13′ à 32′ Dx. Al. (1)
*$m\,b^1$ 131°10′	131°10′ à 26′ Dx. Al. ; 12′ à 14′ R. (2) ; 15′ K. F. (3) ; 31′ Br. (4)
$b^{1/3}\,b^1$ 152°2′	152°4′ Dx. Al.
$b^1\,b^1$ 82°20′ sur m	82°22′ K. B. (5) ; 58′ Br.

(1) Dx. Al. Des Cloizeaux, cristaux du comté Alexander, Caroline Nord.
(2) R. vom Rath, cristaux de la pointe Fibia.
(3) K. F. Klein, cristaux de la pointe Fibia, Suisse.
(4) Br. Brögger, cristaux de Kragerö en Norwège.
(5) K. B. Klein, cristaux de Binnenthal, Valais.

ANGLES CALCULÉS.	ANGLES MESURÉS.
$b^1 b^1$ 97°40′ sur p	97°40′ à 98° Dx.Al.; 38′ à 40′ K.B.; 51′ H. (6) 96°43′ à 50′ S. (7)
$b^1 b^1$ adj. 124°32′	124°23′ à 40′ Dx.Al.; 6′ Br.; 28′ à 30′ R.; 30′ K.B. et F. 124°6′ à 57′ S.
$b^{1/3} a_2$ 155°0′	155° à 156° Dx.Al.
$b^{1/3} b^{1/3}$ 97°18′ sur a_2	97° envir. Dx.Al.
$a_2 a_2$ 147° 18′ sur h^1	147°10′ K.F.; 18′ à 26′ H.; 146°30′ S.
$m a_2$ adj. 142°47′	142°50′ K.F.
$m a_2$ opp. 113°28′	»
$a_2 a_2$ 133°4′ sur m	133°7′ S.
$b^1 a_2$ adj. 150°6′30″	150°5′ K.B.; 7′ K.F.; 8′ H.; 150°22′ à 57′ S.

ANGLES CALCULÉS.	ANGLES MESURÉS.	ANGLES CALCULÉS.	ANGLES MESURÉS.
$m x$ adj. 164°56′	164°30′ Dx.D. (8)	$x b^1$ adj. 143°53′	»
$x m$ opp. 96°56′	96°15′ Dx.D.	$x b^1$ opp. 104°38′	105°30′ à 40′ Dx.D.
$x b^{1/3}$ adj. 169°80′	170°20′ Dx.D.		

$a_2 = (b^1 b^{1/2} h^1)$ $x = (b^{1/3} b^{1/24} h^{1/5})$

Les faces des cristaux sont rarement planes et souvent ondulées ou piquetées.

Combinaisons observées : b^1; $m b^1$, *fig.* 449, pl. LXXIV (par suite du développement de m, certains cristaux offrent un prisme allongé suivant l'axe vertical); $b^1 a_2$; $m h^1 b^1$; $m h^1 p b^1$; $m b^1 a_2$; $m b^1 b^{1/3} a_2$; $m b^1 b^{1/3} x$. Je n'ai observé qu'une seule face, large et éclatante, de la forme nouvelle x, sur un angle d'un petit cristal de Dattas, province de Minas Geraës, Brésil. Macles parallèles à a^2, analogues à celles de la cassitérite. Clivage suivant m. Cassure écailleuse ou inégale. Transparent ou translucide. Double réfraction assez énergique, à un axe *positif*, $\omega = 1{,}72$ $\varepsilon = 1{,}81$ (rayons jaunes), cristal de Dattas.

Jaune clair; jaune brunâtre, tirant plus ou moins sur le rouge. Poussière brun pâle. Éclat vitreux ou résineux.

Dur. = 4,5 à 5. Dens. = 4,45 à 4,58 (Gorceix).

Infusible au chalumeau. Avec le borax, donne une perle

(6) H. Hessenberg, cristaux de Tavetsch, Grisons.
(7) S. Scharizer, cristaux de Schüttenhofen en Bohême.
(8) Dx.D. Des Cloizeaux, cristaux de Dattas, province de Minas Geraës.

incolore qui blanchit au feu d'oxydation. Lentement attaquable par l'acide sulfurique bouillant.

$\dot{Y}\,\ddot{\ddot{P}}h$: Acide phosphorique 37,87 Yttria 62,13

Avec l'yttria, on trouve du lanthane, du didyme, de l'erbium, etc.

Analyses du xénotime : *a*, d'Hitterö, par Zschau ; *b*, de Ilvalö, près Christiania, *c*, de Narestö près Arendal, par Blomstrand ; *d*, de Clarksville, État de Georgia, par L. Smith ; *e*, de la pointe Fibia, au Saint-Gothard (*Wisérine*), par Wartha ; *f*, des environs de Diamantina, Minas Geraës, par Gorceix ; *g*, de la Chapada de Bahia, par Damour.

	a	*b*	*c*	*d*	*e*	*f*	*g*
Acide phosph.	30,74	32,45	29,23	33,44	37,51	35,97	31,64
Silice	»	1,77	2,36	»	»	»	»
Oxyde stanneux	»	0,19	0,08	»	»	»	»
Zircone	»	0,76	1,11	»	»	»	et $\ddot{Ti}$ 7,40
Thorine	»	3,33	2,43	»	»	»	»
Yttria	60,25	38,91	30,23	55,77	62,49 }	64,03	60.40
Erbine	»	17,47	24,34	»	» }		»
Ox. de cérium	7,98	1,22	0,96	La et Di 11,36	»	»	»
Alumine	»	0,36	0,28	»	»	»	»
Ox. ferrique	»	1,88	2,01	»	»	» }	1,20
Ox. d'urane	»	»	3,48	»	»	» }	
Oxyde manganeux	»	0,13	Mg 0,26	»	»	»	»
Chaux	»	0,34	1,09	»	»	»	»
Ox. de plomb	»	0,21	0,68	»	»	»	»
Eau	»	1,03	1,77	»	»	»	»
	98,97	100,05	100,31	100,57	100,00	100,00	100,64
Densité :	4,45	4,49	4,492	4,54	»	4,58	4,39

Le xénotime, autrefois fort rare, a été, depuis quelques années, trouvé abondamment : dans des pegmatites, en Norwège, à Narestö, Jorkjern et Lofthus près Arendal (en grosses masses) ; à Hitterö, Nolleland, Alve, Kragerö près Fredrikstad (cristaux groupés) ; à Ytterby en Suède ; aux environs du Pike's Peak, Colorado ? ; dans la ville de New-York ; à Schreibershau et à Schüttenhofen en Bohême, avec monazite ; au Brésil, dans les sables diamantifères de Dattas, province de Minas Geraës (petits cristaux prismatiques, plus ou moins roulés) et à la Chapada de Bahia ; dans les sables aurifères de Clarksville, État de Georgia et des comtés Mac Dowell et Alexander, Caroline Nord (jolis cristaux à surfaces éclatantes, mais souvent piquetées) ; dans les micaschistes, à la pointe Fibia près le Saint-Gothard, dans la vallée de Binnen en Valais (*Wisérine*) et à Caveradi, canton des Grisons, avec oligiste. A Kragerö et près de Berg en Raade, Norwège, on rencontre des enchevêtrements de xénotime et de zircon.

BERLINITE; Blomstrand.

Masses grenues, sans clivage apparent. Cassure inégale. Transparente ou translucide. Double réfraction à un axe *positif*. Incolore; grisâtre ou rosé. Poussière incolore. Éclat vitreux.

Dur. = 6. Dens. = 2,64.

Au chalumeau, blanchit sans fondre. Donne une couleur bleu foncé avec le nitrate de cobalt. A peine attaquée par les acides. Par fusion avec les alcalis, fournit une masse soluble dans l'eau en dégageant beaucoup de chaleur.

$2(\ddot{\text{Al}}\dddot{\text{Ph}}) + \dot{\text{H}}$: Acide phosphorique 55,9 Alumine 40,6 Eau 3,5.

Une analyse de C. W. Blomstrand a donné :

$$\dddot{\text{Ph}}\,54{,}84\quad \ddot{\text{Al}}\,40{,}27\quad \ddot{\text{Fe}}\,0{,}26\quad \dot{\text{H}}\,4{,}14 = 99{,}51$$

De petites masses assez rares, ressemblant à du quartz, sont disséminées dans ce minéral, dont elles sont en général séparées par une couche mince de Klaprothine, à la mine de Westanå en Scanie, Suède.

TROLLÉITE ; Blomstrand.

Petites masses laminaires rhombiques? ou clinorhombiques? offrant deux clivages inégalement faciles sous l'angle d'environ 110°52'. Cassure inégale. Transparente en lames minces. Double réfraction assez énergique. Plan des axes optiques sensiblement parallèle au clivage le plus facile. 2 E = 81°44' environ (verre rouge). Dispersion ordinaire faible, $\rho > v$. Traces douteuses de dispersion *horizontale*. Couleur vert pâle. Éclat vitreux.

Dur. un peu inférieure à 6. Dens. = 3,10.

Au chalumeau, se comporte comme la Berlinite. A peine attaquée par les acides.

$\ddot{\text{Al}}^4\dddot{\text{Ph}}^3 + 3\dot{\text{H}}$: Acide phosphorique 47,75 Alumine 46,19 Eau 6,06.

L'analyse a fourni à C. W. Blomstrand :

$$\dddot{\text{Ph}}\,46{,}72\quad \ddot{\text{Al}}\,43{,}26\quad \ddot{\text{Fe}}\,2{,}75\quad \dot{\text{Ca}}\,0{,}97\quad \dot{\text{H}}\,6{,}23 = 99{,}93.$$

Forme de petites masses ou des veines dans d'autres phosphates, à la mine de Westanå, en Scanie.

ATTACOLITE; Blomstrand.

Masses microcristallines, biréfringentes, à deux axes écartés, d'une couleur rose pâle.

Dur. = 5. Dens. = 3,09.

Au chalumeau, facilement fusible en verre jaune brunâtre. Forte réaction de manganèse avec la soude. Incomplètement attaquée par les acides.

Abstraction faite de 8,60 p. 100 de silice, M. Blomstrand a obtenu :

$$\dddot{P}h\,36{,}06 \quad \dddot{A}l\,29{,}75 \quad \dddot{F}e\,3{,}98 \quad \dot{M}n\,8{,}02 \quad \dot{M}g\,0{,}33 \quad \dot{C}a\,13{,}19$$

$$\dot{N}a\,0{,}45 \quad \dot{H}\,6{,}90 = 98{,}68.$$

Les masses, pénétrées de très petites lamelles de mica blanc, proviennent aussi de la mine de Westanå.

AUGÉLITE; Blomstrand.

Petites masses cristallines offrant au moins deux clivages inégalement faciles sous un angle d'environ 113°30′. Translucide et transparente en lames minces. A travers des lames minces, parallèles au clivage facile, deux axes très écartés autour d'une bissectrice négative, assez oblique au plan des lames. Incolore ou rose pâle. Éclat nacré sur le clivage facile.

Dens. = 2,77.

Infusible au chalumeau. Dégage beaucoup d'eau dans le matras. A peine attaquée par les acides.

$\dddot{A}l^2\,\dddot{P}h + 3\dot{H}$: Acide phosphorique 35,32 Alumine 51,24 Eau 13,44.

M. Blomstrand a trouvé :

$$\dddot{P}h\,35{,}61 \quad \dddot{A}l\,48{,}80 \quad \dddot{F}e\,0{,}75 \quad \dddot{M}n\,0{,}31 \quad \dot{C}a\,1{,}09 \quad \dot{H}\,13{,}04 = 99{,}60$$

Le minéral, intimement pénétré de quartz et de Klaprothine, s'est, comme les trois précédentes, rencontré à la mine de Westanå.

Amphithalite; Igelström.

Amorphe. Translucide. Blanc de lait.

Dur. = 6.

Infusible au chalumeau. Insoluble dans les acides. Contient, d'après M. Igelström : $\ddot{P}b$ 30,06 $\ddot{A}l$ 48,50 $\dot{C}a$ 5,76 $\dot{M}g$ 1,55 $\dot{H}$ 12,47 = 98,34.

Associée à la Klaprothine, au rutile et au disthène, dans une quartzite de Horrsjöberg en Wermland.

WAVELLITE. Prismatisches Wavellin-Haloid ; Mohs.

Prisme rhomboïdal droit de 126° 25′.

$$b : h :: 1000 : 334,958 \quad D = 892,654 \quad d = 450,748$$

ANGLES CALCULÉS.	ANGLES CALCULÉS.	ANGLES CALCULÉS.
mm 126°25′	$g^1 e_{8/3}$ 123°32′	$e_3 e_3$ 117°52′ sur a^1
*$m g^1$ 116°47′30″	123° à 123°25′ obs. Dx. (1)	$g^1 b^{1/2}$ 106°46′
$g^7 g^1$ 123°57′	$g^1 e_{8/3}$ 56°28′ sur $e_{8/3}$	$b^{1/2} b^{1/2}$ 146°28′ sur a^1
$g^7 g^7$ 112°6′ sur m	56°20′ obs. Dx.	
	$e_{8/3} e_{8/3}$ 112°56′ sur a^1	$e_{8/3} e_{8/3}$ 120°22′ côté
*$a^1 a^1$ 106°46′ sur p	112°50′ à 113°25′ obs. Dx.	120°55′ à 121°30′ obs. Dx.
	$e_{8/3} a^1$ 146°28′	$e_3 e_3$ 118°33′ côté
$m b^{1/2}$ 129°47′	147° obs. Dx.	$b^{1/2} b^{1/2}$ 110°20′ côté
$b^{1/2} b^{1/2}$ somm. 100°27′	$g^1 e_3$ 121°4′	

$$e_{8/3} = (b^{1/3} b^{1/8} g^{1/3}) \qquad e_3 = (b^1 b^{1/3} g^1)$$

Combinaisons observées : $m g^7 g^1 a^1 b^{1/2} e_3$, *fig.* 458, pl. LXXV; $m g^1 a^1 e_{8/3}$ (Montebras). Les faces m sont cannelées parallèlement à leur arête d'intersection ; les faces g^1 et $e_{8/3}$ sont unies. Clivage assez net suivant m et g^1. Cassure imparfaitement conchoïdale. Transparente ou translucide. Plan des axes optiques normal à g^1. Bissectrice aiguë *positive* parallèle à l'arête verticale $^m/_m$. Dispersion des axes faible, $\rho > v$. Sur un cristal de Donnegal en Irlande, j'ai trouvé :

	RAY. ROUGES.	RAY. JAUNES.	RAY. BLEUS.
$2 H_a =$	75°22′	75°8′	74°29′
d'où $2 E_a =$	127°18′	127°2′	126°52′
$2 H_o =$	114°31′	114°45′	115°20′
$2 V_a =$	72°1′	71°48′	71°14′ environ ;
$\beta =$	1,524	1,526	1,536 environ.

(1) Obs. Dx. Angles mesurés par Des Cloizeaux sur un cristal de Montebras, Creuse.

Incolore; grise; verte; jaune; brune; bleue de différentes teintes. Poussière blanche. Éclat vitreux sur m, légèrement nacré sur g^1. Fragile.

Dur. = 3,5 à 4. Dens. = 2,32 à 2,34.

Au chalumeau, se gonfle et tombe quelquefois en poussière. Dans le matras, dégage beaucoup d'eau qui attaque parfois le verre. Devient bleue avec le nitrate de cobalt. Certaines variétés, fortement chauffées dans un creuset de platine, déposent sur le couvercle de petits rhomboèdres de fluorure d'aluminium. Soluble dans les acides et la potasse caustique. D'après Church, perd 2,28 p. 100 d'eau à 100°C., 22,14 à 200°, le reste au rouge.

$\ddot{A}l^3 \dddot{P}h^2 + 12\dot{H}$: Acide phosphorique 35,10 Alumine 38,19 Eau 26,71.

Analyses de la Wavellite : *a* (*lasionite*), par Fuchs; *b*, bleue, de Langenstriegis près Freiberg, par Erdmann; *c*, de Barnstaple en Devonshire, par Berzélius ; *d*, de Steam Boat en Pennsylvanie, par Genth; *e*, de Hongrie (*kapnicite*), par Städeler; *f*, de Cork en Irlande (séchée à 100°), par Church ; *g*, de Montebras, Creuse, par Pisani :

	a	*b*	*c*	*d*	*e*	*f*	*g*
Acid. phosphoriq.	34,72	34,06	34,29	34,68	35,49	32,00	34,30
Alumine	36,56	36,60	36,39	36,67	39,59	37,18	38,25
Oxyde ferrique	»	1,00	1,20	0,22	»	»	»
Eau	28,00	27,40	26,34	28,29	(24,92)	26,45	26,60
Fluor	»	»	1,69	traces	»	2,09	2,27
	99,28	99,06	99,91	98,86	100,00	97,72	101,42
Densité :	»	»	»	»	2,356	»	2,33

Les cristaux, souvent aciculaires, forment des sphères ou des hémisphères à structure radiée, à surfaces rugueuses où domine le biseau a^1 et des masses botryoïdes ou réniformes. Ils tapissent des fentes dans des schistes argileux, des granites, des calcaires, des couches de limonite, etc., à Barnstaple, Devonshire; à Stennagwyn près Saint-Austle, Cornwall; près Newcastle, Clonmel et Cork, Irlande; aux îles Shaint en Écosse; en Bohême, à Czerbowitz près Zbirow ; à Ivina; près Hudlitz, Saint-Benigna, Schönfeld, Zdic, etc., etc. ; à Frankenberg et Langenstriegis (*striegisan*) en Saxe; près Giessen, Hesse Darmstadt; à Amberg, Bavière (*lasionite*); à Weibach près Weilburg, Nassau ; à Habachthal en Salzbourg; près Saint-Girons, Ariège ; à Montebras, département de la Creuse, avec montebrasite, cassitérite et turquoise; à Bihain en Belgique ; à Kanioak, Groënland; à Carandahy, province de Minas Geraës, Brésil (masses mamelonnées à longues fibres blanches); aux États-Unis, aux Bellow Falls, près la rivière Saxton, New-Hampshire; près la Susquehanna, comté d'York, et près White Horse Station, comté de Chester, Pennsylvanie; à la mine Washington, comté Davidson, Caroline du Nord, etc., etc.

La *kapnicite* (Kenngott) est une Wavellite en mamelons à structure fibreuse radiée, d'une dur. = 3,5 à 4; d'une dens. = 2,356 (Städeler), qui tapisse des cristaux de quartz à Kapnik en Hongrie.

La *planérite* (Hermann) paraît être une Wavellite impure, mélangée d'oxydes de cuivre et de fer. Translucide sur les bords. Couleur vert-de-gris, passant au vert olive à l'air. Terne.

Dur. = 5. Dens. = 2,65.

Dans le matras, dégage beaucoup d'eau neutre. A peine attaquable par les acides, mais facilement soluble dans la soude caustique. Hermann y a trouvé :

P̈h 33,94 Äl 37,48 Ċu 3,72 Ḟe 3,52 Ḣ 20,93 = 99,59

Rencontrée en enduits minces, mamelonnés, fibreux, dans une roche quartzeuse, aux mines de cuivre de Gumeschefsk, Oural.

La *cœruléolactine* (Petersen) offre des croûtes fibreuses d'un blanc de lait, bleuâtres ou verdâtres et des incrustations mamelonnées, cryptocristallines, d'un bleu verdâtre pâle ou d'un bleu de ciel. Bissectrice *positive* parallèle aux fibres (Lacroix).

Analyses de la variété de Rindsberg, *a*, par Petersen; de la variété du comté de Chester, *b*, par Genth :

	P̈h	Äl	Ċa	Ṁg	Ċu	Ḣ		
a.	37,42	36,16	2,48	0,20	1,44	21,70	= 99,40	Dens. 2,57
b.	36,31	38,27	»	»	4,25	21,70	= 100,53	Dens. 2,696

En défalquant Ċa, Ṁg, Ċu et un peu de quartz, comme mélange accidentel, il reste la composition d'une Wavellite, avec 10 équivalents d'eau.

Trouvée d'abord à Rindsberg près Katzenelnbogen, Nassau, et plus tard à la mine de fer *General Trimble*, près White Horse Station, comté Chester en Pennsylvanie, avec Wavellite.

La *péganite* (Breithaupt) se présente en très petits prismes bacillaires d'environ 127°, offrant les formes *m*, *p*, g^1, difficilement clivables suivant *p* et g^1. Translucide. Bissectrice *positive* parallèle aux fibres. Couleur blanche, gris verdâtre, vert d'herbe ou vert émeraude. Poussière blanche. Éclat vitreux ou gras.

Dur. = 3 à 3,5. Dens. = 2,49 à 2,50.

Dans le matras, dégage de l'eau et devient violette ou rose. Au chalumeau, se fendille sans fondre. Prend une belle couleur bleue avec le nitrate de cobalt. Paraît n'être qu'une Wavellite.

Contient, d'après Hermann :

$\dddot{P}h$ 30,49 $\dddot{A}l$ 44,49 $\dot{H}$ 22,82 $\dot{C}u$, $\ddot{F}e$ et gangue 2,20 = 100.

Les cristaux, groupés en croûtes, ont été rencontrés à Striegis près Freiberg. Saxe, et à Nobrya, près Albergharia Velha (Portugal).

La *sphœrite*, en masses mamelonnées constituées par des sphérolites à fibres très fines, d'un gris clair, se distingue de la Wavellite en ce que la bissectrice aiguë, parallèle à la longueur des fibres, est *négative* (Lacroix).
Dens. = 2,53.

Boricky y a constaté, outre des traces de fluor :

$\dddot{P}h$ 28,58 $\dddot{A}l$ 42,36 $\dot{C}a$ 1,41 $\dot{M}g$ 2,60 $\dot{H}$ 24,03 = 98,98

Accompagne la Wavellite à Zbirow en Bohême.

Sous le nom de *kalkwavellite*, Kosman a décrit en 1869 un minéral en cristaux aciculaires formant des masses fibreuses à structure concentrique, ou botryoïdes et réniformes. Couleur blanche.
Dens. = 2,45.
Au chalumeau, fond sur les bords. Dégage de l'eau dans le matras. Soluble dans l'acide chlorhydrique, avec dépôt de silice gélatineuse. En retranchant des résultats de l'analyse brute de petites quantités de $\dot{M}g$, $\dot{N}a$, $\dot{K}o$, $\ddot{S}i$, etc., l'auteur admet pour la composition : $\dddot{P}h$ 28,39 $\dddot{A}l$ 35,65 $\dot{C}a$ 14,86 $\dot{H}$ 21,09 = 99,99.

Trouvé dans une brèche de phosphorite à Dehrn et Ahlbach en Nassau.

FISCHÉRITE ; Schtschurowsky.

Prisme rhomboïdal droit de 118°32′ (Kokscharow).

Combinaisons observées par Kokscharow : mg^1p ; mg^3p ; mg^3g^1p.
Transparente ou translucide. Plan des axes normal à g^1 ; bissectrice aiguë *positive* perpendiculaire à p. Écartement variable avec les plages des cristaux presque toujours groupés.

	VERRE ROUGE.	JAUNE SODIUM.
$2\ H_a$	$= 66°23'$	$66°4'$
d'où $2\ E$	$= 106°45'$	$106°18'$
$2\ H_o$	$= 124°58'?$ à $130°55'$	$131°$
$2\ V_a$	$= 62°5'$	$61°51'$ environ.
β	$= 1,556$	$1,555$ environ.

Éclat vitreux. Incolore ou vert d'herbe plus ou moins clair.
Dur. $= 5,0$. Dens. $= 2,46$.
Dans le matras, dégage de l'eau et devient opaque. Avec le borax et le sel de phosphore, montre la réaction du fer, à chaud, et celle du cuivre, à froid. Devient bleue avec le nitrate de cobalt. Faiblement attaquée par les acides chlorhydrique et azotique; soluble dans l'acide sulfurique.

$\ddot{\text{Al}}^2\, \dddot{\text{Ph}} + 8\, \dot{\text{H}}$: Acide phosphorique 28,86 Alumine 41,87 Eau 29,27

Une analyse de Hermann a fourni :

$\dddot{\text{Ph}}$ 29,03 $\ddot{\text{Al}}$ 38,47 $\dot{\text{Fe}}$ et $\dot{\text{Mn}}$ 1,20 $\dot{\text{Cu}}$ 0,80 $\dot{\text{H}}$ 27,50 Gangue 3,00 = 100.

Très petits prismes hexagones, généralement groupés deux par deux ou trois par trois, autour d'une face verticale, et formant des croûtes minces cristallines dans les cavités d'une sorte de limonite compacte quartzifère, pénétrée de pyrite, au voisinage de l'usine de Nischne-Tagilsk, Oural.

TURQUOISE. Kallait; Hausmann. Türkis; Haidinger. Untheilbarer Lasur-Spath; Mohs.

Microcristalline. Cassure conchoïdale ou inégale, opaque ou translucide sur les bords. Les très petits grains qui constituent la masse sont biréfringents. Bleu d'azur; vert-de-gris; vert pistache ou vert pomme. Poussière blanche ou blanc verdâtre. Éclat vitreux faible.
Dur. $= 6$. Dens. $= 2,62$ à $2,80$.
Au chalumeau, colore la flamme en vert, sans fondre. Dans le matras, décrépite, dégage de l'eau et devient noire ou brune. Avec le borax et le sel de phosphore forme un verre transparent qui montre la réaction du fer à chaud et celle du cuivre à froid. Soluble dans les acides. La liqueur acide prend une belle couleur bleue par l'ammoniaque.

Analyses de la turquoise (*orientale*) bleue, *a*, par Hermann; verte, de Nichapour, *b*, par Church; de cristaux pseudomorphes d'apatite, *c*, par Moore, moyenne de deux analyses; de Los Cerillos, *d*, par Clarke :

	a	*b*	*c*	*d*
Acide phosphorique	28,90	32,86	33,21	32,86
Alumine	47,45	40,19	35,98	36,88
Oxyde ferrique	1,10	Ḟe 2,21	2,99	2,40
Oxyde cuivrique	2,02	5,27	7,80	7,51
Oxyde manganeux	0,50	0,36	»	»
Chaux	1,85	»	»	0,38
Eau	18,18	19,34	19,98	19,60
Silice	»	»	»	0,16
	100,00	100,23	99,96	99,79
Densité :	»	2,75	2,806	2,805

La variété la plus recherchée pour la joaillerie se trouve en petits filons de 4 à 6 millimètres dans un trachyte porphyrique formant brèche ou en nodules dans les alluvions provenant de ces trachytes près de Nichapour en Perse. On en rencontre des variétés impures à Jordansmühle en Silésie; à Œlsnitz en Saxe; à Montebras, département de la Creuse, avec Wavellite, montebrasite, cassitérite, etc.; dans la vallée de Megara au Sinaï; dans le royaume de Choa; à la Turquois Mountain, comté Cochise, Arizona; dans le district Columbus, Nevada; aux monts de Los Cerillos, Nouveau Mexique (*Chalchihuitl* des Mexicains, d'après P. W. Blake, jaunâtre ou vert bleuâtre, d'une dur. = 6); dans le comté Fresno, Californie (petits prismes hexagonaux regardés par Zepharowich comme des pseudomorphoses d'apatite, composés d'une multitude de sphérolites à structure fibreuse radiée).

On a donné le nom d'*odontolite* ou turquoise de nouvelle roche à des dents de mammifères ou à des ossements fossiles colorés en bleu foncé ou en vert bleuâtre par du phosphate de fer et provenant de Simorre, près Auch, département du Gers. A l'état de pierres taillées, la substance imite plus ou moins parfaitement la turquoise; mais son origine organique se reconnaît facilement au microscope et sa dissolution dans un acide ne se colore pas en bleu par l'addition d'ammoniaque.

ZEPHAROWICHITE; Boricky.

Minéral compact ou microcristallin. Cassure conchoïdale. Translucide, verdâtre, jaunâtre ou blanc grisâtre.
Dur. = 5,5 Dens. = 2,37.

$\dddot{Al}\,\ddot{P}h + 6\dot{H}$: Acide phosphorique 40,23 Alumine 29,18 Eau

30,59. Abstraction faite de 6 pour 100 de quartz, Boricky a obtenu, dans une analyse : $\dddot{P}h$ 40,29 $\ddot{A}l$ 30,57 $\dot{C}a$ 0,58 $\dot{H}$ 28,56 = 100.

Forme des couches minces, entremêlées de Wavellite et de Gibbsite?, dans des grès infra-siluriens, à Trzenic, près Cerhovic, Bohême.

La *Henwoodite* (J. H. Collins) est en masses mamelonnées, botryoïdes, à cassure conchoïdale, quelquefois fibreuse, d'un bleu turquoise ou d'un bleu verdâtre.

Dur. = 4 à 4,5. Dens. = 2,67.

Infusible au chalumeau, mais colorant la flamme en vert. Dans le matras, dégage de l'eau et devient d'un vert olive foncé. Avec les flux, réactions du cuivre.

La composition, voisine de celle de la turquoise, serait, d'après Collins : $\dddot{P}h$ 48,94 $\ddot{A}l$ 18,24 $\ddot{F}e$ 2,74 $\dot{C}u$ 7,10 $\dot{C}a$ 0,54 $\dot{H}$ 17,10 $\ddot{S}i$ 1,37 Perte 3,97 = 100.

Trouvée sur limonite à la mine West Phenix, Cornwall.

VARISCITE; Breithaupt.

Prisme rhomboïdal droit de 114° 6′ (Chester). Formes observées m, h^1, g^1, p. Cassure conchoïdale ou inégale dans les masses cristallines ou amorphes. Transparente ou translucide. Plan des axes optiques parallèle à g^1. Bissectrice aiguë *négative* normale à h^1. $2E = 96°$ environ; $\rho > v$ (Em. Bertrand).

Incolore ou vert émeraude, vert d'herbe ou vert pomme. Faible éclat gras.

Dur. = 4 à 5. Dens. = 2,34 à 2,40.

Au chalumeau, blanchit sans fondre et colore la flamme en vert. Dans le matras, dégage de l'eau. Soluble dans l'acide chlorhydrique bouillant.

$\ddot{A}l\,\dddot{P}h + 4\dot{H}$: Acide phosphorique 44,79 Alumine 32,49 Eau 22,72.

Analyses de la variscite, *a*, de Plauen, par Petersen; *b*, du Comté Montgomery, Arkansas (*péganite*), par Chester :

	$\dddot{P}h$	$\ddot{A}l$	$\ddot{F}e$	$\dot{M}g$	$\dot{C}a$	$\dot{H}$
a.	44,05	31,25	1,21	0,41	0,18	22,85 = 99,95
b.	44,35	31,85	»	»	»	23,80 = 100,00

Forme des croûtes composées de petits cristaux, des assemblages en forme de gerbe, des nodules hémisphériques à structure radiée ou des masses amorphes, à Messbach-près Plauen en Voigtland et dans le Comté Montgomery, Arkansas.

La *callaïs* (Damour), *callaïnite* (Dana) paraît être une variété de variscite amorphe, à cassure cireuse, translucide, d'une couleur vert pomme se rapprochant du vert émeraude, avec des marbrures de parties blanches ou bleuâtres, brunes ou noires.

Dur. = 3,5 à 4. Dens. = 2,50 à 2,52.

Infusible au chalumeau. Avec le borax, verre incolore, sans réaction cuivreuse. Dans le matras, dégage de l'eau neutre, décrépite, devient opaque, d'un brun chocolat, et friable. Presque entièrement dissoute par l'acide azotique après calcination. Soluble à froid dans la potasse.

M. Damour y a trouvé :

$\dddot{Ph}$	$\dddot{Al}$	$\dddot{Fe}$	$\dot{Ca}$	$\dot{H}$	Résidu siliceux.	
42,58	29,57	1,82	0,70	23,62	2,10	= 100,39

Rencontrée dans un tombeau celtique à Mané-er-H'rock, en Lockmariaquer, sous forme de pendeloques ovoïdes ou de grains de collier de diverses grosseurs, depuis celle d'une lentille jusqu'à celle d'un œuf de pigeon, perforés vers le centre.

La *redondite* (Shepard) serait une variscite, dont une partie de l'alumine serait remplacée par de l'oxyde ferrique, se présentant en nodules translucides ou opaques, grisâtres ou d'un blanc jaunâtre.

Dur. = 3,5. Dens. = 1,90 à 2,07.

Infusible au chalumeau. Avec le nitrate de cobalt, donne une belle couleur bleue. Une ancienne analyse avait fourni : $\dddot{Ph}$ 43,20 $\dddot{Al}$ 16,60 $\dddot{Fe}$ 14,40 $\dot{H}$ 24,00 $\ddot{Si}$ 1,60 $\dot{Ca}$ 0,57 = 100,37. Dans un autre échantillon, on avait obtenu 8,8 p. 100 de silice.

Dans le guano de l'île Redonda, aux Antilles.

ÉVANSITE ; Forbes.

Petites masses gommeuses botryoïdes. Cassure conchoïdale ou inégale. Transparente ou translucide. Monoréfringente. Incolore ou d'un blanc de lait, quelquefois teintée de jaune ou de bleu. Poussière blanche. Éclat vitreux ou résineux.

Dur. = 3,5 à 4. Dens. = 1,939.

Infusible au chalumeau. Colore la flamme en vert, après avoir été mouillée d'acide sulfurique. Dans le matras, dégage de l'eau neutre, décrépite et se réduit en une poudre blanc de lait. Soluble dans les acides.

$\ddot{A}l^3 \dddot{P}h + 18 \dot{H}$: Acide phosphorique 18,32 Alumine 39,87 Eau 41,81.

Une analyse de Forbes a fourni :

$\dddot{P}h$ 19,05 $\ddot{A}l$ 39,31 $\dot{H}$ 39,95 Matière insoluble 1,41 = 99,72

Forme des concrétions globulaires ou réniformes sur une hématite brune, au mont Zeleznik près Szirk, Bohême.

Le nom de *Gibbsite* avait été donné autrefois à un minéral concrétionné ou stalactitique, à surface cristalline, à cassure fibro-laminaire, de Minas Geraës au Brésil et du Comté Chester en Pennsylvanie ; mais les analyses de von Kobell et de Hermann et mes observations optiques ont montré que ce minéral n'est que de l'*hydrargillite* semblable à celle de l'Oural. Récemment, M. Genth a repris le nom de Gibbsite pour un phosphate d'alumine qui se présente en fines écailles nacrées ou en enduits très minces, sur Wavellite et limonite, à White Horse Station, Comté Chester. Des essais faits sur de trop petites quantités de matière lui ont fourni :

$\dddot{P}h$ 27,77 à 35,88 $\ddot{A}l$ 34,60 à 42,64 $\dot{H}$ 26,82 à 30,37.

M. Desbassyns avait rapporté, il y a longtemps, de l'île Bourbon, un phosphate terreux, blanc, trouvé dans une caverne volcanique du Bassin Bleu. L'analyse avait donné à Vauquelin : Acide phosphorique 30,37 Alumine 46,67 Eau et matière animale 19,73 Ammoniaque? 3,13 = 99,90.

Un autre phosphate d'alumine, ressemblant à de l'alumine desséchée et tapissant une cavité dans une sorte d'argile plastique ferrugineuse, a été signalée vers 1843 à Bernon près Epernay, département de la Marne.

Au chalumeau, blanchit sans fondre. Dans le matras, dégage de l'eau acide qui attaque un peu le verre. Avant calcination, soluble dans les acides et la potasse ; après calcination, difficilement attaquable. Un essai fait sur une très petite quantité a donné à Delesse : Phosphate d'alumine 46 Eau 49 Carbonate de chaux 5 = 100 (1).

---

(1) Voir page 528 pour Minervite.

KLAPROTHINE ; Beudant. Blauspath ; Werner. Lazulith ; Klaproth. Voraulite ; Delaméthrie. Prismatischer Lasur Spath ; Mohs.

Prisme rhomboïdal oblique de 92°.

$$b : h :: 1000 : 1218,902 \quad D = 719,272 \quad d = 694,728$$

Angle plan de la base = 91°59′20″.
Angle plan des faces latérales = 90°32′47″,6.

ANGLES CALCULÉS.	ANGLES MESURÉS ; PRÜFER.
mm' 92°0′ avant	91°30′
mg^1 134°0′	»
po^3 149°53′	150°15′
po^1 120°16′	121°10′
pa^1 adj. 119°5′	118°30′
o^3o^1 150°23′	151°0′
o^1a^1 59°21′ sur p	»
o^1a^1 adj. 120°39′	120°20′
ph^1 antér. 90°47′	(plan de macle)
pu 178°26′	»
$a^1{}_1v$ 59°44′	»
pc^2 139°44′	»
pc^1 120°33′	120°12′
c^2c^1 160°49′	160°3′
c^1g^1 149°27′	149°18′
c^2c^2 99°28′ sur p	99°30′
c^1c^1 118°54′ sur g^1	118°34′
$pd^{3/2}$ 141°7′	140°20′
pd^1 129°41′	129°10′
$pd^{1/2}$ 112°47′	112°58′
pm antér. 90°34′	»
$d^{3/2}d^{1/2}$ 151°40′	151°25′
$d^1d^{1/2}$ 163°6′	162°30′
$d^{1/2}m$ 157°47′	157°25′
$pb^{3/2}$ adj. 140°40′	»
$pb^{1/2}$ adj. 111°48′	111°37′
$b^{1/2}m$ adj. 157°38′	158°1′
*$d^{1/2}b^{1/2}$ 135°25′ s. m	135°25′
pq 118°20′	»
$d^{1/2}c^1$ 138°27′	»

ANGLES CALCULÉS.	ANGLES MESURÉS ; PRÜFER.
$c^1b^{1/2}$ 138°6′	»
$d^{1/2}b^{1/2}$ 96°33′ sur c^1	»
d^1c^2 146°23′	»
$d^{3/2}b^{3/2}$ post. 126°2′	»
$g^1d^{1/2}$ 129°50′	»
g^1g 109°40′	»
g^1o^1 90°	»
$d^{1/2}o^1$ 140°10′	139°38′
go^1 160°20′	159°49′
*$d^{1/2}d^{1/2}$ 100°20′ s. o^1	100°20′
gg 140°40′ sur o^1	140°40′
g^1d^1 122°19′	»
d^1d^1 115°22′ avant	115°30′
$g^1d^{3/2}$ 115°51′30″	»
g^1o^3 90°	»
$d^{3/2}d^{3/2}$ 128°17′ s. o^3	128°0′
$g^1b^{3/2}$ 116°29′	»
$b^{3/2}b^{3/2}$ adj. 127°2′	127°5′
$g^1b^{1/2}$ 130°10′	»
g^1a^1 90°	»
*$b^{1/2}b^{1/2}$ 99°40′ sur a^1	99°40′
$b^{1/2}b^{1/2}$ 80°20′ sur g^1	»
mo^1 adj. 128°46′	»
o^1d^1 143°8′	142°28′
o^1e^1 104°51′	»
o^1m 51°14′ sur e^1	»
e^1m postér. 126°23	»

ANGLES CALCULÉS.	ANGLES CALCULÉS.	ANGLES CALCULÉS.
$o^1 d^{3/2}$ 141°29′	$e^1 m$ antér. 127°6′	$d^{1/2} e^2$ 135°9′
141°38′ obs. Prüfer	$m a^1$ 51°25′ sur e^1	$d^{1/2} b^{3/2}$ 106°10′ sur e^2
$o^1 e^2$ 112°37′	$e^1 a^1$ 104°19′	$d^{1/2} a^1$ 66°55′ sur e^2
$o^1 b^{1/2}$ 67°5′ sur e^2	$a^1 m$ adj. 128°35′	$e^2 a^1$ 111°46′ sur $b^{3,2}$
$d^{3/2} b^{1/2}$ 105°36′ sur e^2		$b^{3,2} a^1$ 140°45′
$e^2 b^{1/2}$ 134°28′		

$$q = (d^{1/4} d^{1/10} h^{1/7})$$

Principales combinaisons de formes : Sur les cristaux de Werfen, $g^1 o^1 a^1 d^{1/2} b^{1/2}$, *fig.* 462, pl. LXXVI ; $p o^1 d^1 d^{1/2} b^{1/2}$; $o^1 d^{1/2} b^{3/2} b^{1/2} q$; $m g^1 p o^3 o^1 a^1 e^2 e^1 d^{3/2} d^1 d^{1/2} b^{3/2} b^{1/2} q$, *fig.* 463, observée dans une macle parallèle à h^1 ; $m p o^1 a^1 d^{3/2} d^{1/2} b^{1/2}$, *fig.* 467, pl. LXXVII (macle suivant h^1) ; sur les cristaux du comté de Lincoln, $o^1 d^{1/2} b^{1/2}$, avec faces plus ou moins inégalement développées, *fig.* 464 et 465 ; $o^1 d^{1/2} b^{1/2}$, *fig.* 466, pl. LXXVII (macle suivant h^1).

Macles fréquentes par hémitropie autour d'un axe normal à h^1. Clivage imparfait suivant m. Cassure inégale.

Transparente ou translucide. Plan des axes optiques parallèle au plan de symétrie. Bissectrice aiguë *négative* faisant des angles d'environ { 70° avec une normale à o^1 ; 50°39′ avec une normale à a^1 } cristaux du comté de Lincoln, État de Georgia.

Dispersion ordinaire des axes à peine visible ; $\rho > v$ dans l'huile, $\rho < v$ dans l'air. Dispersion *inclinée* très faible.

A 15° C., écartement un peu variable suivant les plages.

$2 H_a =$ { 77°16′ à 78°36′ ; 77°11′ à 78°22′ } d'où 2 E = { 132°29′ à 136°25′ ray. rouges ; 134°25′ à 138°4′ ray. bleus. }

$\alpha = 1{,}639$ $\beta = 1{,}632$ $\gamma = 1{,}603$ Brésil (réfract. M. Lévy et Lacroix) ; j. sod.

Léger rapprochement des axes vers 200° C.

Bleu de ciel ou bleu de Prusse plus ou moins foncé. Fortement pléochroïque. Poussière blanche. Fragile. Éclat vitreux.

Dur. = 5,0 à 5,5. Dens. = 3,067 à 3,121.

Au chalumeau, se fendille, se gonfle et tombe en fragments sans fondre ; colore la flamme en vert bleuâtre. Dans le matras, blanchit et dégage de l'eau. Difficilement attaquable par les acides, avant calcination.

$\ddot{A}l^5 \dddot{P}h^3 + 2(\dot{M}g, \dot{F}e)^3 \dddot{P}h + 5\dot{H}$: Acide phosphorique 46,10 Alumine 33,44 Magnésie 14,62 Eau 5,84.

Analyses de la Klaprothine : *a*, du Fressnitzgraben près Krieglach en Styrie ; *b*, de la Fischbacher Alpe, cercle de Graz, toutes deux par Rammelsberg ; *c*, de la Caroline du Nord, par Smith et

Brush ; *d*, de Horrsjöberg en Wermland, par Igeström; *e*, de la mine Westanå en Scanie, par Blomstrand :

	a	*b*	*c*	*d*	*e*
Acide phosphor.	44,16	42,58	44,15	42,52	43,83
Alumine	33,14	32,89	32,17	32,86	32,82
Oxyde ferreux	1,77	8,11	8,05	10,55	7,82
Magnésie	12,52	9,27	10,02	8,58	9,05
Chaux	1,53	1,11	»	»	0,84
Eau	6,88	6,04	5,50	5,30	5,92
Silice	»	»	1,07	»	Ṁn 0,18
	100,00	100,00	100,96	99,81	100,46
Densité :	3,02	3,11	3,122	»	»

La Klaprothine se trouve en jolis cristaux d'un bleu foncé, éclatants mais très fragiles, engagés dans un mélange de quartz et de fer carbonaté magnésien traversant un schiste argileux, au Radlgraben près Huttau, aux Färber-Graben, Schladminger-Graben et Höllgraben, près Werfen en Salzbourg ; en cristaux ou en masses cristallines, dans le quartz, au Fischbach et au Krieglach en Styrie ; à Hochthäligrat, glacier du Gorner près Zermatt en Valais ; à Horrsjöberg en Wermland ; à la mine de Westanå en Scanie, Suède ; à Tijuco, Minas Geraës, Brésil ; au Mont Crowder, Comté Lincoln, Caroline Nord, et au Mont Graves, Comté Lincoln, État de Georgia (gros et beaux cristaux d'un bleu de ciel, engagés dans un grès blanc.

GOYAZITE ; Damour.

Très petits grains arrondis, possédant un clivage facile. Transparente. Double réfraction à un axe *positif*, normal au clivage. Blanc jaunâtre.

Dur. = 4. Dens. = 3,26.

Au chalumeau, difficilement fusible en écailles très minces. Dans le matras, dégage de l'eau, blanchit et devient opaque. Bleuit quand on la chauffe avec le nitrate de cobalt. Inattaquable par les acides.

$(\ddot{A}l^5, \dot{C}a^3)\,\dddot{P}h + 9\,\dot{H}$: Acide phosphorique 14,38 Alumine 52,19 Chaux 17,02 Eau 16,41.

Une analyse de M. Damour a fourni :

$$\dddot{P}h\ 14{,}87\quad \ddot{A}l\ 50{,}66\quad \dot{C}a\ 17{,}33\quad \dot{H}\ 16{,}67 = 99{,}53.$$

Grains très rares disséminés au milieu des matières qui com-

composent les sables diamantifères *de rivière* de la province de Minas Geraës au Brésil.

SVANBERGITE ; Igelström.

Rhomboèdre de 89°34′ $a^1 p = 124°57'20''$

ANGLES CALCULÉS.	ANGLES MESURÉS ; SELIGMAN.
pp 89°34′ arête culminante	89°13′ moyen. 89°24′ (Dauber)
*$e^3 e^3$ 62°54′ arête latérale	62°54′ moyen.
pe^3 154°57′	154°55′30″ moyen.
$pe^{11/4}$ 153°0′	152°51′ à 152°58′
$e^3 e^{11/4}$ 178°3′	178° moyen.
pe^1 infér. 125°47′	125° environ
$e^3 e^1$ infér. 150°49′	150°30′ moyen.

Clivage facile suivant la base a^1. Transparente ou translucide. Double réfraction assez énergique, à un axe *positif* normal à a^1. Jaune de miel ; rose rouge ; brun jaunâtre ou brun rougeâtre. Poussière incolore ou rougeâtre. Éclat vitreux ou adamantin. Dur. = 5. Dens. = 3,30.

Au chalumeau, fond sur les bords minces. Dans le matras, dégage de l'eau acide. Avec le borax, réaction du fer. Avec le nitrate de cobalt, se colore en bleu. Avec la soude, masse hépatique verdissant dans l'eau et dégageant de l'hydrogène sulfuré avec un acide étendu. Faiblement attaquée par les acides.

Analyses de la Svanbergite : *a*, de Horrsjöberg, par Igelström ; de la mine Westanå, *b*, par Blomstrand :

	$\dddot{P}h$	$\dddot{S}$	$\ddot{A}l$	$\dot{F}e$	$\dot{P}b$	$\dot{M}g$	$\dot{C}a$	$\dot{N}a$	$\dot{H}$
a.	17,80	17,32	37,84	1,40	»	»	6,00	12,84	6,80 = 100
b.	15,70	15,97	34,95	0,73	3,82	0,24	16,59	»	12,21 = 100,21

Rencontrée en petites quantités à Horrsjöberg en Wermland, avec Klaprothine, disthène, pyrophyllite, Damourite, oligiste, etc., et à la mine de Westanå en Scanie, Suède, dans du quartz.

AMBLYGONITE ; Breithaupt.

Prisme doublement oblique.

$b : c : h :: 1000 : 1034,013 : 454,925$ $D = 987,832$ $d = 242,406$

Angle plan de la base = 152° 29′ 12″.
Angle plan de m = 71° 56′ 22″.
Angle plan de t = 113° 12′ 24″.

*mt 151°4′	pi^1 152°57′
*pm 105°44′	152°10′ obs. Des Cloizeaux
*pt 95°20′	*i^1m 96°15′
	*i^1t 99°14′

Clivages : très facile suivant m, un peu moins facile suivant p, moins facile suivant i^1. Plans de séparation? faciles suivant t, se manifestant souvent sur p et i^1 par des fentes inégalement espacées, parallèles entre elles et aux arêtes d'intersection t/p et t/i^1. Dans quelques variétés, la face t, très développée, montre des stries croisées dont les unes paraissent parallèles à l'arête t/i^1 et les autres aux lamelles hémitropes situées dans l'angle aigu pm. Macles fréquentes par hémitropie autour d'un axe normal à un plan d'assemblage situé dans l'angle obtus pm = 105° 44′ et faisant des angles d'environ 53° 44′ avec m, 52° avec p.

Au milieu de plages plus ou moins étendues et assez homogènes, où les caractères optiques peuvent être facilement constatés, on rencontre des paquets fibreux de lamelles très minces allongées parallèlement à l'axe de rotation et bissectant presque exactement l'angle aigu pm (37° 6′ avec p, 37° 10′ avec m); ces lamelles sont recoupées presque à angle droit (89° 12′ et 90° 48′ environ) par des bandelettes plus courtes, parallèles au plan d'assemblage. Lorsque les lamelles des deux systèmes sont très nombreuses, les plaques même très minces perdent de leur transparence et offrent un réseau à mailles plus ou moins serrées.

Transparente ou translucide. Plan des axes optiques situé dans l'angle aigu pm et faisant approximativement des angles de { 12° 29′ avec m,
67° 13′ avec p.

La surface S des plaques travaillées normalement au plan des axes et à la bissectrice aiguë fait, en moyenne, des angles de 99° 25′ avec m, 99° 8′ avec p. Au point de rencontre de cette surface S avec p et m, les angles plans sont : 97° 17′ 29″ sur m, 96° 55′ sur p, 104° 34′ 49″ sur S.

Dans les cristaux maclés, le plan des axes d'une plage coupe celui d'une plage voisine sous un angle de 123°14′ (122°42′ à 123°31′ mesuré). Lorsque l'extrémité retournée ℧ d'un paquet de bandelettes hémitropes rencontre une face m naturelle, il se produit sur cette face un très petit angle, sortant d'un côté, rentrant du côté opposé, à peine sensible à l'œil nu, m℧ = 181°40′ (181° à 182° mesuré).

Bissectrice aiguë *négative* faisant respectivement des angles d'environ { 11° 40′ avec l'arête m/p,
52° 26′ 30″ avec l'arête p/S,
51° 8′ avec l'arête m/S.

Écartement des axes un peu variable avec les échantillons. 2E = 83° à 86° (rayons rouges). Dispersion ordinaire faible, $\rho > v$. Dispersion *tournante* forte dans un système d'anneaux, faible dans l'autre système, combinée à une dispersion *inclinée* notable. L'écartement diminue par la calcination.

$$2E = \left\{ \begin{array}{l} 86°26' \text{ à } 14° C. \\ 82°16' \text{ à } 120° C. \end{array} \right. \quad \beta = 1,594 \text{ (jaune sodium).}$$

$\alpha = 1,597$ $\beta = 1,593$ $\gamma = 1,578$ Montebras (réfract. M. Lévy et Lacroix).

Incolore; blanche; légèrement rosée ou lilacée. Éclat vitreux sur *m* et *p*, légèrement nacré sur *t* qui offre quelquefois un commencement de kaolinisation.

Dur. = 6. Dens. = 3,076 à 3,102.

Facilement fusible à la simple flamme de l'alcool, avec un léger bouillonnement, en un verre opalin blanc, bulleux. Au chalumeau, colore la flamme en jaune plus ou moins mélangé de rouge.

Dans le matras, dégage de l'acide fluorhydrique et un peu d'humidité. Soluble dans les acides chlorhydrique et sulfurique.

Analyses de l'amblygonite grise, d'Arnsdorf près Penig, Saxe, *a*, par Rammelsberg; de Montebras, *b*, par Rammelsberg; *c*, par v. Kobell; *d*, par Pisani (variété lilacée); *e*, par Pisani (variété à 4 clivages).

	a	*b*	*c*	*d*	*e*
Acide phosphorique	48,00	49,39	45,91	46,15	46,85
Alumine	36,20	35,15	35,50	36,32	37,60
Lithine	6,36	7,96	6,70	8,10	9,60
Soude	3,48	0,93	5,30	2,58	0,59
Potasse	0,18	0,40	»	»	»
Chaux	»	»	0,50	»	»
Oxyde manganeux	»	»	»	0,40	»
Fluor	9,22	11,71	9,00	8,20	10,40
Perte au feu	»	»	0,70	1,10	0,14
	103,44	105,54	103,61	102,85	105,18
Densité :	3,097	3,081	»	3,09 à 3,10	3,076

L'amblygonite a d'abord été trouvée en très petites quantités à Chursdorf et à Arnsdorf près Penig en Saxe, dans des granulites, avec tourmaline, grenat et lépidolite, et à Arendal en Norwège. Depuis, elle a été rencontrée à Hebron, État du Maine, et en abondance dans le filon stannifère de Montebras, département de la Creuse, avec Wavellite, turquoise et montebrasite.

MONTEBRASITE; Des Cloizeaux. Hébronite; Dana.

Prisme doublement oblique.

$b : c : h :: 1000 : 1181,235 : 393,853 \quad D = 1019,283 \quad d = 398,020$

Angle plan de la base = 138° 13′ 2″
Angle plan de m = 71° 51′ 38″
Angle plan de t = 113° 19′ 50″

ANGLES CALCULÉS.	ANGLES MESURÉS; DES CLOIZEAUX.	ANGLES CALCULÉS.	ANGLES MESURÉS; DES CLOIZEAUX.
*mt 135°30′	135° à 136° H. et M. (1)	*pm 105°	105° H. et M.
$mg^{3/2}$ adj. 147°58′	147° à 149° env. H.	*pt antér. 88°30′	88°30′ H.
*mg^1 adj. 126°	126° H.		88° à 89° M.
$tg^{3/2}$ 103°28′ sur m	103°30′ H.	*$mc^{1/2}$ 131°50′	132° env. Dana.
$tg^{3/2}$ dr. 76°32′	76° env. H.		
tg^1 81°30′ sur m	»		

Outre les formes données dans ce tableau, les masses laminaires ou les cristaux imparfaits d'Hebron, État du Maine, offrent quelques faces trop rugueuses et trop ternes pour qu'on puisse déterminer leurs symboles.

Clivage parfait et un peu nacré suivant p; moins parfait et vitreux suivant m; imparfait suivant t; difficile et interrompu suivant g^1.

Transparente ou translucide. Plan des axes optiques situé dans l'angle obtus pm = 105°, faisant des angles d'environ 23° avec p et 82° avec m. Une surface sensiblement normale au plan des axes et à la bissectrice aiguë fait approximativement des angles de 113° 55′ et 66° 5′ avec p, 8° 55′ et 71° 5′ avec m. La bissectrice aiguë *négative* est presque parallèle à l'arête p/m. L'écartement des axes optiques est très variable, par suite de l'interpénétration irrégulière de coins effilés dont les bases offrent un miroitement différent de celui de la masse. J'ai trouvé autour des deux bissectrices, pour les rayons rouges :

$2H_a$ = 95° 48′ à 102° 38′ (bissectrice aiguë *négative*).
$2H_o$ = 102° 50′ à 106° 10′ (bissectrice obtuse *positive*).

L'angle intérieur des axes est donc parfois de 90° et l'écartement dans l'huile est d'environ 102° autour des deux bissectrices; quelquefois même il y a interversion entre l'orientation de la bissectrice *aiguë* et de la bissectrice *obtuse*.

(1) Mesures prises sur des cristaux imparfaits d'Hébron, Maine, et de Montebras, la plupart au goniomètre de réflexion.

Deux lames bien normales à ces deux lignes, extraites d'un échantillon homogène d'Hebron, ont donné en moyenne :

	LUMIÈRE ROUGE.	JAUNE SOD.	LUMIÈRE BLEUE CUIVREUSE.
$2\,H_a$	= 96°37'30"	96°46'	97°10'30"
$2\,H_o$	= 106°34'	106°19'30"	106°6'30"
d'où 2 V	= 85°56'	86°6'	86°22' approximativement.
β	= 1,606	1,608	1,619 Id.

α = 1,620 β = 1,611 γ = 1,600 (jaune), Hébron (réfractom. Mich. Lévy et Lacroix).

Autour de la bissectrice aiguë, la dispersion *ordinaire* est faible avec $\rho < v$. Dispersion *horizontale* appréciable, combinée à une faible dispersion *inclinée*.

Incolore; blanche, avec teintes de rose ou de vert très pâle; gris clair.

Dur. = 6. Densité. = 2,977; 2,999 à 3,06.

Au chalumeau, très facilement fusible en émail blanc avec coloration de la flamme en rouge carmin vif et décrépitation très prononcée. Dans le matras, dégage de l'eau qui corrode plus ou moins fortement le verre.

Analyses de la montebrasite (hébronite), *a*, variété laminaire blanche d'Hebron; *b*, variété verdâtre de Montebras, toutes deux par Pisani; *c*, variété d'Auburn, État du Maine, par von Kobell :

	a	*b*	*c*
Acide phosphorique	46,65	47,15	49,00
Alumine	36,00	36,90	37,00
Lithine	9,75	9,84	7,37
Soude	»	»	1,06
Eau	4,20	4,75	4,50
Fluor	5,22	3,80	5,50
	101,82	102,44	104,43
Densité :	3,03	3,01	3,06

La montebrasite, moins abondante que l'amblygonite, avec laquelle on l'a longtemps confondue, se rencontre, en masses laminaires ou en cristaux rugueux et imparfaits (avec quartz et lépidolite violette) à Hebron et Auburn, État du Maine, et à Montebras, département de la Creuse, où les deux minéraux sont souvent associés.

M. A. Lacroix a sommairement décrit sous le nom de *Morinite* un fluophosphate d'alumine et de soude hydraté provenant de la décomposition de l'amblygonite de Montebras. Ce minéral forme des masses fibrolamellaires et plus rarement de très petits cristaux monocliniques, allongés suivant l'arête *mm* et possédant un clivage h^1. Le plan des axes optiques est parallèle à g^1. La bissectrice aiguë *négative* fait un angle de 30° avec h^1, dans l'angle obtus $p\,h^1$. L'angle des axes optiques est variable et atteint (dans l'air) 40°. Densité 2,94.

Au chalumeau, le minéral se boursoufle et fond en une sorte de chou-fleur à aspect de biscuit. Dans le matras, il perd rapidement environ 13,5 p. 100 d'eau et de fluor. Soluble dans les acides.

Une quantité de matière suffisante pour une analyse n'a pu être encore recueillie; ce minéral très rare est en effet mélangé avec diverses autres substances et notamment avec un phosphate d'alumine hydraté, quadratique, à un axe *positif*, qui ne peut être assimilé à aucune espèce connue.

MONAZITE; Breithaupt. Edwarsite, Erémite; Shepard. Mengite, Brooke. Urdite; Forbes et Dahll. Monazitoïde; Hermann. Korarfvéite. Turnérite; Lévy.

Prisme rhomboïdal oblique de 93° 22′.

$b : h :: 1000 : 661,3528 \quad D = 717,508 \quad d = 696,550$

Angle plan de la base = 91° 41′ 53″,9.
Angle plan des faces latérales = 99° 32′ 28″,4.

ANGLES CALCULÉS.	ANGLES MESURÉS.
mm 93°22′	93°10′ D. N.; 20′ Dx. Al.; 20′ à 45′ Dx. Ch.; 26′ M.; 30′ moy. K. S.
mm 86°38′ côté	86°17′ à 31′ Sc.; 25′ R. T. L.; 35′ Dx. Ch.
mh^1 136°41′	136°30′ Dx. O.; 35′ D. N.; 136°35′ à 137°5′ Sc.; 136°30′ à 40′ Dx. Ch. 136°40′ à 42′ Dx. Al.; 43′ D. Al. et M.; 48′ moy. K. S.
mg^1 133°19′	133°11′ R. T. D.; 15′ Tr. T.; 21′ Tr. C; 30′ Dx. O. et Al.; 52′ R. Al.
h^1h^2 162°33′	»
h^1h^3 154°46′	154°49′ Tr. B.; 155°5′ env. R. T. Ta.; 155°17′ Lév.
h^3g^1 115°14′	114°57′ Tr. T.; 115°1′ Tr. B.
h^3h^3 129°32′ avant	129°56′ R. T. Ta.
h^3m 161°55′	161°57′ Tr. T; 162° R. T. Ta.
h^2g^1 107°27′	107°27′ Tr. B.
h^1g^3 117°56′	117°48′ Ph.
g^3g^3 55°52′ sur h^1	»
mg^3 161°15′	161°22′; 40′ Sc.
g^3g^1 152°4′	»
h^1g^1 90°	»
h^2h^3 172°13′	172°20′ R. T. Ta.
$o^{5/3}h^1$ 129°45′	130°4′ env. Tr. B.
po^1 143°3′	142°49′ Sc.; 50′ Dx. O.
o^1h^1 adj. 140°43′	140°40′ D. N.; 47′30″ D. Al.; 49′ Sc.; 141°0′ Dx. Ch.; 5′ Dx. O.; 10′ Dx. Lp.

ANGLES CALCULÉS.	ANGLES MESURÉS.
*ph^1 ant. 103°46′	103°31′ R. Al.; 35′ Dx. Lp.; 37′ Sc. 40′ à 45′ Dx. Al.; 43′ K. Im. 103°46′ D. N.; 47′ Dx. N.; 54′ à 58′ K. S.
$o^1 o^{1/7}$ 148°45′	148°12′ env. Tr. C.
pa^1 adj. 130°1′	129°30′ Dx. Ch.; 130°17′ Sc.
$a^1 h^1$ adj 126°13′	126°0′ à 34′ K. S.; 126°0′ Dx. O.; 126°1′ à 23′ Tr. B.; 126°8′ D. N. 126°21′ Sc.; 30′ env. Dx. Al.; 31′ M.
ph^1 post. 76°14′	76°0′ Dx. Lp.; 15′ Dx. Ch.; 34′ Sc.
$o^1 a^1$ 93°4′ sur p	92°45′ R. T. L.; 55′ Ph.; 93° Tr. C.
$e^2 g^1$ 114°6′	114°0′ Dx. Al.; 114°22′ M.
$e^2 e^2$ 131°48′ sur p	131°16′ M.; 50′ Ph.
pe^1 138°10′	138°0′ Dx. Al.; 5′ K. S.; 7′ R. Al.; 8′ D. N.
$e^1 g^1$ 131°50′	131° Dx. O.; 40′ à 50′ Dx. Al. et M.; 51′ K. S.; 52′ à 53′ Tr. B. et T. 131°53′ à 132°5′ R. Al.; 131°55′ Ph.; 58′ R. T. T.
$e^1 e^1$ 83°40′ sur g^1	83°57′ K. S.
$e^1 e^1$ 96°20′ s. p	96°1′ R. Al.; 10′ Lév.; 13′ Tr. T.; 18′ K. S.; 20′ M.; 30′ Dx. Ch.
$e^2 e^1$ 162°16′	162°15′ Lév.; 31′ K. S.; 32′ M.
$pe^{1/2}$ 119°11′	118°25′ à 120° env. Dx. Al.
$e^{1/2} g^1$ 150°49′	150°30′ à 151° Dx. Al.; 150°40′ R. Al.; 55′ M. et Ph.
$e^{1/2} e^{1/2}$ 58°22′ sur p	58°10′ M.; 15′ Dx. Al.
$e^1 e^{1/2}$ 161°1′	160°50′ Dx. Al.; 55′ M.; 161°1′ R. Al.; 2′ Lév.; 3′ Tr. T. 161°4′ R. T T.; 7′ R. T. D.; 15′ Sc.; 42′ Tr. B.
pg^1 90°	»
pd^1 146°54′	»
$pd^{1/2}$ 133°39′	»
pm antér. 99°58′	99°47′ à 49′ Sc.
$d^{1/2} m$ 146°19′	146°20′ Dx. Al.
pb^1 adj. 144°5′	»
$pb^{1/2}$ adj. 121°4′	121°2′ à 13′ Sc.
$b^{1/2} m$ 138°58′	138°12′ à 139°14′ Sc.; 139°40′ R. T. L.
pm post. 80°2′	80°11′ à 26′ Sc.
$h^1 s$ adj. 120°14′	120°10′ D. Al.
$e^{1/2} h^1$ antér. 96°40′	96°49′ M.
$s e^{1/2}$ 156°20′	»
ωh^1 adj. 109°15′	109°5′ M.
$\omega e^{1/2}$ 154°5′	154°6′ M.
$d^{1/2} h^1$ adj. 131°57′	131°45′ à 55′ Dx. Al.; 132°5′ env. D. Al.
$e^1 h^1$ 100°13′ sur $d^{1/2}$	99°40′ Lév.; 53′ Tr. B.; 100°5′ à 30′ Dx. Al.; 6′ Sc. 100°7′ D. Al.; 13′ à 23′ R. Al.; 16′ R. N.; 25′ M.
$e^1 d^{1/2}$ 148°16′	148°10′ Dx. Al.
$b^{1/2} h^1$ adj. 118°19′	118°8′ K. S.; 13′ M.; 117°39′ à 119°3′ Sc.; 118°15′; 20′ à 36′ Dx. Al.; 119°8′ R. T. T.

ANGLES CALCULÉS.	ANGLES MESURÉS.
λh^1 adj. 141°30′	141°15′ M.; 40′ Sc.; 141°26′ à 142° Dx. Al.
$z h^1$ adj. 153°10′	152°55′ M.; 153°0′ K. S.; 3′ env. D. Al.; 10′ à 30′ Dx. Al.; 52′ Ph.
$e^1 b^{1/2}$ adj. 141°28′	141°19′ Tr. B.; 23′ M. et R. T. T.; 25′ Tr. T.; 50′ Dx. Al. 141°20′30″ R. N.
$e^1 z$ 106°37′ sur $b^{1/2}$	106°30′ Dx. Al.; 35′ K. S.; 41′ M.; 43′ à 47′ Tr. T.; 52′ K. S.
$e^1 \lambda$ adj. 118°17′	118°21′ M.; 25′ Tr. T.
$b^{1/2} z$ 145°9′	145° env. Dx. Al.; 145°11′ K. S.
$e^1{}_1 \partial$ 159°34′ macle suivant h^1	160°4′ R. Al.
$g^1 s$ 139°25′	»
$g^1 d^{1/2}$ 120°16′	»
$s s$ 81°10′ sur o^1	81° Dx. Al.
$s o^1$ 130°35′	130°30′ à 35′ Dx. Al.
$d^{1/2} o^1$ 149°44′	149°38′ Ph.; 149°40′ à 42′; 150° env. Dx. Al.
$d^{1/2} d^{1/2}$ 119°28′	119° Dx. Al.
$g^1 \omega$ 146°5′	145°53′ M.; 56′ Tr. C.; 146°10′ Ph.
$g^1 b^{1/2}$ 126°38′	126°16′ R. T. T.; 25′ M.; 30′ Dx. Al. et Ph.; 33′ Tr. T.; 56′ Tr. C.
$g^1 \theta$ 110°24′	110°20′ à 30′ Dx. Al.
$w b^{1/2}$ 160°33′	160°30′ à 50′ Dx. Al.; 52′ K. S.
$b^{1/2} \theta$ 163°46′	163°0′ Dx. Al.
*$b^{1/2} a^1$ 143°22′	143°11′ à 28′ Sc.; 22′ K. S; 143°30′ à 144° env. Dx. Al. 143°30′ Ph.; 40′ Dx. Ch.; 43′ K. S.; 44′ R. T. T.
$\omega \omega$ 67°50′ sur a^1	68°14′ M.
$b^{1/2} b^{1/2}$ 106°44′ s. a^1	106°31′ K. S.; 48′ Dx. Al.; 107° env. Dx. Ch.; 107°10′ M.; 52′ Tr. B.
$\theta \theta$ 139°12′ sur a^1	139°0′ Dx. Al.
$g^1 \lambda$ 114°57′	»
$\lambda \lambda$ adj. 130°6′	130°24′ M.
$g^1 z$ 107°49′	107°30′ à 45′; 108° env. Dx. Al.
$z z$ adj. 144°22′	144°10′ à 30′ Dx. Al.
$o^1 m$ adj. 124°17′	124°15′ à 21′ Sc.; 18′30″ D. Al.; 19′ R. T. L.; 28′ K. S.; 33′ Tr. C.
$o^1 d^1$ adj. 155°16′	155°24′ Tr. C.
$o^1 e^1$ 126°32′ sur d^1	126°10′ Ph.; 15′ Sc.; 21′30″ D. Al.; 25′ R. T. L.; 58′ K. S.; 127° Dx. O.
$e^1 \omega$ adj. 145°10′	145°9′ K. S.
$e^1 m$ postér. 109°11′	109°18′ R. T. L.; 20′ K. S.
ωm adj. 144°1′	144°2′ Tr. C; 13′ K. S.
$s m$ adj. 152°33′	152°25′; 34′ à 40′ Dx. Al.; 152°46′ à 153°28′ Sc.
$e^1 m$ ant. 125°55′	125°35′ à 50′ Dx. Al.; 42′ R. T. L.; 56′ D. L.; 126° à 126°7′ Sc.

ANGLES CALCULÉS.	ANGLES MESURÉS.
sc^1 153°22′	152°39′ Sc.; 153°14′ à 21′ Dx. Al.
$b^1 m$ 97°4′ sur c^1	»
$a^1 m$ 64°32′ sur e^1	64°13′ à 44′ Sc.
$c^1 a^1$ 118°37′	117° env. Dx. O.; 118°15′ Dx. Al.; 30′ R. T. L; 43′ à 48′ Sc. 118°45′ Ph.; 54′30″ K. S. O.; 119°26′ R. Al.
$a^1 \lambda$ 146°17′	»
$a^1 m$ adj. 115°28′	115°40′ Sc.; 44′ R. T. L.; 55′ K. S.
λm adj. 149°11′	149°0′ Dx. Al.
$e^{1/2} m$ ant. 133°6′	133°4′ R. Al.
$b^{1/2} m$ 93°41′ sur $c^{1/2}$	93°12′ M.
$e^{1/2} b^{1/2}$ 140°35′	140°3′ Tr. B.; 15′ R. T. D.; 20′ R. T. T.
mz adj. 149°13′	149°21′ M.; 22′ R. T. T. et K. S.
$d^{1/2} h^3$ ant. 145°3′	»
$e^2 h^3$ 111°45′ sur $d^{1/2}$	»
$e^2 a^1$ adj. 125°56′	125°40′ Dx. Al.
$a^1 z$ adj. 142°40′	142°25′ à 40′ Dx. Al.; 57′ K. S.
$a^1 h^3$ postér. 122°19′	»
$z h^3$ adj. 159°39′	159°48′ R. T. T.

$s = (d^1 b^{1/3} g^1)$ $\omega = (b^1 d^{1/3} g^1)$ $\theta = (b^1 b^{1/3} h^{1/2})$

$\lambda = (b^1 b^{1/3} h^1) = a_3$ $z = (b^{1/2} b^{1/4} h^1)$

D. Al. Edw. Dana, monazite du Comté Alexander, Caroline Nord.
D. N. Dana, monazite de Norwich, Connecticut.
Dx. Al. Des Cloizeaux, monazite du Comté Alexander.
Dx. Ch. Des Cloizeaux, monazite des sables aurifères du rio Chico, État d'Antioquia.
Dx. Lp. Des Cloizeaux, monazite des sables aurifères de la Laponie.
Dx. N. Des Cloizeaux, monazite de Norwich, Connecticut.
Dx. O. Des Cloizeaux, monazite des pegmatites de l'Oural.
K. Im. Kokscharow, monazite des monts Ilmen.
K. S. Kokscharow, monazite des sables aurifères des environs de la rivière Sanarka, gouvernement d'Orenburg.
K. So. Kokscharow, monazite des sables aurifères de la Sibérie Orientale.
Lév. Lévy, Turnérite du Dauphiné.
M. Marignac, Turnérite du Dauphiné.
Ph. Philipps, Turnérite du Dauphiné.
R. Al. vom Rath, monazite du Comté Alexander.
R. T. D. vom Rath, Turnérite du Dauphiné.
R. T. L. vom Rath, Turnérite du lac de Laach.
R. T. Ta. vom Rath, Turnérite de Tavetsch.
R. N. Renard, Nil Saint-Vincent, Belgique.
Tr. B. Trechmann, Turnérite de Binnen.
Tr. C. Trechmann, Turnérite de Cornwall.
Tr. T. Trechmann, Turnérite de Tavetsch.
Sc. Scharizer, monazite des pegmatites de Schüttenhofen.

Principales combinaisons observées : $h^1 g^1 o^1 e^1 e^{1/2}$, *fig.* 450, pl. LXXIV; $m h^1 a^1 e^1$, *fig.* 451; $m h^1 g^3 g^1 o^1 a^1 e^1 e^{1/2} d^{1/2} b^{1/2} s$ (Watertown) *fig.* 452; $m h^1 g^1 o^1 a^1 e^1 e^{1/2} d^{1/2} b^{1/2}$ (Watertown); $m h^1 o^1 a^1 e^1 b^1 b^{1/2}$ *fig.* 453, pl. LXXV; $m h^3 h^1 g^1 p o^1 a^1 e^1 b^{1/2} \omega z$, fig. 454; $m h^1 p o^1 a^1 b^{1/2} \theta \lambda z$, *fig.* 455; $m h^1 g^3 g^1 o^1 a^1 e^1 b^{1/2}$ (Norwich); $m h^1 p a^1 b^{1/2}$ (rio Chico); $m h^1 o^1 e^1 d^{1/2} b^{1/2} s \lambda$; $h^1 g^1 a^1 e^1 d^{1/2} b^{1/2} z$; $m h^1 g^1 o^1 a^1 e^1 d^{1/2} b^{1/2} \omega z$; $h^1 e^1 d^{1/2} b^{1/2} \lambda z$ (toutes quatre du comté Alexander, Caroline Nord); $m h^1 g^3 g^1 o^1 a^1 e^1 e^{1/2} d^{1/2} b^{1/25}$ (Schüttenhofen); $m h^1 g^1 o^1 o^{1/7} e^1 d^1 d^{1/2} b^{1/2} \omega \lambda$ (Cornwall ?); $m o^1 e^1 b^{1/2}$ (Nil Saint-Vincent, Belgique); $m h^3 h^1 g^3 g^1 o^1 a^1 e^2 e^1 e^{1/2} d^{1/2} b^{1/2} \omega z$; $m h^1 g^1 a^1 e^2 e^1 e^{1/2} b^{1/2} \omega \lambda z$ (toutes deux Turnérite du Dauphiné); $m h^1 o^1 a^1 e^1 d^{1/2} b^{1/2} \lambda z$; $m h^3 h^1 g^1 p o^1 a^1 e^1 e^{1/2} d^{1/2} b^{12} z$; $m h^3 h^1 g^1 o^1 a^1 e^1 e^{1/2} d^{1/2} b^{1/2} z$ (Turnérite de Suisse). Par suite du développement très inégal de certaines faces, les cristaux des diverses localités présentent des aspects très différents. Plusieurs faces sont souvent arrondies ou ondulées et ne se prêtent pas à des mesures très exactes. Dans la monazite de Norwich, le clivage p est généralement très facile, h^1 net, mais difficile, g^1 imparfait ; dans la Turnérite, h^1 est plus difficile que g^1. Macles rares suivant un plan d'assemblage parallèle à h^1, dans les cristaux du Comté Alexander et de la Turnérite de Tavetsch.

Transparente ou translucide. Plan des axes optiques perpendiculaire à g^1. Bissectrice aiguë *positive* située dans l'angle obtus $p h^1$ et faisant des angles d'environ $\begin{cases} 9°49' \text{ avec une normale à } p, \\ 86°3' \text{ av. une normale à } h^1 \text{ ant.} \end{cases}$ Dispersion ordinaire faible, $\rho < v$. Dispersion *horizontale* à peine appréciable. Écartement variable suivant les localités.

$$2E = \begin{cases} 31°8' \text{ rouge} \\ 31°43' \text{ bl.} \end{cases} \text{moy. à } 10° \text{C., cristal de la Sibérie orientale.}$$

$$2E_r = \begin{cases} 29°39' \text{ Edwarsite de Norwich.} \\ 25°35' \text{ cristal des sables aurifères de Laponie.} \\ 25°22' \text{ cristal de Schüttenhofen, Scharizer.} \\ 17°4'\text{; } 22° \text{ envir. monazitoïde de l'Oural, cristaux tordus.} \end{cases}$$

Avec la lumière du gaz réfractée par des prismes, Wülfing a obtenu, sur la *Mengite* d'Arendal :

$$\alpha = 1,841 \quad \beta = 1,797 \quad \gamma = 1,796$$

Dichroïsme à peine appréciable. Trois raies principales d'absorption au spectroscope. Couleur rouge brunâtre, brun jaunâtre, brun de girofle, rouge de chair ou jaune topaze. Poussière jaune rougeâtre.

Dur. = 5,5. Dens. = 5,09 à 5,30.

Infusible au chalumeau. Avec le borax ou le sel de phosphore, donne un verre rouge jaunâtre à chaud, incolore à froid. Difficilement soluble dans l'acide chlorhydrique.

Analyses de la monazite : *a*, brun clair, de Moss, Norwège, par

Blomstrand; *b*, du comté Burke, Caroline Nord; *c*, du comté Amelia, Virginie, toutes deux par Penfield; *d*, du Rio Chico, par Damour; *e*, du comté Ottawa, Québec, par Genth; *f*, de Korarfvet, par Blomstrand :

	a	*b*	*c*	*d*	*e*	*f*
Acide phosphorique	29,41	29,28	26,12	28,60	26,86	25,56
Oxyde de cérium	36,63	31,38	29,89	45,70	24,80	37,92
Oxydes de lanthane et didyme	26,78	30,88	26,66	24,10	26,41	20,76
Yttria et erbine	1,81	»	»	»	4,76	0,83
Thorine	3,81	6,49	14,23	»	12,60	8,31
Silice	0,93	1,40	2,85	»	0,91	2,48
Oxyde ferrique et alumine	0,45	»	»	»	$\dot{Fe}$ 0,96	0,36
Chaux	0,34	»	»	»	et $\dot{Mg}$ 1,58	1,17
Eau	0,18	0,20	0,67	»	0,78	1,65
	100,34	99,63	100,42	98,40	99,66	99,04
Densité :	5,19	5,10	5,30	5,11	5,23	»

La variété de Korarfvet en Suède (*Korarfvéite* de Radominski), en gros cristaux peu homogènes, contient en outre de petites quantités de $\ddot{Sn}$, de $\ddot{Al}$, de $\dot{Pb}$ et 0,33 de fluor. La thorine paraît provenir d'un mélange mécanique de silicate de thorine.

La monazite se trouve en cristaux engagés dans des pegmatites et des micaschistes ou en grains plus ou moins roulés, dans des alluvions et des sables aurifères ou platinifères, à Slatoust, Oural; aux Monts Ilmen; à Schüttenhofen, Böhmerwald (avec microcline, lépidomélane, muscovite et quartz); à Schreiberbau, Silésie; en Suède, à Korarfvet près Fahlun, et à Holma, paroisse de Luhr, Bohuslän; en Norwège, à Arendal (gros cristaux imparfaits); aux environs de Moss, à Narestö, etc., près de Nöterö (*urdite*); à Nil Saint-Vincent, Belgique; à la mine Villeneuve Mica, comté d'Ottawa, province de Québec; en Connecticut, à Norwich (*Edwarsite*), avec Sillimanite, microcline et muscovite, à Chester et à Watertown; à Yorktown, comté de Westchester, New-York (avec Sillimanite); à Milholland's Mill, comté Alexander, Caroline Nord (cristaux transparents avec rutile, quartz, muscovite, etc.); en Cornwall?; près de la rivière Sanarka, gouvernement d'Orenburg; au rio Chico, province d'Antioquia, Colombie (sables aurifères et platinifères); au Brésil, sables diamantifères du Rio das Varas, Diamantina; du Rio Jequitinhonha, Minas Geraës, de Salobro et de Caravellas (bancs très abondants), province de Bahia. La *Turnérite*, autrefois très rare, a été rencontrée dans les druses de schistes chloriteux en Dauphiné (avec anatase, chrichtonite, quartz et albite); à l'Alpe Lercheltiny, vallée de Binnen en Valais; à Santa Brigitta, val Tavetsch et au val Nalps, rive droite du Rhin, canton des Grisons; au Tessin, etc.

La *cryptolite* de Wöhler n'est qu'une monazite en très petites aiguilles, allongées suivant les faces $b^{1/2}$ et d'un type qui rappelle celui de certains cristaux du comté Alexander; elles offrent la combinaison $h^1 o^1 e^1 b^{1/2} b^{1/4}$ (nouv.) z, qui a fourni à M. Mallard :

$h^1 o^1$ 140°46′	$e^1 h^1$ antér. 100°54′	$b^{1/2} b^{1/2}$ 106°40′ sur a^1
$b^{1/2} b^{1/4}$ 161°50′	$e^1 b^{1/2}$ 141°31′	zz 35°24′ sur g^1
$b^{1/2} o^1$ 92°21′	$b^{1/2} h^1$ adj. 118°16′	
	$z h^1$ adj. 153°20′	

La *phosphocérite* de Watts, en poudre cristalline, serait probablement le même minéral.

Transparente, ou translucide. Jaune pâle, jaune citron ou incolore.

Dens. = 4,6 (*cryptolite*); 4,78 (*phosphocérite*).

Infusible au chalumeau. Soluble dans l'acide sulfurique.

La cryptolite (g) a donné à Wöhler, et la phosphocérite (h), à Watts :

	$\dddot{P}h$	$\dot{C}e$ ($\dot{L}a$, $\dot{D}i$)	$\dot{F}e$
(g)	27,37	70,26	1,51 = 99,14
(h)	29,33	66,65	3,16 = 99,14

La cryptolite se recueille après avoir attaqué par l'acide azotique faible certaines apatites rouges d'Arendal, ou légèrement verdâtres de Midbö près Tvedestrand, Norwège, et de la rivière Slüdianka en Sibérie. D'après Watts et Chapman, la phosphocérite se trouve dans le résidu de l'attaque, après grillage, de la cobaltine de Johannesberg en Suède.

M. Grandeau fils a reproduit, il y a quelques années, diverses monazites contenant cérium, lanthane ou didyme ou les trois terres à la fois. Ces diverses préparations m'ont fourni des lames à bissectrice aiguë *positive*, autour de laquelle l'écartement apparent dans l'air a varié, avec la composition, de 45° à 35° (lumière blanche).

RHABDOPHANE; Lettsom.

Ce minéral très rare, à structure sphérolitique, testacée et fibreuse, montre des anneaux en lumière polarisée parallèle et un axe *positif* en lumière convergente. Il est transparent ou translucide et était classé dans la collection d'Oxford parmi les blendes de Cornwall. Il contiendrait, d'après une analyse de Hartley : Acide phosphorique 26,26 Lanthane, didyme, erbine et yttria 65,75 Eau 7,99 = 100.

La *Scovillite* paraît identique au rhabdophane; elle se présente en très petits globules et en stalactites à cassure fibreuse, radiée.

En lumière polarisée parallèle, les globules offrent une structure sphérolitique et une croix noire *positive*.

Couleur rougeâtre, brunâtre ou blanc jaunâtre. Éclat vitreux ou soyeux dans la cassure, gras sur les surfaces naturelles.

Dur. = 3,5. Dens. = 3,94 à 4,01.

$\dddot{R}\overset{\cdot\cdot\cdot\cdot\cdot}{P}h + \dot{H}$: Acide phosphorique 29,46 Lanthane et didyme 55,29 Yttria et Erbine 11,51 Eau 3,74.

Analyse par Brush et Penfield :

$\overset{\cdot\cdot\cdot\cdot\cdot}{P}h$ 29,10 $\dddot{L}a$, $\dddot{D}i$ 53,2 $\dddot{Y}$, $\dddot{E}r$ 19,93 $\dddot{F}e$ 0,29 $\dot{H}$ 6,86 = 100, abstraction faite d'une petite quantité de *lanthanite* qu'on suppose à l'état de mélange.

Forme une croûte très mince, sur limonite et pyrolusite, à Scoville, Salisbury en Connecticut.

CHURCHITE.

Prisme rhomboïdal droit ou oblique? Clivable dans une direction. Cassure conchoïdale. Transparente ou translucide. Gris de cendre pâle, teinté de rouge de chair. Poussière blanche. Dur. = 3 à 3,5. Dens. = 3,14 environ. Dans le matras, dégage de l'eau acide. Avec le borax, dans la flamme oxydante, verre opalin, jaune orangé à chaud, transparent et légèrement violacé à froid. Renferme, d'après Church :

$\overset{\cdot\cdot\cdot\cdot\cdot}{P}h$ 28,48 $\dot{C}e$ et $\dot{D}i$ 51,87 $\dot{C}a$ 5,42 $\dot{H}$ 14,93 = 100,70

Trouvée en croûtes minces composées de petits cristaux groupés en forme d'éventail, sur quartz et schiste argileux, dans une mine de cuivre de Cornwall.

AUTUNITE. Uranite ; Berzélius. Urankalk. Calcouranite ; Breithaupt.

Prisme rhomboïdal droit de 90°43′ (1).

$b : h :: 1000 : 1014,561$ D = 711,5390 d = 702,6465

(1) D'après l'examen microscopique de très petites lames de Saxe, M. Brezina a proposé de regarder le type cristallin comme clinorhombique et de retourner les cristaux de manière à transformer mes anciennes formes : h^1 en h^1, p en g^1, g^1 en p, m en o^1, $a^{1/2}$ en m, etc. ; mais les légères déviations optiques que présentent un certain nombre de cristaux peuvent s'expliquer, comme dans la Prehnite, par la superposition et les empiètements de lamelles maclées. De plus, la dispersion *tournante*, qui confirmerait l'hypothèse de M. Brezina, fait absolument défaut.

ANGLES CALCULÉS.	ANGLES MESURÉS.
mm 90°43′	»
mh^1 135°21′30″	135°55′ Brezina; microscope
mg^1 134°38′30″	134°38′ Brezina; microscope
h^1g^1 90°	90°31′ Brezina; 90° Des Cloizeaux; microscope
pa^1 124°42′	124°44′ Miller, Cornwall
*$pa^{1/2}$ 109°6′	109°6′ Dx.; 109°16′ Mill. Cornw.
pe^1 125°3′	125°22′ moy. Mill. Cornw.
$pe^{1/2}$ 109°19′	109°19′ moy. Mill.; 17′ moy. Dx. Cornw.
$pe^{1/4}$ 99°57′	100° env. Mill. Cornw.
pb^1 134°35′	134°11′ moy. Mill. Cornw.
*$pb^{1/2}$ 116°14′	116°14° Dx.; 116°14′ moy. Mill. Cornw.
$b^{1/2}a^{1/2}$ 138°24′	138°30′ Dx. Cornw.
$a^{1/2}e^{1/2}$ 96°13′	95°52′ Dx. Cornw.

Combinaisons observées : $p\,a^1a^{1/2}e^1e^{1/2}e^{1/4}b^1b^{1/2}$ (Miller); $p\,a^{1/2}e^{1/2}b^{1/2}$ (Dx), *fig.* 471, pl. LXXVII; cristaux de Cornwall.

Clivage très facile suivant la base; moins facile suivant g^1 et h^1; plus ou moins facile suivant m. Au microscope, ces clivages sont indiqués par des fentes parallèles à $p/g^1, p/h^1$ et p/m.

Macles très fréquentes de deux individus assemblés suivant une surface un peu ondulée, sensiblement parallèle à m, mais souvent irrégulière par suite des empiètements des lames minces superposées, *fig.* 472.

Transparente ou translucide. Plan des axes optiques parallèle à g^1; bissectrice aiguë *négative* normale à la base. Écartement très variable, avec la provenance des échantillons et la température à laquelle ils sont soumis. Dispersion très forte, $\rho > v$.

$$2H_a = \left\{\begin{array}{l} 108°30' \text{ verre rouge,} \\ 97°24' \text{ verre vert,} \\ 86°30' \text{ bleu cuivreux,} \end{array}\right\} \text{cristal de Cornwall, à 15° C.}$$

$$\beta = 1{,}572 \text{ rouge.}$$

$$2E = \left\{\begin{array}{l} 59°46' \text{ à } 60°54' \text{ à } 20° \text{ C.} \\ 53°18' \text{ à } 56°36' \text{ à } 71°5 \text{ C.} \\ 50°12' \text{ à } 54°10' \text{ à } 91° \text{ C.} \end{array}\right\} \text{rouge; lames d'Autun.}$$

$\alpha = 1{,}577$ $\beta = 1{,}575$ $\gamma = 1{,}553$ (réfractom.), Mich. Lévy et Lacroix.

Un peu au-dessus de 100°, les axes sont presque réunis, et lorsque la substance a perdu une partie de son eau et de sa transparence, la modification paraît permanente.

Jaune citron, jaune de soufre ou vert serin. Poussière jaune de soufre. Éclat nacré sur p, vitreux sur les autres faces. Très fragile.

Dur. = 1 à 2. Dens. = 3,57 (Damour).

Dans le matras, dégage de l'eau. Au chalumeau, sur le charbon, fond en un grain noir. Avec les flux, donne un verre jaune qui devient vert dans la flamme de réduction. Soluble dans l'acide azotique, et, d'après Werther, dans le carbonate d'ammoniaque.

Suivant Church, les cristaux perdent d'abord 8 à 9 p. 100 d'eau dans l'air sec, puis 5 p. 100 dans le vide ou chauffés à 100° C., et enfin 4 à 5 p. 100 au rouge.

$(\dot{C}a, \ddot{U}^2)\,\dddot{P}h + 12\,\dot{H}$: Acide phosphorique 14,34 Oxyde d'urane 58,18 Chaux 5,66 Eau 21,82.

Analyses de l'uranite : *a*, de Falkenstein, Saxe, par Winkler; d'Autun, *b*, par Pisani; *c* (groupes de cristaux jaune citron), *d*, petits cristaux jaune de soufre), de Cornwall, *e* (lames rhombiques d'un jaune soufre), toutes trois par Church.

	a	*b*	*c*	*d*	*e*
Acide phosphorique	15,09	13,84	14,32 moy.	13,40	13,84
Oxyde d'urane	62,24	58,34	61,34	60,84	60,00
Chaux	6,11	5,79	5,24	5,31	5,01
Eau	16,00	21,66	20,16	20,33	18,96 moy.
	99,44	99,63	101,06	99,88	97,81

L'autunite s'est rencontrée en Cornwall, à South Basset, à la mine Tolcarne près Saint-Day, à Wheal Edwards (petits cristaux jaunes transparents); à Saint-Symphorien de Marmagne près Autun, département de Saône-et-Loire; à Saint-Yrieix, département de la Haute-Vienne; à Orvault, Loire-Inférieure; en Saxe, à Himmelfahrt et Eibenstock près Johanngeorgenstadt; à Falkenstein, etc.; au lac Onega en Russie; aux États-Unis, à Schuylkill, Philadelphie, à Chesterfield, Massachusetts, à Middletown, Connecticut, etc.

Sous le nom de *Fritzschéite*, Breithaupt a décrit un minéral en tables d'apparence quadratique? très facilement clivables suivant la base, translucides, d'une couleur brun rougeâtre ou rouge hyacinthe, d'un éclat nacré ou vitreux. D'après les essais de Fritzche, ce serait une autunite manganésifère, contenant un peu d'acide vanadique. On l'a trouvée au centre de cristaux d'autunite et avec de la chalcolite à Neuhammer près Neudeck en Bohême, près de Johanngeorgenstadt, Saxe, et en inclusions flambées dans des lames d'autunite d'Autun et de Steinig près Elsterberg, Voigtland saxon.

URANOCIRCITE; Weisbach.

Probablement prisme rhomboïdal droit, isomorphe de l'autunite. Clivage très facile suivant la base, assez net suivant les faces g^1 et h^1. Axes optiques écartés de 15° à 20° autour d'une bissectrice *négative* normale à la base.
Dens. = 3,53.

$(\dot{B}a, \ddot{U}^2)\,\overset{\cdot\cdot\cdot}{P}h + 8\dot{H}$: Acide phosphorique 13,99 Oxyde d'urane 56,74 Baryte 15,08 Eau 14,19.

Une analyse de Winkler a donné :

$$\overset{\cdot\cdot\cdot}{P}h\ 15{,}06 \quad \ddot{U}\ 56{,}86 \quad \dot{B}a\ 14{,}57 \quad \dot{H}\ 13{,}99 = 100{,}48$$

D'après Church, la substance perd 6 équivalents d'eau à 100° et le reste au rouge.

Trouvée aux environs de Bergen, près Falkenstein dans le Voigtland saxon et regardée autrefois comme *uranite*.

CHALCOLITE. Torberite; Werner. Torbernite. Cuprouranit; Breithaupt. Pyramidaler Euchlor-Malachit; Mohs.

Prisme droit à base carrée. $b : h :: 1000 : 1485{,}72$ $D = 707{,}107$

ANGLES CALCULÉS.	ANGLES MESURÉS.
$p\,a^1$ 115°27′	115°17′ moy. Dx. 115°29′30″ H. (1)
$a^1 a^1$ 50°54′ sur p	50°50′ Dx.
$a^1 a^1$ 129°6′ sur h^1	129°1′ H.
$p\,a^{2/3}$ 107°36′	107°35′ G.
$a^1 a^1$ adj. 100°38′30″	»
$p\,b^{12/5}$ 148°14′	147°56′ G.
$p\,b^{9/5}$ 140°28′	140°40′ Ph.
$p\,b^{5/3}$ 138°17′	138°10′ H.
$p\,b^{3/2}$ 135°16′	135°33′ Sel. ; 37′ Sc. ; 39′ K.
$p\,b^{6/5}$ 128°56′	128°35′ G.
$p\,b^1$ 123°57′	»

(1) Les mesures de Dx. (Des Cloizeaux), de H. (Hessenberg), de G. (Greg), de Ph. (Phillips), de Sel. (Sella), de Sc. (Schrauf) ont été prises sur des cristaux de Cornwall; celles de K. (Kokscharow) sont les moyennes de nombres obtenues sur des cristaux de Cornwall et de Schlaggenwald.

ANGLES CALCULÉS.	ANGLES MESURÉS.
—	—
$p\,b^{3/5}$ 111°59′	111°50′ Ph.
*$p\,b^{1/2}$ 108°36′	108°36′ Scl.; 38′ H.; 47′30″ moy. Dx.; 54′ K.
$p\,b^{1/2}$ 71°24′ sur $b^{1/2}$	71°5′ K.; 71°25′ Dx.
$b^{1/2}\,b^{1/2}$ 142°48′ sur m	142°20′ à 143° Dx.; 142°44′ H.
$b^{1/2}\,b^{1/2}$ 95°50′ sur a^1	95°6′ K.; 95°40′ à 50′ Dx.; 46′ H.
$b^{1/2}\,a^1$ 137°55′	137°40′ à 50′ Dx.

Les cristaux, généralement aplatis suivant leur base, offrent les combinaisons : $m\,h^1\,p\,b^{5/3}\,b^{1/2}$ (Greg), Redruth, *fig.* 468, pl. LXXVII; $p\,b^{12/5}$ (Greg), Gunnislake, *fig.* 469 ; $h^1\,p\,a^1\,b^{9/5}$, Gunnislake, Cornwall, *fig.* 470 ; $p\,b^{6/5}\,a^{2/3}$ (Greg, octaèdres allongés) ; $m\,h^1\,p\,b^{3/5}$; $p\,b^{3/2}\,b^{1/2}$; $p\,a^1\,b^{1/2}$, Cornwall ; $h^1\,p\,a^1\,b^{5/3}\,b^{1/2}$. Clivage très net suivant la base. Des fentes intérieures très fines semblent indiquer, malgré leurs légères ondulations, l'existence de deux autres clivages difficiles suivant m et suivant h^1. Transparente ou translucide. Double réfraction assez forte, à un axe *négatif*.

Vert émeraude, vert d'herbe, vert poireau, vert pomme ou vert serin. Poussière verte. Très fragile. Éclat un peu nacré sur p, vitreux sur les autres faces.

Dur. = 2 à 2,5. Dens. 3,62 (Damour).

Dans le matras, dégage de l'eau. Au chalumeau, sur le charbon, avec la soude, donne un globule de cuivre. Soluble dans l'acide azotique en une liqueur verte et dans le carbonate d'ammoniaque en une liqueur bleue.

$(\dot{C}u, \ddot{U}^2)\,\dddot{P}h + 8\,\dot{H}$: Acide phosphorique 15,08 Oxyde d'urane 61,18 Oxyde cuivrique 8,44 Eau 15,30.

Analyses de la chalcolite : de Gunnislake en Cornwall, *a*, par Berzélius, *b*, par Church, *c*, par Winkler ; de la mine Wolfgang Maassen près Schneeberg, *d*, par Winkler.

	a	*b*	*c*	*d*
Acide phosphorique	15,57	13,94	13,54	14,88
Acide arsénique	trace	1,96	3,24	»
Oxyde d'urane	61,39	61,00	60,71	59,24
Oxyde cuivrique	8,44	8,56	8,13	9,31
Chaux	»	0,62	»	»
Eau	15,05	14,16	15,36	15,35
	99,45	100,24	100,98	98,78

D'après Church, la chalcolite perd 11 p. 100 d'eau à 100° et le reste au rouge.

Les cristaux, tapissant des fentes dans les schistes et les granites, ont été trouvés : en Cornwall, à Gunnislake près Callington, aux mines de Carharack, Tin Croft et Huel Buller près Redruth, à Tolcarn près Saint-Day, etc.; à Montebras, Creuse; en Saxe, à Johanngeorgenstadt, Eibenstock et Schneeberg; en Bohême, à Joachimsthal et à Zinnwald; à Bodenmais en Bavière; à Reinerzau en Wurtenberg, etc.

PHOSPHURANYLITE; Genth.

Petites écailles rectangulaires, d'un jaune citron, à éclat nacré. Dans le matras, dégage de l'eau et devient jaune brunâtre en refroidissant. Facilement soluble dans l'acide azotique.

$\ddot{\text{U}}\,\dddot{\text{P}}\text{h} + 6\dot{\text{H}}$: Acide phosphorique 12,75 Oxyde d'urane 77,56 Eau 9,69.

Genth a trouvé : $\dddot{\text{P}}\text{h}$ 11,30 $\ddot{\text{U}}$ 71,73 $\dot{\text{P}}\text{b}$ 4,40 $\dot{\text{H}}$ 10,48 = 97,91
Le plomb provient d'un mélange de céruse, visible au microscope.

Associée à d'autres composés d'urane, la substance forme des incrustations pulvérulentes sur quartz, feldspath et mica, à la mine Flat Rock, Comté Mitchell, Caroline Nord.

HUREAULITE; Alluaud.

Prisme rhomboïdal oblique de 61°.

$$b : h :: 1000 : 451,012 \quad D = 507,517 \quad d = 861,641$$

Angle plan de la base = 60° 39′ 50″.
Angle plan des faces latérales = 90° 28′ 14″.

ANGLES CALCULÉS.	ANGLES MESURÉS.	
	DES CLOIZEAUX; LA VILATE.	DANA; BRANCHVILLE.
*mm 61° avant	61° crist. violets	»
mg^1 149°30′	149°	»
mh^1 120°30′	120°	117°15′ à 42′
po^5 174°2′ (1)	»	»
o^5h^1 96°31′ avant	96°32′ moy. cr. jaun. et roses	96°34′

(1) On simplifie une partie de mes symboles en prenant, avec M. Edw. Dana, ma forme o^5 comme base. Mes anciennes formes deviennent alors : $m = m$; $h^1 = a = h^1$; $o^5 = c = p$; $a^{8/15} = \alpha = a^{1/4}$; $k = (b^{1/7} b^{1/12} h^{1/4}) = (b^{1/4} b^{1/6} h^1)$; $\epsilon = (b^1 d^{1/10} g^{1/5}) = b^{1/4}$; $\delta = (d^1 d^{1/7} h^{1/5}) = d^{1/2}$.

ANGLES CALCULÉS.	ANGLES MESURÉS. DES CLOIZEAUX; LA VILATE.	DANA; BRANCHVILLE.
—	—	—
$o^5 h^1$ 83°29′ arrière	83°30′	83°51′
$p o^{1/3}$ 122°53′	122°30′ cristaux violets	»
$p h^1$ 90°33′ avant	»	»
$o^5 a^{8/15}$ 129°18′ sur p	129°10′ cristaux roses	»
$a^{8/15} h^1$ 134°11′	134°20′ cristaux roses	134°6′
$p e^1$ 138°22′30″	138°21′ cristaux violets	»
$e^1 g^1$ 131°38′30″	»	»
$p g^1$ 90°	»	»
*$e^1 e^1$ 96°45′ sur p	96°45′ cristaux violets	»
$p m$ antér. 90°17′	90°15′ cristaux violets	»
$p m$ post. 89°43′	»	»
$e^1 h^1$ antér. 90°25′	»	»
$e^1 u$ 130°9′	»	»
$u h^1$ adj. 139°26′	»	»
εh^1 antér. 71°44′	71°10′ env. cr. roses	»
εh^1 adj. 108°16′	108°12′30″ moy. crist. jaun.	»
$k h^1$ antér. 42°50′	42°10′ envir. cristaux jaunes	»
$k h^1$ adj. 137°10′	137°15′	»
$\delta \delta$ adj. 127°47′	129° envir. cristaux roses	128°6′
$\varepsilon \varepsilon$ adj. 96°49′	96°0′ crist. jaunes et roses	»
$x x$ adj. 111°23′	»	»
$k k$ adj. 141°27′	143° envir. cristaux jaunes	143°29′ à 53′
$g^1 \theta$ 152°27′	»	»
$g^1 u$ 115°37′	»	»
θu 143°10′	143°16′ moyen. crist. violets	»
$\theta \theta$ 55°6′ sur u	56° envir.	»
$u u$ adj. 128°46′	129°30′ envir. crist. violets	»
$m o^{1/3}$ adj. 115°24′	115°20′ cristaux violets	»
$m \delta$ adj. 123°58′	124°15′ envir. crist. roses	122°18′ à 28′
$o^5 m$ antér. 93°18′	94° env. crist. jaun. et roses	92°48′ à 93°
δo^5 149°20′	150°35′ envir.	150°29′ à 32′
$m \varepsilon$ opp. 43°2′ sur o^5	43°20′ envir.	»
$\delta \varepsilon$ opp. 99°3′ sur o^5	100°40′ envir.	»
$o^5 \varepsilon$ adj. 129°43′	129°31′ moyen. crist. roses	»
$o^5 m$ postér. 86°42′	86°45′ cristaux roses	87°4′
εm adj. 136°58′	137° crist. jaunes et roses	137°59′

ANGLES CALCULÉS.	ANGLES MESURÉS. DES CLOIZEAUX ; LA VILATE.	DANA ; BRANCHVILLE.
*$e^1 m$ antér. 125°10′	125°10′ cristaux violets	»
mu adj. 139°16′	»	»
εm antér. 114°23′	114°10′ envir.	»
xm antér. 105°7′	106°30′ envir. crist. jaunes	»
εx 170°44′	169°45′ envir. crist. jaunes	»
θm adj. 164°4′	164°0′ cristaux violets	»
$e^1 m$ post. 124°40′	124°40′ moyen. crist. violets	»
$e^1 \theta$ 140°35′	140°35′ moyen.	»
km adj. 131°3′	131°0′ cristaux jaunes	128°8′ à 20′
$o^{1/3} e^1$ 113°56′	113°35′ cristaux violets	»
$o^5 k$ adj. 120°29′	120°30′ cristaux jaunes	»
$\delta\varepsilon$ adj. 137°53′	138°20′ envir. crist. roses	»
$\varepsilon a^{8/15}$ adj. 134°52′	134°45′ moyen. crist. roses	»
εk adj. 148°30′	147° envir. crist. jaunes	»
$\delta = (d^1 d^{1/7} h^{1/5})$	$x = (b^1 b^{1/10} h^{1/5})$	$u = (b^{1/2} b^{1/4} h^1)$
$\varepsilon = (b^1 d^{1/10} g^{1/5})$	$k = (b^{1/7} b^{1/12} h^{1/4})$	$\theta = (b^1 d^{1/7} g^1)$

Combinaisons de formes observées. Cristaux de la Vilate : $m p o^{1/3} e^1$, *fig.* 473, pl. LXXVIII; $m g^1 p o^{1/3} e^1 u \theta$, *fig.* 474, 1er type violet; $m h^1 o^5 \varepsilon$, *fig.* 475; $m h^1 o^5 \varepsilon x k$, *fig.* 476, 2e type jaune brun; $m h^1 o^5 a^{8/15} \delta \varepsilon$, *fig.* 477, 3e type rose. Cristaux de Branchville : $m h^1 o^5$ [α voisin de $a^{8/15}$] δ (1) [p] voisin de $(d^{1/4} d^{1/29} h^{1/20})$ dans la zone $m \delta o^5$ et un [l] dans la zone $m k$ [α]; $m h^1 o^5$ [α] [β voisin de $a^{8/19}$] δ [p] ε et [l] [z] [k], trois hémioctaèdres à symboles compliqués, de la zone m post. [α].

Sur les cristaux violets de la Vilate, les faces m, $o^{1/3}$, e^1 sont unies et brillantes; sur les cristaux bruns et sur les roses, les faces prismatiques sont cannelées par suite de pénétrations irrégulières; les faces ε et δ sont striées parallèlement à leur intersection avec m antér.; o^5 et $a^{8/15}$ fournissent de très bonnes mesures. Sur les cristaux de Branchville, les faces m, [l], [k], [α] sont striées parallèlement à leurs intersections mutuelles.

Clivage imparfait suivant g^1. Cassure conchoïdale. Transparente ou translucide. Plan des axes et bissectrice aiguë *négative* perpendiculaires à g^1. Dispersion ordinaire notable, $\rho < v$; dis-

(1) Les lettres entre [ ] sont celles de M. Edw. Dana ; leurs symboles sont compliqués dans mon système d'axes, à cause de la différence entre les valeurs de l'angle mm, mesuré par cet auteur et par moi.

persion *tournante* appréciable. Le plan des axes fait des angles d'environ :

	RAYONS ROUGES.	RAYONS BLEUS.
avec une normale à h^1 antér.	15°	14°
avec une normale à o^5	68°29′	69°29′
avec une normale à p	74°27′	75°27′

L'écartement des axes varie avec les échantillons par suite d'enchevêtrements irréguliers. J'ai trouvé sur deux plaques de la variété rose :

$2\,H_a$ { 84°51′ à 85°52′ d'où 2 E = 163° à 173°52′ (rouge); 85°20′ à 86°22′ d'où 2 E = 168°26′ à 180° (jaune); 85°34′ à 87°17′ d'où réflexion totale dans l'air (bleu).

Les axes se rapprochent d'environ 6°34′ entre 45° et 125° C.

Couleur d'un violet rose plus ou moins foncé (1er type); brun orangé ou incolore et faiblement rosée (2e type), cristaux de la Vilate; rouge orangé, cristaux de Branchville. Éclat vitreux.

Dur. = 5. Dens. = 3,185 (cristaux jaunes), 3,198 (cristaux rosés de la Vilate); 3,149 (cristaux de Branchville).

Dans le matras, dégage de l'eau neutre et devient d'un gris pâle ou gris jaunâtre. Au chalumeau, fond facilement, colore la flamme en vert pâle et donne une perle jaune hyacinthe dont la surface devient cristalline en refroidissant : au feu d'oxydation, la perle devient noire. Avec le borax et le sel de phosphore, réaction du manganèse et du fer. Soluble dans les acides sulfurique, azotique, chlorhydrique et oxalique.

$(\dot{M}n, \dot{F}e)^5 \,\ddot{\dot{P}}h^2 + 5\dot{H}$: Acide phosphorique 38,95. Oxyde manganeux 48,69. Eau 12,36.

Analyses : *a* et *b*, cristaux jaunes de la Vilate; *c*, cristaux roses de la Vilate, toutes trois par Damour; *d* de Branchville par Wells (moyenne de deux opérations).

	a	*b*	*c*	*d*
Acide phosphorique	37,96	38,20	37,83	38,36
Oxyde manganeux	41,15	42,04	41,80	42,29
Oxyde ferreux	8,10	6,75	8,73	4,56
Chaux	»	»	»	0,94
Eau	12,35	12,00	11,60	12,20
Sable	0,35	0,50	0,30	1,76
	99,91	99,49	100,26	100,11

Les cristaux roses trouvés d'abord par M. Alluaud aux Hureaux, canton de Saint-Sylvestre, Haute-Vienne, se sont rencontrés depuis dans l'ancienne carrière de pegmatite de la Vilate, près Chanteloube, Haute-Vienne : ils tapissent des cavités irrégulières dans une triphyline laminaire. C'est dans la même gangue et dans une hétérosite pénétrée de Dufrénite fibreuse et de Vivianite pulvérulente qu'ont été découvertes à la Vilate les variétés violette (excessivement rare) et d'un brun rouge plus ou moins foncé; les cristaux de Branchville, Connecticut, sont associés dans une pegmatite à plusieurs autres phosphates de manganèse décrits par MM. Brush et Edw. Dana.

Debray a obtenu par voie humide un phosphate de manganèse se rapportant à la formule de la reddingite ($\dot{M}n^3 \ddot{\ddot{P}}h + 3\dot{H}$), mais ayant une forme clinorhombique analogue à celle de l'hureaulite. Les cristaux sont transparents, roses, et offrent la combinaison des formes : $o^{1/2}$, a^4, $a^{1/3}$, inconnues dans l'hureaulite et $0 = (b^1 d^{1/7} g^1)$, dominante, connue dans la variété violette. Ils sont allongés suivant l'arête 0/0. Les incidences sont :

CALCULÉES.	OBS. DX.	CALCULÉES.	OBS. DX.
$o^{1/2}a^{1/3}$ adj. 99°21′	100° env.	$0a^{1/3}$ 117°32′	117°30′ moy.
$o^{1/2}a^4$ adj. 126°31′	»	00 sur $a^{1/3}$ 55°5′	55°10′ moy.
$a^4a^{1/3}$ adj. 134°9′	134° env.	00 adj. 124°55′	125° envir.

Le plan des axes optiques et la bissectrice *négative* sont perpendiculaires au plan de symétrie.

LUDLAMITE; Field et Maskelyne.

Prisme rhomboïdal oblique de 48° 9′.

$b : h :: 1000 : 792{,}808 \quad D = 402{,}159 \quad d = 915{,}569$

Angle plan de la base = 47° 25′ 35″
Angle plan de m = 99° 39′ 1″

ANGLES CALCULÉS.	ANGLES MESURÉS ; MASKELYNE.	ANGLES CALCULÉS.	ANGLES MESURÉS ; MASKELYNE.
mm avant 48°9′	48°8′	pa^1 adj. 134°40′	134°4′
*mh^1 114°4′30″	114°4′30″	a^1h^1 adj. 124°47′	125°43′
mm côté 131°51′	131°52′	$pa^{1/2}$ 111°51′	»
		$a^{1/2}h^1$ adj. 147°36′	148°23′
$po^{1/2}$ 127°43′	»	ph^1 postér. 79°27′	»
$o^{1/2}h^1$ 152°49′	»		
*ph^1 antér. 100°33′	100°33′	pe^1 117°18′	»

ANGLES CALCULÉS.	ANGLES MESURÉS ; MASKELYNE.	ANGLES CALCULÉS.	ANGLES MESURÉS ; MASKELYNE.
$p\,d^1$ adj. 135°34′	135°48′	$d^{1/2}h^1$ ant. 115°46′	115°51′
$p\,d^{1/2}$ adj. 118°42′	»	$e^1 h^1$ ant. 94°49′	94°37′
$p\,m$ antér. 94°17′	93°54′	$e^1 d^{1/2}$ 159°3′	158°36′
$p\,b^{1/2}$ adj. 111°41′	111° (moy.)	$b^{1/2}h^1$ adj. 107°27′	107°23′
$p\,b^{1/2}$ 68°19′ s^r m	68°25′	$e^1 b^{1/2}$ 157°44′	»
$m\,b^{1/2}$ adj. 154°2′	154°31′		
$p\,m$ postér. 85°43′	85°42′	$a^{1/2}b^{1/2}$ adj. 118°58′	119°20′
		$a^{1/2}m$ 69°51′ s^r $b^{1/2}$	69°41′
$b^{1/2}b^{1/2}$ adj. 63°24′	63°24′	$b^{1/2}m$ 130°53′ s^r $a^{1/2}$	130°48′
*$b^{1/2}b^{1/2}$ 116°36′ s^r g^1	116°36′		
$b^{1/2}a^1$ adj. 121°42′	121°22′		

Principales combinaisons : $m\,p\,h^1 a^1 a^{1/2} b^{1/2}$; $m\,p\,h^1 b^{1/2} e^1$; $m\,p\,h^1 o^{1/2} a^1 a^{1/2} d^1 b^{1/2}$. Les faces p et $b^{1/2}$ sont striées parallèlement aux arêtes p/m. Cristaux parfois aplatis suivant la base et d'autres fois offrant l'aspect de rhomboèdres aigus analogues aux cristaux de mélantérie.

Clivage parfait suivant p, difficile suivant h^1. Transparente ou translucide.

Plan des axes optiques parallèle au plan de symétrie. Bissectrice aiguë *positive* située dans l'angle obtus $p\,h^1$ et faisant des angles de 22° 55′ avec la normale à h^1 et de 77° 38′ avec la normale à p. Dispersion ordinaire faible, $\rho > v$.

$$2\,H_o = 121^\circ \text{ environ.}$$

Vert plus ou moins clair. Poussière blanc verdâtre. Éclat vitreux.

Dur. = 3 à 4. Dens. = 3,12.

Au chalumeau, colore la flamme en vert pâle et fond en une scorie noirâtre. Dans le matras, dégage de l'eau et décrépite en se brisant en lamelles vert bleu. Soluble dans les acides. Décomposée par la potasse à l'ébullition.

$\dot{F}e^7\,\overset{.....}{P}h^2 + 9\dot{H}$: Acide phosphorique 29,89 Oxyde ferreux 53,05 Eau 17,06.

Analyse par Field : $\overset{.....}{P}h$ 30,11 $\dot{F}e$ 52,76 $\dot{H}$ 16,98.

La Ludlamite se rencontre avec quartz, sidérose et Vivianite, engagée dans la pyrite et le mispickel de la mine Wheal Jane, près Truro, Cornwall ; existe peut-être à Stösgen, près Linz, bords du Rhin.

DICKINSONITE. Brush et Dana.

Prisme rhomboïdal oblique de 113°24′.

$b : h :: 1000 : 345,85 \quad D = 866,026 \quad d = 500,00$

Angle plan de la base = 120°
Angle plan des faces latérales = 103°44′

ANGLES CALCULÉS.	ANGLES CALCULÉS.	ANGLES CALCULÉS.
*$p\,o^{1/3}$ 137°30′	$p\,b^{1/2}$ 118°52′	$h^1\,b^{1/4}$ 111°38′
*$p\,h^1$ 118°30′	118° à 119° obs.	112° obs.
$p\,a^3$ 167°10′	$p\,b^{1/4}$ 97°58′	
166° à 167° obs. Dana	97°30′ à 98° obs.	$g^1\,b^{1/2}$ 139°20′
		$g^1\,b^{1/4}$ 149°4′
$p\,e^{1/5}$ 100°45′		
101° obs.		

Combinaisons : $p\,o^{1/3}\,h^1\,b^{1/2}\,b^{1/4}$ offrant l'aspect du mica, et $p\,o^{1/3}\,h^1\,a^3\,e^{1/5}\,g^1\,b^{1/2}\,b^{1/4}$; certains cristaux sont allongés suivant la diagonale inclinée.

Clivage parfait suivant p. Cassure inégale; fragile. Transparente ou translucide.

Plan des axes optiques parallèle au plan de symétrie. Bissectrice aiguë *négative*, presque normale à p. Axes optiques très écartés.

Vert olive à vert d'huile, vert d'herbe ou vert noirâtre. Poussière presque blanche. Pléochroïsme dans les teintes vertes (parallèlement à $p\,h^1$) et vert jaunâtre (parallèlement à $p\,g^1$). Éclat vitreux, perlé sur les lames de clivage.

Dur. = 3,5 à 4. Dens. = 3,338 à 3,343.

Fond à la flamme d'une bougie. Au chalumeau, colore la flamme d'abord en vert pâle, puis en vert jaune. Dans le matras, donne de l'eau. Soluble dans les acides.

$$3\,(\dot{R}^3\,\dddot{P}) + \dot{H}$$

Analyse par M. Wells sur des fragments paraissant très purs :

$\dddot{P}$	$\dot{M}n$	$\dot{F}e$	$\dot{C}a$	$\dot{N}a$	$\dot{K}$	$\dot{L}i$	$\dot{H}$	Quartz
40,89	31,83	12,96	2,09	7,37	1,80	0,22	1,63	0,82 = 99,61

Se trouve en masses cristallines à aspect chloriteux ou en lamelles radiées, plus rarement en cristaux distincts avec éosphorite, triploïdite, etc., dans la pegmatite de Branchville, Connecticut.

FILLOWITE. Brush et Dana.

Clinorhombique, pseudorhomboédrique.

ANGLES MESURÉS.	ANGLES MESURÉS.
[$p o^{1/2}$ 121°29′	$b^{1/2} b^{1/2}$ 84°37′
[$p h^1$ 90°9′ (calculé)	$b^{1/2} o^{1/2}$ 84°40′
$p b^{1/2}$ 121°20′	

Combinaison : $p b^{1/2} o^{1/2}$ offrant la forme de rhomboèdres basés. Clivage facile, mais interrompu suivant p. Cassure inégale; fragile. Transparente ou translucide.

D'après Brush et Dana, une lame de clivage p montre que le minéral est biaxe avec grand écartement des axes optiques.

Jaune, brun rouge offrant parfois une teinte verdâtre; rarement presque incolore. Poussière blanche. Éclat résineux et gras.

Dur. = 4,5. Dens. = 3,41 à 3,45.

Au chalumeau, colore d'abord la flamme en vert pâle, puis en jaune foncé et fond en se boursouflant en un globule noir, faiblement magnétique. Dans le matras, dégage de l'eau à réaction neutre. Soluble dans les acides.

$$3(\dot{R}^3 \dddot{\dot{P}}) + \dot{H}$$

Analyses : a, par M. Penfield; b, par M. Wells.

	$\dddot{\dot{P}}$	$\dot{F}e$	$\dot{M}n$	$\dot{C}a$	$\dot{N}a$	$\dot{L}i$	$\dot{H}$	Quartz	
a.	39,10	9,33	39,42	4,08	5,74	0,06	1,66	0,88	= 100,27
b.	39,68	9,69	39,58	3,63	5,44	0,07	1,58	1,02	= 100,69

Cette composition annoncerait que la Fillowite est dimorphe de la Dickinsonite. Se trouve en masses cristallines et rarement en très petits cristaux, associés à la triploïdite, à la fairfieldite, etc., dans la pegmatite de Branchville, Connecticut.

FAIRFIELDITE; Brush et E. Dana.

Prisme doublement oblique de 148°44′.

$b : c : h :: 1000 : 892,004 : 180,314 \quad D = 912,520 \quad d = 255,233$

Angle plan de p = 149°22′42″
Angle plan de m = 102°12′30″
Angle plan de t = 100°45′36″

ANGLES CALCULÉS.	ANGLES CALCULÉS.	ANGLES CALCULÉS.
[$m t$ 148°44′	$h^1 t$ 163°29′	*$h^1 g^1$ 102°]
$m h^1$ 165°15′	$h^1 g^5$ 155°20′	
$h^1 h^5$ 169°3′	$h^1 g^3$ 147°40′	*$p h^1$ 92°

ANGLES CALCULÉS.	ANGLES CALCULÉS	ANGLES CALCULÉS
*pg^1 101°27′	*$pf^{1/2}$ 147°0′	*$g^1f^{1/2}$ 101°30′
	pt 95°21′	$f^{1/2}s$ 121°18′
$pf^{3/2}$ 167°17′		sg^1 adj. 137°13′
pf^1 161°29′	*$h^1f^{1/2}$ 123°30′	
	h^1s 128°43′	
	$s = (d^{1/3}b^{1/5}g^1)$	

Combinaison : $m h^1 h^5 t g^5 g^3 g^1 p f^{3/2} f^{1/2} f^1 s$. Clivages, parfait suivant g^1, facile suivant h^1. Cassure inégale. Transparente ou translucide. Dans h^1 l'extinction se fait à 40° et dans g^1 à 10° de l'arête h^1g^1 : un axe optique est visible dans chacune de ces faces. Blanc ou jaunâtre pâle ou gris verdâtre. Éclat nacré passant à l'adamantin : les lames du clivage facile ont l'éclat du gypse. Poussière blanche. Fragile.

Dur. = 3,5. Dens. = 3,07 à 3,15.

Au chalumeau, noircit et fond en une masse brun foncé en colorant la flamme en vert pâle avec une bordure jaune rougeâtre. Dans le matras, donne de l'eau, jaunit, puis devient brun foncé et magnétique. Soluble dans les acides.

$(\dot{C}a^2, \dot{M}n)\dddot{P}h + 2\dot{H}$. Acide phosphorique 39,33 Chaux 31,00 Oxyde manganeux 19,67 Eau 10,00. Une quantité variable d'oxyde ferreux remplace une partie de l'oxyde manganeux. La fairfieldite est à rapprocher de la rosélite et de la brandtite dans la série des arséniates.

Analyses de la fairfieldite de Branchville : *a*, par Penfield (cristaux transparents); *b*, par Wells.

	$\dddot{P}h$	$\dot{M}n$	$\dot{F}e$	$\dot{C}a$	$\dot{N}a$	$\dot{K}$	$\dot{H}$	Quartz
a.	38,39	15,55	5,62	28,85	0,73	0,13	9,98	1,31 = 100,56
b.	37,69	17,40	3,42	30,02	»	»	9,81	1,66 = 100

La fairfieldite se rencontre souvent en petits cristaux prismatiques; elle forme d'ordinaire des cristaux lamelleux ou des masses fibreuses accompagnant la reddingite et d'autres phosphates de manganèse dans les pegmatites de Branchville, Connecticut.

La *leucomanganite* de Sandberger semble identique à la fairfieldite; elle provient de Rabenstein près Zwiesel, Bavière.

La Messelite de Muthmann est très voisine de la fairfieldite : elle forme de petits cristaux tabulaires tricliniques, incolores ou brunâtres, transparents ou translucides. Leur extinction dans h^1 a lieu à 20° de l'arête h^1g^1 ; un axe optique est normal à h^1.

Dur. = 3 à 3,5.

Dans le matras, donne de l'eau et noircit.

La formule à laquelle conduit l'analyse suivante de Muthmann est :

$2(\dot{C}a^2, \dot{F}e)\dddot{P}h + 5\dot{H}$: Acide phosphorique 38,27 Chaux 30,19 Oxyde ferreux 19,40 Eau 12,14.

$\dddot{P}b$	$\dot{F}e$	$\dot{M}n$	$\dot{C}a$	$\dot{M}g$	$\dot{H}$	Insoluble
37,72	15,63	traces	31,11	1,45	12,15	1,40 = 99,16

La messelite a été trouvée dans les mines de houille de Messel, Hesse.

REDDINGITE. Brush et Dana.

Prisme rhomboïdal droit de 98° 6'.

$b : h :: 1000 : 716,499 \quad D = 755,282 \quad d = 655,400$

ANGLES CALCULÉS.	ANGLES CALCULÉS.
mm 98°6'	$g^1 b^{1/2}$ 122°38'
	$b^{1/2}b^{1/2}$ 114°44' en avant
*$b^{1/2}b^{1/2}$ 69°17' sur p	$g^1 q$ 107°45'
$b^{1/2}b^{1/3}$ 159°31'	qq 144°30'
159°49' obs. Dana	
$b^{1/2}b^{3/4}$ 170°6'	*$b^{1/2}b^{1/2}$ 103°10' côté
169°50' obs.	
$b^{1/2}b^{2/7}$ 164°14'	
164°19' obs.	

$$q = (b^1 b^{1/3} h^{1/2})$$

Combinaisons : $g^1 b^{1/2} q$; $b^{1/3} b^{3/4} b^{1/2} b^{2/7}$. Géométriquement isomorphe de la scorodite et de la Strengite.

Cassure inégale; fragile. Transparente ou translucide.

Rose pâle, blanc jaune avec teinte brune; les cristaux deviennent brun rouge foncé par altération. Poussière blanche. Éclat vitreux un peu résineux.

Dur. = 3 à 3,5. Dens. = 3,102.

Fond à la flamme d'une bougie. Au chalumeau, colore la flamme en vert pâle et fond facilement en un globule brun noir magnétique. Dans le matras, donne de l'eau, blanchit, puis jaunit et brunit sans devenir magnétique. Soluble dans les acides.

$\dot{M}n^3 \dddot{\dot{P}} + 3\dot{H}$ Acide phosphorique 34,72 Oxyde manganeux 52,08 Eau 13,20. Une quantité variable d'oxyde manganeux est remplacée par de l'oxyde ferreux.

Analyses par Wells :

	$\dddot{P}$	$\dot{M}n$	$\dot{F}e$	$\dot{C}a$	$\dot{N}a$	$\dot{H}$
a.	34,52	49,29	5,43	0,78	0,31	13,08 = 100,41
b.	34,90	34,51	17,13	0,63	»	13,18 = 100,35

Se trouve en masses granulaires, et plus rarement en cristaux, avec fairfieldite et Dickinsonite, dans la pegmatite de Branchville, comté Fairfield, Connecticut.

VIVIANITE; Werner. Bleu de Prusse natif; Romé de l'Isle. Fer phosphaté, Fer azuré; Haüy. Dichromatischer Euklas-Haloid; Mohs. Glaukosidérite; Glocker. Mullicite; Thomson. Anglarite; von Kobell.

Prisme rhomboïdal oblique de 108°10′.

$$b : h :: 1000 : 560{,}1415 \quad D = 800{,}969 \quad d = 598{,}705$$

Angle plan de la base = 106° 26′ 44″.
Angle plan des faces latérales = 98° 30′ 7″.

ANGLES CALCULÉS.	ANGLES MESURÉS.
*mm 108°10′	108°10′ moy. Dx. (1) 108°30′ Ph. (2)
mh^1 144°5′	144°17′ moy. Dx. 143°40′ Ph.
mg^1 125°55′	125°58′ à 59′ Dx. 126°1′ R.; 125°56′ Ph.
h^1h^2 166°26′	166°22′ à 24′ R. (3) 165°25′ Ph.
g^1h^2 103°34′	»
mh^2 157°39′	157°45′ Ph.
h^2h^2 152°52′ sur h^1	»
h^1g^1 90°	90°
po^9 173°23′	»
o^9h^1 109°54′	109°10′ à 110° Dx.
po^2 157°53′	»
o^2h^1 126°25′	125° à 126° Dx.
po^1 143°38′	»
*o^1h^1 140°40′	140°40′ Dx.
$po^{1/4}$ 117°57′	»
$o^{1/4}h^1$ 166°21′	»
ph^1 ant. 104°18′	104° envir. Dx.
pa^3 adj. 161°52′	»
a^3h^1 adj. 93°50′	»

ANGLES CALCULÉS.	ANGLES MESURÉS.
pa^1 130°18′	129°30′ à 40′ Dx.
*a^1h^1 125°24′	125°24′ moy. Dx. 125°22′ R. 125°18′ Ph.
$pa^{4/7}$ 110°35′	»
$a^{4/7}h^1$ adj. 145°7′	145°28′ moy. Dx.
$pa^{1/2}$ 106°31′	»
$a^{1/2}h^1$ adj. 149°11′	»
$pa^{1/4}$ 91°12′	»
$a^{1/4}h^1$ adj. 164°30′	»
ph^1 post. 75°42′	»
o^0a^1 124°42′ sur p	126° envir. Dx.
o^2a^1 108°11′ sur p	»
o^1a^1 93°56′ sur p	93°48′ Dx.
$a^1a^{4/7}$ adj. 160°17′	159°37′ envir. Dx.
$o^{1/4}a^{1/4}$ 29°9′ sur p	»
pe^2 161°16′	»
e^2g^1 108°44′	»
$pe^{3/2}$ 155°42′	156°40′ Dx.
$e^{3/2}g^1$ 114°18′	113°20′ Dx.
$e^{3/2}e^{3/2}$ 131°24′ sr p	»
pe^1 145°53′	»
e^1g^1 124°7′	»
pg^1 90°	»

(1) Dx. la Bouiche à Commentry, et Cransac, Des Cloizeaux. (2) Ph. Cornwall, Phillips. (3) R. Cornwall et Commentry, vom Rath.

ANGLES CALCULÉS.	ANGLES MESURÉS.
pd^1 153°6′	153°20′ Dx.
d^1m 128°26′	128°10′, 16′, 20′ à 30′ Dx. 128°28′ à 32′ R.
$pd^{1/2}$ 137°24′	»
$d^{1/2}m$ 144°8′	144° à 144°10′ Dx. 144°9′30″ R.
$d^1d^{1/2}$ 164°18′	164°5′ Dx.
pm ant. 101°32′	101°40′, 102°5′, 12′, 15′ à 20′ Dx.
pb^1 adj. 147°23′	147°24′ Dx.
b^1m adj. 111°5′	110°55′ Dx. moy. 111°15′ à 111°20′ Dx. 111°2′ R.
$pb^{1/2}$ adj. 124°11′	123°13′ à 40′, 124°0′ à 12′ Dx.
$b^{1/2}m$ adj. 134°16′	134°1′ moy. Dx. 134°5′ Ph.
$b^1b^{1/2}$ 156°48′	156°50′ moy. Dx. 156°45′ R.
$d^1b^{1/2}$ 97°17′ sur p	97°40′ à 45′ Dx.
d^1b^1 120°29′ sur p	120°26′ R.
$d^1b^{1/2}$ 82°43′ sur m	82°40′ Dx.
$d^{1/2}b^{1/2}$ 81°36′ s^r p	81°55′ à 57′ Dx; 81°33′ R.
pm post. 78°28′	77° envir. Dx.
ph^2 ant. 103°53′	»
px adj. 136°11′	»
pz adj. 98°42′	»
py adj. 163°31′	163°; 163°40′ Dx.
$d^{1/2}h^1$ ant. 135°0′	134°55′ moy. Dx.
e^1h^1 ant. 101°48′	»
$b^{1/2}h^1$ ant. 59°47′	59°49′ Dx.
$d^{1/2}b^{1/2}$ 104°47′ s^r e^1	104°48′ Dx. 104°48′30″ R.
$d^{1/2}h^1$ post. 45°0′	45°5′ Dx.
$b^{1/2}z$ 147°58′	147°35′ à 148°49′ Dx.
$b^{1/2}h^1$ post. 120°13′	120°12′ moy. Dx.
zh^1 post. 152°15′	152°3′ moy. Dx.
d^1h^1 ant. 124°51′	125°2′ moy. Dx.
xh^1 ant. 145°31′	»
b^1h^1 post. 102°8′	101°59′ moy. Dx.
xd^1 159°20′	»
d^1b^1 adj. 133°1′	133°9′ Dx.
d^1e^2 158°41′	»
e^2b^1 154°21′	»
$g^1d^{1/2}$ 113°54′	113°43′ moy. Dx.
g^1o^1 90°	»

ANGLES CALCULÉS.	ANGLES MESURÉS.
$d^{1/2}o^1$ 156°6′	156°29′ moy. Dx.
$d^{1/2}d^{1/2}$ 132°12′ s^r o^1	»
g^1d^1 105°43′	105°40′ moy. Dx.
g^1o^2 90°	»
d^1o^2 164°17′	»
d^1d^1 148°34′ s^r o^2	148°46′ moy. Dx. 148°5′ Ph.
g^1q 135°45′	»
g^1b^1 108°50′	108°35′ moy. Dx.
b^1b^1 adj. 142°20′	142°43′ à 47′ Dx.
g^1s 149°46′	»
$g^1b^{1/2}$ 119°41′	119°32′ à 44′ Dx.
$sb^{1/2}$ 150°30′	»
g^1a^1 90°	»
$b^{1/2}a^1$ 150°19′	150°20′ à 26′ Dx. 150°30′ Ph.
$b^{1/2}b^{1/2}$ 120°38′ s^r a^1	120°44′ Dx. 120°45′ Ph.
g^1z 105°28′	105°38′ moy. Dx.
zz adj. 149°4′	150°12′ Dx.
o^1m adj. 128°47′	128°43′ Dx.
o^1d^1 158°54′	158°48′ Dx.
o^1e^1 131°48′	»
o^1m post. 51°13′	»
d^1m post. 72°19′	72°13′ à 37′ Dx.
$e^{3/2}m$ ant. 115°4′	»
e^1m ant. 119°39′	»
b^1m ant. 91°5′	91°20′ à 25′ Dx.
a^1m ant. 62°1′	62°47′ Dx.
a^1b^1 150°56′	150°50′ à 52′, 151°10′ Dx.
a^1m adj. 117°59′	118°15′ env. Dx. 117°40′ Ph.
$o^{1/4}m$ adj. 141°54′	»
$a^{1/7}m$ adj. 131°38′	132° Dx.
$a^{1/4}m$ adj. 141°18′	140°20′ à 141° Dx.
zm adj. 150°50′	150°58′ Dx.
$d^1e^{3/2}$ 157°33′	»
$d^1b^{1/2}$ 113°21′ s^r e^3	113°55′; 114°15′ Dx.
$e^{3/2}b^{1/2}$ 135°48′	134°28′; 135°22′ Dx.

ANGLES CALCULÉS.	ANGLES MESURÉS.	ANGLES CALCULÉS.	ANGLES MESURÉS.
py 163°31′	163°40′; 164°20′ Dx.	$yb^{1/2}$ adj. 122°3′	120°55′ à 121°
		$yb^{1/2}$ opp. 108°9′	107°20′
[g^1y 102°47′	102°25′; 103° Dx.	ym adj. 117°26′	»
yy adj. 154°26′	155° env. Dx.		
g^1y 77°13′ sur y	77°40′ à 45′ Dx.	px 136°11′	»
yd^1 adj. 168°22′	169°; 169°40′, 45′ Dx.		
yd^1 opp. 147°35′	149°33′ Dx.	[h^1x 145°31′	143° envir.
ya^1 adj. 119°0′	117°48′	xd^1 159°20′	159°20′ à 160° Dx.

$x = (d^{1/5}d^{1/11}h^{1/6})$ $z = (b^{1/5}b^{1/11}h^{1/3})$ $s = (b^{1/2}d^{1/4}g^1)$

$y = (d^1b^{1/4}g^{1/7})$ $q = (b^1d^{1/2}g^1)$

Combinaisons : $mh^1g^1pe^1$, *fig.* 479, pl. LXXIX, Cornwall; $mh^1o^{1/4}a^{1/4}$ la Bouiche à Commentry; $mpo^{1/4}a^{1/4}$, *fig.* 482, Commentry; $mh^1h^2g^1a^1$, Bodenmais; $mh^1h^2g^1a^1b^{1/2}$, *fig.* 480, Cornwall; $mh^1h^2g^1a^1d^1b^{1/2}$, Cornwall; $mh^1g^1d^1d^{1/2}a^1b^1b^{1/2}$, Cornwall; $mh^1g^1o^1a^1d^1d^{1/2}b^1b^{1/2}$, *fig.* 481, Cornwall; $mh^1g^1o^1a^1d^1d^{1/2}b^1b^{1/2}a^{4/7}z = (b^{1/5}b^{1/11}h^{1/6})$, *fig.* 487, pl. LXXX, Commentry; $mh^1g^1o^9a^1b^{1/2}$, Cransac; $mh^1g^1o^9o^2d^1b^1b^{1/2}$, *fig.* 483, Cransac; $mh^1g^1pa^1d^1b^1b^{1/2}$, Cransac; $mh^1g^1a^1d^1d^{1/2}b^1b^{1/2}$, Aubin; $mh^1g^1pa^1b^{1/2}$, Commentry?; $mh^1g^1po^2a^1e^{3/2}d^1b^{1/2}$, *fig.* 485, pl. LXXX, Commentry?; $mh^1g^1pa^1d^1b^1b^{1/2}$, *fig.* 484, pl. LXXIX, Cransac; $mh^1pa^1b^{1/2}$, Commentry; $mh^1g^1d^1b^1b^{1/2}$, Cransac;? $mh^1g^1a^1d^1b^{1/2}$, Cransac; $mh^1g^1pa^1d^1d^{1/2}b^{1/2}y = (d^1b^{1/4}g^{1/7})$ $x = (d^{1/5}d^{1/11}h^{1/6})$, *fig.* 486, Cransac; $ma^{1/4}po^{1/2}$, Commentry.

Clivage parfait suivant g^1, traces suivant h^1. Transparente, translucide ou opaque.

Plan des axes optiques normal au plan de symétrie. Bissectrice aiguë *positive* perpendiculaire à la diagonale horizontale et faisant des angles d'environ :

	AVEC UNE NORMALE A h^1 ANTÉR.	AVEC UNE NORMALE A o^1.	AVEC UNE NORMALE A p.
Pour les rayons rouges	28°38′	10°42′	47°4′
Pour les rayons jaunes	28°32′	10°48′	47°10′
Pour les rayons bleus	28°24′	10°56′	47°18′

$2H_a$ { 80° 26′ env. / 80° 33′ / 80° 54′ } d'où $2E$ { 142° 22′ rouge / 143° 14′ jaune / 146° 46′ bleu }

$2H_o$ { 121° 19′ rouge / 121° 10′ jaune / 120° 52′ bleu }

Double réfraction énergique. Dispersion horizontale faible, l'orientation de la bissectrice pour les rayons rouges ne différant que de 0° 14' de celle des rayons bleus. Dispersion des axes faible, avec $\rho < v$.

Bleu indigo à bleu verdâtre devenant plus foncée ou brune. Le minéral paraît être originellement incolore et ne devenir coloré que par exposition à l'air.

Pléochroïsme énergique : jaune verdâtre presque incolore, suivant la bissectrice *aiguë* et la ligne d'élasticité moyenne, bleu cobalt suivant la bissectrice *obtuse*.

Poussière blanc bleuâtre à bleu foncé. Éclat vitreux, nacré suivant g^1. Sectile, les lames de clivage sont flexibles.

Dur. 1,5 à 2. Dens. 2,6 à 2,7.

Au chalumeau, sur le charbon, devient rouge puis fond en un globule gris noirâtre, magnétique. Dans le matras, décrépite, donne de l'eau neutre et devient brun rougeâtre clair. Soluble dans les acides.

$\dot{F}e^3 \ddot{\dot{P}} + 8 \dot{H}$ Acide phosphorique 28,29 Oxyde ferreux 43,03 Eau 28,68 = 100,00. Une partie de l'oxyde ferreux se transforme en oxyde ferrique par exposition à l'air.

Analyses de la Vivianite : *a*, du Cornwall, par Maskelyne; *b*, d'Allentown, New-York ; *c*, de Bodenmais ; *d*, de Mullica Hill, New-Jersey, toutes trois par Rammelsberg ; *e*, d'Allentown (variété terreuse), par Kurlbaum ; *f*, de Kertsch (Crimée), par Struve ; *g*, de Tamanj, mer d'Azow (aiguilles noires brillantes), par W. Tjebouchin.

	a	*b*	*c*	*d*	*e*	*f*		*g*
Acid. phosphoriq.	28,52	28,81	29,01	28,60	29,65	29,17		28,23
Oxyde ferreux	42,71	38,26	35,65	34,52	27,65	21,54		37,05
Oxyde ferrique	1,12	4,26	11,60	11,91	18,45	21,34		3,07
Eau	28,98	28,67	23,74	26,13	25,60	27,50		29,41
							$\dot{C}a$	0,54
	101,33	100,00	100,00	101,16	101,35	99,55	$\dot{M}g$	2,01
							$\ddot{C}$	0,15
								100,46

Se trouve en cristaux, en masses fibrolamellaires ou en masses terreuses. Les plus beaux cristaux proviennent des houillères embrasées de la mine de la Bouiche à Commentry près Néris, Allier, et de Cransac, Aveyron ; de Saint-Agnès, Weal Falmouth, et des environs de Saint-Just (Cornwall), associés à de la pyrite ; de Tavistock (Devonshire) ; de Bodenmais, Bavière ; des mines d'or de Vöröspatak, Transylvanie ; des environs de Cantwell's Bridge et de Middletown, Delaware (cristaux originellement incolores) ; de Imleytown et Allentown, comté Monmouth, New-Jersey. De belles lames bleues ont été trouvées récemment dans les ardoisières du Pouldu en Caurec, Côtes-du-Nord. Les masses lamellaires ou fibrolamellaires se trouvent à Mullica Hill, comté Gloucester, New-Jersey (*mullicite*); à Kertsch, Crimée, remplissant les cavités de coquilles fossiles; à Anglar, Haute-Vienne (*anglarite*). Les variétés compactes ou terreuses ont été rencontrées avec d'autres phosphates à la Vilate, près Chanteloube, Haute-Vienne; dans les tourbières et terrains récents (*fer azuré, blue iron earth*) d'un très grand nombre de gisements et particulièrement d'Araunts, Basses-Pyrénées, de Brödtorp, Finlande, de l'île de Man, etc.; les variétés terreuses imprègnent souvent des débris organiques.

DUFRÉNITE; Brongniart. Faserige Grün-Eisenerde; Werner. Strahliger Grün-Eisenstein, Grün-Eisenstein; von Leonhard. Phosphate de fer; Beudant. Kraurit; Breithaupt.

Prisme rhomboïdal droit de 97°44′.

M. Streng cite les combinaisons $h^1 g^1 e^1$; $m h^1 e^1$; $m h^1 g^1 e^1$; les faces m sont brillantes, h^1 et g^1 striées verticalement; les faces e^1 sont toujours arrondies. Clivage facile suivant h^1, moins facile suivant g^1, traces suivant p.

Translucide ou transparente.

Vert pistache, vert olive, vert noir; par altération, devient brune ou jaune. Éclat vitreux. Pléochroïsme énergique. Poussière vert serin. Fragile.

Dur. = 3,5 à 4. Dens. = 3,3 à 3,4.

Au chalumeau, fond en un globule noir, poreux, non magnétique et colore la flamme en vert bleuâtre. Dans le matras, donne de l'eau. Facilement soluble dans les acides.

$\ddot{F}e^2 \dot{\ddot{P}} + 3\dot{H}$. Acide phosphorique 27,52 Oxyde ferrique 62,01 Eau 10,46 = 100,00.

Analyses de la Dufrénite : *a*, de Hollerter Zug, près Siegen, par Diesterweg; *b*, du même gisement, par Schnabel; *c*, de Rochefort-en-Terre, par Pisani; *d*, d'Allentown, New-Jersey, par Kurlbaum; *e*, de Rothläufchen Grube, par Streng.

	a	*b*	*c*	*d*	*e*
Acide phosphorique	27,71	28,39	28,53	32,61	31,82
Oxyde ferrique	62,02	53,66	54,40	53,74	60,20
Oxyde ferreux	0,25	9,97	$\dddot{A}l$ 4,50	3,77	1,53
Eau	10,90	8,97	12,40	10,49	8,03
	100,88	100,99	99,83	100,61	101,58

Se trouve en masses fibrolamellaires, plus rarement en petits cristaux peu nets, à Anglar et à la Vilate, Haute-Vienne, avec d'autres phosphates, au milieu de pegmatites; à Rochefort-en-Terre Morbihan; à Hollerter Zug, près Siegen; à la Rothläufchen Mine, près Waldgirmes (environs de Giessen); à Hirschberg, Westphalie; à Hauptmannsgrün, Voigtland; à Saint-Benigna, Bohême, avec cacoxène; à Allentown, New-Jersey; au comté Rockbridge, Virginie; à Freirina (désert d'Atacama).

CACOXÈNE; Steinmann.

Orthorhombique.

Petites aiguilles ou fibres prismatiques, terminées par la base. Translucide ou opaque.

Plan des axes optiques parallèle à l'allongement. Bissectrice positive perpendiculaire à la base.

Jaune d'ocre, jaune citron, jaune paille. Faiblement pléochroïque.

Poussière blanche. Éclat soyeux, tendre.

Dur. = 2,3 à 2,4.

Au chalumeau, fond en une scorie noire et colore la flamme en bleu vert. Dans le matras, donne de l'eau et des traces de fluor. Soluble dans les acides.

La composition est très variable, ainsi que le montrent les analyses suivantes : *a*, par Hauer (variété soyeuse); *b*, par Richardson; *c*, par Hauer (variété globulaire), toutes trois de Zbiren; *d*, par Nies, de l'Eleonore Mine.

	a	*b*	*c*	*d*
Acide phosphorique	19,63	21,8	25,71	26,17
Oxyde ferrique	47,64	46,0	41,46	40,35
Alumine	»	»	»	2,89
Eau	32,73	32,2	32,83	30,59
	100,00	100,0	100,00	100,00

Se trouve en houppes cristallines et en fibres, sur la limonite, dans la mine Rothläufchen, près Waldgirmes et à la mine Eleonore, près Giessen (Hesse); en Bohême, près de Saint-Benigna, avec béraunite; à la mine Hrbeck, près Zbirow; à Amberg, Bavière; à Rochefort-en-Terre, Morbihan, avec Dufrénite.

La *Picite* de Breithaupt est une substance amorphe à éclat vitreux et gras, d'un brun foncé, formant des enduits ou des stalactites. Sa poussière est jaune, sa cassure conchoïdale. Translucide.

Dur. = 3 à 4. Dens. = 2,83.

Analyses de la picite de l'Eleonore Mine, par Nies :

$\dddot{P}$	$\ddot{\ddot{F}}e$	$\ddot{\ddot{A}}l$	$\dot{H}$
24,47	46,50	1,00	28,03 = 100,00

D'après Nies, la substance n'est peut-être pas homogène; elle accompagne d'autres phosphates de fer à la mine Eleonore, près Bieber, et à la Rothläufchen mine, près Waldgirmes (environs de Giessen); à la mine Hrbeck, près Saint-Benigna (Bohême).

ÉLÉONORITE; Nies. Béraunite; Breithaupt.

D'après M. Streng, l'éléonorite cristallise en prisme rhomboïdal oblique de 71°42′; $ph^1 = 131°27'$; $h^1 b^{1/2}$ 104° 24′; $b^{1/2} b^{1/2}$ adj. = 140°4′. Combinaison : $h^1 p b^{1/2}$; cristaux ordinairement tabulaires suivant h^1; les faces h^1 sont striées parallèlement à l'arête ph^1. Mâcles suivant h^1 et groupements en croix. Clivage parfait suivant h^1. Translucide ou opaque.

Plan des axes optiques parallèle à g^1 (transversal à l'allongement des cristaux). La bissectrice *obtuse négative*, est sensiblement normale à h^1.

Rouge brun à rouge hyacinthe foncé. Pléochroïsme énergique dans les teintes brun rouge suivant l'arête ph^1 et jaune pâle transversalement. Poussière jaune. Éclat vitreux passant à l'éclat nacré sur les faces de clivage.

Dur. = 3 à 4. Dens. = 2,95.

Au chalumeau, fond en donnant une perle cristalline noire magnétique. Dans le matras, dégage de l'eau. Facilement solubl dans les acides.

$\ddot{\ddot{F}}e^3 \dddot{P}^2 + 8\dot{H}$ Acide phosphorique 31,28 Oxyde ferrique 52,86 Eau 15,86 = 100,00.

Analyse par Streng du minéral de Waldgirmes :

$\dddot{P}$	$\ddot{\ddot{F}}e$	$\dot{H}$
31,88	51,94	16,37 = 100,19

Se trouve rarement en petits cristaux; forme ordinairement des croûtes fibrolamellaires qui tapissent les cavités d'une limonite, avec Dufrénite, aux mines Eleonore et Rothläufchen près Waldgirmes, ainsi que dans le comté de Sevier, Arkansas.

La Béraunite de Breithaupt, d'après les observations de MM. Streng et Bertrand, possède une composition chimique très voisine de celle de l'éléonorite et des propriétés optiques identiques. Si l'identité des deux minéraux se confirme par de nouvelles observations, le minéral devra s'appeler *béraunite*, à cause de la priorité de ce nom. La béraunite possède une densité de 2,87 à 2,98 et présente les mêmes caractères physiques que l'éléonorite. On la trouve avec cacoxène et Dufrénite à la mine Saint-Benigna (cercle de Beraun en Bohême) et à la mine Vater Abraham, près Scheibenberg en Saxe.

La *Delvauxite* (Delvauxine de Dumont) forme des rognons amorphes d'un brun rouge plus ou moins foncé, à cassure conchoïdale. Poussière brun jaunâtre.
Dens. = 1,85.

M. Cesàro l'a citée en pseudomorphoses de gypse. Sa composition est la suivante :

$\dddot{P}$	$\dddot{F}$	$\dot{H}$	
16,04	34,20	46,76 = 100	Dumont.
18,20	40,44	41,13 = 99,77	Delvaux.

Se trouve aux environs de Visé, près Liège (Belgique).

Dana désigne sous le nom de *Borickite* un minéral décrit par von Hauer et Boricky comme Delvauxite. Sa densité est de 2,69 à 2,70. Ses caractères extérieurs sont ceux de la Delvauxite de Visé dont il diffère par sa composition chimique. Fusible au chalumeau en une masse noire; soluble dans les acides.

Analyses : *a*, du minéral de Leoben, par von Hauer; *b*, de celui de Nenacovic, par Boricky :

	$\dddot{P}$	$\dddot{Fe}$	$\dot{Ca}$	$\dot{Mg}$	$\dot{H}$
a.	20,49	52,29	8,16	»	19,06 = 100
b.	19,35	52,99	7,29	0,41	19,96 = 100

Se trouve à Leoben (Styrie) et à Nenacovic (Bohême) dans les fissures de schistes siluriens.

La *Calcioferrite* de Dana (*Calcoferrite* de Blum) se présente en nodules formés de lamelles facilement clivables dans une direction et possédant deux autres clivages, l'un perpendiculaire, l'autre oblique au premier. Translucide ou opaque. Jaune de soufre, jaune vert ou incolore. Poussière jaune. Éclat nacré sur le clivage facile.
Dur. = 2,5. Dens. = 2,52 à 2,53.
Au chalumeau, fond en un globule noir magnétique. Soluble dans les acides.

Analyse par Reissig :

$\dddot{P}$	$\dddot{Fe}$	$\dddot{Al}$	$\dot{Mg}$	$\dot{Ca}$	$\dot{H}$
34,01	24,34	2,90	2,65	14,81	20,56 = 99,27

Les nodules sont brun rouge (par altération) à la périphérie ; ils ont été trouvés dans une argile à Battenberg, Bavière.

La *Koninckite* de M. Cesàro forme de petits globules à structure fibreuse constitués par des aiguilles (monocliniques ?) possédant un clivage transversal. Translucide. Éclat vitreux.

Dur. = 3,5. Dens. = 2,3.

Facilement fusible au chalumeau en une perle noire. Soluble dans les acides, surtout à chaud. Devient noire dans une solution de potasse caustique.

L'analyse de Cesàro conduit à la formule $\dddot{Fe}\,\dddot{P} + 6\dot{H}$.

$\dddot{P}$	$\dddot{Fe}$	$\dddot{Al}$	$\dot{H}$
34,8	3,8	4,6	26,8 = 100,0

Accompagne la Richellite à Visé (Belgique).

La *globosite* de Breithaupt, remarquable par la sphéricité de ses globules à fibres jaunes de cire, à éclat gras, est fragile, possède une dureté de 5 à 5,5, une densité de 2,826. Dans le matras, elle donne de l'eau, puis au rouge dégage un peu de fluor en laissant un résidu rouge non magnétique.

Une analyse a donné à Fritzsche :

$\dddot{P}$	$\dddot{As}$	$\dddot{Fe}$	$\dot{Mg}$	$\dot{Ca}$	$\dot{Cu}$	$\dot{H}$ + Fl	Si
28,89	(traces)	40,86	2,40	2,40	0,48	23,94	0,24 = 99,21

Se trouve dans la limonite de la mine Arme Hilfe à Ullersreuth, près Hirschberg, et à Schneeberg, Saxe.

La *Richellite* de M. Cesàro se présente en masses compactes, stratoïdes ou terreuses, jaune de crème, à éclat résineux.

Sa composition est la suivante, d'après une analyse de M. Cesàro (variété stratoïde) :

$\dddot{P}$	$\dddot{Fe}$	$\dddot{Al}$	$\dot{Ca}$	Fl	$\dot{H}$	Eau hygroscopique.
25,49	29,67	3,64	7,19	0,96	23,63	9,47 = 100,05

Se trouve à Visé, Belgique, avec Koninckite.

STRENGITE. Nies.

Prisme rhomboïdal droit de 99° 52'.

ANGLES OBSERVÉS.	ANGLES OBSERVÉS.
$g^3 g^3$ 118°51'	$h^1 b^{1/2}$ 129°11'
$b^{1/2} b^{1/2}$ 111°30' sur p	$b^{1/2} b^{1/2}$ 101°38' côté.

Géométriquement et chimiquement isomorphe de la scorodite. Combinaison $h^1 g^3 b^{1/2}$. Clivage h^1 difficile. Transparente ou translucide.

Plan des axes optiques parallèle à h^1. Bissectrice aiguë *positive* perpendiculaire à p. L'écartement des axes optiques est grand.

Rose fleur de pêcher, rouge carmin, violacé ou incolore. Poussière blanc jaunâtre. Éclat vitreux très brillant.

Dur. = 3 à 4. Dens. = 2,87.

Au chalumeau, fusible en une scorie noire. Soluble à chaud dans les acides.

$\ddot{\ddot{Fe}}\ \ddot{\ddot{P}} + \dot{H}$ Acide phosphorique 37,97 Oxyde ferrique 42,83 Eau 19,20.

Analyses : *a*, par Nies, des cristaux de l'Eleonore mine ; *b*, par König, de ceux du comté Rockbridge.

	$\ddot{\ddot{Ph}}$	$\ddot{\ddot{Fe}}$	$\dot{H}$
a.	37,42	43,18	19,40 = 100
b.	39,30	42,30	19,87 = 101,47

Se trouve en petits cristaux et en masses cristallines mamelonnées, fibreuses, avec éléonorite, à l'Eleonore mine, près Giessen, et à la Rothläufchen mine, près Waldgirmes, dans la même région ; dans le comté Rockbridge, Virginie, en cristaux roses dans Dufrénite.

La *Barrandite* de Zepharovich se présente en fibres rhombiques (clivables suivant une direction), à pointement cristallin indéterminable. Translucide ou opaque.

Plan des axes optiques et bissectrice *obtuse* positive parallèles à l'allongement des fibres.

Couleur blanche, gris jaunâtre à rougeâtre. Poussière blanche, parfois un peu jaune. Éclat vitreux un peu gras.

Dur. = 4,5. Dens. = 2,576.

Au chalumeau, décrépite et noircit. Dans le matras, donne de l'eau acide. Soluble à chaud dans les acides.

L'analyse suivante de Boricky montre que ce minéral est une Strengite alumineuse.

P̈	F̈e	Äl	Ḣ	
39,68	26,58	12,74	21.00	= 100

Forme des croûtes composées de globules fibreux à Cerhovic, près Przibram (Bohême) avec cacoxène et Dufrénite, minéraux qui proviennent sans doute de sa décomposition.

PHOSPHOSIDÉRITE; Bruhns et Busz.

Prisme rhomboïdal droit de 123°53′.

$b : h :: 1000 : 774,060 \quad D = 882,492 \quad d = 470,327.$

ANG. CALCULÉS.	ANG. MESURÉS.	ANG. CALCULÉS.	ANG. MESURÉS.
mm 123°53′	»	$g^1 e^1$ 131°15′30″	130°28′
*$g^1 m$ 118°3′30″	118°3′30″	$g^1 e^{4/3}$ 123°21′	123°5′
$g^1 h^3$ 104°55′	104°49′		
$g^1 h^{5/3}$ 97°35′	97°38′	$p b^{1/2}$ 118°12′	118°0′
$g^1 h^{4/3}$ 94°21′	94°28′	$p b^{1/14}$ 94°23′	94°30′
		$b^{1/2} b^{1/2}$ sur m 123°36′	»
*$p a^1$ 121°17′	121°17′		
		$b^{1/2} b^{1/2}$ avant 131°1′	»
		$b^{1/2} b^{1/2}$ côté 102°6′	»

Combinaison observée: $m\ h^3\ h^{5/3}\ h^{4/3}\ h^1\ p\ a^1\ e^{4/3}\ e^1\ e^{1/4}\ b^{1/2}\ b^{1/14}$. Macles suivant a^1. Clivage g^1 parfait. Transparente.

Plan des axes optiques parallèle à g^1. Bissectrice aiguë *positive* perpendiculaire à la base. L'écartement des axes, mesuré dans la liqueur des iodures ($n = 1,7101$, Na), est pour la lumière du sodium :

$$2\,\mathrm{I} = 62°55' \quad \text{d'où } 2\,\mathrm{E} = 126°26'$$
$$\beta = 1,7315 \quad \text{d'où } 2\,\mathrm{V} = 62°4'$$

Dispersion très forte avec $\rho > v$.

Éclat vitreux. Rose fleur de pêcher à rouge violet. Pléochroïsme net avec : incolore suivant α, rouge carmin suivant β, et rose pâle suivant γ.

Dur. = 3,5. Dens. = 2,76.

Au chalumeau, fond facilement en une perle noire, magnétique. Dans le matras, devient jaune et opaque, décrépite et donne de l'eau. Soluble dans l'acide chlorhydrique, mais presque insoluble dans l'acide azotique.

La forme cristalline de la phosphosidérite devient presque identique à celle de la Strengite, si l'on prend la face g^1 du premier minéral pour p et la face m pour $e^{1/2}$: cependant, les deux substances diffèrent par leurs propriétés optiques et par la teneur en eau, un peu moindre dans la phosphosidérite dont la formule est :

$$2\,\ddot{\mathrm{F}}\mathrm{e}\,\dddot{\mathrm{P}}\mathrm{h} + 7\,\dot{\mathrm{H}}$$

Acide phosphorique 38,90 Oxyde ferrique 43,84 Eau 17,26.

Analyse par Bruhns et Busz :

$\dddot{\mathrm{P}}\mathrm{h}$	$\dddot{\mathrm{F}}\mathrm{e}$	$\dot{\mathrm{H}}$
38,85	44,30	17,26 = 100,41.

La phosphosidérite a été trouvée, en petits cristaux allongés suivant l'axe vertical, dans les cavités d'un minerai de fer (limonite à éclat résineux) à la mine Kalterborn, près Eiserfeld, dans les environs de Siegen.

CHILDRÉNITE. Lévy.

Prisme rhomboïdal droit de 111° 54′ (1).

$$b : h :: 1000 : 532,600 \quad \mathrm{D} = 828,549 : d = 559,916$$

ANGL. CALCULÉS.	ANGL. MESURÉS.	ANGL. CALCULÉS.	ANGL. MESURÉS.
$g^1 g^2$ 153°45′	152°22′ (Greg)	$b^{3/4} b^{3/4}$ avant 140°12′	»
$b^{1/2} b^{1/2}$ 97°52′ sur m	98°42′ T. (2) 99°22′ H. (3)	$b^{1/2} b^{1/2}$ avant 130°4′	130°26′ T. 129°24′ H.
*$e^{1/2} e^{1/2}$ 104°14′ s^r g^1	104°19′ T. 105°40′ H.	*$b^{3/4} b^{3/4}$ côté 119°32′	»
$e^{1/2} g^1$ 142°7′	»	$b^{1/2} b^{1/2}$ côté 102°40′	101°43′ T. 101°36′ H.

Combinaisons $g^1 e^{1/2} b^{3/4} b^{1/2}$ (*fig.* 459, pl. LXXVI); $g^1 g^2 e^{1/2} b^{1/2}$ (*fig.* 460); $g^1 p e^{1/2} b^{1/2}$ (*fig.* 461) et $g^1 p e^{1/2} b^{1/2} b^{1/4}$, cristaux d'Hebron.
Clivage g^1 imparfait. Transparente ou translucide.
Plan des axes optiques parallèle à h^1. Bissectrice aiguë *négative* parallèle à l'axe vertical. Forte dispersion des axes $\rho > v$.

$$2\mathrm{E} \begin{cases} 75^\circ 22' \text{ à } 76^\circ 34' \text{ rouge.} \\ 73^\circ 45' \text{ à } 74^\circ 25' \text{ jaune.} \\ 71^\circ 30' \text{ à } 72^\circ 7' \text{ bleu.} \end{cases}$$

---

(1) M. E. Dana, en cherchant à rapprocher l'éosphorite de la Childrénite, a placé ses cristaux de telle sorte que ses formes deviennent pour moi ;

Dana : $g^1, g^3, m, h^1, e^3, (b^1\, b^{1/5}\, g_{\frac{1}{2}}), b^{1/2}$.
Dx : $p, e^1, e^{1/2}, g^1, b^{1/2}, b^{3/8},$ $b^{1/4}$.

(2) Cristaux de Tavistock, par Cooke. (3) Cristaux d'Hebron, par Cooke.

Blanc jaunâtre, jaune, brun jaune. Poussière blanche. Éclat vitreux inclinant au résineux.

Dur. = 4,5 à 5. Dens. = 3,22 à 3,25.

Au chalumeau, se gonfle en petits rameaux, fond difficilement sur les bords en une masse noire et colore la flamme en vert pâle. Dans le matras, donne de l'eau neutre. Difficilement soluble dans l'acide chlorhydrique.

$2\dot{R}^4\ddot{\ddot{P}} + \ddot{\ddot{A}}l^2\ddot{\ddot{P}} + 15\dot{H}$ Acide phosphorique 28,9 Alumine 14,0 Oxyde ferreux 29,3 Oxyde manganeux 9,5 Eau 18,3 = 100.

Analyses du minéral de Tavistock : *a*, par Rammelsberg; *b*, par Church :

	a	*b*
Acide phosphorique	28,92	30,65
Alumine	14,44	15,85
Oxyde ferrique	»	3,51
Oxyde ferreux	30,68	23,45
Oxyde manganique	9,07	7,74
Magnésie	0,14	1,03
Eau	16,98	17,10
	100,23	99,33
Densité :	3,247	3,22

Se trouve en cristaux et en croûtes cristallines avec sidérose, pyrite, quartz et quelquefois apatite, à Tavistock, aux mines George et Charlotte et à Wheal Crebor, dans le Devonshire; à la mine Crinnis, près Saint-Austle en Cornwall; à Hebron (Maine) dans l'amblygonite.

L'*éosphorite* de MM. Brush et Dana est géométriquement isomorphe de la Childrénite, mais elle en diffère optiquement.

Ses formes sont : $g^1 p e^1 e^{1/2} b^{1/2} b^{3/8} b^{1/4}$. Les cristaux sont allongés et striés suivant la zone $p g^1$.

mm avant 112°54′ pe^1 147°14′ $pb^{3/8}$ 122°47′

Clivage g^1. Transparente ou translucide.

Plan des axes optiques parallèle à g^1. Bissectrice aiguë *négative* normale à p. Dispersion énergique, $\rho < v$.

$2H_a = 54°30'$ rouge (Brush et Dana).
$= 60°30'$ bleu.

Blanc verdâtre et parfois incolore, rose. Pléochroïsme faible, rose pâle presque incolore suivant la bissectrice *obtuse*, rouge foncé suivant l'indice *moyen* et jaunâtre suivant la bissectrice *aiguë*.

Dur. = 5. Dens. = 3,11 à 3,145.

Au chalumeau, décrépite, noircit, colore la flamme en vert pâle et fond en une masse noire magnétique. Dans le matras, se comporte comme la Childrénite. Soluble dans les acides.

La composition est la suivante d'après l'analyse de Penfield (moyenne de deux opérations) :

$\dddot{P}$	$\ddot{Al}$	$\dot{Fe}$	$\dot{Mn}$	$\dot{Cu}$	$\dot{Na}$	$\dot{H}$
31,05	22,19	7,40	23,51	0,54	0,33	15,60 = 100,62

Se trouve avec d'autres phosphates de manganèse dans les pegmatites de Branchville, Maine.

TRIPLITE; Hausmann. Eisenpechers; Werner. Phosphormangan; Karsten. Manganèse phosphaté; Haüy. Prismatischer Retin Baryt; Mohs.

Clinorhombique d'après les propriétés optiques.

Clivage facile suivant h^1, difficile suivant g^1; le troisième clivage signalé par quelques auteurs ne paraît être qu'une cassure. Cassure imparfaitement conchoïdale. Transparente en lames minces. Translucide ou opaque.

Plan des axes optiques parallèle au clivage difficile et perpendiculaire au clivage facile. Bissectrice aiguë *positive* faisant des angles d'environ :

42° 10′ rouge 41° 53′ jaune

avec le clivage facile. Dispersion *inclinée* assez notable; dispersion *ordinaire* sensible, avec $\rho > v$.

$$2H_a = \left\{ \begin{array}{l} 96°15' \text{ rouge} \\ 95°27' \text{ jaune} \\ 95°20' \text{ vert} \end{array} \right\} \text{ à } 20°\text{C.}$$

Brun rouge ou noir plus ou moins foncé. Poussière gris jaune. Éclat résineux très vif. Fragile.

Dur. = 5 à 5,5. Dens. = 3,37 à 3,80.

Au chalumeau, fond très facilement en se gonflant et en formant un globule noir magnétique. Avec le borax, donne au feu oxydant une perle améthyste (manganèse) et au feu réducteur une perle verte (fer). Dans le matras, réactions du fluor. Soluble dans les acides.

$(\dot{Mn}\,\dot{Fe})^3\,\dddot{P} + (Mn\,Fe)\,Fl$. Acide phosphorique 31,6 Oxyde ferreux 24,0 Oxyde manganeux 23,6 Fer 6,2 Manganèse 6,1 Fluor 8,5.

Analyses de la triplite : *a*, de Chanteloube, par Berzélius; *b*, de Peilau, par Bergemann; *c*, de Schlaggenwald par Kobell.

	a	*b*	*c*
Acide phosphorique	32,8	32,76	33,85
Oxyde ferreux	31,9	31,72	23,38
Oxyde ferrique	»	1,55	3,50
Oxyde manganeux	32,6	30,83	30,00
Chaux et magnésie	3,2	1,51	5,25
Soude	»	0,41	»
Eau	»	1,28	»
Fluor	traces	»	8,10
	100,5	100,06	104,08
Densité :	»	3,617	3,77

Se trouve en masses souvent volumineuses dans les pegmatites de l'ancienne carrière de la Vilate, près Chanteloube, Haute-Vienne, avec hureaulite, Dufrénite, triphyline et spessartine; à Mittel-Peilau, près Reichenbach, Silésie; à Schlaggenwald en Saxe; à Helsingfors, Finlande; dans la Sierra de Cordoba, République Argentine.

La *Zwiesélite* de Breithaupt (*Eisenapatit* de Fuchs) paraît être chimiquement analogue à la triplite. Elle est brun pâle et possède une densité de 3,9 à 4,03. Elle contient, d'après Rammelsberg :

$\overset{\cdot\cdot\cdot\cdot\cdot}{\text{P}}$	$\dot{\text{Fe}}$	$\dot{\text{Mn}}$	Fl
30,33	41,42	23,25	6,00 = 101,00

On la trouve à Zwiesel, près Bodenmais, Bavière.

La *sarcopside* de Websky est, selon toute vraisemblance, une variété de triplite d'un rouge de chair ou d'un bleu lavande. Translucide en lames minces. Poussière jaune paille, parfois verdâtre.

Dur. = 3,69. Dens. = 3,69 à 3,73.

Les réactions chimiques sont les mêmes que celles de la triplite; le minéral fournit notamment l'indication du fluor.

Websky a donné l'analyse suivante (le fluor n'a pas été déterminé) :

$\overset{\cdot\cdot\cdot\cdot\cdot}{\text{P}}$	$\overset{\cdot\cdot\cdot}{\overline{\text{Fe}}}$	$\dot{\text{Fe}}$	$\dot{\text{Mn}}$	$\dot{\text{Ca}}$	$\dot{\text{H}}$
34,73	8,83	30,53	20,57	3,40	1,64 = 99,70

A été trouvée avec Vivianite et hureaulite dans une granulite, entre Michelsdorf et Mühlbach, Silésie.

La *talktriplite* de M. Igelström est une triplite, riche en magnésie et en chaux, accompagnant la klaprothine en grains jaunes rougeâtres, à Horrsjöberg en Wermland (Suède).

TRIPLOÏDITE. Brush et E. Dana.

Prisme rhomboïdal oblique de 59°6′.

$b : h :: 1000 : 707,606 \quad D = 474,097 \quad d = 880,473$

Angle plan de la base = 56°36′4″
Angle plan de m = 105°59′28″

ANGL. CALCULÉS.	ANGL. MESURÉS.	ANGL. CALCULÉS.	ANGL. MESURÉS.
[mm 59°6′	59°7′	pm avant 98°53′	98°54′
[*$h^1 m$ 119°33′	119°33′	$e^1 g^3$ 143°7′ av.	143°3′
		px 103°25′ adj.	103°40′ envir.
*$p h^1$ 108°14′	108°14′	xx adj. 97°7′	»
*$p e^1$ 125°12′	125°12′		

$x = (b^1 b^{1/3} h^1) = a_3$

Combinaison $mh^1 g^1 pe^1 x$. Les faces de la zone verticale sont striées parallèlement à leurs intersections mutuelles. Clivage h^1 parfait. Transparente ou translucide.

D'après MM. Brush et Dana, l'extinction à travers g^1 se fait à 3 ou 4° de l'arête verticale.

Jaune topaze à brun rouge hyacinthe. Poussière presque blanche. Éclat résineux passant à l'adamantin. Pléochroïsme faible.

Dur. = 4,5 à 5. Dens. = 2,697.

Fond tranquillement à la flamme d'une bougie. Dans le tube, donne de l'eau neutre, noircit et devient magnétique. Soluble dans les acides.

En prenant $m = g^3$ et $e^1 = e^{1/2}$ on peut mettre en évidence l'analogie de forme de la triploïdite et de la Wagnérite; les analyses conduisent à une formule également analogue à celle de ce minéral.

Moyenne de deux analyses par Penfield :

$\dddot{P}$	$\dot{M}n$	$\dot{F}e$	$\dot{C}a$	$\dot{H}$
32,11	48,45	14,88	0,33	4,08 = 99,85

Ce minéral très rare, se trouve en cristaux nets, en agrégats fibreux, dont les fibres divergent parfois d'un centre, ou en masses compactes, dans la pegmatite de Branchville (Connecticut) avec éosphorite, Dickinsonite, lithiophilite, etc.

TRIPHYLINE; Fuchs. Tetraphylin; Berzélius. Perowskyn; N. Nordenskiöld. Lithiophilite; Brush et Dana.

Prisme rhomboïdal droit de 97°53′.

$b : h :: 1000 : 794,131 \quad D = 754,041 \quad d = 656,827$

ANGLES CALCULÉS.	ANGLES CALCULÉS.
[*mm 97°53′	*e^1e^1 87°2′ sur p
[h^3h^3 132°56′	h^3a^1 134°59′
a^1a^1 79°12′ sur p	

Combinaisons observées : $mh^3pa^1e^1$ (Bodenmais), mh^2pe^1; $mh^2g^1pa^1e^1$ (Norwich), *fig.* 478, pl. LXXVIII. Clivage parfait suivant p, facile suivant g^1, interrompu suivant h^3. Transparente en lames minces seulement.

Plan des axes optiques parallèle à p. Bissectrice aiguë *positive* perpendiculaire à g^1.

LITHIOPHILITE

		Brush et Dana.	Dx.		
$2H_a =$	rouge.	74°45′	73°6′	d'où 2E	121°33′
	bleu.	79°30′	76°55′ (vert)		132°17′

Dispersion très grande avec $\rho < v$.

Gris verdâtre à gris bleu (triphyline), rose saumon à brunâtre (lithiophilite). La lithiophilite possède un polychroïsme très net. Éclat vitreux, nacré sur le clivage le plus facile. Poussière blanc grisâtre ou brunâtre.

Dur. = 4,5 à 5. Dens. = 3,42 à 3,56.

Au chalumeau, fond facilement en colorant la flamme en rouge bordé de vert pâle et fournit un globule noirâtre magnétique (triphyline) ou non magnétique (lithiophilite). Dans le matras, décrépite. Avec le sel de phosphore, donne au feu oxydant les réactions du manganèse, et au feu réducteur celles du fer.

Le minéral est un phosphate de lithine, de fer et de manganèse. Sa composition oscille entre un type dans lequel le fer domine (triphyline gris bleuâtre) et un autre principalement riche en manganèse (lithiophilite rose).

$$\dot{R}^2, \dot{L}i, \dddot{\dot{P}}h$$

Analyses de la triphyline : *a*, de Bodenmais, par Rammelsberg; *b*, du même gisement, par Penfield; *c*, de Norwich ; *d*, de la lithiophylite brune de Branchville, toutes deux par Penfield; *e*, rose saumon, du même gisement, par Wells.

	a	b	c	d	e
$\dot{\dot{P}}$h	40,72	43,18	44,76	45,22	44,67
$\dot{F}$e	39,97	36,21	26,40	13,01	4.02
$\dot{M}$n	9,80	8,96	17,84	32,02	40,86
$\dot{C}$a	»	0,10	0,24	»	»
$\dot{M}$g	»	0,83	0,47	»	»
$\dot{L}$i	7,28	8,15	9,36	9,26	8,63
$\dot{N}$a	1,45	0,26	0,35	0,29	0,14
$\dot{H}$	($\dot{K}$) 0,58	0,87	0,42	0,17	0,82
Gangue	»	0,83	»	0,29	0,64
	99,80	99,39	99,84	100,26	99,78
Densité :	»	3,549	3,534	3,482	3,478

La triphyline se trouve dans les pegmatites de Rabenstein, près Zwiesel en Bavière; à l'ancienne carrière de la Vilate près Chanteloubé, Haute-Vienne; à Keityo en Finlande (*Perowskin* et tétraphylin); à Norwich, Massachusetts; à Peru, Maine, avec triphane, et à Grafton, New Hampshire. La lithiophilite a été trouvée à Branchville, Massachusetts, avec triphane et divers phosphates de manganèse ainsi qu'à Tubb's Farm, près Norway, Maine.

L'*hétérosite* est un minéral associé à la triphyline gris bleuâtre de la Vilate. Elle offre un clivage facile suivant lequel elle possède naturellement une belle couleur violet évêque. Il semble exister un autre clivage difficile perpendiculaire au premier. Cette substance est toujours imprégnée de petits filaments d'oxyde de manganèse (1); aussi sa composition chimique n'est-elle pas établie d'une façon définitive. Dufrénoy la considérait comme un phosphate hydraté de fer et de manganèse; il ressort de la description de ce savant qu'il confondait sous le même nom la triphyline bleuâtre et l'hétérosite qui s'est probablement formée à ses dépens.

La *pseudotriplite* de Blum offre les caractères extérieurs de la triplite; elle incruste la triphyline de Rabenstein aux dépens de laquelle elle s'est formée par hydratation, oxydation et perte d'alcalis.

Le *melanchlor* de Fuchs, provenant du même gisement, a une semblable origine; il est d'un vert noirâtre.

---

(1) Elle dégage abondamment du chlore quand on la traite par l'acide chlorhydrique.

NATROPHILITE; Brush et Dana.

Prisme orthorhombique de 93° environ.

h^3h^3 129°14′ pe^1 133° env.

Combinaison : mh^3pe^1. Clivage parfait suivant p, facile suivant g^1, interrompu suivant h^3. Cassure conchoïdale ou inégale. Transparente ou translucide.

Plan des axes optiques parallèle à p. Bissectrice aiguë *positive* perpendiculaire à g^1.

Jaune vineux foncé. Éclat vitreux, adamantin sur le clivage facile. Fragile.

Dur. = 4,5 à 5. Dens. = 3,40 à 3,42.

Au chalumeau, facilement fusible en colorant la flamme en jaune. Soluble dans les acides.

Ce minéral peut être considéré comme une triphyline manganésifère dont la lithine est remplacée par de la soude.

$\overset{.....}{P}$	$\dot{M}n$	$\dot{F}e$	$\dot{N}a$	$\dot{L}i$	$\dot{H}$	Insol.
41,03	38,19	3,06	16,79	0,19	0,43	0,81 = 100,50

La natrophilite s'est trouvée très rarement dans les pegmatites de Branchville, avec lithiophilite.

L'*Alluaudite* de M. Damour est associée à l'hétérosite de la Vilate et la pénètre souvent. Elle possède trois clivages rectangulaires dont un très facile, à travers lequel on voit, dans les lames minces, deux axes très écartés autour d'une bissectrice *positive*.

Elle est d'un brun foncé, inclinant au jaune ou au noir en masses, et d'un brun rouge en lames minces. Éclat métalloïde sur le clivage facile. La poussière est jaune brunâtre.

Dur. = 4 à 5. Densité = 3,468.

Au chalumeau, fond facilement avec bouillonnement en un globule noir magnétique. Soluble dans l'acide chlorhydrique avec dégagement de chlore, ce qui semble indiquer l'existence d'inclusions d'oxyde de manganèse.

L'analyse suivante est due à M. Damour :

$\overset{.....}{Ph}$	$\dddot{F}e$	$\dddot{M}n$	$\dot{M}n$	$\dot{N}a$	$\dot{H}$	Silice.
41,25	25,62	1,06	23,08	5,47	2,65	0.60 = 99,73

CHALCOSIDÉRITE; Maskelyne. Chalkosidérite; Ullmann.

Prisme doublement oblique de 104°0′.

Les cristaux, très petits et très rares, présentent de nombreuses faces dans la zone verticale; elles sont très striées parallèlement à leurs intersections mutuelles; ce sont : $m\,h^1\,t\,g^{3/2}\,g^{9/5}\,g^{7/8}\,g^3\,g^1$; on observe en outre a^1 et o^1.

[*$h^1\,g^1$ (gauche) 107°56′ ; *$t\,g^1$ 135°10′] [*$h^1\,o^1$ 125°22′ ; *$a^1\,h^1$ 119°19′] *$g^1\,m$ 148°50′

Clivage facile suivant a^1. Transparente en lames minces. Éclat vitreux vert serin. Poussière vert pâle.
Dur. = 4,5. Dens. = 3,108.

$$\dot{C}u\,\dddot{F}e^3\,\dddot{\dddot{P}}^2 + 8\,\dot{H}.$$

Analyse par Flight :

$\dddot{\dddot{P}}$	$\dddot{\dddot{A}}s$	$\dddot{F}$	$\dddot{A}l$	$\dot{C}u$	$\dot{H}$
29,93	0,61	42,81	4,45	8,15	15,00 = 100,95

La chalcosidérite se trouve en petits cristaux et le plus souvent en masses fasciculées ou en incrustations sur l'*andrewsite* de la mine West Phœnix (Cornwall). Elle a été aussi trouvée par Ullmann en enduits cristallins à la surface de la Dufrénite de Sayn en Westphalie.

L'andrewsite de Maskelyne est voisine de la chalcosidérite; elle forme des sphérolites aplatis, rappelant la Wavellite : couleur vert bleuâtre avec poussière vert noir.
Dur. = 4. Dens. = 3,475.
Ce minéral a été trouvé dans un filon de quartz du Cornwall, associé à de la limonite, de la Göthite et de la Dufrénite.

BEUDANTITE; Lévy. Corkite; Adam. Dernbachite; Adam.

Rhomboèdre de 91°20′ (vom Rath).

Combinaisons : $p\,a^1$, $p\,a^1\,e^{1/2}\,e^1$. Clivage facile suivant a^1.
Opaque. Translucide en lames minces.
Uniaxe, *négative*.
Vert olive, noire. Pléochroïque. Éclat résineux passant à l'adamantin. Poussière gris verdâtre ou jaune.
Dur. = 3,5. Dens. = 4 à 4,295.
Au chalumeau, sur le charbon, fond facilement en se boursouflant et donne un globule de plomb avec une scorie noire présentant les réactions des sulfures alcalins (Dernbach); le minéral d'Horhausen donne un globule gris et les réactions de l'arsenic; la Beudantite d'Irlande rougit, mais reste infusible; sur le charbon, elle jaunit; avec la soude, elle donne un globule de plomb dans une scorie noire.

Dans le matras, dégage de l'eau. Attaquée par l'acide chlorhydrique, avec résidu de chlorure de plomb.

Les analyses, très divergentes, ne permettent pas d'établir une formule satisfaisante. Les cristaux de Dernbach et de Cork paraissent être des sulfophosphates; dans ceux d'Horhausen, l'acide phosphorique est plus ou moins complètement remplacé par de l'acide arsénique.

Analyses de la Beudantite : *a*, de Dernbach, par Müller; *b*, de Cork, par Rammelsberg; *c*, de Horhausen, par Müller; *d*, du même gisement, par Percy.

	a	*b*	*c*	*d*
Acide phosphorique	13,22	8,97	2,79	»
Acide arsénique	traces	0,24	12,51	13,60
Acide sulfurique	4,61	13,76	1,70	12,35
Oxyde ferrique	44,11	40,69	47,28	37,65
Oxyde plombeux	29,92	24,05	23,43	29,52
Oxyde cuivreux	traces	2,45	»	»
Eau	11,44	9,77	12,29	8,49
	100,30	99,93	100,00	101,61
Densité :	4,002	4,295	»	»

Se trouve en petits cristaux dans les cavités d'une limonite avec pharmacosidérite, à Horhausen et à Dernbach près Montabaur, Nassau; à Glendone, près Cork en Irlande.

DIADOCHITE; Breithaupt. Phosphoreisensinter; Rammelsberg.

D'après M. Dewalque, serait microcristalline (clinorhombique); certaines variétés sont amorphes. Cassure conchoïdale ou terreuse. Transparente, translucide ou opaque.

Brun rouge à jaune clair. On distingue deux variétés, l'une d'aspect résineux et l'autre terreuse; la première variété est très fragile.

Dur. = 3 (variété vitreuse). Dens. = 2,035 à 2,22.

Au chalumeau, donne de l'eau acide et rougit. Sur le charbon, fond très facilement en un globule noir magnétique. Soluble dans les acides.

Les variétés de Peychagnard et de Huelgoat répondent assez bien à l'une des formules :

$$3(\dddot{\overline{Fe}}{}^2\overset{\cdot\cdot\cdot\cdot\cdot}{P}) + \dddot{\overline{Fe}}\dddot{S} + 54\dot{\overline{H}} : \overset{\cdot\cdot\cdot\cdot\cdot}{P}\ 14{,}20\ \dddot{S}\ 16{,}03\ \dddot{\overline{Fe}}\ 37{,}35\ \dot{\overline{H}}\ 32{,}42$$

$$\text{ou } 3(\dddot{\overline{Fe}}{}^2\overset{\cdot\cdot\cdot\cdot\cdot}{P}) + \dddot{\overline{Fe}}\dddot{S} + 50\dot{\overline{H}} : \overset{\cdot\cdot\cdot\cdot\cdot}{P}\ 14{,}96\ \dddot{S}\ 14{,}07\ \dddot{\overline{Fe}}\ 39{,}35\ \dot{\overline{H}}\ 31{,}62$$

Analyses de la diadochite : *a*, d'Arnsbach, par Plattner; *b*, du Huelgoat, par Berthier; *c*, de Peychagnard (variété résineuse); *d*, du même gisement (variété terreuse), toutes deux par Carnot; *e*, de la Destinézite, par Cesàro.

	a	*b*	*c*	*d*	*e*
Acide phosphorique	14,82	17,0	16,70	17,17	16,76
Acide arsénique	»	S̈b 0,5	0,45	»	»
Acide sulfurique	15,14	13,08	13,37	13,65	18,85
Oxyde ferrique	39,69	38,5	36,63	36,60	37,60
Chaux	»	»	0,30	0,15	»
Matières organiques	»	»	»	traces	Insol. 1,40
Eau	30,35	30,2	32,43	32,20	25,35
	100,00	100,0	99,88	99,77	99,96
Densité :	»	»	2,22	2,10	»

Se trouve à Peychagnard, Isère, dans une mine d'anthracite; à Huelgoat dans les anciennes mines de plomb; à Arnsbach et Garnsdorf près Saalberg en Thuringe; à Védrin, Belgique.

La *Destinézite* de MM. Forir et Jorissen est un phosphate de fer blanc jaunâtre, terreux, très voisin de la diadochite (analyse *e* par Cesàro).

Elle a été trouvée à Argenteau et à Visé (Belgique), et, d'après M. Cesàro, serait microcristalline et isomorphe du gypse.

HOPÉITE; Brewster.

$b : h :: 1000 : 409{,}4066 \quad D = 867{,}951 \quad d = 496{,}650$

ANGLES CALCULÉS.	ANGLES MESURÉS.	ANGLES CALCULÉS.	ANGLES MESURÉS.
mm 120°26′	»	a^1a^1 101°0′ sur p	100°10 à 20′, 101° Dx.
mh^1 150°13′	»	a^1a^3 155°52′	155°40′ à 52′ Dx.
mg^1 119°47′	»	a^1a^1 79°0′ sur h^1	»
h^1h^5 159°7′	»		
h^5h^5 138°14′ sur h^1	»	$pb^{1/2}$ 136°29′	»
h^1g^3 131°9′	131° à 131°50′ Dx. (1)	$b^{1/2}m$ 133°31′	»
g^3g^1 138°51′	141° env.	$b^{1/2}b^{1/2}$ 87°2′ sur m	»
g^3g^3 82°18′	81°34′ H. (2)		
		$g^1b^{1/2}$ 110°0′	»
pa^3 164°38′	»	$b^{1/2}a^1$ 160°0′	159°58′ moy. Dx.
a^3h^1 105°22′	»	*$b^{1/2}b^{1/2}$ 140°0′ sur a^1	139°58′ moy. Dx.
a^3a^3 149°16′ sur p	»		
pa^1 140°30′	138°10′ Dx.	$h^1b^{1/2}$ 126°42′	127°56′
*a^1h^1 129°30′	129°20′ à 130° Dx.	$b^{1/2}b^{1/2}$ 106°36′ côté	106°7′ à 20′ Dx.

Combinaisons : $h^1 g^3 g^1 p\, a^1 b^{1/2}$, *fig.* 491, pl. LXXXI; $h^1 m\, g^1 a^1 b^{1/2}$; $h^1 h^5 m\, g^3 g^1 p\, a^3 a^1 b^{1/2}$, *fig.* 492; $h^1 g^3 g^1 p\, a^1 a^3 b^{1/2}$. Les faces g^1 et g^3 sont striées verticalement.

(1) Dx. Des Cloizeaux. (2) H. Haidinger.

Clivage h^1 parfait, traces suivant g^1. Cassure inégale. Transparente ou translucide.

Plan des axes optiques parallèle à la base. Bissectrice aiguë *négative* normale à g^1. Dispersion faible $\rho < v$.

$$2\,H_a \left\{ \begin{matrix} 54°47' \\ 54°52' \end{matrix} \right. \text{ d'où } 2\,E \left\{ \begin{matrix} 84°49' \text{ verre rouge} \\ 85°7' \text{ flamme du sodium} \end{matrix} \right.$$

$$2\,H_o \left\{ \begin{matrix} 125°52' \\ 125°47' \end{matrix} \right. \text{ d'où } 2\,V \left\{ \begin{matrix} 54°39' \\ 54°44' \end{matrix} \right. \text{ d'où } \beta = \left\{ \begin{matrix} 1{,}469 \text{ rouge} \\ 1{,}471 \text{ sodium} \end{matrix} \right\} \text{ environ.}$$

Blanc grisâtre. Éclat vitreux, nacré suivant h^1. Poussière blanche.

Dur. = 2,5 à 3. Dens. = 2,85 (Lévy).

Au chalumeau, fond en un verre limpide et colore la flamme en vert. Se dissout dans le sel de phosphore; celui-ci devient opaque en refroidissant. Avec le borax, le verre reste limpide. Fondu avec le carbonate de soude sur le charbon, le minéral donne une scorie jaune avec auréole blanche d'oxyde de zinc et laisse autour de la scorie un dépôt brunâtre ressemblant à l'oxyde de cadmium. Dans le tube, dégage de l'eau. Soluble dans les acides.

En raison de son excessive rareté, la Hopéite n'a jamais été analysée quantitativement. D'après les essais qualitatifs de M. Damour, la Hopéite est un phosphate de zinc.

Debray a obtenu, en faisant bouillir une dissolution d'acide phosphorique ayant séjourné sur du carbonate de zinc, un phosphate de zinc de la formule : $\dddot{P}h^5, 3\dot{Z}n, 4\dot{H}$. MM. Friedel et Sarrazin ont obtenu le même corps cristallisé en faisant réagir en tube scellé, entre 150° et 180°, une solution aqueuse d'acide phosphorique sur de l'oxyde de zinc et ils ont démontré son analogie avec la Hopéite dont la constitution chimique est ainsi fixée.

La Hopéite a été rencontrée vers 1820 en cristaux, dans les cavités d'une calamine de Moresnet, Belgique. Il est étonnant que ce minéral n'ait jamais été retrouvé, malgré d'actives recherches.

PYROMORPHITE; Hausmann. Plomb phosphaté; Haüy. Phosphorblei; Karsten. Rhomboedrischer Blei-Baryt; Mohs. Cherokine; Shepard.

Prisme hexagonal régulier.

$$b : h :: 1000 :: 736{,}188$$

ANGLES CALCULÉS.	ANGLES CALCULÉS.	ANGLES CALCULÉS.
mm 120°	*pa^1 124°11′	$b^{1/4}b^{1/4}$ adj. 122°40′
mh^1 150°	a^1a^1 68°22′ sur p	$b^{1/2}b^{1/2}$ 128°56′
		b^1b^1 adj. 142°12′
$mb^{1/4}$ 163°37′	ma^1 135°46′	142°12′ obs. Haid. (1)
$mb^{1/2}$ 149°32′	mb^1 108°54′ sur a^1	13′ obs. Schab. (2)
mb^1 130°22′		15′ obs. Rose. (3)
	a^1a^1 adj. 131°8′	

Les incidences varient un peu avec les localités et avec la composition chimique.

Combinaisons : pm ; pb^1 ; mb^1; $mb^{1/2}$, pmb^1, fig. 446, Pl. LXXIII ; pmh^1, pmh^1b^1, fig. 445 ; pmb^1a^1.

Les faces m sont striées parallèlement à l'arête pm ; les faces p sont parfois rugueuses ou concaves. Les cristaux sont souvent constitués par un grand nombre d'individus à axes imparfaitement parallèles.

Clivage b^1 imparfait, traces suivant m. Cassure imparfaitement conchoïdale. Transparente, translucide.

Double réfraction à un axe *négatif*. (Voir à la mimétèse les mélanges des deux minéraux.)

Vert, brun, jaune ou gris de diverses nuances. Éclat résineux inclinant parfois à l'adamantin. Poussière blanche ou jaunâtre. Fragile.

Dur. = 3,5 à 4. Dens. = 6,9 à 7,1.

Au chalumeau, fond facilement sur le charbon en une perle polyédrique. Avec la soude, sur le charbon, donne un globule de plomb et une auréole d'oxyde de plomb. Soluble dans les acides. La solution précipite par le nitrate d'argent.

$3\dot{Pb}^3\dddot{\dot{P}} + PbCl$: Acide phosphorique 15,77 Oxyde de plomb 73,99 Chlore 2,62 Plomb 7,62. Une partie du plomb peut être remplacée par de la chaux (*miésite*, *polysphærite*), une petite quantité du chlore par du fluor. Dans un grand nombre de gisements, l'acide phosphorique est en outre partiellement remplacé par de l'acide arsénique : les variétés qui en résultent ont été étudiées à la suite de la mimétèse.

Analyses de la pyromorphite : *a*, de Huelgoat, par Rivot ; *b*, de Mies (cristaux bruns, *miésite*), par Kersten ; *c*, de Bleistadt, par Lerch ; *d*, de Mies, par Kersten ; *e*, de Leadhills (variété orange), par Heddle ; *f*, de la Nuissière (*nuissiérite*), par Barruel.

---

(1) Cristaux verts du Brisgau, mesurés par Haidinger. (2) Du même gisement, mesurés par Schabus. (3) Cristaux bruns de Bleistadt, mesurés par G. Rose.

	a	b	c	d	e	f
Acide phosphorique	18,10	16,02	16,43	17,72	15,84	19,80
Acide arsénique	»	»	»	»	»	4,06
Oxyde plombeux	77,87	81,37	80,59	75,86	81,84	52,64
Chaux	1,25	0,46	0,88	4,04	»	12,30
Oxyde ferreux	0,15	»	0,26	»	0,24	2,44
Chlore	2,43	2,46	2,44	2,71	2,67	1,95
Fluorure de calcium	1,20	0,22	0,20	0,25	»	7,20 quartz
	101,00	100,53	100,80	100,58	100,59	100,39

La pyromorphite se trouve en très beaux cristaux, en masses concrétionnées ou fibreuses dans un grand nombre de gisements de minerais plombifères. Ses cristaux sont souvent arsénifères et prennent alors fréquemment la forme de barillets (*campylite*) qui ont été décrits à la suite de la mimétèse.

Nous ne donnerons que quelques localités dont les échantillons, examinés optiquement, sont dépourvus d'arsenic ou n'en renferment qu'en petite quantité.

Les plus beaux cristaux proviennent du Huelgoat et de Poullaouen en Bretagne (cristaux bruns); de Chenelette, Rhône (cristaux jaunes); de Genolhac, Gard; de Leadhills, Écosse (cristaux rouge orangé longtemps considérés comme chromifères); de Hofsgrund, près Fribourg en Brisgau (cristaux verts); d'Ems, Braubach, Friedrichssegen, Emmendingen (cristaux bruns); de Sonnenwirbel, près Freiberg; de Mies (cristaux bruns, *miésite*); de Bleistadt, Vilseck en Bohême; de l'Oural, aux mines de Beresowsk et de Nischne Tagilsk; de Phénixville en Pennsylvanie; du comté Davidson, Caroline du Nord et du comté Cabarrus, etc.

La pyromorphite se présente souvent aussi en masses mamelonnées ou botryoïdes; c'est sous cette forme qu'a été rencontrée la *nuissiérite* des environs de Chenelette. Dans plusieurs gisements, et particulièrement à Huelgoat, à Poullaouen, à Zschoptau, Saxe, à Berncastel, sur la Moselle, à Rézbánya, Hongrie, la pyromorphite est épigénisée en galène.

PLOMBGOMME; G. de Laumont. Bleigummi; Berzélius. Plomb hydro-alumineux; Haüy. Gummispath; Breithaupt. Plumborésinite; Dana. Hitchcockite; Shepard.

Se présente très rarement en petits cristaux blancs (rhomboèdres ou scalénoèdres très aigus) et le plus souvent en masses réniformes, botryoïdales ou globulaires, à structure concentrique et fibreuse. Cassure testacée. Transparente ou translucide.

Double réfraction à un axe *positif*.

Jaune ou brun rougeâtre, vert clair. Éclat résineux, inclinant à l'adamantin.

Dur. = 5. Dens. = 4,88 (Dufrénoy, La Nuissière), 4,014 (Hitchcockite, Genth).

Au chalumeau, perd son eau, blanchit et s'effrite : plus ou moins infusible suivant la teneur en alumine. Dans le matras, décrépite et donne de l'eau. Réductible avec la soude sur le charbon ; se colore en bleu par le nitrate de cobalt. Soluble à chaud dans l'acide azotique.

Le plombgomme avait été considéré par Berzélius comme un hydroaluminate de plomb. Les analyses de M. Damour ont montré que c'est un hydrophosphate de plomb et d'alumine. M. Damour a observé en outre, à Huelgoat, des masses blanches intimement associées à de la pyromorphite brune. Leur composition chimique, représentée par les analyses *c* et *d* qui suivent, n'est pas constante : ces variations paraissent tenir à des mélanges mécaniques de petits rhomboèdres ou scalénoèdres aigus optiquement *positifs* de plombgomme et de petits cristaux optiquement *négatifs* de pyromorphite.

Analyses du plombgomme : *a*, de la Nuissière, par Dufrénoy ; *b*, de Huelgoat ; *c* et *d*, des mélanges de plombgomme et de pyromorphite de Huelgoat, toutes trois par M. Damour ; *e*, de la Canton Mine, par Genth (Hitchcockite).

	a	*b*	*c*	*d*	*e*
Acide phosphorique	1,37	8,06	12,05	15,18	18,74
Oxyde plombeux	43,93	35,10	62,15	70,85	29,04
Alumine	34,23	34,32	12,05	2,88	25,54
Oxyde ferreux	»	0,20	»	»	F̈e 0,90
Chaux	»	0,80	»	»	1,44
Eau	16,13	18,70	6,18	1,24	20,86
Acide sulfurique	»	0,30	0,25	0,40	C̈ 1,98
Chlorure de plomb	2,11	(gangue) 2,27	8,24	9,18	Ċl 0,04
	97,77	99,75	100,92	99,73	98,54

Se trouve avec pyromorphite brune à Huelgoat, Finistère ; avec pyromorphite calcifère (*nuissiérite*) à la Nuissière, près Chenelette, Rhône ; à Roughten Gill, Cumberland ; à la mine La Motte, Missouri, et à la mine Canton en Georgie (*Hitchcockite*).

LIBÉTHÉNITE ; Breithaupt. Aphérèse ; Beudant. Cuivre phosphaté ; Haüy. Diprismatischer Oliven-Malachit ; Mohs.

Prisme rhomboïdal droit de 92° 20'.

$b : h :: 1000 : 506,352 \quad D = 721,357 \quad d = 692,563$

ANGLES CALCULÉS.	ANGLES MESURÉS.	ANGLES CALCULÉS.	ANGLES MESURÉS.
$*mm$ 92°20′	92°20′ G. Rose (1) et Marignac (2), 35′ Marignac (1)	$b^{1/2}m$ 135°23′	135°30′ Dx. (2)
		$b^{1/2}b^{1/2}$ av. 120°56′	121° Dx. (2)
h^3g^1 115°39′	»	$b^{1/2}e^1$ 159°6′	»
h^3h^3 av. 128°42′	»	$b^{1/2}b^{1/2}$ côté 118°12′	»
g^1e^1 125°4′	»	e^1m 113°27′	113°15′ (1) 30′ (2) Marignac
$*e^1e^1$ 109°52′	109°52′ G. Rose (1) 109° (2) et 110° (1) Marignac		

Combinaisons de formes : me^1 (octaèdre rectangulaire), $me^1b^{1/2}$, pl. LXXX, *fig.* 488 ; $mg^1e^1b^{1/2}$; $mg^1h^3h^1e^1b^{1/2}$, *fig.* 489. Clivages h^1 et g^1 imparfaits. Cassure conchoïde ou inégale. Transparente ou translucide.

Plan des axes optiques parallèle à la base. Bissectrice aiguë *négative* normale à g^1. Dispersion notable, $\rho > v$. Dans une lame perpendiculaire à la bissectrice aiguë, j'ai observé, entre 15° et 20° C. :

$$2\,H_a \begin{cases} 101°42' \\ 101°8' \\ 99°59' \end{cases} \quad 2\,H_o \begin{cases} 127°47' \\ 128°56'40'' \\ 130°22'40 \end{cases} \quad \text{d'où } 2\,V_a \begin{cases} 86°38' \\ 81°8' \\ 80°20' \end{cases} \quad \beta = \begin{cases} 1{,}739 \text{ ray. roug.} \\ 1{,}742 \text{ ray. jaun.} \\ 1{,}755 \text{ ray. bleus.} \end{cases}$$

Vert olive ou vert noir. Poussière vert olive. Éclat vitreux inclinant au résineux. Fragile.

Dur. = 4. Dens. = 3,6 à 3,8.

Dans le matras, décrépite et donne de l'eau. Fusible au chalumeau en une scorie noirâtre cristalline. Réductible avec la soude en un globule de cuivre. Soluble dans les acides.

Géométriquement isomorphe de l'olivénite et de l'adamine ; optiquement différente.

$Cu^4\ddot{\ddot{P}}h + \dot{H}$ Acide phosphorique 30,46 Oxyde cuivrique 65,67 Eau 3,87.

Analyses de la libéthénite : *a*, de Libethen, par Kühn ; *b*, de Nischne Tagilsk, par Hermann ; *e*, de Loanda (Congo), par Müller :

	a	*b*	*c*
Acide phosphorique	29,44	28,61	28,89
Oxyde cuivrique	66,94	65,89	66,98
Eau	4,05	5,50	4,04
	100,43	100,00	99,91

(1) Cristaux de Nischne Tagilsk. (2) De Libethen.

Se trouve en petits cristaux à Libethen, Hongrie; à Rheinbreitenbach et Ehl; à Nischne Tagilsk, Oural; à la mine Mercedès, Coquimbo (Chili); à Loanda, Congo.

Debray a reproduit la libéthénite en chauffant en tube scellé du phosphate de cuivre précipité, avec de l'eau.

M. Rammelsberg a donné le nom de *pseudo-libéthénite* à un minéral très voisin de la libéthénite, analysé par Berthier et Rhodius et contenant 7 pour 100 d'eau, au lieu de 4. Il provient de Libethen et de Ehl, près Linz, sur les bords du Rhin.

TAGILITE. Hermann.

Monoclinique d'après Breithaupt. Les cristaux, petits et non mesurables, ont la forme de ceux de la liroconite. Clivage suivant g^1. Translucide sur les bords.

Vert émeraude ou vert-de-gris. Poussière vert-de-gris. Éclat vitreux. Fragile.

Dur. = 3 à 4. Dens. = 3,5 (Hermann), 4,076 (Breithaupt).

$$\dot{C}u^4\ \dddot{\bar{P}}h + 3\dot{H}$$

Analyses de la tagilite : *a*, de Nischne Tagilsk, par Hermann; *b*, de Mercedès, par Field :

	a	*b*
Acide phosphorique	26,91	27,42
Oxyde cuivreux	62,38	61,70
Eau	10,71	10,25
	100,00	99,37

La tagilite, trouvée d'abord par Hermann en croûtes cristallines à Nischne Tagilsk, a été rencontrée aussi par Breithaupt en très petits cristaux et en masses réniformes sur quartz, avec limonite et wad, à Ullersreuth. Elle se trouve encore à la mine Mercedès, près Coquimbo, en masses fibreuses.

LUNNITE; Bernardi. Phosphorocalcite; von Kobell. Pseudomalachite; Hausmann. Hemiprismatischer Dystom-Malachit; Mohs. Ypoleime; Beudant.

Prisme rhomboïdal oblique de 38° 56'.

$$b : h :: 1000 : 217{,}036 \quad D = 325{,}1166 \quad d = 945{,}6740$$

Angle plan de la base = 37° 56' 43".

Angle plan des faces latérales = 102° 41' 28".

ANGLES CALCULÉS.	ANGLES CALCULÉS.	ANGLES CALCULÉS.
*mm avant 38°56′	$p\,d^{1/2}$ 146°54′	*$d^{1/2}d^{1/2}$ adj. 117°49′
$m h^1$ 109°28′	$p m$ ant. 94°26′	
mm côté 141°4′	$p b^{1/2}$ 144°3′	$a_3 h^1$ 79°2′ sur $d^{1/2}$
	$p m$ post. 85°34′	$a_3 h^1$ adj. 100°58′
*$p h^1$ ant. 103°26′		$b^{1/2} a_3$ 168°54′
$p a^1$ 166°44′	$p a_3$ 138°35′	
$a^1 h^1$ adj. 89°50′		$b^{1/2} b^{1/2}$ 112°32′ sur a^1
$p a^{1/2}$ 153°27′	$d^{1/2} h^1$ ant. 111°33′	$b^{1/2} a^1$ 146°16′
$a^{1/2} h^1$ adj. 103°7′	$b^{1/2} h^1$ 90°8′ sur $d^{1/2}$	
$p h^1$ post. 76°34′	$d^{1/2} b^{1/2}$ adj. 158°35′	$a_3 a_3$ 113°56′ sur $a^{1/2}$
$a^1 a^{1/2}$ 166°43′		$a_3 a^{1/2}$ 146°58′
	$a_3 = (b^1 b^{1/3} h^1)$	

Combinaisons : $m a^1 d^{1/2} b^{1/2}$; $m p h^1 a^{1/2} a^1 d^{1/2} b^{1/2} a_3$, *fig.* 490, pl. LXXXI (1). Clivage imparfait suivant h^1. Cassure inégale. Transparente sur les bords.

Double réfraction énergique. Plan des axes optiques perpendiculaire au plan de symétrie. Bissectrice aiguë *négative*, faisant des angles d'environ :

41° 24′ avec une normale à l'arête $d^{1/2} d^{1/2}$
107° avec une normale à h^1 antérieure.

Dispersion très faible, $\rho < v$. Dispersion *horizontale* inappréciable. L'enchevêtrement des lames rend l'écartement des axes optiques variable.

$$2E = 95° \text{ environ.}$$

Vert-de-gris à vert noirâtre, vert émeraude. Pléochroïque. Poussière vert-de-gris. Éclat vitreux, inclinant à l'adamantin. Fragile.

Dur. = 4,5 à 5. Dens. = 4 à 4,4.

Au chalumeau, noircit et fond en une boule qui cristallise en refroidissant et s'entoure d'une scorie gris d'acier. Sur le charbon, donne facilement du cuivre. Soluble dans l'acide azotique.

$\dot{C}u^6 \overset{....}{P}h + 3 \dot{H}$ Acide phosphorique 21,09 Oxyde cuivrique 70,89 Eau 8,02.

Analyses de la lunnite : *a*, de Virneberg, par Rhodius; *b*, de

(1) Les figures 2, 3 et 4 du mémoire « Ueber Phosphorkupfererze (Zeitschs. für. Kryst., IV, 1879) », de M. Schrauf offrent plusieurs formes qui paraissent ne pas rentrer dans celles de ma figure, empruntée à la description de Miller.

Ehl, par Bergemann; *c*, de Libethen (*prasine*), par Church; *d*, de Hirschberg, par Kühn :

	a	*b*	*c*	*d*
Acide phosphorique	20,4	19,89	19,63	20,87
Acide arsénique	»	1,78	»	»
Oxyde cuivrique	70,8	69,97	71,16	71,73
Eau	8,4	8,21	8,82	7,40
	99,6	99,85	99,61	100,00

La lunnite, trouvée d'abord en cristaux et en masses fibreuses dans la mine de cuivre de Virneberg, près Rheinbreitenbach, et à Ehl, sur le Rhin, avec quartz et calcédoine, a été rencontrée depuis à Siebenhitz, près de Hof en Bavière; à Hirschberg en Voigtland; à Libethen (masses fibreuses, *prasine*); à Nischne Tagilsk, dans l'Oural; à la mine de la Garonne (Var) avec Lettsomite, Adamine, à Alban la Fraisse, Tarn (Lacroix), etc.

La *dihydrite* de Hermann, la *ehlite* de Breithaupt et le *kupferdiaspore* de Kühn sont des phosphates de cuivre offrant la plupart des caractères extérieurs de la lunnite, mais en différant par de petites variations dans les proportions d'acide phosphorique et d'eau. Les variétés compactes et fibreuses de ces minéraux sont parfois désignées sous le nom de *pseudomalachite*, le nom de *dihydrite* étant réservé pour les variétés cristallisées.

Analyses : *a*, de la dihydrite de Nischne Tagilsk, par Hermann; *b*, de la Ehlite, de Ehl, par A. Nordenskiöld; *c*, du Kupferdiaspore de Libethen, par Kühn.

	a	*b*	*c*
Acide phosphorique	25,30	23,00	23,14
Oxyde cuivrique	68,21	67,98	68,86
Eau	6,49	9,02	10,00
	100,00	100,00	100,00
Densité :	4,4	4,198	»

La dihydrite se présente en très petits cristaux et en masses fibreuses d'un vert foncé à Nischne Tagilsk (Oural); à Virneberg, près Rheinbreitenbach. La ehlite se trouve en cristaux vert clair sur calcédoine, à Ehl, près Linz; en Cornwall; le kupferdiaspore provient de Libethen en Hongrie (masses fibreuses).

APPENDICE

HORSFORDITE ; A. Laist et T. H. Norton.

Amorphe. Cassure inégale. Blanc d'argent. Éclat métallique, brillant dans la cassure, mais se ternissant rapidement. Opaque.
Dur. = 4 à 5. Dens. = 8,812.
Fusible au chalumeau ; donne les réactions du cuivre et de l'antimoine.

$Cu^6 Sb$ Cuivre 75,75 Antimoine 24,25.

Analyse par Laist et Norton :

Sb	Cu
26,86	73,37 = 100,23

L'horsfordite a été trouvée en grandes masses près de Mytilène, Asie Mineure.

La *hallilite* de M. Laspeyres forme des masses gris bleuâtres, à éclat métallique, à la mine Friedrich, près Schönstein sur Sieg. Il semble que ce minéral soit une Ullmannite (voy. p. 328) bismuthifère. Sa composition est la suivante :

S	Sb	Bi	As	Ni	Co	Fe
14,39	44,94	11,76	2,02	26,94	0,89	0,28 = 100,22

OCHROLITE ; G. Flink.

Prisme rhomboïdal droit de 95°44'.

$b : h :: 1000 : 1492,780$ D = 741,563 d = 670,883.

ANGLES CALCULÉS.	ANGLES CALCULÉS.
pa^1 114°12′	pe^1 116°25′
*$a^1 a^1$ 131°36′ sur h^1	*$e^1 e^1$ 127°11′ sur g^1
	$e^1 a^1$ 100°30′

Combinaison : $pa^1 e^1$; les cristaux très aplatis suivant la base sont parfois allongés suivant l'arête pa^1.

Translucide. Éclat adamantin. Couleur jaune de soufre un peu grisâtre. Soluble dans l'acide azotique en donnant une solution qui se trouble par addition d'eau; soluble dans la potasse caustique.

Ce minéral paraît être une ekdémite (voy. p. 364) dans laquelle l'acide arsénieux serait remplacé par de l'acide antimonieux.

L'analyse suivante a été faite par M. Flink (après déduction de 5 p. 100 de $\dot{C}a\ddot{C}$).

Acide antimonieux	17,59
Oxyde plombeux	76,52
Chlore	7,72
	101,83

L'ochrolite a été trouvée en très petits cristaux, formant parfois des groupes divergents dans la mine Harstigen, près Pajsberg, Wermland.

L'Orileyite de Waldie semble être une *domeykite* ferrifère (voir p. 361) : ce minéral a été recueilli dans la Birmanie (sans indication plus précise).

SPERRYLITE ; H. Wells.

Cubique avec hémiédrie à faces parallèles.

Combinaisons : p, pa^1, avec b^1 et $1/2\ b^2$, rares. Blanc d'étain. Éclat métallique très vif. Opaque. Poussière noire.

Dur. = 6 à 7. Dens. = 10,602.

Dans le matras, ne change pas à la température de fusion du verre, mais dans le tube ouvert, donne un sublimé d'acide arsénieux et quand le chauffage est rapide, fond en perdant une partie de son arsenic. Chauffée au rouge sur une feuille de platine, dégage de l'acide arsénieux et laisse une petite protubérance de platine ne se distinguant pas comme aspect de la feuille qui la supporte. Faiblement attaquée par l'eau régale.

Pt As Platine 56,79 Arsenic 43,21.

Analyse par Wells :

As	Sb	Pt	Rh	Pd	Fe	(Sn)
40,98	0,50	52,57	0,72	traces	0,07	4,62 = 99,46

La sperrylite se trouve avec pyrite, chalcopyrite et cassitérite dans la mine de quartz aurifère de Vermillion, district d'Algoma près Sudbury, Ontario, Canada.

Le composé artificiel Pt As est connu depuis longtemps.

BERYLLONITE ; E. Dana.

Prisme rhomboïdal droit de 120°25′30″.

$$b : c :: 1000 : 476{,}468 \quad D = 867{,}867 \quad d = 496{,}793.$$

ANGLES CALCULÉS.	ANGLES CALCULÉS.	ANGLES CALCULÉS.
*mm 120°25′30″	$a^1 a^1$ 92°23′30″ sur p	$g^1 b^{1/2}$ 111°37′
$m h^1$ 150°13′		
$m g^1$ 119°47′	$e^1 e^1$ 122°28′ sur p	$g^1 e_3$ 128°24′
$h^2 h^2$ avant 158°24′		
$g^3 g^3$ 97°44′ sur h^1	*$p b^{1/2}$ 132°8′30″	$e_3 e_3$ 114°17′30″ sur e^1

$R = (b^{1/3} b^{1/5} h^1)$	$\Phi = (b^1 b^{1/5} g^{1/2})$	$w = (b^1 b^{1/3} g^1) e_3$	$y = (b^{1/3} b^{1/5} g^1)$
$u = (b^1 b^{1/3} h^{1/2})$	$t = (b^1 b^{1/5} g^1) = e_5$	$\sigma = (b^1 b^{1/2} g^1) = e_2$	$z = (b^{1/4} b^{1/6} g^1)$
$r = (b^1 b^{1/3} h^1) = a_3$	$\rho = (b^1 b^{1/3} g^{1/3}) = e_{1/3}$	$x = (b^{1/2} b^{1/4} g^1)$	$\tau = (b^{1/5} b^{1/7} g^{1/3})$
$T = (b^{1/2} b^{1/6} h^1)$	$\chi = (b^1 b^{1/3} g^{1/2})$	$Q = (b^{1/3} b^{1/5} g^{1/2})$	$\omega = (b^{1/5} b^{1/7} g^1)$

Combinaisons les plus fréquentes : $h^1 m g^5 g^3 g^1 p a^1 a^{1/2} e^2 e^{3/2} e^1 e^{1/2} e^{1/3} e^{1/4}$; $h^1 m g^2 g^{5/3} g^{3/2} g^1 p a^2 a^1 e^{3/2} e^{1/8} e^{1/4} e_3 x y z \rho t$; $h^1 h^3 m g^3 g^1 p a^1 a^{1/2} e^2 e^{3/2} e^1 e^{1/2} e^{1/3} b^1 b^{1/2} e_3 x \sigma t$; $h^1 m g^3 g^1 p a^1 e^{3/2} e^1 b^1 b^{1/2} b^{1/4} b^{1/6} e_3$; $h^1 h^2 h^3 m g^1 p a^1 e^4 e^3 e^{3/2} e^1 e^{1/2} e^{1/3} e^{1/4}$. En outre des pyramides citées plus haut, il existe rarement les faces suivantes : $h^{5/3}$, $g^{7/5}$, $g^{13/11}$, $e^{1/5}$, $e^{1/6}$. Macles suivant m. Clivage, parfait suivant p, interrompu suivant h^1 ; traces suivant m et g^1.

Transparente. Plan des axes optiques parallèle à h^1. Bissectrice aiguë *négative* perpendiculaire à p.

$$2\,E = 120°26' \text{ (Li)}, \quad 121°1' \text{ (Na)}, \quad 121°24' \text{ (Th)}.$$

M. Dana a mesuré les indices suivants :

	α	β	γ
(Li)	1,5604	1,5550	1,5492
(Na)	1,5608	1,5579	1,5520
(Th)	1,5636	1,5604	1,5544

Dispersion faible $\rho < v$. Éclat vitreux, nacré sur p. Incolore ou jaune pâle.

Dur. = 5,5 à 6. Dens. = 2,845.

Dans le matras, décrépite un peu. Au chalumeau, fond facilement en un verre trouble et colore la flamme en jaune foncé avec une teinte verte sur les bords. Soluble à chaud dans les acides.

$\dot{G}l^2 \dot{N}a \dddot{P}$ Acide phosphorique 55,79 Glucine 19,86 Soude 24,35 = 100.

Analyse par M. H. Wells :

$\dddot{P}$	$\dot{G}l$	$\dot{N}a$	Perte au feu
55,86	19,84	23,64	0,08 = 99,42

La beryllonite a été rencontrée en gros cristaux aplatis suivant la base, riches en faces généralement ternes, dans les produits de désagrégation d'un filon de granulite de Stoneham, Maine. Elle est associée à des feldspaths, du quartz, du béryl et de la baïerine.

Sous le nom de *Hautefeuillite*, M. L. Michel a décrit tout récemment un minéral ayant l'aspect du gypse, formant de petites masses blanches, clivables suivant g^1, au milieu de la Wagnérite d'Odegorden, près Bamle (Norwège).

Dur. = 2,5. Dens. = 2,435.

Plan des axes optiques parallèle à g^1. La bissectrice aiguë *positive* fait dans cette face un angle d'environ 45° avec h^1. 2 E = 88° (Na). β = 1,52 (raie D), d'où 2 V = 54°23′. Dispersion inclinée forte avec dispersion ordinaire, $\rho < v$.

Au chalumeau, ce minéral se gonfle, se divise en feuillets, puis fond en un globule blanc verdâtre.

La composition chimique est celle d'une *Bobierrite* calcique (voir page 446.) Les propriétés optiques des deux minéraux sont différentes.

L'analyse de M. Michel a donné les résultats suivants :

Acide phosphorique	34,52
Magnésie	25,12
Chaux	5,71
Eau	34,27
	99,62

M. A. Gautier a observé dans les galeries de Minerve (Aude), une substance blanc de lait, pâteuse, épaississant à l'air et prenant par dessiccation l'aspect du kaolin. Au microscope, ce minéral se montre constitué par des lamelles biréfringentes.

Il répond à la composition $\ddot{\ddot{Al}}\,\overset{\cdot\cdot\cdot\cdot\cdot}{P} + \dot{H}$. M. Gautier l'a désigné sous le nom de *Minervite*.

La *Veszelyite* de Schrauf constitue des agrégats cristallins et rarement de petits cristaux monocliniques ou tricliniques d'un blanc verdâtre. Dur = 3,5 à 4. Dens. = 3,531.

Ce minéral est un arséniophosphate hydraté de cuivre et de zinc répondant peut-être à la formule : $7\dot{R}(\overset{\cdot\cdot\cdot\cdot\cdot}{P}, \overset{\cdot\cdot\cdot\cdot\cdot}{As}) + 9\dot{H}$. M. Schrauf a donné l'analyse suivante :

$\overset{\cdot\cdot\cdot\cdot\cdot}{As}$	$\overset{\cdot\cdot\cdot\cdot\cdot}{P}$	$\dot{Cu}$	$\dot{Zn}$	$\dot{H}$
10,41	9,01	37,34	25,20	17,05 = 99,01

La Veszelyite a été trouvée en incrustations sur le granite et dans la limonite à Morawitza, en Banat.

La *Lüneburgite* de Nöllner forme dans les marnes gypseuses de Lüneburg (Hanovre) des masses blanches terreuses ou finement fibreuses.

Dens. = 2,05.

$$\dot{Mg}^3\,\dddot{B}\,\overset{\cdot\cdot\cdot\cdot\cdot}{P} + 8\dot{H}.$$

Analyse par Nöllner :

$\overset{\cdot\cdot\cdot\cdot\cdot}{P}$	$\dddot{B}$	$\dot{Mg}$	$\dot{H}$
29,8	12,7	25,3	32,2 = 100

Il existe en outre une petite quantité de fluor.

TABLE DES MATIÈRES

DU SECOND VOLUME

Les pages numérotées en chiffres romains indiquent les additions et modifications aux descriptions du premier volume.

(1) Les å suédois et les *aa* norwégiens ont été écrits par un *o*.

B

C

D

E

F

G

M

N

O

P

U

V

W

X

Y

Z

FIN DU SECOND VOLUME.

PARIS. — IMP. C. MARPON ET E. FLAMMARION, RUE RACINE, 26.

PARIS. — IMP. C. MARPON ET E. FLAMMARION, RUE RACINE, 26.